U0934169

中国鲎生物学研究

BIOLOGY OF HORSESHOE CRABS,
TACHYPLEUS TRIDENTATUS

洪水根 / 著

厦门大学出版社 XIAMEN UNIVERSITY PRESS
国家一级出版社
全国百佳图书出版单位

图书在版编目(CIP)数据

中国鲎生物学研究/洪水根著. —厦门:厦门大学出版社,2011.3
(南强丛书.第5辑)
ISBN 978-7-5615-3836-4

Ⅰ.①中… Ⅱ.①洪… Ⅲ.①鲎-生物学-研究-中国 Ⅳ.①Q959.6

中国版本图书馆 CIP 数据核字(2011)第 035745 号

厦门大学出版社出版发行
(地址:厦门市软件园二期望海路 39 号 邮编:361008)
http://www.xmupress.com
xmup @ public.xm.fj.cn
厦门市金凯龙印刷有限公司印刷
2011 年 3 月第 1 版 2011 年 3 月第 1 次印刷
开本:787×1092 1/16 印张:23 插页:3
字数:429 千字 印数:1～2000 册
定价:100.00 元
本书如有印装质量问题请直接寄承印厂调换

一对中国鲎

（上—雄，下—雌）

祝賀洪水根教授中國黨研究一書出版

數而不舍
積必以恆

張承錦敬題

作者简介

作者在实验室工作

洪水根，男，汉族，福建厦门市人，教授。1967年厦门大学生物学系五年制本科毕业，1978年师从原厦门大学校长汪德耀教授，攻读细胞生物学研究生学位，1981年毕业，获理科硕士学位。1992—1993年以高级访问学者身份赴美国Utica College of Syracuse University从事教学与科学研究。历任厦门大学生物学系副主任、厦门大学细胞生物学研究室主任、中国细胞生物学学会常务理事、中国动物学会理事、福建省动物学会常务理事等职。

洪水根教授长期从事细胞生物学、海洋动物发育生物学及海洋天然活性物质的开发研究，尤其开展鲎 (horseshoe crab) 生物学研究愈30年。先后主持国家自然科学基金及省部级科学基金12项，发表论文50余篇，1998年荣获教育部科技进步奖三等奖(第一获奖者)。主编及参与编写教材、著作《膜分子生物学》、《普通细胞生物学》、《细胞生物学超微结构图谱》、《动物显微技术学》、《简明中国水产养殖百科全书》、《细胞生物学名词》等6部。其中《膜分子生物学》一书1996年荣获第十届中国图书奖，1998年获福建省科技进步奖三等奖（均为第一获奖者），另外《普通细胞生物学》荣获1992年全国第二届普通高等学校优秀教材一等奖、福建教学成果奖二等奖。2000年获国务院政府特殊津贴。

《南强丛书》（第五辑）编委会

主任委员：朱崇实

副主任委员：孙世刚　李建发　张　颖

委员：(以姓氏笔画为序)

万惠霖　庄宗明　朱崇实　朱福惠　孙世刚

李建发　李清彪　张　颖　陈支平　陈振明

陈辉煌　陈福郎　洪华生　胡培兆　翁君奕

韩家淮　蒋东明

总　序

厦门大学由著名华侨领袖陈嘉庚先生于1921年创办，有着厚重的文化底蕴和光荣的传统，是中国近代教育史上第一所由华侨出资创办的高等学府。陈嘉庚先生所处的年代，是中国社会最贫穷、最落后、饱受外侮和欺凌的年代。陈嘉庚先生非常想改变这种状况，他明确提出：中国要变化，关键要提高国人素质。要提高国人素质，关键是要办好教育。基于教育救国的理念，陈嘉庚先生毅然个人倾资创办厦门大学，并明确提出要把厦大建成“南方之强”。陈嘉庚先生以此作为厦大的奋斗目标，蕴涵着他对厦门大学的殷切期望，代表着厦门大学师生的志向。

在厦门大学建校70周年之际，厦门大学出版社出版了首辑《南强丛书》，共15部学术专著，影响极佳，广受赞誉，为校庆70周年献上了一份厚礼。此后，逢五逢十校庆，《南强丛书》又相继出版数辑，使得《南强丛书》成为厦大的一个学术品牌。值此建校90周年之际，再遴选一批优秀之作出版，是全校师生员工的一个愿望。入选这批厦门大学《南强丛书》的著作多为本校优势学科、特色学科的前沿研究成果。作者中有资深教授，有全国重点学科的学术带头人，有新近在学界崭露头角的新秀，他们都在各自的学术领域中受到瞩目。这批学术著作的出版，为厦门大学90周年校庆增添了喜悦和光彩。

至此，本《丛书》已出版了五辑。可以说，每一辑都从一个侧面反映了厦大奋斗的足迹和努力的成果，丛书的每一部著作都是厦大发展与进步的一个见证，都是厦大人探索未知、追求真理、为民谋利、为国争光精神的一种体现。我想这样的一种精神一定会一辑又一辑地往下传。

大学出版社对大学的教学科研可以起到推动作用，可以促进它所在大学的整个学术水平的提升。在90年前，厦门大学就把“研究高深学术，养成专门人才，阐扬世界文化”作为自己的三大任务。厦门大学出版社作为厦门大学的有机组成部分，它的目标与大学的发展目标是相一致的。学校一直把出版社作为教学科研的一个重要的支撑条件，在努力提高它的水平和影响力的过程中，真正使出版社成为厦门大学的一个窗口。厦门大学《南强丛书》的出版汇聚了著作者及厦门大学出版社所有同仁的心血与汗水，为厦门大学的建设与发展作出了一份特有的贡献，我要借此机会表示我由衷的感谢。我期望厦门大学《南强丛书》不仅在国内学术界产生反响，更希望其影响被及海外，在世界各地都能看到它的身影。这是我，也是全校师生的共同心愿。

厦 门 大 学 校 长
《南强丛书》编委会主任　朱崇实
2011年2月26日

前言

鲎是一种具有重要科学研究意义和经济价值的海洋动物，也是地球上动物界少数现存珍贵的“活化石”。我国是世界上少数拥有鲎资源的国家，世界上95%的中国鲎资源分布在我国，可以说，我国是中国鲎真正的故乡。我国的鲎研究一直得到国家有关部门的重视。

当今，由于经济迅速发展，海洋环境、沙滩受到污染，加上由于鲎的极大的经济价值，造成对鲎的乱捕滥杀，世界上鲎资源急剧衰竭，这已引起了世界各国政府的重视。我国鲎资源的衰竭更是触目惊心。在上世纪70—90年代，在我国广西北海海城，每年鲎的渔获量可达60×10^4～70×10^4对，到近年已减少至30×10^4对。如果这样衰减的速度得不到遏制，再过数年，我国将成为无鲎的国家，中国鲎或许将只能是存在于教科书上的学名了。

本书作者自师从原厦门大学校长汪德耀教授从事鲎研究至今已逾30余载，深知鲎的重要性，感到有责任将多年来的研究工作总结整理成册，以为我国鲎研究人员提供一点借鉴，以便后来者进一步加深中国鲎的研究，使我国在世界鲎研究领域中占有举足轻重的一席之地。这是本书作者的初衷和愿望。

本书的内容除了作者自己实验室的科研工作外，也尽量反映我国其他从事鲎研究工作者的成果。书中未能列出文中所有引用文献的出处，有需要的读者可以从书中列出的文献中找到相关的出处。

本书从实验到成书历经30余载。经历这么长的时间，如果没有国家及许多部门、单位和个人持久、孜孜不倦的鼓励和支持，本书是难以成书的，在此向以下单位和个人致以最诚挚的谢意：

国家自然科学基金委员会

福建省自然科学基金委员会

厦门市科学技术局

厦门市海洋与渔业局

太极集团

恩师汪德耀教授

许华曦教授

张云武教授

曾定教授

刘建顺先生

廖水明先生

孙水火先生

薛文艺先生

廖永岩博士

翁朝红博士

张弦博士

感谢所有为本书出版提供帮助的人，特别要感谢夫人林敏珍数十年如一日，默默奉献，支持我的教学和科研工作。

本书也是作为献给哺育我数十年的母校厦门大学九十华诞的一份薄礼。

E-mail: shghong@xmu.edu.cn

目录 CONTENTS

第一篇 鲎形态学及生态学
（MORPHOLOGY AND ECOLOGY OF HORSESHOE CRABS）

第三章　鲎的内部构造（INTERNAL STRUCTURE OF HORSESHOE CRABS）

第二篇 鲎发育生物学
(DEVELOPMENTAL BIOLOGY)

第五章 鲎生殖细胞及发生 (GERM CELLS AND THEIR GENESIS)

第三篇　鲎资源保护
(CONSERVATION OF HORSESHOE CRAB RESOURCES)

第八章　鲎人工育苗和海上放流增殖
(ARTIFICIAL BREEDING AND LEASING OF JUVENILES BACK TO OCEAN)

第四篇　鲎的开发利用
（EXPLOITATION AND UTILIZATION）

第九章　鲎血液学研究及应用
（RESEARCH AND APPLICATION OF HEMOTOLOGY）

第十章 鲎体及甲壳素研究与应用
(RESEARCH AND APPLICATION OF BODY AND SHELL OF HORSESHOE CRABS)

第一篇

鲎形态学及生态学

（MORPHOLOGY AND ECOLOGY OF HORSESHOE CRABS）

绪　论

(INTRODUCTION)

/ 第一节 /
鲎的起源（Origination of horseshoe crabs）

鲎亦称马蹄鲎（horseshoe crabs），是动物界少数现存珍贵的“活化石（living fossil)”。它在动物学、进化学、生态学、现代医学以及仿生学等科研领域中有着重要的科研价值和经济意义。

有关鲎的起源众说纷纭，一般较为认可的有印度西太平洋生物多样性的成因说。由于地球上现有的海洋生物的分布是许多因子长期演变的综合结果。因此，各类生物的分布机制可能大相径庭，经常因种而异 (species dependent)。鲎的家族进化之际正是西太平洋形成小岛之时，因而鲎的地理分布可能保留了一些古代海域的地理及海流特征。在西太平洋地理亲缘关系研究中，以鲎作为研究对象有两个重要的理由：

首先，现存的鲎在地球上已存活有 2 亿多年的历史，是名符其实的活化石，根据其化石纪录和族群遗传关系，可以追踪西太平洋地区地理较长久的演变历史。

其次，研究鲎的地理亲缘关系，除了可对鲎在族群演化历程中跟地理环境的相互关系有深入了解，也可对不同地区鲎的族群遗传有所了解，未来在鲎的保护遗传 (conservation genetics) 应用上也会起很好的作用。

根据对化石及板块运动的研究结果，有一种假说认为，美洲鲎与亚洲鲎(即分布于西太平洋的中国鲎、巨鲎和圆尾鲎）是在 1.8 亿年至 1.35 亿年前，随 Tethys 海峡的开启与关闭，受地理隔离作用而由共同的祖先演化形成的。但是，由于西太平洋地区的部分地理事件尚未定论，因此关于该地区 3 种鲎的物种进化机制、族群形成路径及扩散的历史都有待进一步确认。

依据化石纪录及古板块地质假说，西太平洋 3 种鲎形成的历史大概在 2500 万年至 500 万年之间。图 1-1、图 1-2 示结合分子遗传学分析结果得出的亚洲鲎地理起源假说。根据这种假说，现生鲎的祖先种自印度洋来到西太平洋地区后，历经了印尼爪哇岛地理分隔及东南亚岛群内侧多次海升海降作用，并在此过程中产生物种分化。其中，中国鲎对温度的适应范围较广，因此，南起爪哇，北至日本，都有其分布的踪迹。鲎的胚胎及早期幼体发育过程中，具有三叶虫（trilobite）阶段，它与早寒武纪(约 5.7 亿年前)出现至晚二叠纪(约 2.4 亿年前)绝灭的三叶虫是近亲。

地球的年龄大概 46 亿年。地球最早 87% 的历史是由小行星撞击形成的前寒武纪“supereon”的时期。虽然地球上生命起源的时间至少有 36 亿年，但是早寒武纪化石记录最重要的部分只是微生物残余。大的多细胞真核生物直到 6 亿年前才出现。

地质学上最早记录鲎化石是从古生代奥陶纪晚期开始。目前已知最早的鲎化石是最近发现于加拿大奥陶纪地层中的 *Lunataspis*，一直延续到地层学最年轻的新生代。相关节肢动物化石出现在大约 5.4 亿年前发生的寒武纪大爆

图 1-1　2500 万～1500 万年前，亚洲鲎的祖先种 *Tachypleus decheni* (◎) 自印度洋扩散到整个西太平洋地区。

图 1-2　1500 万～500 万年前，爪哇岛开口关闭形成地理屏障，在爪哇岛内侧的鲎演化成巨鲎和圆尾鲎 (⊙)(白色箭头示其扩散方向)，在其外侧的则演化成中国鲎 (▲)。后者借由海流往北方至台湾、日本散播 (黑色箭头示其扩散方向)。

炸时期。鲎是肢口纲现仅存的动物。肢口纲始于寒武纪，而在志留纪、泥盆纪（4.35～3.6亿年前）时趋于繁盛，于中生代（约2.4亿年前）开始衰亡，至今仅留鲎存活。最早的类鲎(肢口纲剑尾目动物)化石见于奥陶纪(5.05亿年前至4.38亿年前)，志留纪已有大量分布。形态与现代鲎相似的鲎化石出现于石炭纪，而在二叠纪即已经大量分布。

图 1-3 鲎化石与现代鲎的比较图

左为晚奥陶纪（Late Ordovician）发现的现保存在加拿大马尼托巴博物馆（Manitoba Museum）最古老的鲎化石 *Lunataspis aurora*，显示前体部融合或部分融合为头胸部、具有两侧大的复眼、甲壳呈新月型及窄长的剑尾等高度保守基本体型特征；右为现在美洲鲎（*Limulus polyphemus*）幼体标本。

有关鲎的起源，得到愈来愈多的化石证据的支持。加拿大的科学家于2007年宣布，它们在加拿大马尼托加巴湖沿岸发现了世界上最古老的2种鲎化石（图1-3)。这些化石表明，古代鲎在5亿年前就已经存在于这个地球上。在最新一期的《古生物学》杂志上，加拿大科学家公布了他们这项新发现。加拿大安大略省皇家博物馆的研究人员大卫称，在加拿大马尼托加巴湖中部和北部，他及其同事发现了自奥陶纪就埋藏于距今4.45亿年岩石下的古老化石，这些标本包括古代鲎的外壳碎片和复合眼。

鲎的化石十分稀少，此前所报道的鲎化石主要发现于欧洲及北美，在澳大利亚、俄罗斯、韩国等地也均有发现。2009年首次报道在我国云南省罗平县城附近，中三叠世安尼期地层中发现鲎化石，之前在我国发现的只是鲎类足迹化石。

同属肢口纲的板足鲎目虽然形态上与鲎较为接近，但根据谱系分析应属于基干类群，与现生鲎类的亲缘关系较远，共同构成了一个复系组合。真正的鲎类是指属于剑尾目的古鲎科、中鲎科以及现生鲎科的代表，多数研究者将它们归于同一个超科即鲎超科。古鲎科仅见于古生代地层。中生代的中鲎科的化石，从形态特征上看已经非常接近现代的鲎类。第三纪的化石类型和现生种类都属于鲎科。依据形态特征，云南罗平中三叠世的鲎化石可归属于中鲎科。

下面是鲎分类等级和系统命名法的构架：

真节肢动物门（Phylum Euarthropoda）

有螯肢亚门（Chelicerata）：包括基干类群（stem-group forms）+ 海蜘蛛纲（Pycnogonida）

真有螯肢亚门（Euchelicerata）剑尾纲（Xiphosura）[包括已灭绝的类剑尾亚纲（Synziphosurines）]+ 板足鲎亚纲（Eurypterida）(已灭绝)+ 蛛形纲（Arachnida）

剑尾目（Order Xiphosurida）(真正的鲎)

罗平中三叠世的鲎化石在化石系统古生物学地位如下：

肢口纲　Xiphosura Latreille，1802

剑尾目　Xiphosurida Latreille，1802

鲎超科　Limulacea Zittel，1885

中鲎科　Mesolimulidae Stormer，1952

云南鲎属（新属） *Yunnanolimulus* gen. nov.

词源：属名来自云南省 Yunnan。

属征：个体中等大小，从前向后可分为前体、后体和剑尾。前体半圆形，左右两侧分别向后延伸形成颊刺。眼位于眼脊后部。前体中部眼脊之间具锥形的轴部。轴部向前收缩，具 4 对轴沟。后体不分节，前后体的结合处较平直。后体前端宽度稍大于前体眼脊区，向后逐渐收缩。前体腹部具 6 对步足，第 1 对略小，后面 5 对形态基本一致。后体具明显的轴部，轴部横向宽度为后体的 1/3，由前向后略有收缩。后体的边缘部分具边缘刺。剑尾呈长矛状，长度相当于前体和后体之和（图 1-4）。

从亘古至今，地球经历无数次大变动，地球上的生物也经历无数次的大灭绝。而自 4 亿多年前发现的古化石鲎以及已存活 2 亿多年的现生鲎，虽经历漫长的沧桑岁月的物竞天择，其形态结构并没有发生什么重大变化，因而是动物界名符其实屈指可数的“活化石”之一。

由于鲎具有极其重要的经济价值和科学意义，造成近一二十年来全球性的对鲎过度捕捞及滥杀，我国乃至世界鲎资源已面临枯竭的境地，而随着各国经济的飞速发展，已经难以找到一块具有原始生态环境适合鲎受精、繁殖的海域。因此，如何把鲎的保护与促进经济可持续发展结合起来，是当前摆在世界各国海洋事业发展的一项重要课题。

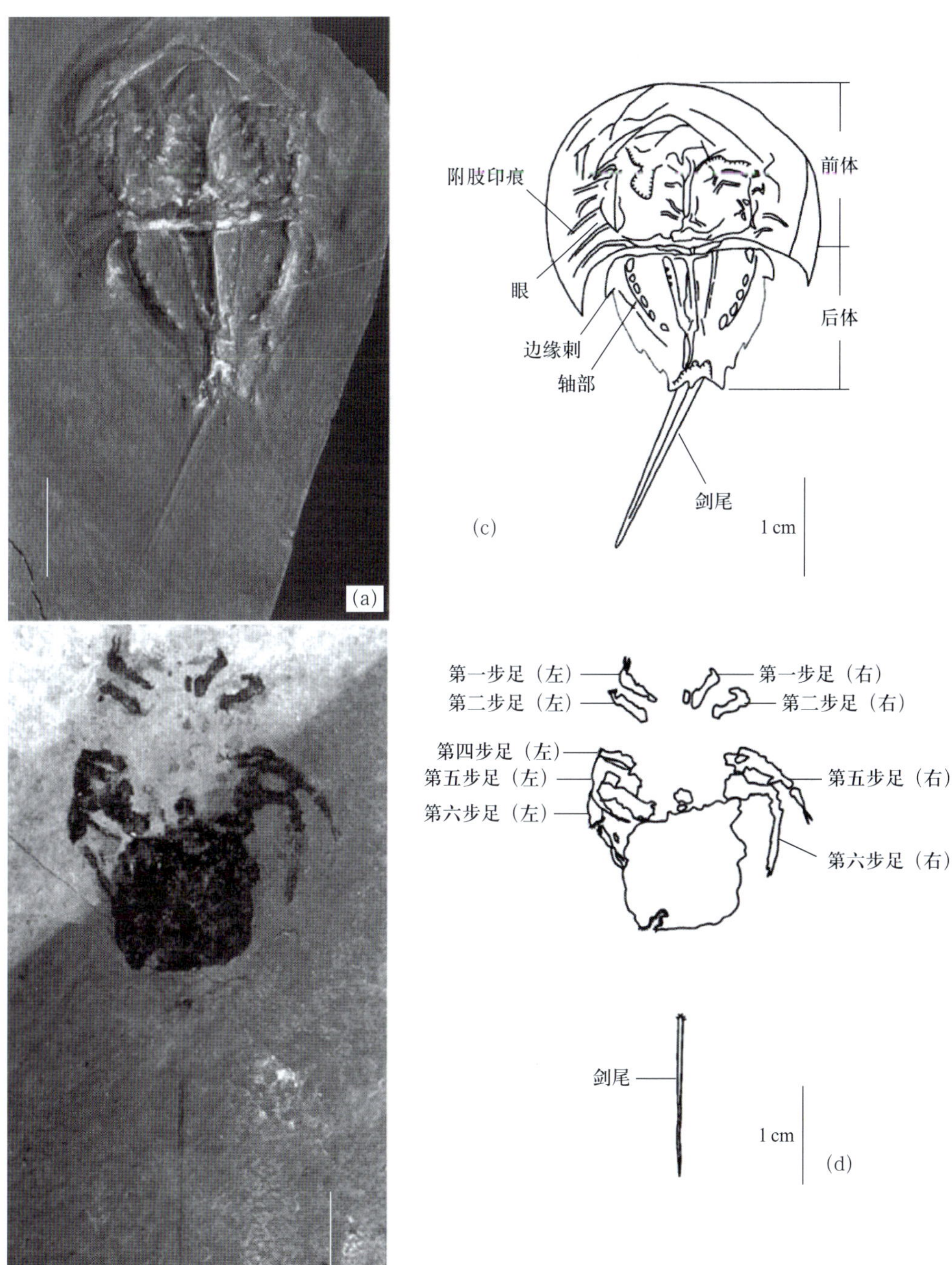

图 1-4　罗平云南鲎（新属、新种）*Yunnanolimulus luopingensis* gen. et sp. nov. 化石及其解释图

/第二节/
鲎研究历史简述（History of horseshoe crab research）

一、1956 年以前的研究（Studies before 1956）

现在世界上仅存 4 种鲎，1 种存在于北美东海岸，另 3 种存在于亚洲东南海域。因为鲎的有限分布，这种动物在美洲新大陆发现之前，不是记录在欧洲文献里，而是被记录在我国的文献里。

我国很早以前就有关于鲎的记载。宋代罗愿在《尔雅 · 翼》中写道：“雌常负雄，虽风涛终不解，故号鱼媚。失雄则不能独活，渔者取之必得其双，故吴都赋云乘鲎鼋鼍。”(图 1-5) 明朝本草纲目中也有关于鲎药用的记载（图 1-6）。

我国对鲎的现代生物学研究，首见于 1950 年周楠生和郑重在《厦门水产学报》1 卷 4 期上作的初步报道。

19 世纪上半叶的主要工作是对鲎进行命名和计数，19 世纪下半叶，才开始了有关鲎形态结构方面的研究（Watase，1889），这时的研究者主要为美国和日本学者。进入 20 世纪，鲎的研究经历了描述胚胎学及实验胚胎学阶段，Oka 的活体染色技术在这方面的运用，使得研究早期胚胎发育成为可能。

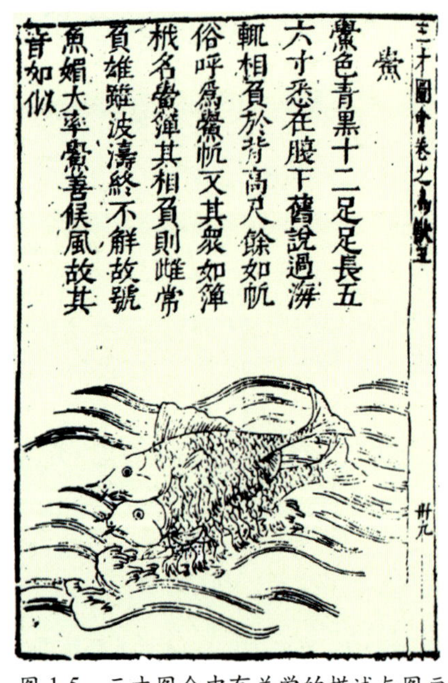

图 1-5　三才图会中有关鲎的描述与图画

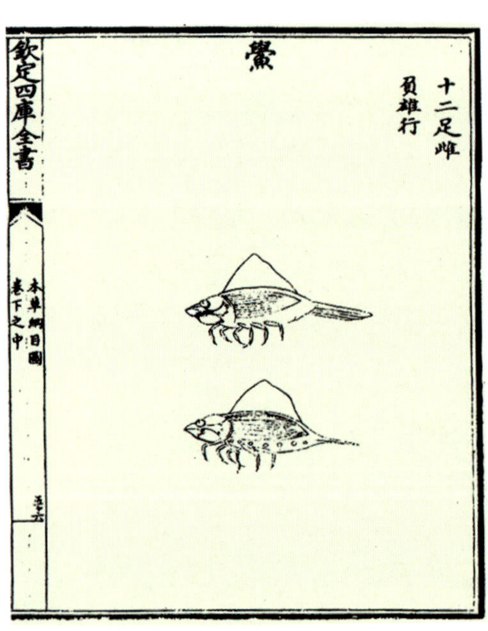

图 1-6　本草纲目中的鲎

二、鲎试剂的研究及开发阶段（Research and development stage of tachypleus amebocyte lysates）

自从 Bang（1956）及 Levin 和 Bang(1964）的鲎血液变形细胞和细菌内毒素之间关系的经典研究之后，在医学及药理学方面对鲎的研究出现了爆炸性增长。例如 Cohen（1979）和 Bonaventura 等（1982）出版了有关鲎的专著 *Physiology and Biology of Horseshoe Crabs*。日本的医学及制药学研究也都受此影响。1976 年 10 月在日本 Okayama 县的 Kasaoka 举办了一次题为“鲎对医学科学的贡献”的专题讨论会，两年后相同的讨论会在美国举行（Cohen，1979）。

在我国，1981 年 9 月 5—9 日在厦门召开了鲎试验学术交流会，日本著名的鲎研究科学家关口晃一（Koichi Sekiguchi）莅临厦门与汪德耀、洪水根进行鲎研究学术交流。

同时，我国的鲎生物学基础研究也得到发展，大陆学者汪德耀、洪水根、蔡心一、丁友玲、梁平、罗克、吴翊钦等，台湾地区学者陈章波在这期间发表了很多文章。

在日本，关口晃一及合作者一直从事鲎多方面的生物学研究，并在 1988 年出版专著 *Biology of Horseshoe Crabs*。

三、鲎素发现之后（After the discovery of tachyplesin）

自从 Nakamura 等（1988）的文章和 Miyata 等（1989）的文章发表以后，日本和美国的很多学者投入到鲎素的研究之中，鲎血中鲎素和抗脂多糖因子及其抗菌、抗病毒活性的研究都得到广泛开展，特别是抗 HIV 方面研究得比较深入，并已人工合成鲎素类似物（Iwanaga 等，1994；Saito 等，1996；Tamamura 等，1996；Ding，1997）。这是自 Bang (1956）发现变形细胞与内毒素产生凝集作用之后在鲎的研究方面出现的第二次研究高潮。在我国，厦门大学细胞生物学研究室鲎研究组也一直在进行这方面的研究。

2007 年 6 月世界各国从事鲎研究的专家学者齐聚美国纽约长岛举行首届国际鲎科学与保护会议（International Symposium on the Science and Conservation of Horseshoe Crabs），会后出版 *Biology and Conservation of Horseshoe Crabs* 一书。这体现鲎科学和保护工作已引起世界各国的广泛重视（图 1-7）。

图 1-7　首届鲎科学与保护国际会议会标

/ 第三节 /
鲎的经济价值和科学意义（Economic value and scientific significance of horseshoe crab research）

一、鲎是一种珍贵的海洋药用动物（An valuable marine medicinal animal）

很早以前，我国已经知道鲎具有很高的药用价值。历史上最早记录鲎的文献是我国的《吴都赋》(周氏编于公元 276—324 年)。后来，鲎作为一种中草药记录于各种中草药书中,《饲料本草》[收集药用动植物的书，陈章奇（Chen Zhang-qi）编于公元 739 年]、《本草纲目拾遗》及李时珍的《本草纲目》中对鲎均有记载。其中,《本草纲目》中提到，鲎壳治积年呷嗽。《本草纲目拾遗》中提到：鲎尾灰断产后痢。近年，我国出版的很多药物学和药用海洋生物的书，也都提到中国鲎的医药作用。

鲎的最重要经济价值体现在血液上。鲎血液中的血细胞，99% 由颗粒细胞（亦称为变形细胞）组成。颗粒细胞胞质中含有 2 种颗粒。经漫长的沧桑岁月的物竞天择，鲎蓝色血液蕴藏着许多功能特殊的生化活性物质，目前发现的已经超过 50 多种。

近年，研究还发现，从鲎血细胞提取的鲎素具有显著抗菌、抗肿瘤及抗病毒等活性。因而使之成为一种具有巨大医药开发潜力的重要资源，为世界各国高技术产业所瞩目。

二、鲎是仿生学重要模型动物（An important animal model in Bionics）

鲎有 4 只眼睛，分布在头胸甲表面上的 3 条纵脊中，中央一条脊上前后分布有 1 对单眼，两侧纵脊上各有 1 只复眼。鲎的 2 只单眼，直径约 0.5 mm，由晶状体和视网膜组成，视网膜有 50～80 个感光细胞，主要司感光作用，对紫外线辐射很敏感。

鲎的复眼是动物界中最大的，长约 2 cm，宽约 1 cm。复眼中含有 800～1000 个小眼。每个小眼都是一个独立的视觉功能单位，都有自己的光学系统、感觉细胞和神经纤维。鲎复眼上的每个小眼的神经纤维之间，有许多侧向神经联系，形成神经网络。在光照不变的情况下，每个小眼对别的小眼都有抑制作用，这种侧向神经联系的抑制作用，称为侧抑制（lateral inhibition）。由于侧抑制，鲎复眼可以加强所看到图像的反差。人们利用此一原理设计新的电视，提高电视的清晰度。有些可以在黑暗中摄取影像的摄像机就是根据鲎的视觉原理制造的。鲎的视神经系统结构微妙、功能奇特，是生理学和仿生学研究的重要模型，成为提供研究神经系统影响动物行为的最佳例子，也是大脑能够调控视网膜敏感度的最佳模型。1967 年美国科学家哈特莱恩（Hartline）等人，成功揭示了鲎视神经功能而获得诺贝尔生理或医学奖。

另外，鲎具有坚硬的外壳，拱形的结构，完整的体形，伏在滩涂上，即使再大的风浪海潮也动弹不了它，也不会因海涂的软弱而陷入泥潭。而软弱地基的堤坝正需要有如此结构和特性。因此，建筑学家利用仿生学，模仿鲎的结构特点，提出“仿生鲎式结构”(bionic structure of horseshoe crab's type)设计出“鲎式轻质堤坝”(light dike with horseshoe crab's type)。这种鲎式轻质堤坝不仅提高了堤坝的稳定性，还具有较好的抗震性能。因而广泛应用于海洋石油勘探工程在潮间带建筑钻探平台（人工岛）和运输通道（堤坝）施工方面。

三、鲎是实用生态环境指标物种（A useful indicator species of ecological environment)

鲎作为一种古老动物，其与栖息地的生态链已经融为一体，是食物链不可或缺的重要一员。通过食物链的关系，不同动物之间会互相依存、互相牵制。一旦食物链的某个环节出现问题，整个生态系统的平衡就会受到严重影响。因此鲎资源的减少势必导致生态链的失衡，甚至引发其他物种的消失。例如，美国特拉华（Delaware）海滩美洲鲎数量的下降直接引起该海滩上以鲎卵和幼鲎为食的海鸟数目的下降（图 1-8）。鲎卵和幼鲎不仅是某些海鸟的主要食粮，同时也是某些无脊椎动物的主要食物，如蟹类、腹足类以及某些

图 1-8　1997—2002 美国特拉华海湾（Delawre bay）红腹滨鹬（每年吃 300 吨鲎卵）数量已减少了 37%～47%。每年春天有数百万只美洲鲎在特拉华海湾产卵。从中南美洲到北极圈的候鸟以捕食营养丰富的鲎卵作为补充体力和能量的来源。如果上岸产卵的鲎数量减少，候鸟就得不到足够的能量而在飞行过程死亡，这就会影响候鸟的数量。

鱼类。虽然缺乏有关中国鲎在生态链中所占位置的研究，但是不容置疑的是，其种群数量的减少也导致其所在的栖息地生态失衡。生态失衡的代价之大是无法估量的。因此，保护鲎资源就是保护我们共同生活的生物圈。

此外，鲎在生殖季节中，雌鲎产卵于高潮带沙砾中，幼鲎成长于潮间带的习性很容易受到人类各种行为，如捕捞、污染、栖息地的破坏而中断其生命史。因此，鲎可作为一种很实用的环境指标种，它的存在与否最能反映潮间带的健康状态。

四、鲎是重要科学研究的材料（An important research material）

鲎在地球上的出现远比恐龙来得早，是研究生物进化、动物生理的十分宝贵而重要的材料。

鲎的胚胎及早期幼体发育过程中，具有三叶虫阶段，它与早寒武纪(约5.7亿年前)出现至晚二叠纪(约2.4亿年前)绝灭的三叶虫是近亲。因而，鲎是研究动物界中节肢动物进化的重要材料。

再者，动物的3种呼吸蛋白中，氧的结合位点完全不同。在血红蛋白中，氧结合到血红素中卟啉环的Fe(Ⅱ)；在蚯蚓血红蛋白中，氧结合到与氨基酸侧链连接的2个Fe(Ⅱ)；与大多动物不同，鲎负责呼吸的血蓝蛋白中，氧则结合到铜原子，故其血液是蓝色的。因此，鲎血蓝蛋白是研究动物界呼吸蛋白进化的不可或缺的材料。

五、鲎全身是宝（Valuable for whole body）

鲎的肉可食用，其味鲜美如蟹，闽粤一带居民素有喜食鲎肉的习惯，市场供不应求，价格又高，市场潜力很大。采用凯氏定氮法和反相液相色谱法测定成熟中国鲎肌肉、胃、肠道和生殖腺等组织中蛋白质和氨基酸的含量。结果表明：中国鲎肌肉、胃、肠道和生殖腺中蛋白质含量分别为66.79%、62.07%、58.28%和61.94%；随组织类型不同，氨基酸组成模式显著不同；各组织中人体必需氨基酸含量之和分别占其氨基酸总量的50.32%、43.90%、47.37%和55.95%。这表明，成熟中国鲎是一种营养价值丰富的海洋节肢动物。

鲎甲壳还可以制成生活器具，如用鲎外壳制成的舀取东西的鲎靴，是早先家庭及豆腐作坊必备的工具。

闽南海域广阔，盛产鲎，由此闽南人在日常生活中形成一些生动有趣的关于鲎的俗话谚语。

民间有一句口头禅：“大若鲎，小若豆。”这句俗语大意是：大的太大，小的太小，不均匀，因为鲎的体积与一粒豆相比，差距太大，不相匹配。还有一句是比喻有的人办事不利索、退钝、慢吞吞，叫做“鲎脚鲎蛲”，这是本地人对鲎的习性非常了解得出的生活用语。

民间还经常引用“一个卖鲎靴，一个卖笊篱”的俗语，这话一般比喻为强调各自的作用。“鲎靴”就是把鲎壳加工成半圆形的舀水用具，“笊篱”则是用竹篾或铁丝编织成的滤沁器，各有功能。

鲎到了成熟的季节，雄鲎趴在雌鲎背上，成对地爬上沙滩挖穴产卵。雄鲎周围海水因受扰动而产生气泡（称为鲎沫），这成为渔民寻找鲎的最好的指标。捉鲎的人，迅速潜入水中，准确地抓住雄鲎的尾巴，这样就能双双捉住。如果先抓着雌鲎，雄鲎就会趁机溜掉，只能捉到一只雌鲎。所以，闽南人就用“双鲎无一偶”来比喻有人办事不好、不完整。

过去，有人在沙滩浅海捉到鲎，自己宰着吃或拿到市场、菜馆卖掉。其实，宰鲎不像剖鱼肚那样简单，要懂得一套解剖鲎技术。外行人乱用刀割，可能把鲎的肚肠割破，鲎肚内的屎尿就溢出污染鲎肉，臭味难闻。所以，就用“好好鲎杀得屎流”来形容有人把好事办坏，弄得不可收拾的局面。

图 1-9　由鲎甲壳绘制而成的“虎头牌”

民间称鲎为海怪。因为鲎的形态奇特，披盔戴甲，其壳坚硬如磐，剑尾笔直锋利代表无坚不摧，民间认为它具有祛邪镇宅作用。台湾金门的居民会把鲎腹部的壳彩绘成老虎的样子，称为“虎头牌”，悬挂于门楣上以祛邪镇宅(图 1-9)。

还有，鲎出现在古生代奥陶纪，在 4 亿多年漫长的沧海桑田岁月中仍繁衍不息，代表着长寿；雌雄鲎终生相伴，是一种代表对爱情忠贞不渝的吉祥物，因此，鲎是一种人们喜爱的重要而难见的观赏动物。可以说，鲎全身是宝，是一种珍贵的海洋资源。

※ 参考文献（References）

毕德昌，郭佩霞，钱迈平．安徽南陵下三叠统青龙组鲎类足迹化石的发现．***古生物学报***，1995，34(6)：714～720.

陈章波，陈昭伦，杨明哲，叶欣宜，林柏芬．鲎的保护与族群恢复之研究．***福建环境***，2003，20(4)：32～34.

陈章波，叶欣宜，林柏芬，吴松霖．两亿年之鲎（第二版）. 2005，台湾高远文化事业有限公司．

洪水根．鲎——全身是宝的海洋珍贵活化石．***厦门科技***，2004，57：55～58.

洪水根，吴仲庆．中国鲎 (*Tachypleus trideotatus* Leach) 的电刺激催．***福建水产***，1985，(3)：24～25.

洪水根，汪德耀．中国鲎卵膜发生的研究．***厦门大学学报（自然科学版）***，1986，25(2)：233～238.

洪水根，汪德耀．鲎的卵黄发生．***海洋与湖沼***，1987，18(3)：286～290.

洪水根，孙涛，倪子绵，薛茹．中国鲎精子发生的研究：Ⅰ．精子的发生过程．***动物学报***，1996，41(4)：393～398.

梁平，程廷楷，吴翊钦，陈文列，吴伟洪．中国鲎胚胎血细胞生成的初步电镜观察．***动物学报***，1992，38(4)：435～439.

廖永岩，叶富良，洪水根．鲎，一种珍贵的海洋药用动物．***中国海洋药物***，1998，4：34～40.

汪德耀，方永强，汪敏，中国鲎变形细胞括体观察、活体染色及其对细菌感染反应的研究．***动物学报***，1983，29(4)：300～304.

张启跃，胡世学，周长勇，吕涛，白建科．鲎类化石（节肢动物）在中国的首次发现．***自然科学进展***，2009，19(10)：1090～1093.

周楠生，郑重．厦门鲎的初步研究．***厦门水产学报***，1950，1(4)：29～40.

Bang，F. C. A bacterial disease of *limulus polyphemus*. Bull Johns Hopkins Hosp，1956，98：325～351.

Bonaventnre，J.，Bonaventura，C.，Tesh，S. Physiology and Biology of Horseshoe Crabs. 1983，Alan R. Liss，Inc.，New York.

Cohen, E. (ed.) Biomedical Applications of the Horseshoe Crab (limulidae). 1979, Alan R. Liss, Inc., New York.

Ding, J. L., Chai, C., Pui, A. W. M., Ho, B. Expression of full length and deletion homologues of *Carcinoscorpius rotundicauda* Factor C in Saccharomyces cerevisiae: immunoreactivety and endotoxin binding. *Journal of Endotoxin Research*, 1997, 4(1): 33～43.

Levin, J., Bang, F. B. The role of endotoxin in the extracellular coagulation of limulus blood. *Bull Johns Hopkins Hosp*, 1964, 115 : 265～274.

Masuda, M., Nakashima, H., Ucda, T., Naba, H., Ikoma, R., Otaka, A., Terakawa, Y., Tamamura, H., Ibuka, T., Murakami, T., Koyanagi, Y., Waki, M., Matsumoto, A., YamamotoN., Funakoshi, S., Fujii, N. A noval anti-HIV synthetic peptide, T-22([Tyr5, 12, Lys7]-polyphemusin II). *Biochemical and Biophysical Research Communications*, 1992, 189(2): 845～850.

Miyata, T., Tokunaga, F., Yoneya, T., Yoshikawa, K., Iwanaga, S., Niwa, M., Takao, T., Shimonishi, Y. Antimicrobial peptides, isolated from horseshoe crab hemocytes, tachyplesin II, and polyphemusins I and II: Chemical structures and biological activity. *J.Biochem.*, 1989, 106 : 663～668.

Nakamura, T., Furunaka, H., Miyata, T., Tokunaga, F., Muta. T., Iwanaga, S., Niwa, M., Takao, T., Shimonishi, Y. Tachyplesin, a class of antimicrobial peptite from the hemocytes of the horseshoe crab (*Tachypleus tridentatus*). *J.Biol.Chem.*, 1988, 263 : 16709～16713.

Rudkin, D. M., Young, G. A. Horseshoe crabs—an ancient ancestry revealed. Biology and Conservation of Horseshoe Crabs. 2009, 25～44.

Saito, T., Kawabata, S., Shigenaga, T., Takayenoki, Y., Cho, J., Nakajima, H., Hirata, M., Iwanaga, S. A novel big defensin identified in horseshoe crab hemocytes: Isolation, amino acid sequence, and antibacterial activity. *J. Biochem.*, 1995, 117: 1131～1137.

Sekiguchi, K. Biology of Horseshoe Crabs. 1988, Science House Co., Ltd. Tokyo.

Tamamura, H., Kuroda, M., Masuda, M., Otaka, A., Funakoshi, S., Nakashima, H., Yamamoto, N., Waki, M., Matsumoto, A., Lancelin, J. M., Kohda, D., Tate, S., Inagaki, F., Jujii, N. A comparative study of the solution structures of tachyplesin I and a noval anti—HIV synthetic peptide, T22([Tyr5, 12, Lys7]-polyphemusin II), determined by nuclear magnetic resonance. *Biochimica et Biophysica Acta*, 1993, 1163 : 209～216.

Tanacredi, J. T., Botton, M. L., Smith, D. R. Biology and Conservation of Horseshoe Crabs, 2009, Springer.

第二章 鲎的外部形态 (EXTERNAL MORPHOLOGY)

/第一节/ 鲎的形态特点 (Morphological features)

凡是首次看到鲎的人，无不对其古怪的形状感到惊奇，故民间俗称其为"海怪"。自发现鲎以来，它的名字也五花八门，如锅蟹 (pan crab)、长柄深锅蟹 (saucepan crab)、剑尾蟹 (swordtail crab)、王蟹 (king crab)、背包蟹 (piggyback crab)，印度人甚至把它当成鱼类。鲎的身体可分为头胸部 (cephalothorax)、腹部 (opisthosoma) 和剑尾 (telson) 三部分，头胸部与腹部的长度为体长；体长加上剑尾的长度为全长。这三部分中间都有一种类似关节的构造彼此相联，保证各个部分能相对独立、自由弯曲地运动 (图 2-1，图 2-2)。

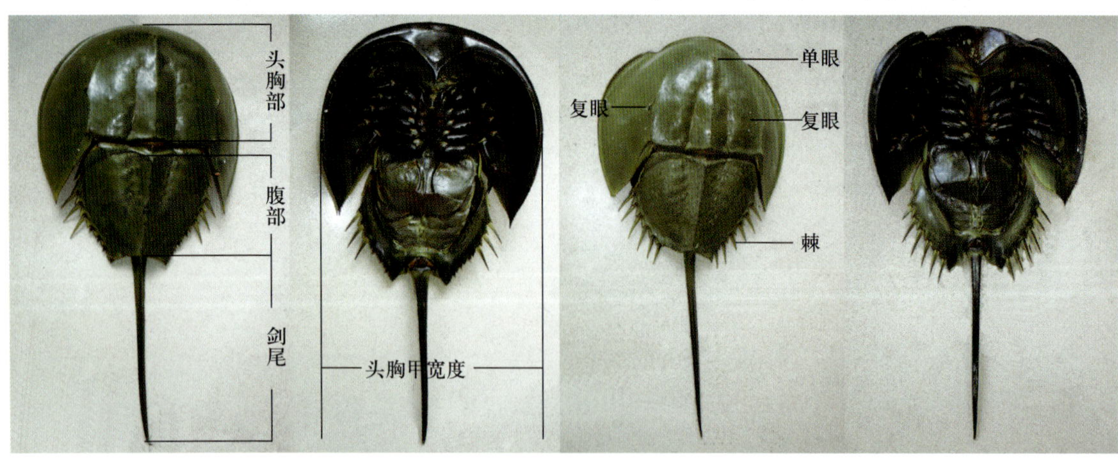

图 2-1 中国鲎雌性形态 (左为背面观，右为腹面观)

图 2-2 中国鲎雄性形态 (左为背面观，右为腹面观)

/ 第二节 /
鲎外部形态划分（Classification of external morphology）

一、头胸部（Cephalothorax）

亦称为前体部（prosoma）。从背面观，中国鲎像一只覆着的面盆，由坚硬的几丁质头胸甲所包裹。雄鲎的甲壳前缘 2 处凹陷（图 2-3 右），雌鲎甲壳前缘圆整无凹陷（图 2-3 左），这是判断中国鲎雌雄区别最显著的外部特征。

头胸甲背面呈碗状隆起，前缘左、右侧缘呈半圆形，两侧后端部向后突出成尖刺状。头胸甲表面生有 3 条纵脊（ridge），中央一条脊上前后分布有一对单眼，具有感光功能，两侧纵脊上各有一只复眼，具有视觉功能（图 2-3）。头胸甲的外缘向上卷起，形成一加厚的边唇。脊和边唇的结构起着加固头胸甲的作用，使鲎头胸甲能像刀枪不入的钢盔一样具有强大的抗压及抗扭曲的作用。从正前方看，中国鲎雌性头胸甲腹沿基本上与地面平行，而雄性背甲腹沿有一波浪状的拱曲，这种结构特点正好适应生殖期间，雄性抱往雌性背甲的习性。

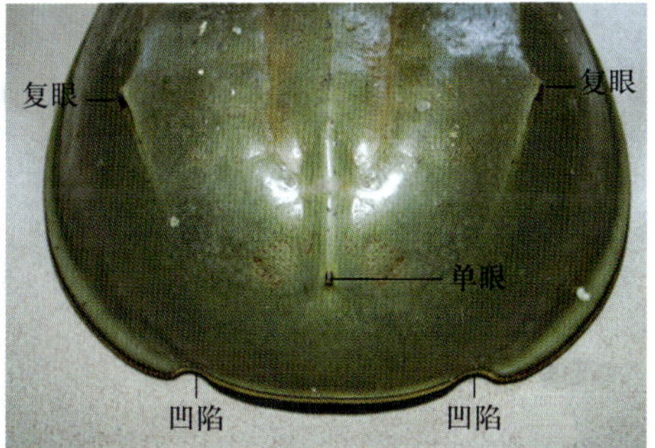

图 2-3　中国鲎头胸甲前端形态比较（左为雌性，右为雄性）

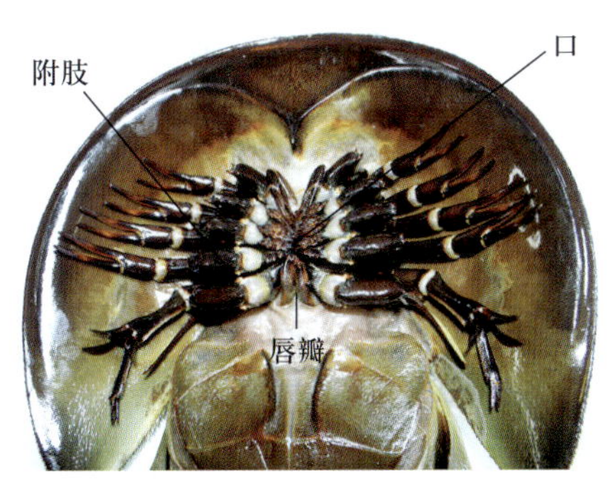

图 2-4　中国鲎头胸部腹面观（左为雌性，右为雄性）

分布于头胸甲边缘的背刚毛是物理性感受器，协助鲎保持被掩埋的状态。鲎大部时间营底栖潜居，主要运动方式是爬行。

头胸部腹面内凹，中间有口，口周围排列着 6 对胸部附肢，第一对是螯肢，形小，由 3 节组成，端节呈钳状，第 2 至第 6 对为大型步足（图 2-4）。

二、腹部（Opisthosoma）

亦称后体部（opisthosoma）。中国鲎腹部的背面也被有坚硬的外壳，称为腹甲，近似六角的盾形，腹甲表面有细刺称为刚毛，雌性两侧长有 3 对棘刺（spine），雄性有 6 对棘刺，这也是区别中国鲎雌雄性别的另一个明显外部特征（图 2-5）。另外，中国鲎腹甲后缘有 3 个小突刺，所以亦称之为三刺鲎（图 2-6）。

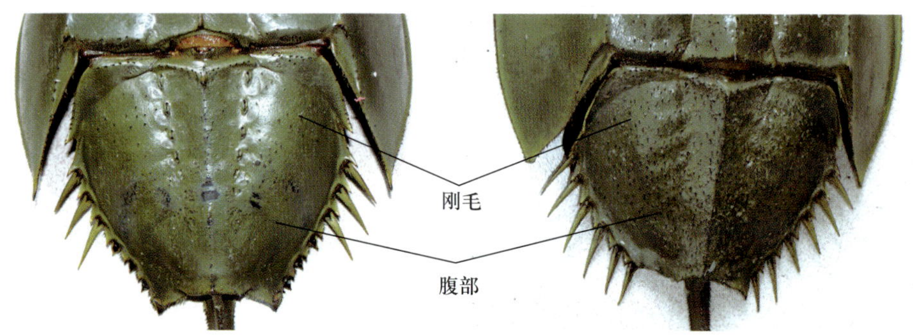

图 2-5　中国鲎腹部背面观（左为雌性，右为雄性）

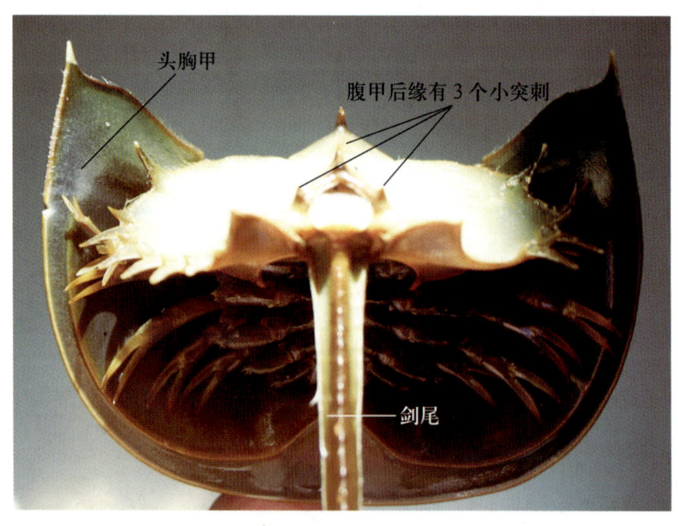

图 2-6　中国鲎腹甲后缘上的 3 个小突刺

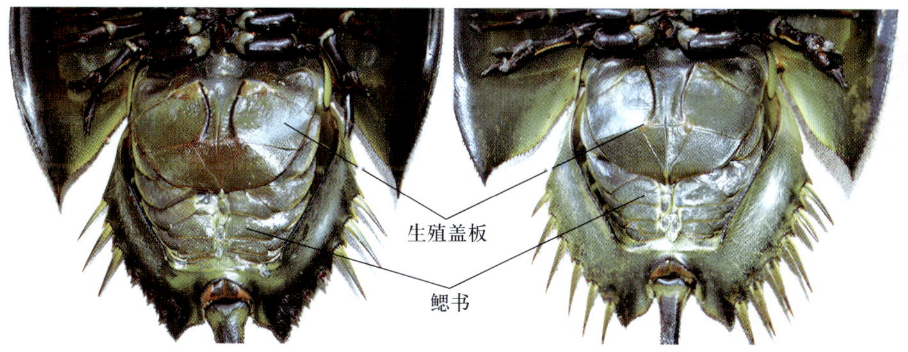

图 2-7　中国鲎腹部腹面观（左为雌性，右为雄性）

腹部的 6 对板状附肢，第 1 腹肢左右愈合而成扁平的叶片状，称为生殖盖板（或称为生殖厣）(图 2-7)。第 2 至第 6 对腹肢是双肢型，内肢小，外肢后有一对叶状鳃，它是从体壁向外突起，由 150～200 个小片组成，称为鳃书(图 2-7)。

三、剑尾（Telson）

中国鲎还有一根坚硬的剑尾，其横断面为三角形，中间充满凝胶状的物质（图 2-8，图 2-9)。其两侧棱上饰满细小锯齿，剑尾与腹甲连接处，生有一

图 2-8　中国鲎的剑尾（左为背面观，右为腹面观）

图 2-9　中国鲎剑尾的横断面

关节，可使剑尾自由转动，连接处有一消化道肛门的出口（图 2-10）。当鲎背甲贴地朝天时，可用剑尾撑在地面，用力一蹬，将身体翻转过来（图 2-11）。剑尾还可以起舵的作用，掌握游泳的方向。

另外，雌鲎在生殖季节时往往靠剑尾将头胸部及腹部拱起，以便于让生殖盖板翻开，促进雌鲎排卵，并利用鳃片的摆动，造成水流，促进精卵结合。

鲎的游动与海水的涌动有关，通常是迎着海浪的方向向深水游动，而没有浪涌时其游动的取向是随机的。在水中游泳时，鲎经常腹部朝天地作仰式游泳，故有海上仰泳冠军之称。在这种游泳方式中，水对鲎圆锥形的背甲有很大浮力，可大大减少鲎游泳运动时消耗的能量。

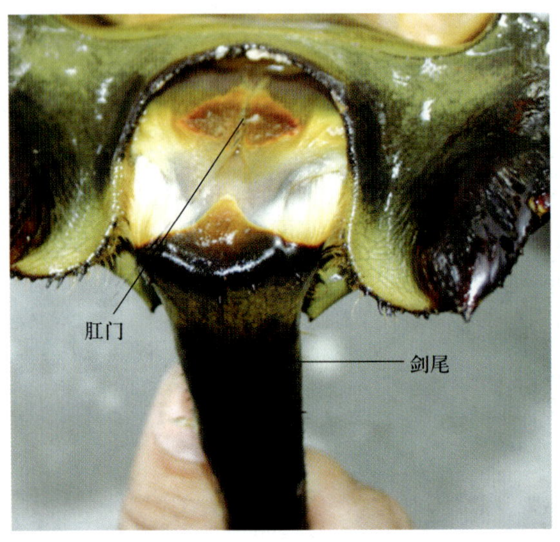

图 2-10　剑尾与腹甲交界处

图 2-11　中国鲎正以剑尾为支撑点作翻身动作

/ 第三节 /
附肢（Appendages）

一、头胸部的附肢——螯肢和步足（Appendages of cephalothorax—chelicera and pereiopoda）

中国鲎头胸部的腹部有 6 对附肢（图 2-12）。第 1 对附肢形小，由 3 节组成，端节呈钳状，故称为螯肢（chelicera）(图 2-13)。它的作用像筷子与叉子用来夹取和捕捉食物，再送入口中。

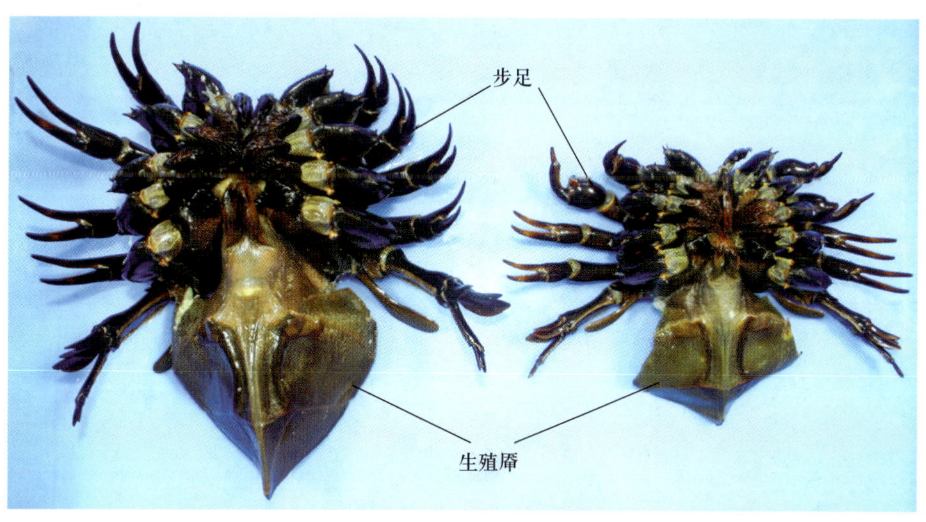

图 2-12　中国鲎头胸部腹部附肢整体观（左为雌性，右为雄性）

图 2-13　中国鲎头胸部腹部第 1 对附肢——螯肢（左为腹面观，右为反面观）

中国鲎雌雄两性第 2 至第 6 对附肢为大型步足，列生于口之左右两侧，其基节庞大，内缘有许多小刺，围在口的四周，起颚的作用。图 2-14、图 2-15 示中国鲎头胸部腹部雌雄两性 6 对附肢的结构比较。雌雄两性在第 6 附肢的基部末端都有一对弯曲成扇形向外突出的外肢（epipodite）。

雌性第 2 至第 5 附肢末端均为钳状；雄性第 2、3 对附肢呈强壮的钩爪结构，在繁殖季节雄鲎用它紧紧抓住雌鲎游到高潮线产卵（图 2-16）。

雌、雄体的第 6 对附肢的端节基部均呈 5 个扁平可动的突起物，张开时形同花瓣，可用作在泥沙中钻穴的工具（图 2-17）。当鲎爬行的时候，它们可以将泥沙往后推，使鲎获得反作用力而前进。

图 2-14　中国鲎雌性附肢形态结构

图 2-15　中国鲎雄性附肢形态结构

图 2-16　中国鲎头胸部腹部雌雄第 2、3 对附肢形态比较

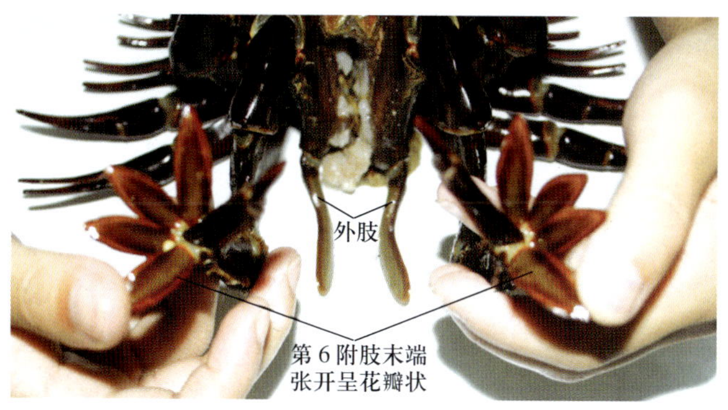

图 2-17 中国鲎第 6 对附肢末端张开时的结构

雌雄两性在第 1 对附肢的前面，有一圆丘状的突起称为嗅感器（ventral sensory organ）(图 2-18)。嗅感器以前被认为是嗅觉感器，但目前研究表明，它具有光感受器的功能，因此亦称它为“腹眼”(ventral eye)。在雌雄两性第 6 附肢基部正中线上，还生有 1 对肾状形的唇瓣（chilaria）(图 2-19，图 2-20)。

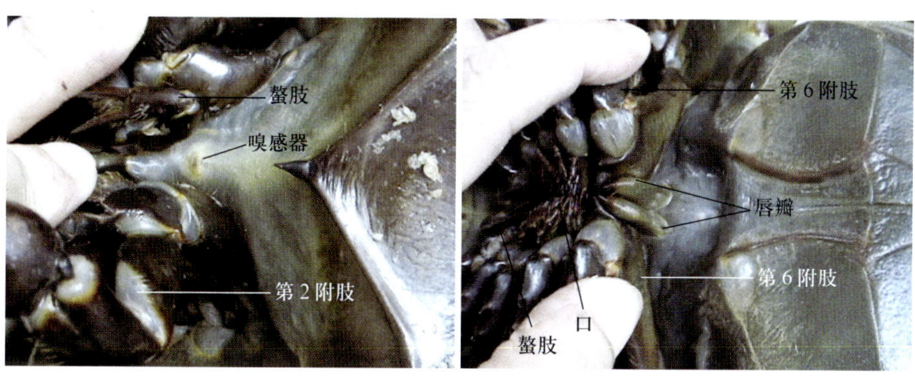

图 2-18 中国鲎嗅感器的结构图　　2-19 中国鲎唇瓣的结构

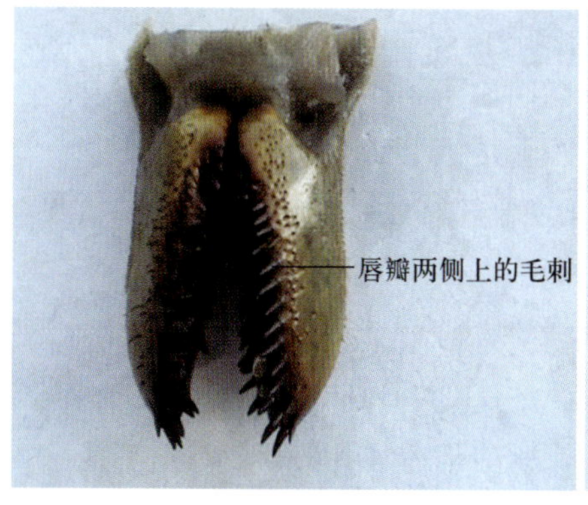

2-20 中国鲎唇瓣的结构（左为腹面观，右为反面观）

二、腹部的附肢——生殖盖板和鳃书（Appendages of opisthosoma—operculum and gill book）

与头胸部步足型的附肢不同，中国鲎腹部腹面的附肢是板状型的。中国鲎腹部腹面也有 6 对附肢。第 1 腹肢左右愈合而成扁平的叶片状，称为生殖盖板（operculum）(或称为生殖厣)。翻开生殖盖板，可见 1 对生殖孔（gonopores），长在盖板的基部，雌性生殖孔比雄性的大（图 2-21）。

第 2 至第 6 对腹肢是双肢型，内肢小，外肢后有一对叶状鳃，它是从体壁向外突起，由 150～200 个小薄片（lamellae）组成，称为鳃书（gill book 或 branchial appendage）(图 2-22)。它是鲎的呼吸器官，体内的血液流经鳃书与外界进行气体交换，进行呼吸。数百片的薄片像人的肺泡一样，大大增加气体交换时的表面积，鲎鳃书的特殊构造使鲎在水中和陆上都能呼吸。

鲎发育过程，每蜕一次皮（壳）(或称脱壳）称为“1 龄”，刚孵化出来的小鲎，称为 1 龄小鲎，没有剑尾，只有 2 对鳃书，随着每次脱壳，便增加 1

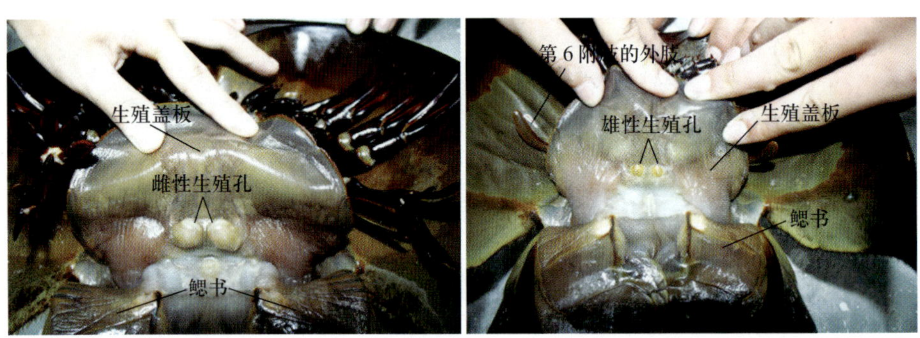

图 2-21　中国鲎雌雄生殖盖板及生殖孔比较（左为雌性，右为雄性）

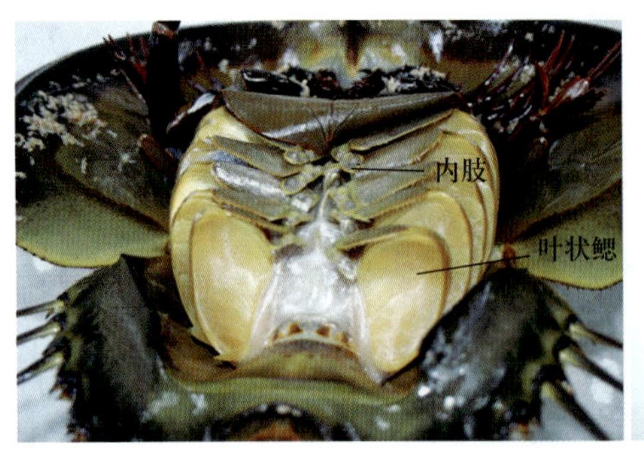

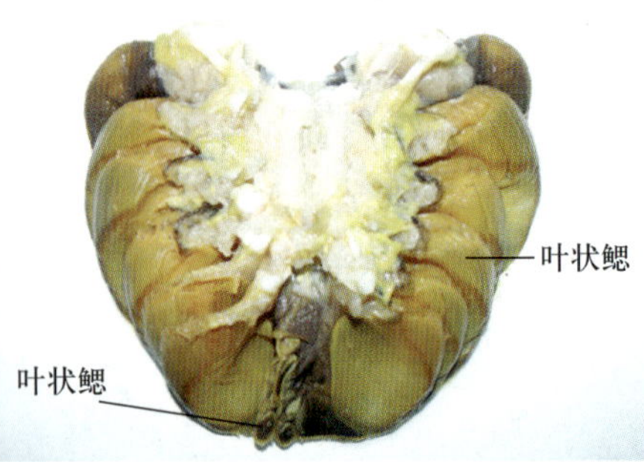

图 2-22　中国鲎鳃书结构（右示从腹甲剥离的鳃书）

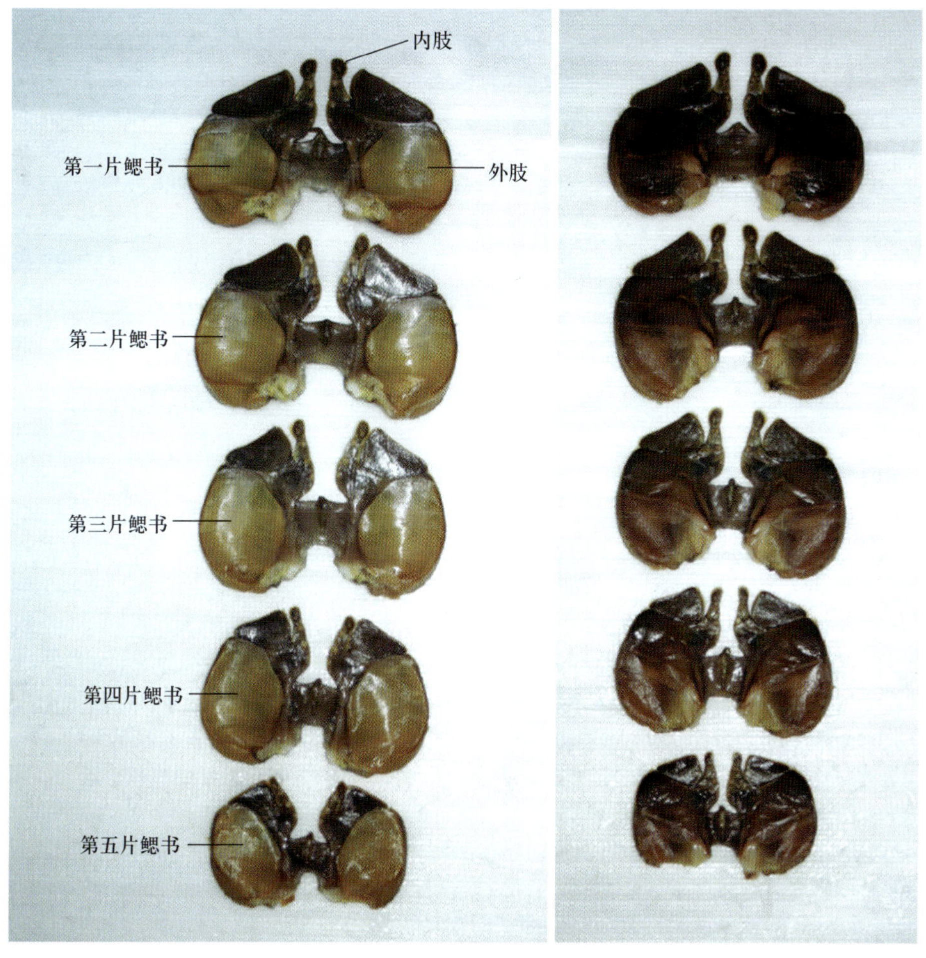

图 2-23　中国鲎 5 片鳃书比较（左为鳃书翻开面观，右为鳃书闭合面观）

对鳃书，至 4 龄小鲎出现完整的 5 对鳃书为止（图 2-23）。腹肢不仅是鲎的呼吸器官，也是它的游泳器官。由于腹肢的摆动，不仅在腹部形成一股缓缓的水流从鳃流过而进行呼吸，而且也使鲎获得向前游动的动力。

生殖盖板除了盖住生殖孔之外，还起着保护鳃的作用。

※ 参考文献（References）

洪水根 . 鲎——全身是宝的海洋珍贵活化石 . ***厦门科技***，2004，**57**：55～58.

Sekiguchi，K. Biology of Horseshoe Crabs. 1988，Science House Co.，Ltd. Tokyo.

第三章 鲎的内部构造 (INTERNAL STRUCTURE OF HORSESHOE CRABS)

/第一节/ 消化系统 (Digestive system)

鲎的消化系统由 2 个主要结构组成：消化道和中肠腺 (midgutgland)(图 3-1)。

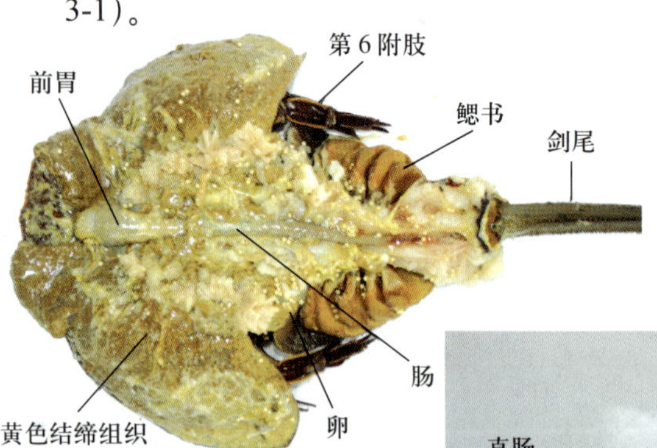

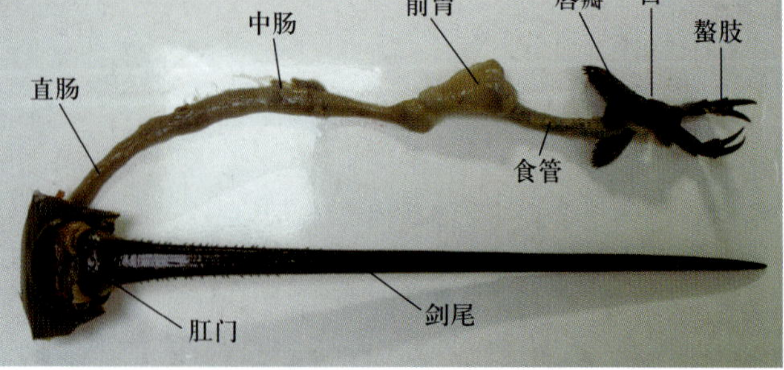

图 3-1　中国鲎消化系统(上图为道化道在鲎体中的位置，下图为解剖后消化道各组成部分)

一、消化道（Digestive tract）

消化道呈“J”形，又分为3个部分：前肠、中肠和后肠。

（一）前肠（Forgut）

前肠包括口、食管及前胃。

1. 口

开在头胸部腹面的中部表面上，被口器所包围。口器包括1对螯肢（chelicera）、5对步足的基节以及1对唇瓣（chilaria）。有弹性的口缘角质护膜使口器能自由活动（图3-2，图3-3）。

图3-2 中国鲎口器的结构

图3-3 中国鲎雌雄口器比较
（左为雌性，右为雄性）

2. **食管**（Oesophagus）

食管是一条在口和前胃之间的管道，并朝着前胃逐渐变宽。它从口通过内腹甲下面的导管环（vascularring）向前延伸。在内腹甲的前面，它向上转并达到在中眼下面的前胃。食管壁厚有发达的肌肉。它的内表面有 6～7 条很深很长的皱折。一种透明的易脱落的表皮覆盖在食管的内表面。

3. **前胃**（Proventriculus）

食管最后面大的突起部分就是前胃，通常称为胃或"砂囊（gizzard）"。它并非内胚层器官真正的胃，因为它属于外胚层的前肠的部分。在中途，它大大地向后弯曲，分为前后两部分。其发达肌肉的壁在消化道中是最厚的，尤其在后面部分特别厚（图 3-4）。

图 3-4　中国鲎前胃的构造

（二）中肠（Midgut）

中肠即肠的位置。肠是一条软而直的管，分布于头胸部和腹部之间。它纵向位于心脏之下，带有纵环肌的薄壁。其壁内表面为棕色，有 100 多个精细的纵沟，由一层薄的黏液层取代盲管覆盖在肠的内表面。鲎的肠属于内胚层的中肠（图 3-1）。

（三）后肠（Hindgut）

后肠包括直肠和肛门。直肠是一条短而直联系肠与肛门的管道。在肠和肛门之间没有像阀门或收缩一类的复杂的构造。

肛门是直肠的末端，开口在腹部的腹面后端，在剑尾的基部。它依靠一对肛门阀门进行开闭（图 3-1）。

二、中肠腺（Midgut gland）

中肠腺亦称之为肝胰腺（hepatopancreas），由 2 种不同的组织组成：由来源于肠肝管的中肠盲囊（midgut diverticulum）以及围绕着中肠盲囊的黄色结缔组织（yellow connective tissue，YCT）组成。在成体，中肠腺几乎充满整个前体部。中肠盲囊仅位于前体部，而黄色结缔组织也存在于后体部。

（一）中肠盲囊（Midgut diverticulum）

中肠盲囊为 2 对中肠分支（或称之为肝导管）进一步反复分支，形成大量肠盲囊管。肠盲囊呈褐色，如细铁丝大小，数量非常多，缠绕曲折，形成网状。中肠盲囊管径不一，大的长径可达 700 μm，小的也有 100～200 μm，由单层柱状上皮细胞、基膜、环肌由里到外呈三夹层结构。

中肠盲囊不同部分的构造和功能可能不同。其柱状上皮由 4 种细胞组成：胚性细胞（embryonic cell）、分泌细胞（secretive cell）、吸收细胞（resorptive cell）和消化细胞（digestive cell）(图 3-5)。上皮细胞的细胞核往往位于细胞基底部。胚性细胞胞体较小，核质比大，分布于其他细胞之间，常位于靠近基膜处，可分化为其他类型的上皮细胞；分泌细胞游离端常有若干空泡，分泌细胞分泌消化酶入中肠盲囊腔。大量进食后的鲎的中肠盲囊，在吸收细胞

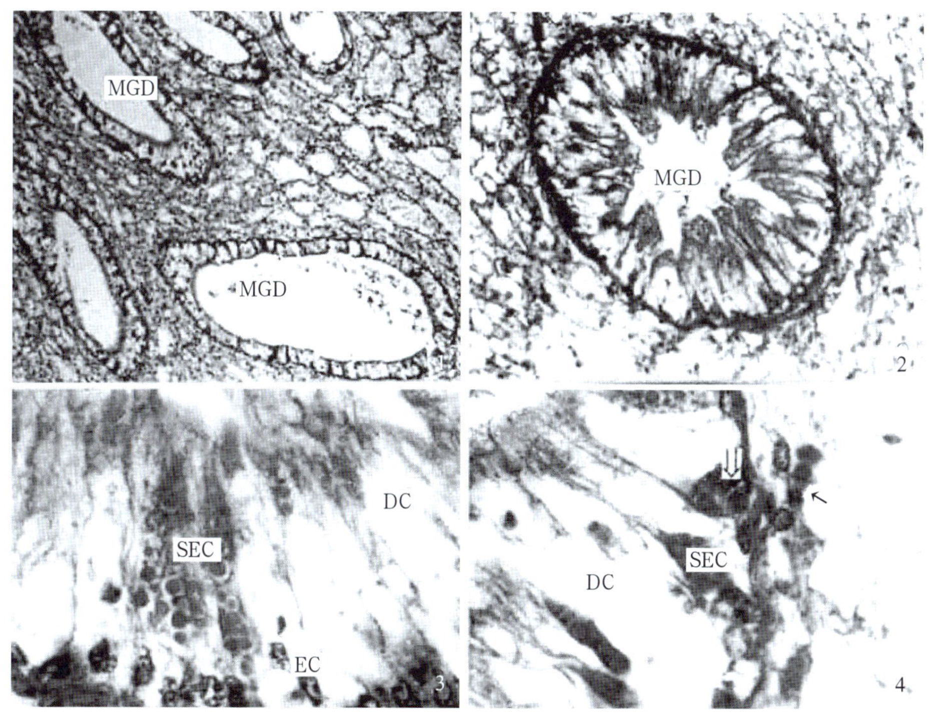

图 3-5　中肠盲囊光镜照片

1. 中肠盲囊 (MGD) 横切面结构低倍观，×55
2. 一个肠盲囊横切面结构，×136
3. 肠盲囊横切面结构部分放大，EC－胚性细胞，SEC－吸收细胞，DC－消化细胞，×550
4. 肠盲囊横切面结构部分放大，SEC－吸收细胞，DC－消化细胞，单箭头示营养颗粒即将被消化细胞所摄取，双箭头示营养颗粒，×550

内会出现许多小泡状结构，嗜苏木素，染成紫色。组织化学染色表明，它含有糖类和蛋白质。而在饥饿的鲎机体内，吸收细胞因其吸收来的营养物质已完全排入结缔组织，而使吸收细胞胞质呈空白状（图 3-5：3，4）；而消化细胞内则充满营养颗粒，营养颗粒的大小和染色特性与营养细胞内的颗粒相似，有些部位可见营养颗粒正被消化细胞所摄取（图 3-5：4）。消化细胞可消化营养颗粒，还可把初步消化颗粒排入中肠盲囊腔，使营养物质重新被消化利用。

（二）黄色结缔组织（Yellow connective tissue，YCT）

鲎的黄色结缔组织占机体很大的比重，充满外壳包围的机体内部，填充于内脏器官之间，为鲎机体内一重要的组织结构。从腹部剪开成体鲎，去掉腹面外壳，可见成体鲎黄色结缔组织充满外壳包围的整个机体内部，呈浅黄色或棕褐色（图 3-1，图 3-6）。浅黄色的组织位于最表层，即与外壳接触的一层，不含中肠盲囊，且较薄，与其内侧的棕褐色的黄色结缔组织有较明显的分界。心脏周围、中肠周围和脑周围的薄薄的一层，同样为浅黄色，量很少。后体部的结缔组织含量很少，夹在腹部和背部外壳之间，与表壳相接触的组织同样为浅黄色。

黄色结缔组织质地柔软、疏松，内有丰富的组织间隙，蓝色血液弥散于其中。鲎的消化道被黄色结缔组织包围，黄色结缔组织中贮存的营养物质由消化道消化吸收来的营养物质转化而成。鲎内脏器官的生理活动与其周围的黄色结缔组织休戚相关。鲎的黄色结缔组织来源于胚胎的中胚层，为类间充质组织，具有很强的分化能力，鲎的血细胞和营养细胞都是由它分化而来的。

1. 黄色结缔组织与营养细胞发生

在光镜下，黄色结缔组织含有多种不同类型的细胞。其主要的构成细胞是一种大型的细胞，细胞内充满营养颗粒（nutrient granule），称之为营养细胞（nutrient cell）。营养细胞在不同的生理状态下，具有不同的形态结构。成熟的营养细胞（图 3-6：1，2），细胞相当大，大小为 150 μm 以上，为其他细胞的数倍甚至十几倍大。其突出的特点是，胞质非常丰富，核质比非常小，细胞质中充满大小不一的嗜曙红的均质的营养颗粒。营养颗粒呈圆形或椭圆形，大小可达 7 μm。细胞质中还含有丰富的脂肪颗粒。脂肪颗粒经石蜡切片制样过程被抽提，只剩下空泡。在春夏季或鲎能大量进食后，其机体内的大量的营养细胞成熟，在光镜下可见身体各部位的黄色结缔组织几乎充满了颗粒（图 3-6：1），数量众多的营养颗粒被伊红所染，呈现鲜艳的红色。当鲎长时间未进食，营养细胞内营养颗粒被大量消耗，颗粒大量减少，细胞内只有少量颗粒（图 3-6：3），而胞质中出现嗜曙红的稀薄的细微粒状组分，颜色比

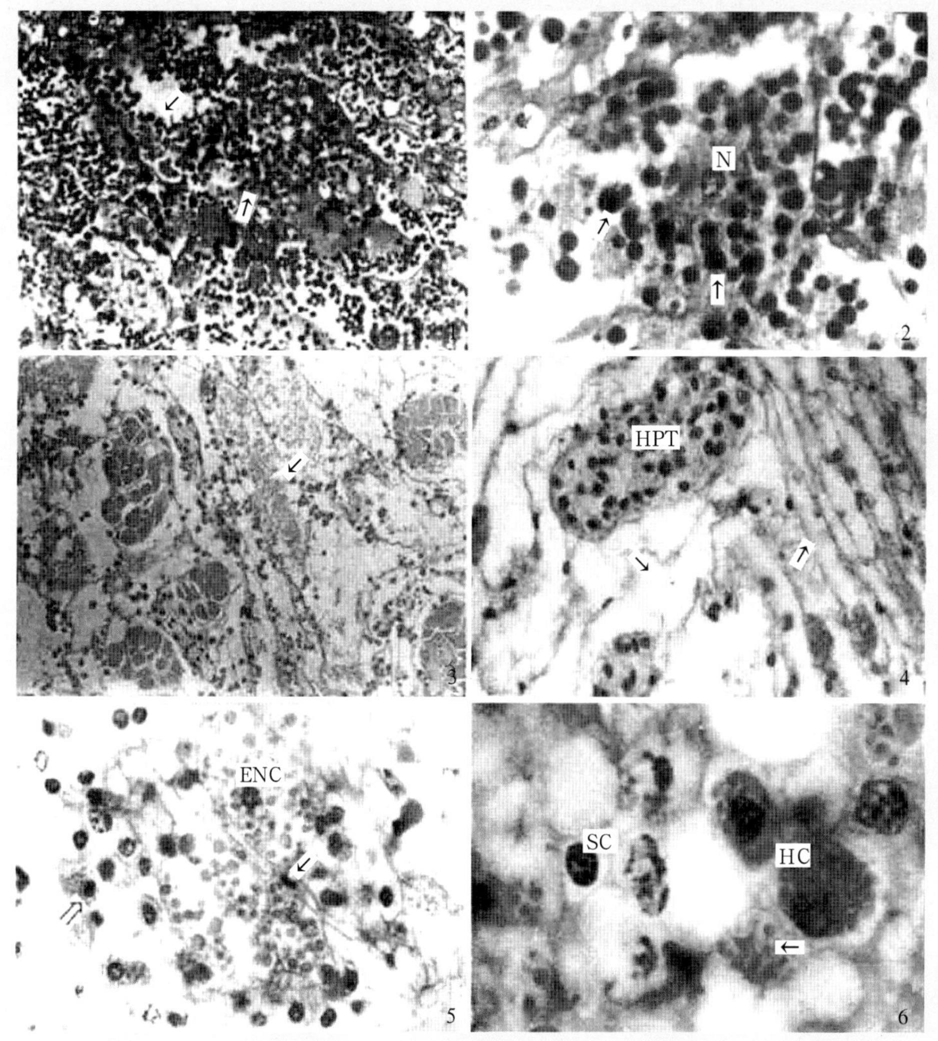

图 3-6　黄色结缔组织光镜照片

1. 示充满营养颗粒的营养细胞低倍观，胞质中充满小球状的营养颗粒（箭头所示），×272

2. 示成熟营养细胞结构，胞质中充满小球状的营养颗粒（箭头所示），N- 胞核，×550

3. 示营养颗粒贫乏的营养细胞低倍观，胞质较为空虚，可见细微粒组分（箭头所示），营养颗粒数量很少，×136

4. 示造血组织 (HPT) 及其周围呈空虚状态的营养细胞（箭头所示），×272

5. 示不同发育时期的营养细胞：营养母细胞（单箭头所示）、原始营养细胞（双箭头所示）、早期的营养细胞（ENC），×550

6. 示结缔组织中的血细胞 (HC) 和干细胞 (SC)，血细胞中的特异性颗粒清晰可见（箭头所示），×1360

颗粒浅得多。当营养细胞被进一步消耗，细胞甚至呈空虚状态（图 3-6：4），胞质中未见任何颗粒甚至细微粒物。营养细胞发源于结缔组织的一定区域（图 3-6：5）。营养母细胞分布于早期的营养细胞之间，胞体非常小，胞核呈椭圆形或梭形，异染色质致密；早期的营养细胞较小，细胞密集，边界清楚，其内颗粒小，染色浅（图 3-6：5）。随着营养细胞的发育，胞质不断扩张，其内颗粒不断形成，营养颗粒增多，颗粒内涵物趋于均质和饱满，被伊红染上浅红色，颜色加深。黄色结缔组织中除了营养细胞外，往往还可见到不少分散或成簇存在的血细胞（图 3-6：6），主要位于血窦腔隙或结缔组织细胞之间。血细胞胞质中充满血细胞特异性颗粒，清晰可见。在柔软的结缔组织间隙还可见少量游离的、能运动的类巨噬细胞（macrophage-like cell）。类巨噬细胞大小 15 μm 左右，细胞核较其他结缔组织细胞大且圆，核质比较大，细胞质被染成特殊的紫蓝色，因此易于辨别。类巨噬细胞有时会伸出伪足，使之形态变为梭形、多边形等。这一类细胞的功能和超微结构有待于进一步研究。鲎的黄色结缔组织中弥散着数量众多的造血组织，其大小不一，数量不定，由处于不同发育阶段的血细胞组成（图 3-6：4），往往与周围的结缔组织分界清楚。它们是由黄色结缔组织中的造血干细胞发育而来的。

透射电镜下观察黄色结缔组织，因其质地较柔软，容易发生皱缩，往往形成许多深色的皱缩纹，且视野反差小。营养细胞（nutrient cell，NC）是黄色结缔组织的主要组成细胞，细胞间质丰富，主要由一些不定形絮状或颗粒状物质组成，而缺少纤维状物质。营养细胞往往外包基膜（图 3-7：1），基膜厚薄不一，可达 7.5 μm，基膜由许多均匀的不定形基质组成。营养细胞内含有 2 种主要类型的颗粒：一种是脂肪颗粒（lipid granule，LiG）(图 3-7：1，2)，脂肪颗粒的电子致密度极低，色极浅，非常均质，大小不一，一般为 5～10 μm，圆形或近圆形，数量非常多，一个细胞多达 60 个以上；另一种是营养颗粒（nutrient granule，NG）(图 3-7：2)，其电子致密度比脂肪颗粒高得多，营养颗粒大小不等，形态多样，结构各异，内部往往不均质，表现出颗粒生理代谢的动态过程。正在发育的生理机能旺盛的营养细胞，靠近核附近有一区域，形成大量的内质网泡，且分布有许多线粒体（图 3-7：1）。这一区域为脂肪颗粒和营养颗粒的形成区。

营养细胞由结缔组织中的营养母细胞分化而来。营养母细胞（maternal nutrient cell，MNC）(图 3-7：3）分散于营养细胞之间，有的则成群存在。营养母细胞较小，大小为 4～5 μm，细胞核呈圆形或椭圆形，异染色质呈团状，核仁明显，核质比非常大，细胞质非常少，为一薄层，紧贴细胞核，胞质缺乏细胞器。其明显的特点是细胞质膜发达（图 3-7：3），细胞之间质膜相互蜿蜒曲折，形成犬牙交错迷宫式的网状结构。随着营养母细胞的发育分化，细胞体积增大许多，曲折的细胞质膜有所伸直，使胞质大大增多，核质比剧降，成为原始营养细胞（primal nutrient cell，PNC)(图 3-7：4)。原始营养细胞胞质中出现大量的线粒体（图 3-7：4)，线粒体数量多，在一切面上可达 50～60

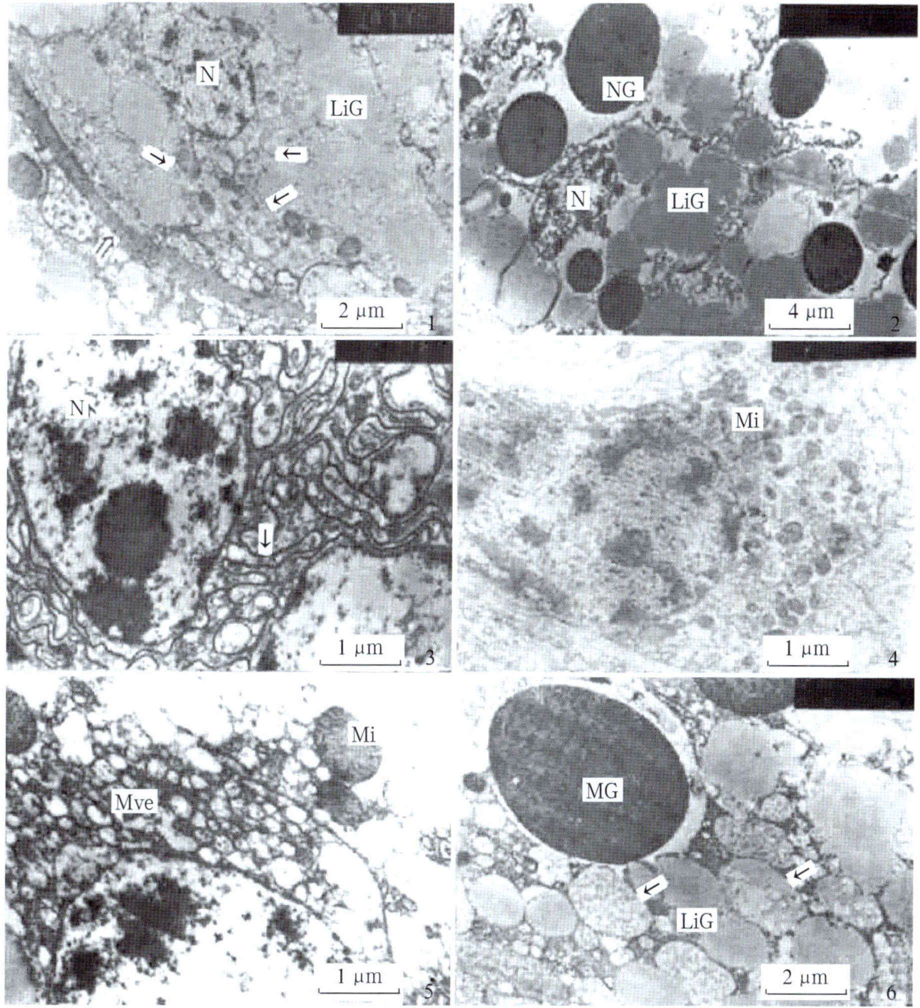

图 3-7　黄色结缔组织电镜照片

1. 示营养细胞局部观，单箭头示营养颗粒和脂肪颗粒发生区，双箭头示基膜。
2. 示充满营养颗粒和脂肪颗粒的营养细胞局部观。
3. 示营养母细胞，箭头示发达的细胞质膜。
4. 示原始营养细胞，胞质增大许多，出现大量的线粒体和膜泡。
5. 示早期营养细胞内营养颗粒发生区，有大量的膜泡发生。
6. 示营养颗粒、脂肪颗粒和正形成的脂肪颗粒（箭头所示）。

多个；形态多样，大多成椭圆形，有的为杆状、有的为哑铃形；基质膨大，内充满较致密的内含物；嵴丰富，为平板状。在细胞核附近的一定区域内质网膜泡不断产生，以致形成数量众多的膜泡（图 3-7：5）。有的区域的膜泡为光滑内质网，膜泡外表面光滑，无核糖体。这些膜泡内可见其内容物正逐渐地沉积，有的膜泡已被内涵物充满，且非常均质，发育为脂肪颗粒（图 3-7：6）。

另外，有的区域的许多膜泡外附着大量颗粒状核糖体（图 3-8：1）。随着核糖体蛋白的大量合成，膜泡中出现絮状的内涵物，内涵物不断增多，电子致密度不断增加，最终形成营养颗粒。随着胞质中膜泡的不断增多，物质的不断合成，胞质中产生许多的脂肪颗粒和营养颗粒。在颗粒形成过程中，线粒体总伴随其周围，且线粒体由杆状变为圆形，基质膨大许多，其内涵物逐渐增多且致密度很高，线粒体膜间隙逐渐消失（图 3-8：2），最终演变为营养颗粒。这表明一部分线粒体也直接参与营养颗粒的形成。另一部分线粒体保持活跃的生理功能，为营养细胞内颗粒的大量合成等代谢活动提供大量的能量。

新形成的营养颗粒形态结构多样，其内含物有的颗粒分布均匀，形状为椭圆形或圆形（图 3-8：3），有的形状呈葫芦形（图 3-8：4）。随着营养细胞内的脂肪颗粒和营养颗粒的不断产生，数量不断的增加，使营养细胞不断变大，其体积会增大好几倍甚至十几倍。因此营养细胞能够储存大量的脂肪颗粒和营养颗粒。

当鲎动用其黄色结缔组织内储存的营养时，营养细胞中的营养颗粒也出现一个复杂的生理生化变化过程。营养细胞内储存的营养颗粒，不断与溶酶体融合，形成次级溶酶体。颗粒内含物被溶酶体内的水解酶所分解，形成各种形态结构的残余体。当颗粒被消化酶初步消化时，有的颗粒内涵物某些部分被水解，被水解部分呈均匀分布的小颗粒状态（图 3-8：5），而未被水解的部分，电子致密度仍高且均质，形状各异，或哑铃状、或葫芦形、或呈分散的团块状、圆盘状（图 3-8：5）；有的颗粒因有些部分被水解，致其内部电子致密度不均，使其结构呈各式的花斑样，规则或不规则（见图 3-8：6）；髓样小体是最常见的残余体（图 3-8：7），呈精美的多层同心圆结构；有的残余体因部分被消化，而使其内部呈麻点状或团状的噬斑或低电子致密度的圆斑（图 3-8：8）；有的颗粒残余体被消化部分呈丝状或絮状缺口（图 3-8：8）；有的残余体内部噬斑呈团块状（图 3-8：9）；有的残余体内噬斑细小，分散较均匀（图 3-8：10）；有的如同很特别的细丝团（图 3-8：11）；残余体形态万千，显示营养颗粒内含物各不相同，营养颗粒被机体利用的过程也是多种多样的。营养细胞内的营养颗粒和脂肪颗粒被分解过程中，释放其内储存的营养，为机体生理活动提供营养物质。

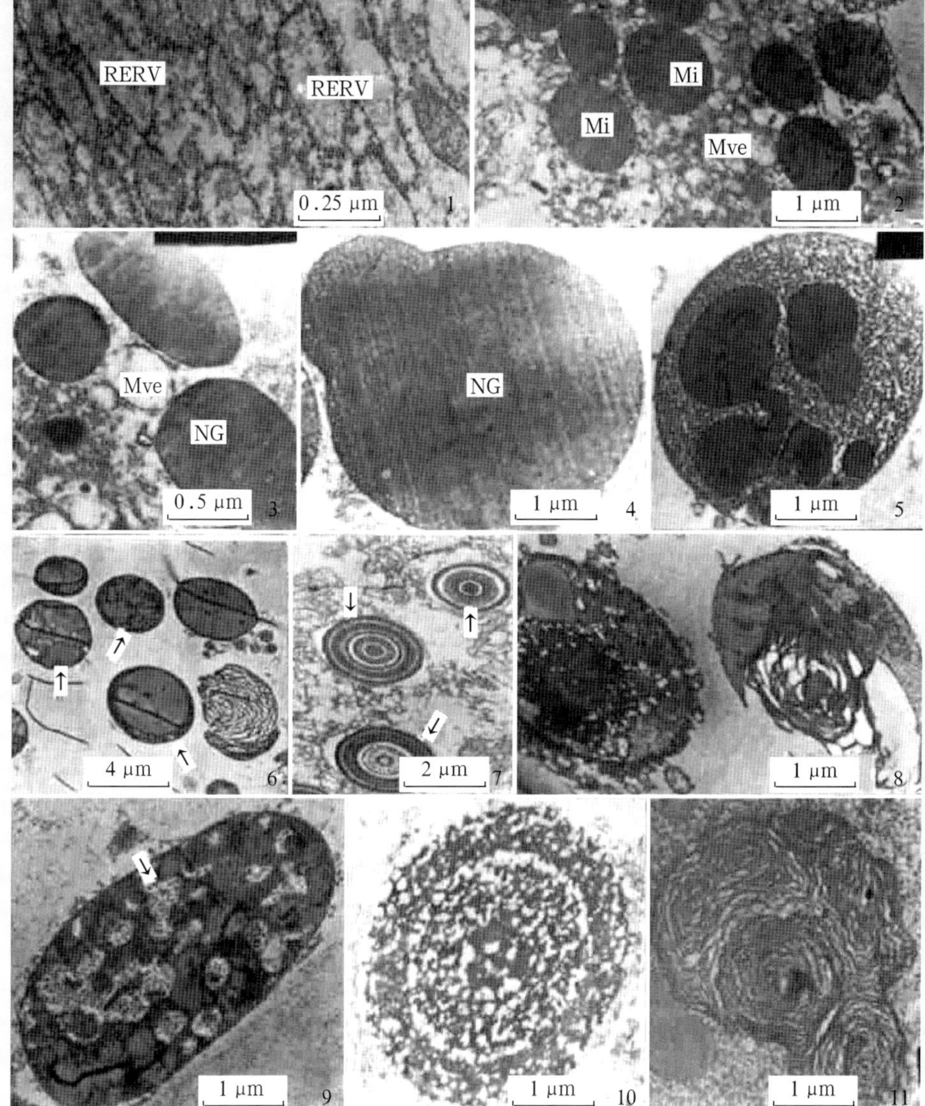

图 3-8 黄色结缔组织电镜照片

1. 示粗面内质网膜泡，膜外附着大量的核糖体。

2. 膜泡周围将发育为营养颗粒的线粒体，其基质具有高电子致密度的内涵物。

3. 圆形或椭圆形的营养颗粒，颗粒均质。颗粒周围有许多正发展为颗粒的膜泡。

4. 葫芦状的营养颗粒 。

5. 营养颗粒被初步消化形成的一种结构，未被消化的部分呈均质团状颗粒或哑铃形颗粒（箭头所示）。

6. 营养颗粒残余体的几种结构，有些颗粒内有花斑样结构（箭头所示）。

7. 营养颗粒残余体的一种髓样小体（箭头所示）。

8. 两个营养颗粒消化残余体，其缺口残缺不全。

9. 一椭圆形的营养颗粒消化残余体，内部电子致密度不均，且有许多噬斑（箭头所示）。

10. 一同心圆形的营养颗粒消化残余体，其内噬斑细小，分布较均匀。

11. 一营养颗粒消化残余体，形如同多个纱线球团。

BM－基膜，LiG－脂肪颗粒，N－细胞核，NC－营养细胞，NG－营养颗粒，Nu－核仁，Mi－线粒体，Mve－膜泡，RERV－内质网膜泡。

鲎黄色结缔组织中极其丰富的营养细胞及其营养颗粒和脂肪颗粒的复杂的代谢变化过程是与鲎的大型个体、漫长的发育周期及其耐饥能力等特点相适应的一种典型实例。据观察，鲎极其耐饥耐旱，可以不食其他食物而存活 2 年，而且在鲎鳃书保持湿润的情况下，可以在干旱极端的环境存活 2 周。

营养细胞是鲎黄色结缔组织最主要的组成细胞，细胞相当大，内部充满营养颗粒和脂肪颗粒。通过透射电镜观察结果显示其有一个发生、变化的复杂动态生理过程。营养细胞由黄色结缔组织的间充质细胞或干细胞分化而来，由间充质细胞或干细胞先分化成营养母细胞。在其发育分化过程中，胞质不断地膨大，合成数量众多的营养颗粒和脂肪颗粒。这样，在黄色结缔组织中可储存大量的营养物质。鲎是一种海洋底栖动物，行动较缓慢，运动能力相对较弱，因此，鲎的捕食能力不是很强。它以底栖动物如软体动物、环节动物（尤其是沙蚕）、星虫、线虫、腕足动物（海豆芽）以及海葵等为食。进入鲎消化道的食物，由中肠及大量的中肠盲囊上皮细胞消化吸收，并将其所吸收的营养物质输送给黄色结缔组织。这些营养物质就可被黄色结缔组织中的营养细胞利用，转化为营养细胞内的营养颗粒和脂肪颗粒，为鲎机体贮存大量的营养物质。

在春夏食物充足时，鲎可大量摄食，将吸收来的营养贮存于其中；而冬季或较难获得食物时，鲎可动用其贮存的营养。当鲎利用其贮存的营养时，营养细胞内的营养颗粒与溶酶体融合，形成次级溶酶体。营养颗粒被溶酶体的水解酶分解，并释放出营养，供机体生理活动需要。同时肠盲囊上皮的消化细胞也可摄取营养颗粒并将其消化，释放的营养同样可供机体再利用。这就是鲎具有很强的耐饥耐饿的原因所在。鲎是如何利用这些营养物质的，鲎的生长发育需要哪些营养成分，这些问题值得进一步研究。鲎漫长的发育周期是鲎人工养殖一道难以逾越的障碍。利用鲎黄色结缔组织可贮存大量营养物质的特点，在人工饲养条件下，若给予足够的食物，促使其黄色结缔组织中储存丰富的营养，用于加速生长发育的需要，可达到缩短其生长周期的目的。这就是深入探讨营养细胞发生的现实意义。

鲎黄色结缔组织与其他动物的结缔组织一样，都来源于胚胎时期的中胚层，由细胞和大量的细胞间质构成。但其结构特点类似于胚胎期的间充质组织，而与脊椎动物各种类型的结缔组织如疏松结缔组织、网状结缔组织、脂肪结缔组织等都不相同，鲎的黄色结缔组织结构简单而且原始，其细胞类型少，细胞间质简单呈均质状，由无定型物质组成，缺乏纤维结构，因此较疏松柔软。鲎的黄色结缔组织可能与某些环节动物的黄色组织相同，因为它们的颜色、细胞构成类似，且都包围着肠道，但鲎的黄色结缔组织要发达得多。

大多数节肢动物的结缔组织发育不良，非常不发达，只作为中肠腺结构的一小部分，营养颗粒贮存在中肠盲囊上皮细胞中。然而鲎的黄色结缔组织却是一异常发达的结构，其主要构成细胞——营养细胞储存有丰富的营养颗粒。鲎发达的黄色结缔组织及其功能的多样性体现其原始的特性。鲎的黄色结缔组织中具有较多的分化程度很低的细胞，即间充质细胞或称之为干细胞，因此具有很强的分化能力。鲎的血细胞和营养细胞这 2 种重要的细胞，都是由黄色结缔组织分化来的。鲎作为一种古老的动物，其原始和古老的特性，同样表现在结缔组织较强的分化能力上。如上所言，鲎的黄色结缔组织是鲎机体内重要的结构，它在鲎的生理活动中起着举足轻重的作用，鲎其他组织的分化、内脏器官的生理活动都与其密切相关。

2. 黄色结缔组织与血细胞发生

鲎的黄色结缔组织不仅是鲎营养物质的贮存库，而且也是鲎机体内血细胞发生的部位和血液的贮存库。鲎的血液循环系统为开管式循环，血液弥散在血窦和组织腔隙。因此其黄色结缔组织中贮存有大量的血液。(鲎血细胞发生详见“第九章　鲎血液学研究及应用”)

/ 第二节 /
排泄系统（Excretory system）

基节腺（coxal gland）是有螯肢亚门动物通常拥有的排泄器官，它与环节动物的肾管（nephridium）相似。虽然大多数陆生的蜘蛛还有某些其他附加排泄器官即马氏管（Malpighian tubules）及肾原细胞（nephrocyte），但是鲎却仅有基节腺。

基节腺的原基在蜕壳之前首先在 6 对前体附肢的基部出现，随后通过第 5 个基节腺的一个排泄管与第 2 个基节腺联接，第 1 和第 6 个基节腺在早期幼体阶段逐渐退化。中国鲎成体的排泄管开口在第 4 步足的基节护膜上。

/ 第三节 /
循环系统（Circulatory system）——血淋巴系统（Hemolymph system）

与其他节肢动物相似，鲎的循环系统属于开管式循环系统，它由心脏、血管和血淋巴液组成，故亦称为血淋巴系统。它是节肢动物最复杂的心血管系统。心脏和血管系统非常发达，而且血液量巨大。血淋巴液由血浆和血细胞组成。血浆主要含有血蓝蛋白、α_2-巨球蛋白、C-反应蛋白等成份。

一、心脏（Heart）

鲎具有一发达的肌肉质心脏（图 3-9），呈长管状，位于体背中部，被围心腔包围，前端直达前体部复眼连线中点之前，后端达后体部中部，长约 10～25 cm；其中部管径较大，两端较窄。心脏背部有 8 对心孔，开口于围心腔（pericardium），血液通过心孔从围心腔流入心脏，心脏通过 9 对韧带连于围心腔壁。

心脏有 3 种动脉流出口：单一的前动脉、1 对主动脉弓和 4 对短的侧动脉。这些出口可以防止血液倒流。围心腔中的血液通过裂口被吸入心脏并泵到动脉出口处。

围心腔是一种围绕心脏的腔窦。其背面的腔壁厚度比腹面的来得薄。在前体部，围心腔被一片盾形的间背片肌（intertergal muscle）所覆盖。5 对分支的围心腔管道把相应的附肢与围心腔后体部另一半相连接。新鲜血液从鳃书流出，通过围心腔流入心脏，再通过动脉系统为身体其他部分供血。

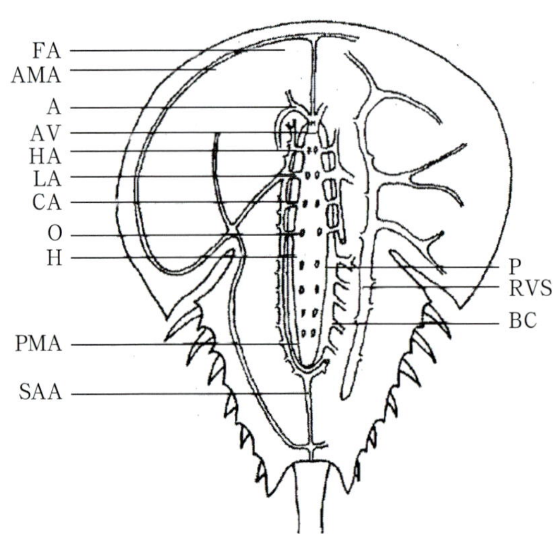

A：主动脉（aorta）
AMA：前侧动脉（anteror marginal artery）
AV：动脉瓣（aortic valve）
BC：鳃血管（branchiocardiac canal）
CA：纵动脉（collateral artery）
FA：前动脉（frontal artery）
H：心脏（heart）
HA：肝动脉（hepatic artery）
LA：侧动脉（lateral artery）
O：心孔（ostium）
P：围心腔（pericardium）
PMA：后侧动脉（posterior marginal artery）
RVS：右腹血窦（right ventral sinus）
SAA：上腹动脉（superior abdominal artery）

图 3-9　鲎心脏、血管及其主要的分支

二、血管（Vascellum）

鲎血管系统特别发达（图 3-9）。鲎的前体部有 5 对动脉，分支复杂，广泛分布于机体各处。心脏前端具有 1 对主动脉，离开心脏约 1 cm 处具有主动脉瓣。4 对侧动脉在前 4 对心孔平行位置离开心脏，终止于 2 条与心脏平行的纵动脉。2 条平行动脉向后汇合，成为后体部的上腹动脉。第 2 对侧动脉处的纵动脉发出 3 条分支：肝动脉、前侧动脉和后侧动脉。鲎的动脉系统形成发达的数量众多的分支，广泛分布于全身各处，其分支端还形成大量的毛细血管。在鲎的前体部，血液通过广泛的分支静脉从组织回流入鳃书，血液先进入左右静脉窦或主静脉，再向 5 对鳃书运输。静脉血液经鳃书气体交换后，经 5 对出鳃静脉通过腹血窦回到围心腔入心脏。鲎大量血液漫流于血腔或血窦腔隙以及组织间隙。鲎的含血量很大，多达 250 mL 以上。一只重 3 kg 左右的中国鲎，在 10～20 min 内，就可被抽取出 250 mL 以上的血液，其血量与体重的比值是所有无脊椎动物之冠，故被誉为“无脊椎动物血液捐赠者冠军”的美称。

三、血淋巴（Hemolymph）

鲎的血淋巴由血浆和血细胞组成。

（一）血浆（Blood plasma）

鲎的血浆主要含有一种可溶性的呼吸蛋白——血蓝蛋白（hemocyanin），占血浆蛋白的 90%～95%，血蓝蛋白的每个氧结合位点有 2 个铜离子，在脱氧状态下血蓝蛋白为无色，结合氧为蓝色。因此，血蓝蛋白往往使鲎血液呈现蓝色。血浆中除了血蓝蛋白外，还具有 α 2- 巨球蛋白、C- 反应蛋白等。

（二）血细胞（Hemocyte）

鲎血细胞由占 99% 的颗粒细胞（图 3-10）及少量的含血蓝蛋白的原蓝细胞（cyanoblast）组成（详见“第九章　鲎血液学研究及应用”）。

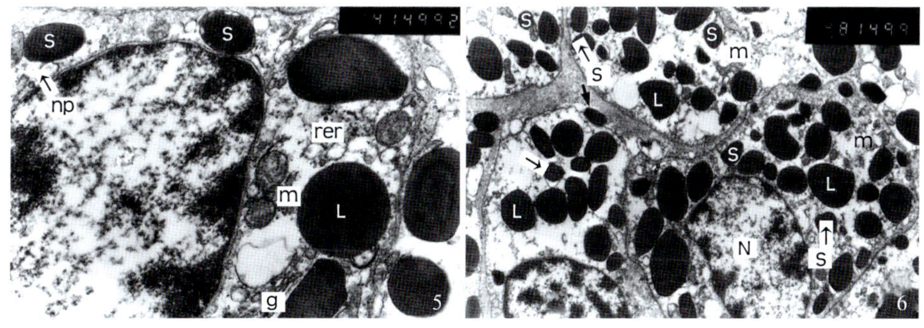

图 3-10　鲎血细胞 L- 大颗粒，N- 细胞核，S- 小颗粒。

/ 第四节 /
神经系统（Nervous system）

节肢动物每一个体节基本上都有一对类似于环节动物的神经节(ganglia)。但大多数节肢动物的相邻体节的数个神经节（尤其是前端体节的）融合形成 1 个或 2 个大的神经节，如围食管神经节（circum-oesophageal ganglion）；或者融合成为上下围食管神经节。

鲎也有一个围食管神经节（即脑），它由头和胸神经节以及第 1、2 腹神经节（唇瓣和鳃盖神经节）组成。围食管神经节位于腹内骨下面，为血管环所包围，浸浴于新鲜血液中。许多外围神经与其相应的血管分支相伴由此延伸到它们的终末器官。腹神经节如鳃和后鳃神经节在腹索（ventral cord）上成直线排列，许多外围神经由此延伸到其终末器官。腹索和后体部外围神经分别被腹动脉及其分支所包围。

一、中枢神经系统（Central nervous system）

（一）围食管神经节（脑）（Circum-oesophageal ganglion or brain）

围食管神经节或脑由以下 3 部分组成（图 3-11）。

1. 前脑（Forebrain）

它是上食管神经节（supra-oesophageal ganglion）或脑的最前部，具有以下外周神经：1 条中眼神经（medianeye-nerve）延伸至 1 对中眼，1 条中间神经和 1 对侧嗅神经延伸至嗅区，1 对侧眼神经伸至侧眼。

2. 中脑（Mid-brain）

它是第 1 胸节的 1 对神经节，具有 3 种外围神经：1 对伸至螯肢的螯肢神经（cheliceral nerve）；1 对沿眼嵴（ophthalmic ridge）向后进入后体部的血管神经（haemalnerve）及 1 对沿食管向前伸至胃的口道神经（stomodaeal nerve）。另外还有来自于连接中脑左右神经节的口前连合的 3 条吻神经(rostral nerve)，它们延伸至口。

3. 后脑（Hind-brain）

后脑由第 2 至第 6 胸节的 5 对神经节组成。前 4 对由口后连合所连接。5 对足神经（pedal nerve）把 5 个神经节与相应的步足连接起来。体壁神经(integumentary nerve）由足神经基部的背面长出。每支体壁神经再背腹分支，并沿各自前体部表面延向周边。从第 6 胸神经节伸出 2 对精细的外周神经(peripheral nerve)：心神经（cardiac nerve）和肠神经（intestinal nerve），前者

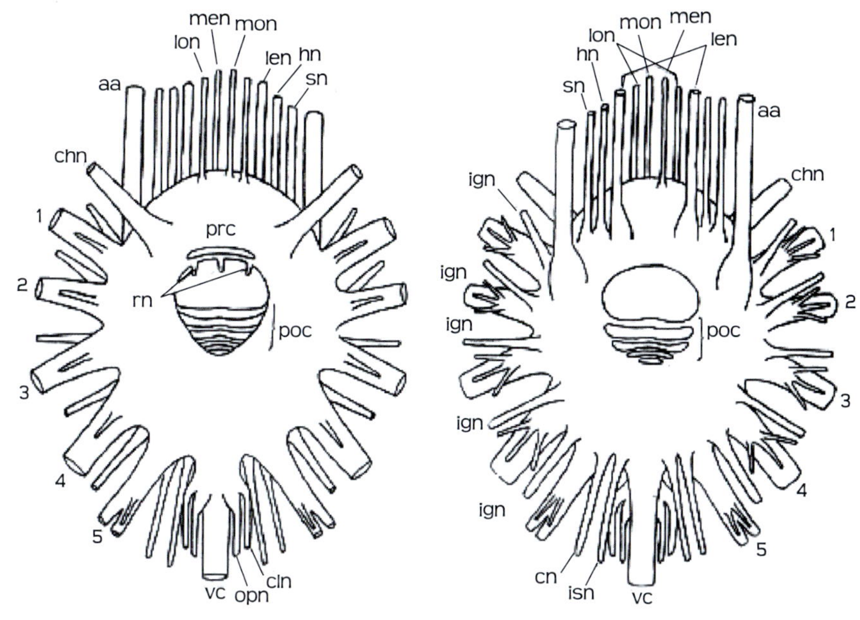

图 3-11　中国鲎围食管神经节（脑）构造示意图

aa：动脉弓（aortic arc），chn：前螯神经（checeral nerve），cln：唇瓣神经（chiarial nerve），cn：心神经（cardiac nerve），hn：血管神经（haemal），ign：体壁神经（integumentary nerve），isn：肠神经（intestinal nerve），len：侧眼神经（lateral eye-nerve），lon：侧嗅神经（olfactory nerve），men：中眼神经（median eye-nerve），mon：中嗅神经（median olfactory nerve），opn：鳃盖神经（opercular nerve），poc：后神经连合（postoral commissure），prc：口前神经连合（preoral commissure），rn：喙神经（rostral nerve），sn：胃神经（stomodaeal nerve），vc：腹索（ventral cord），1~5：第 1 至第 5 足神经（1st~5th pedal nerve）

进入心脏，后者进入肠。肠神经再细分支进入纵腹肌（longitudinal abdominal muscle）。

1 对唇瓣神经（chilarial nerve）从唇瓣神经节向下伸入唇状瓣，而体壁神经则向上进入前体部的背后体壁。1 对鳃盖神经（opercular nerve）从鳃盖神经节向下进入生殖盖板，向上体壁神经伸入第 2 腹背甲左右部分的鳃盖侧板的体壁。2 对心神经和肠神经从唇瓣神经节和鳃盖神经节分别向上进入心脏和肠。这些肠神经的细小分支伸至纵腹肌。1 束神经索从副脑（accessory brain）后端沿腹中辐伸向后体部形成腹索（ventral cord）。

(二) 腹索 (Ventral cord)

腹索由 5 对鳃神经节 (branchial ganglia) 和 3 对后鳃神经节 (post-branchial ganglia) 组成,这些神经纵向与腹索连接。成对的神经节也与短的横向神经桥相连。

每条鳃神经节有 4 种外围神经:腹鳃神经、背体壁神经、心神经和肠神经。5 对鳃神经伸入相应的鳃书中,5 对体壁神经各自进入第 1 至第 5 对边缘棘突 (marginal process) 和棘刺 (spine)。5 对心神经进入心脏,肠神经分别伸入肠以及纵腹肌。来自第 2 后鳃神经节的神经进入最后的边缘棘突;来自于第 1 后鳃神经节的肠神经进入最后背腹肌,而源于第 2 后鳃神经节的肠神经则进入肠内;来自第 1 和第 2 后鳃神经节的 2 对心神经一起进入剑尾。第 3 后鳃神经节的 3 对外围神经主要进入剑尾,部分地进入直肠及肌门肌。

二、交感神经系统 (Sympathetic system)

节肢动物尤其是昆虫一些位于脏器的神经通常被称为交感神经 (sympathetic nerve) 或脏器神经 (visceral nerve)。虽然它们名称与脊椎动物的交感神经叫法相同,但其来源却不同。鲎有 2 种交感神经:侧交感神经和心交感神经。

(一) 侧交感神经 (Lateral sympathetic nerve)

中国鲎有 1 对源于第 1 对后鳃神经节的神经干从后体部向前延伸,沿腹索两侧进入前体部。在 7 个交叉点上,每 1 神经干与 8 个神经节的 8 条心神经在后脑最后 1 对神经至 5 对鳃神经节融合形成交感神经链。第 1 和第 2 鳃神经节的 2 条心神经融合形成 1 个大的带有共同的交叉点的神经。

(二) 心交感神经 (Cardiac sympathetic nerve)

1 条单一的中间心神经和 1 对侧心神经纵向排列在心脏表面。在几个交叉点,这些神经与来自中枢神经系统的心神经融合形成交感神经链。

三、神经分泌系统 (Neurosecretory system)

目前,仅在鲎的白体 (white body) 或眼原基 (rudimentary eye) 发现有神经分泌细胞,但尚未发现鲎具有轴突运输 (axonal transport) 和神经分泌物质的终末贮存。白体中的神经分泌物质直接释放到相邻组织中,而不是通过轴突来进行。这表明与许多其他动物不同,鲎围绕中枢和外围神经系统的腹动脉取代轴突在神经物质运输方面起作用。

/ 第五节 /
视觉系统（Optical system）

节肢动物的视觉系统最为特殊，有单眼和复眼 2 种类型。其中复眼光感受器是仿生学的一种重要模型，很早就引起了学者的兴趣，一直是人们研究的热点。而鲎的复眼是动物界中最大的，也是最复杂的。鲎的视神经系统结构微妙、功能奇特，是生理学和仿生学研究的重要模型，成为提供研究神经系统影响动物行为的典型例子，也是大脑能够调控视网膜敏感度的最佳模型。前已介绍，1967 年美国科学家哈特莱恩（Hartline）等因成功揭示鲎视神经功能而获得诺贝尔生理或医学奖。随着军事和航空航天科学的发展及对雷达和高清晰电视及深海摄像机的不断追求，科学家更加重视鲎复眼光感受器的研究。

鲎有 4 只眼睛，分布在头胸甲表面上的 3 条纵脊中，中央一条脊上前后分布有一对单眼，两侧纵脊上各有一只复眼。

一、单眼（Single eye）

鲎有 1 对单眼，每个单眼直径约 0.5 mm，由晶状体和视网膜组成，视网膜有 50～80 个感光细胞，主要司感光作用，对紫外线辐射很敏感（图 2-3）。

二、复眼（Compound eye）

（一）复眼的形态（Morphology of compound eye）

中国鲎复眼 1 对，外形呈半球形，头胸甲背壳的两侧纵脊上各有 1 只复眼，左右对称（图 3-12：1），表面覆盖 1 层厚约 180 μm 的透明角膜层(cornea)(图 3-12：3，5)，角膜层下有由 800～1200 个小眼（ommatidium）组成的感光器。鲎的复眼是动物界中最大的，也是最复杂的。其表面积约为 38 mm^2，每个小眼面积约为 0.02 mm^2，小眼横切面呈近圆形，各个小眼之间的间距约为 24 μm(图 3-12：2)。

（二）复眼的超微结构（Ultrastructure of compound eye）

每个小眼包括透光部分（transparency area）和感光部分（photonasty area）(图 3-13)。

1. 透光部分

揭去鲎复眼最外层的角膜层，可看到鲎小眼的透光部分。鲎单个小眼的透光部分包括透光锥体（cuticular cone）(图 3-12：3，CC）和透光孔径(aperture)(图 3-12：3，A)。透光锥体形似梨形，其长径约 245 μm，短径约

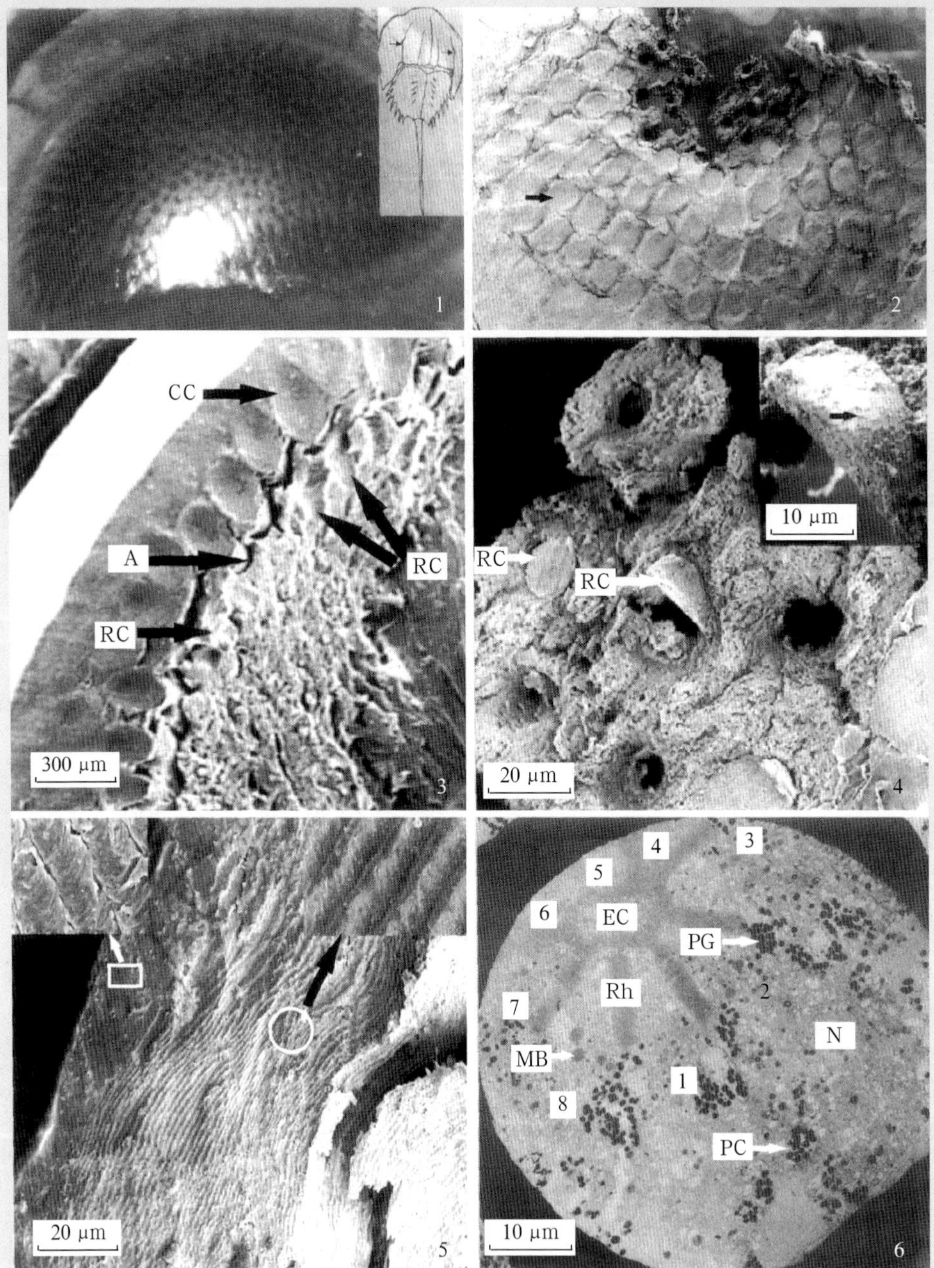

图 3-12 中国鲎复眼照片

1. 中国鲎复眼光镜照片，示其蜂窝状结构；右上角插图示复眼的位置。

2. 中国鲎复眼扫描电镜照片，示近圆形小眼，图中黑色箭头所指即是单个小眼。

3. 中国鲎复眼扫描电镜照片，示小眼纵切面。

4. 中国鲎复眼扫描电镜照片，示小网膜细胞横切面(白色箭头 RC)和纵切面(黑色箭头 RC)，右上插图是纵切面放大观，可见其外表面上的精美神经纤维网格(图中箭头所示)。

5. 中国鲎复眼扫描电镜照片，示角膜层，左上是角膜外层的局部放大，右上是角膜内层的局部放大。

6. 中国鲎小眼透射电镜(TEM)照片，示呈放射状排列的8个小网膜细胞，图中数字1~8表示8个小网膜细胞。

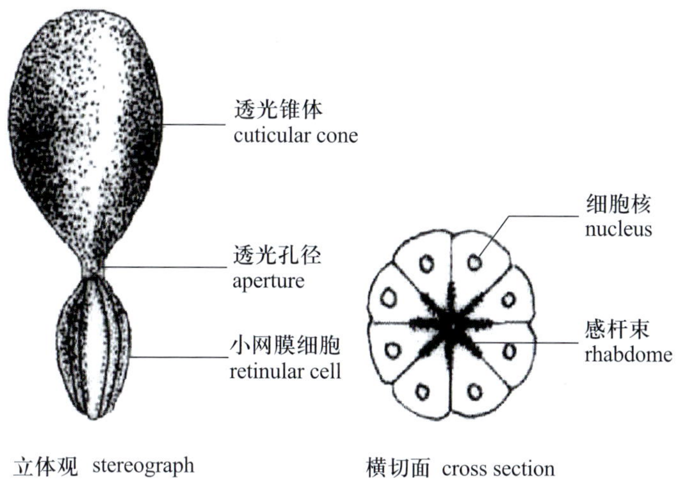

图 3-13 中国鲎单个小眼结构示意图

145 μm（图 3-12：3）。透光锥体下方是狭长的透光孔径（图 3-12：3，A），起调节光子进入小网膜细胞（retinular cells）的作用。角膜层呈现规则的片层状排列。角膜层的最外层与表面垂直，排列紧密，较坚硬，角膜层下面是和表面平行呈瓦片状排列的内层。角膜层富有弹性，具有很强的抗性，可耐挤压，起保护小眼的作用（图 3-12：5）。

2. 感光部分

小眼感光部分由小网膜细胞和色素细胞组成。

（1）小网膜细胞

紧接透光孔径的是小网膜细胞（图 3-12：3，RC），它是鲎复眼的主要光感受器。8 个小网膜细胞呈橘瓣状排列，组成 1 个小眼感光单位，形似陀螺（图 3-12：3，4，6 和图 3-14：1，2，RC），其外有神经纤维组成的网格围绕（图 3-12：4）。相邻 2 个小网膜细胞的细胞膜局部延伸，形成无数的微绒毛，排列整齐，相互交汇，在外观上呈现出明暗相间的带状结构，这种结构称为感杆束（rhabdom），每根微绒毛则称为感光杆（rhabdomere）(图 3-12：6 和图 3-14：2，3，4，Rh）。感杆束交汇于偏心细胞（eccentric cell）处，并形成 8 条向下延伸的条辐，每条感杆束长约 26 μm，宽约 6 μm(图 3-12：6)。偏心细胞内含有大量的线粒体。在感杆束附近，常见到大小不等的膜螺旋体(membrane whorls)、多泡体（multivesicular bodies）以及结合体（combination bodies）的存在，(图 3-14：3，4MW、MB、CB)，这些结构与微绒毛膜的代谢有关。

根据有无感杆束分布，把小网膜细胞分为R–区（rhabdomeral-segment）和A–区（arhabdomeral-segment）2个不同部分。

① R–区

是指小网膜细胞中有感杆束分布的区域。R–区细胞器丰富，分布着很多线粒体、内质网、多泡体等（图3-12：6和图3-14：3）。在R–区的胞质部分，感杆束中的感光杆一般呈平行整齐排列，在不同生理状态下，由感杆束微绒毛组成的感光杆会发生重排，形成诸如多泡体一类的结构。图3-14：4示一段感杆束中的感光杆大部分形成成团聚集的泡状结构，并出现分区现象，这些分区部分随后逐步形成多泡体，其中可观察到1个已经分化形成的多泡体。

② A–区

是指小网膜细胞中没有感杆束微绒毛分布的区域。小网膜细胞的细胞核位于A–区，呈不规则圆形，核径约1416 μm。细胞核中有1个圆形的核仁，直径约4178 μm。A–区没有感杆束微绒毛分布，但在A–区的胞质中有很多的内质网、线粒体、高尔基体等，还有糖原玫瑰斑（glycogen rosettes），残留小体（residual bodies），以及大量的脂肪滴（lipid troplets）存在（图3-14，5）。A–区的表面覆盖着色素细胞。在A–区和R–区的交界部分，分布着大量的色素细胞和色素颗粒（图3-12：6和图3-14：1，2）。

（2）色素细胞（pigment cell）

色素细胞形状多数为棒状，长约12 μm，直径约4 μm，核则近于椭圆形，核周边有成块的异染色质分布，核仁1个，胞质中充满色素颗粒（图3-14：6和图3-15：1）。色素颗粒呈圆形或椭圆形，直径1～2 μm，外面皆有被膜包围。色素颗粒的形成与内质网和高尔基体有关。图3-15：2，3示内质网（ER）提供大量膜囊，色素蛋白随后在其中逐渐沉积，形成电子密度很高的色素颗粒（PG）；而图3-15：4则示典型的高尔基体（Go）形成大量的空的膜囊（箭头），色素蛋白逐渐在膜囊中沉积形成电子密度不同的色素颗粒，最后形成电子密度高的成熟色素颗粒（PG），线粒体（M）则紧紧靠近在旁为色素颗粒形成提供能量。

多数甲壳动物具有一对复眼，位于头部两侧，中国鲎的复眼直接着生于头胸部的甲壳上，而很多高等甲壳动物的复眼则着生于眼柄上，如虾、蟹等。对甲壳动物复眼超微结构的研究结果表明，许多物种光感受器的整体结构基本相同，组成复眼的小眼感光部分一般由7～8个小网膜细胞组成，其中有些种类有1个细胞（R8）变小，位于感杆束的远端部位或在特殊位置上。但也有个别种类例外，如锯缘青蟹（*Scylla serrate* Forskal）、三疣梭子蟹（*Portunus trituberculatus* Miers）等有11个小网膜细胞。复眼的每个小眼

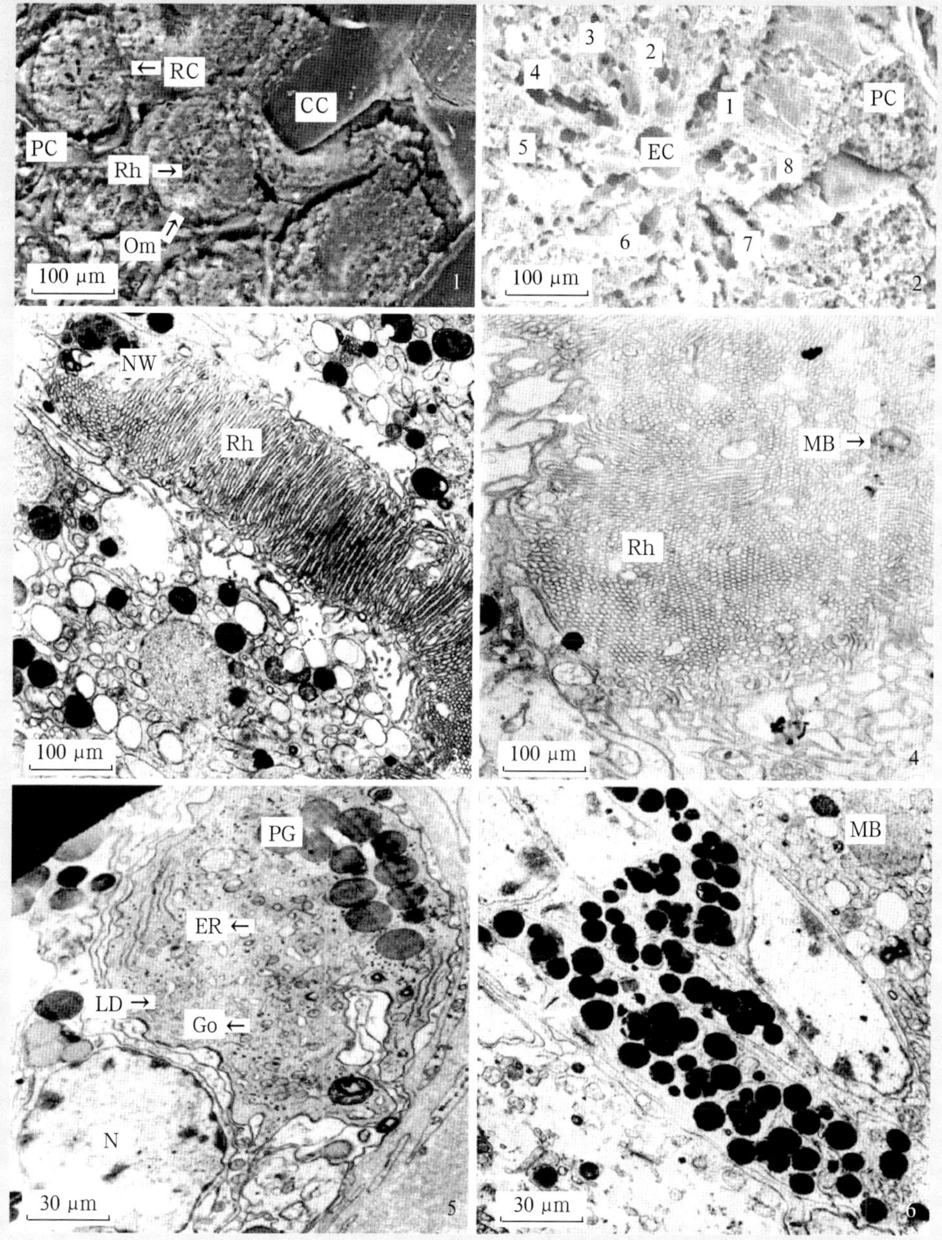

图 3-14　中国鲎复眼透射电镜照片

1. 中国鲎小眼扫描电镜照片，示几个小眼的横切面，小眼之间界限明显，黑色箭头所示为小眼与小眼之间界限。

2. 中国鲎小眼扫描电镜照片，示单个小眼放大观，小网膜细胞呈放射状排列，1～8 示 8 个小网膜细胞。

3. 中国鲎小网膜细胞透镜电镜照片，示小网膜细胞的 R- 区结构。

4. 中国鲎感杆束透镜电镜照片，示感杆束的感光杆排列发生的变化及与多泡体形成的关系，白色箭头所示为一正在形成的多泡体。

5. 中国鲎小网膜细胞透镜电镜照片，示小网膜细胞的 A- 区结构。

6. 中国鲎色素细胞透镜电镜照片。

由多少个小网膜细胞构成与甲壳动物的亲缘关系没有直接的联系。如中国对虾（*Penaeu schinensis*）、罗氏沼虾（*Palaemon carcinusde* Man）等有 7 个小网膜细胞；中华绒螯蟹（*Eriochier sinensis*）、刀额新对虾（*Penaeus incisipes* Bata）等有 8 个小网膜细胞，R8 变小并位于远端；锯缘青蟹、三疣梭子蟹等有 11 个小网膜细胞，其中 4 个位于感光部分的远端，7 个位于感光部分的近

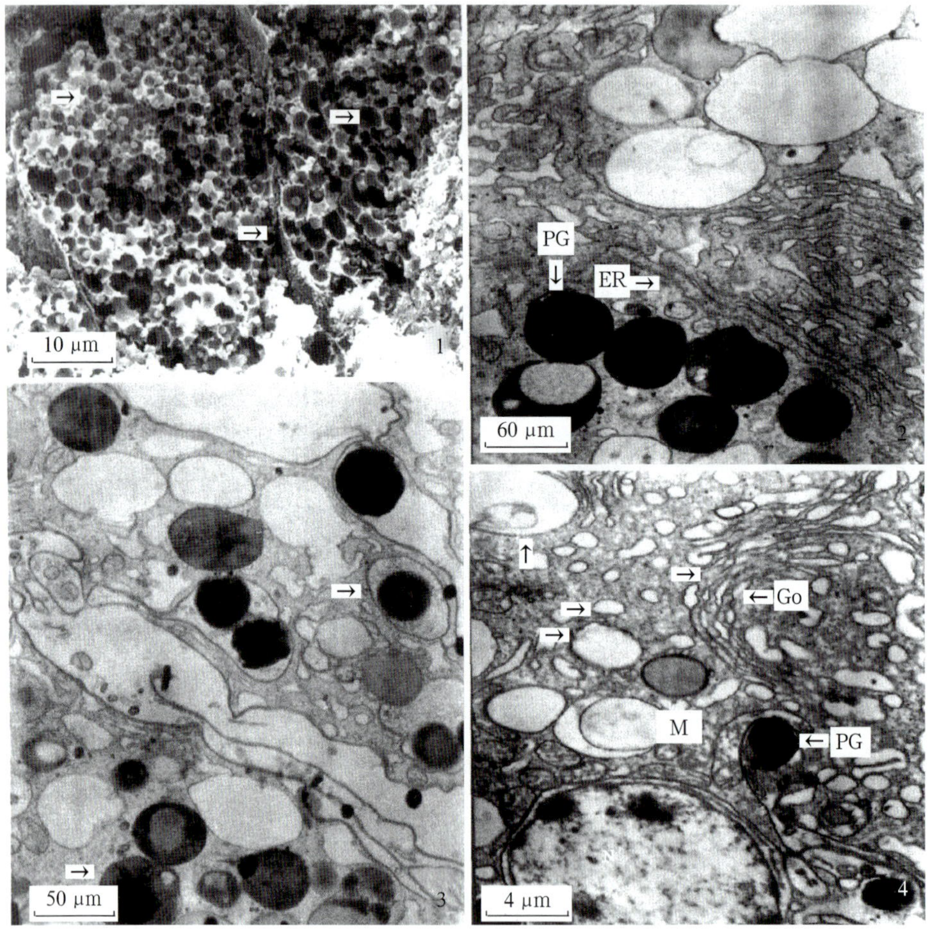

图 3-15　中国鲎复眼透射电镜照片

1. 中国鲎色素细胞扫描电镜照片，小黑色箭头示色素颗粒，白色箭头示色素颗粒的膜，大黑色箭头示两个色素细胞之间的界限。

2. 中国鲎色素细胞透镜电镜照片，示色素颗粒在内质网 (ER) 中形成的过程。

3. 中国鲎色素细胞透镜电镜照片，示色素颗粒形成的不同阶段，白色箭头示成熟的高电子密度的色素颗粒，黑色箭头示色素蛋白在内质网膜囊中沉积的不同阶段。

4. 中国鲎色素细胞透镜电镜照片，示高尔基体与色素颗粒形成的关系，黑色箭头示典型高尔基扁平囊，白色箭头示高尔基体膜囊，M 示线粒体，PG 示色素颗粒。

端；对于鲎的小网膜细胞的多少现在尚有争议。Willam 等认为美洲鲎的小眼由 11 个小网膜细胞组成，Jinks 等认为美洲鲎的小眼由 9～14 个小网膜细胞成，Steven 等认为美洲鲎的小眼由 8 个小网膜细胞组成。本研究中观察到中国鲎复眼的小眼也有 8 个小网膜细胞组成，与 Steven 等观察的结果一致。

在研究中发现，美国学者在研究美洲鲎复眼时，采用酶处理的方法分离小网膜细胞，在报道中看不到透光锥体的详细结构。本研究在制样过程中，没有采用酶解方法而是应用解剖分离的技术，就可以使鲎复眼不受酶的影响，因此所观察的结构更能保留结构的自然状态（图 3-12：3 和图 3-14：1）。从本研究中可以看出，鲎复眼中透光锥体像一个精密的透镜使鲎复眼具有强大的调节光的能力。小网膜细胞膜外延形成的微绒毛组成感杆束，围绕着偏心细胞。偏心细胞中有大量的线粒体存在，这与 Steven 等观察到的结果一致。偏心细胞的轴突收集信息，它是复眼中唯一对光反应产生神经冲动的细胞，其周围有大量的色素颗粒和色素细胞分布。感杆束的形态随光照时间、长短及不同时段而变化，在黑暗中，感杆束变宽变短，以接受更多的光子，白天则相反，这表明它是调节小网膜细胞对光反应的一个重要调节器。

在小网膜细胞的细胞质中可以看到有大量的多泡体、膜螺旋体和结合体存在，这些结构的存在和感杆束的形成以及降解有密切的关系。Steven 等认为大量的微绒毛膜环化成膜螺旋体，从感杆束转移到 R- 区的胞质中，膜螺旋体在感杆束附近形成许多小的、致密的多泡体，这些小的多泡体融合成大的多泡体，并从偏心细胞转移到 A- 区，当这些大的多泡体到达 R- 区和 A- 区交界处时，多泡体裂解形成结合体并进一步发育形成片层体（lameller bodies），散布于 A- 区小网膜细胞的色素颗粒之间，片层体进一步向 A- 区迁移，最后片层体收缩，消失在众多的溶酶小体中，并参与色素颗粒和 A- 区其他结构的循环中。

中国鲎复眼的角膜层由纵向排列的外层和横向排列的内层组成，外层排列紧密，内层的层与层之间的间隙稍大，这种结构就使得角膜层既可透光又坚硬而富有弹性，充分显示了其保护复眼的功能，这与中国鲎性喜在泥滩潜伏生活的习性有关。

鲎小网膜细胞有大量的色素颗粒，它起着遮挡光线、调节光量的作用，对调节光的强度起很大作用。

/ 第六节 /

生殖系统（Reproductive system）

鲎为雌雄异体的动物。雌雄个体生殖系统结构基本上都是由管状生殖腺和生殖管道组成。管状生殖腺是配子发生的位置：在其壁上可看到大量不同发育阶段的生殖细胞。管状的生殖管则为成熟配子提供通道。

鲎的生殖腺位于前体部，呈网状结构，覆盖于中肠腺的背部表面。一对生殖管与后体部生殖盖板上的一对生殖孔及前体部的生殖腺网络相连。

一、雌性生殖系统（Female reproductive system）

鲎雌性生殖系统包括卵巢（ovary）和输卵管（oviduct）。

（一）卵巢（Ovary）

中国鲎的卵巢呈管状网络结构，由大量分枝的卵巢小管组成（图 3-16，图 3-18）。鲎卵巢经过中肠腺前缘，一部分卵巢网络转向腹面并向食管延伸。卵子在卵巢网络结构中形成。在成体的雌鲎中，成熟的卵及卵巢小管实际上

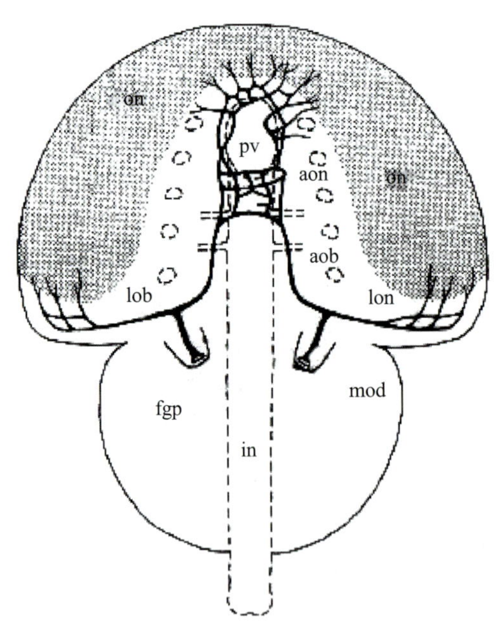

图 3-16　中国鲎雌性生殖系统分布示意图（背面观）

aob－前输卵管分支，aon－前输卵管网，fgp－生殖乳突，in－肠，lob－侧输卵管分支，lon－侧输卵管网，mod－主输卵管，on－卵巢网，pv－前胃。

占据了整个腹腔。卵巢小管由生殖上皮组成，外围有结缔组织（图 3-17）。

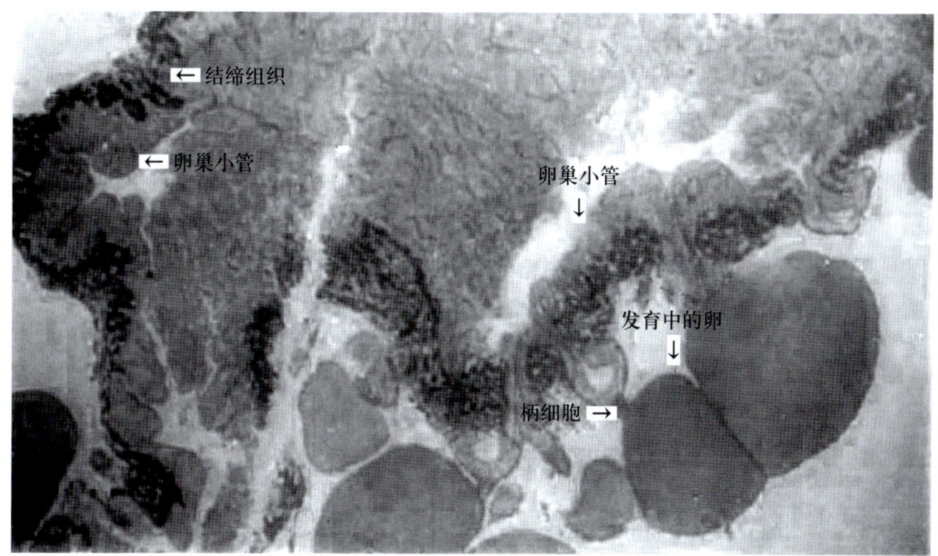

图 3-17　中国鲎卵巢小管结构光镜照片，×60

（二）输卵管（Oviduct）

中国鲎的一对雌性生殖孔开口于生殖盖板后表面的生殖乳头（genital papillae）上。一对输卵管向前经过生殖盖板进入前体部，然后分为 2 个主分

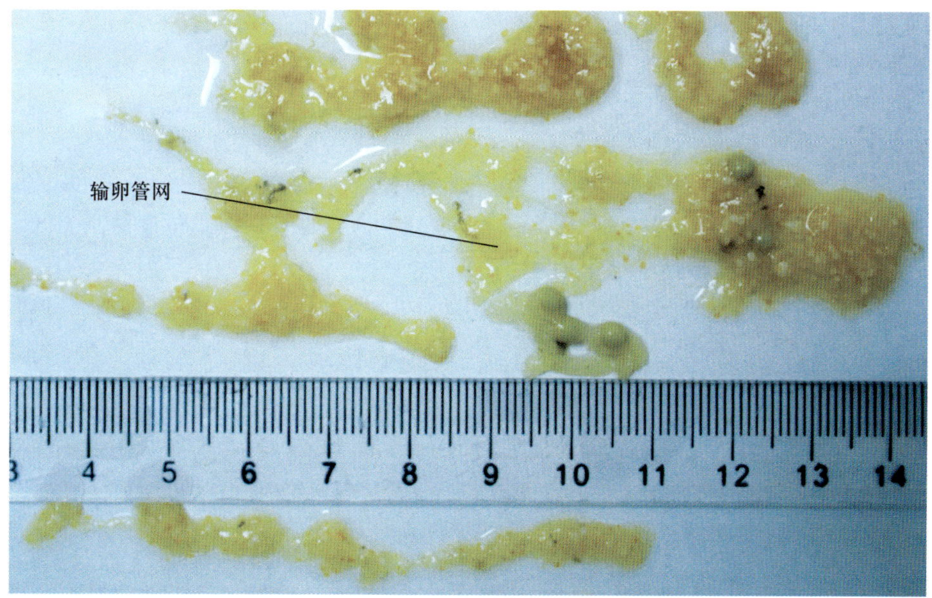

图 3-18　中国鲎输卵管网解剖分离的部分片段

支。其中一个主分支（侧支）沿前体部后缘在靠近侧缘的位置分出许多细支与卵巢网络相连。另一个主分支（前支）沿肠向前延伸，在靠近前胃的地方分出很多小分支与卵巢网络连接。左右前支由一些桥支连接起来，这些桥状分支呈网状，形成一个肠上输卵管的桥联网络系统。

二、雄性生殖系统（Male reproductive system）

（一）精巢（Testis）

中国鲎的精巢是由许多细小的生精小管组成的网络结构穿插于黄色结缔组织其间（图 3-19）。生精小管呈深褐色，与黄色结缔组织错综交错成网，管径约 150 nm(图 3-20)。

（二）输精管（Spermiduct）

输精管也呈网络状结构，管径略比生精小管粗。中国鲎输精管有 3 个分支，其中侧支沿前体部后缘向外延伸，并分为许多细小分支连接于输精管网；前支沿肠向前伸展，在前胃附近分出很多细支与输精管相连。左右前支和前胃后面的肠上输精管桥状网络相连。

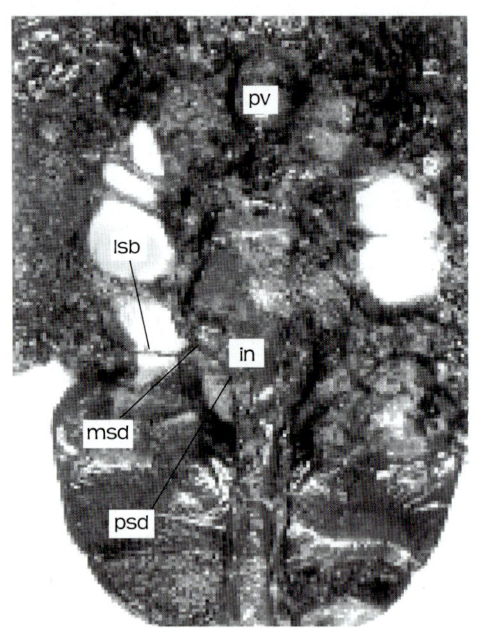

图 3-19 中国鲎成熟雄性生殖系统

In –肠，lsb –侧输精管分支，msd –主输精管，sb- 后输精管分支，pv –前胃。

第 3 分支沿肠两侧向后进入后体部，为一较长的盲管，不与输精管网相连接。输精管壁基本上由 2 层细胞组成：内层为柱状上皮，外层为纵肌层。成熟时的输精管壁明显加厚，管壁分隔成无数小格，其间有许多成簇正在发育中的雄性生殖细胞（图 3-21：3，4）。

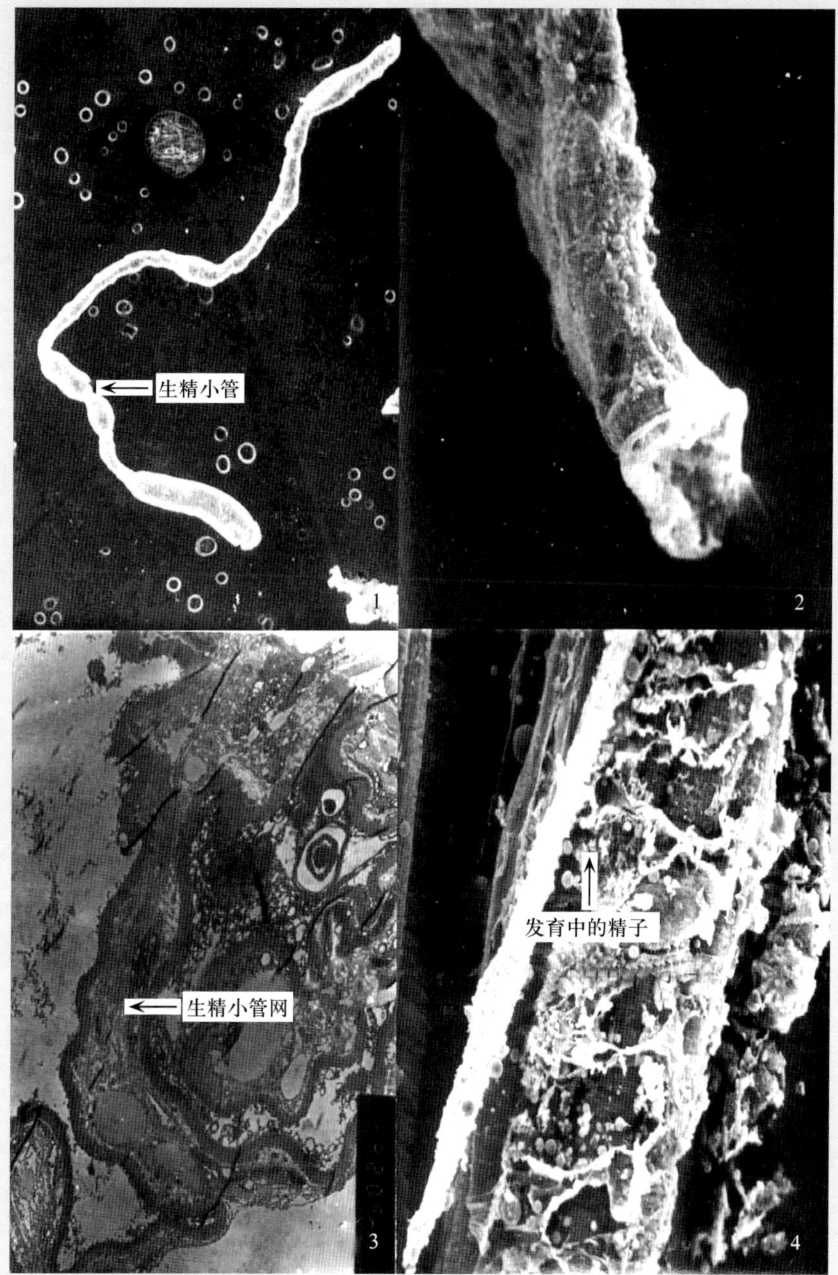

图 3-20　中国鲎精巢生精小管照片

1. 示从精巢管网分离出的生精小管扫描电镜照片，×20
2. 箭头示生精小管横切端口扫描电镜照片，×200
3. 生精小管透射电镜低倍观，×2900
4. 生精小管纵剖面扫描电镜照片，×6000

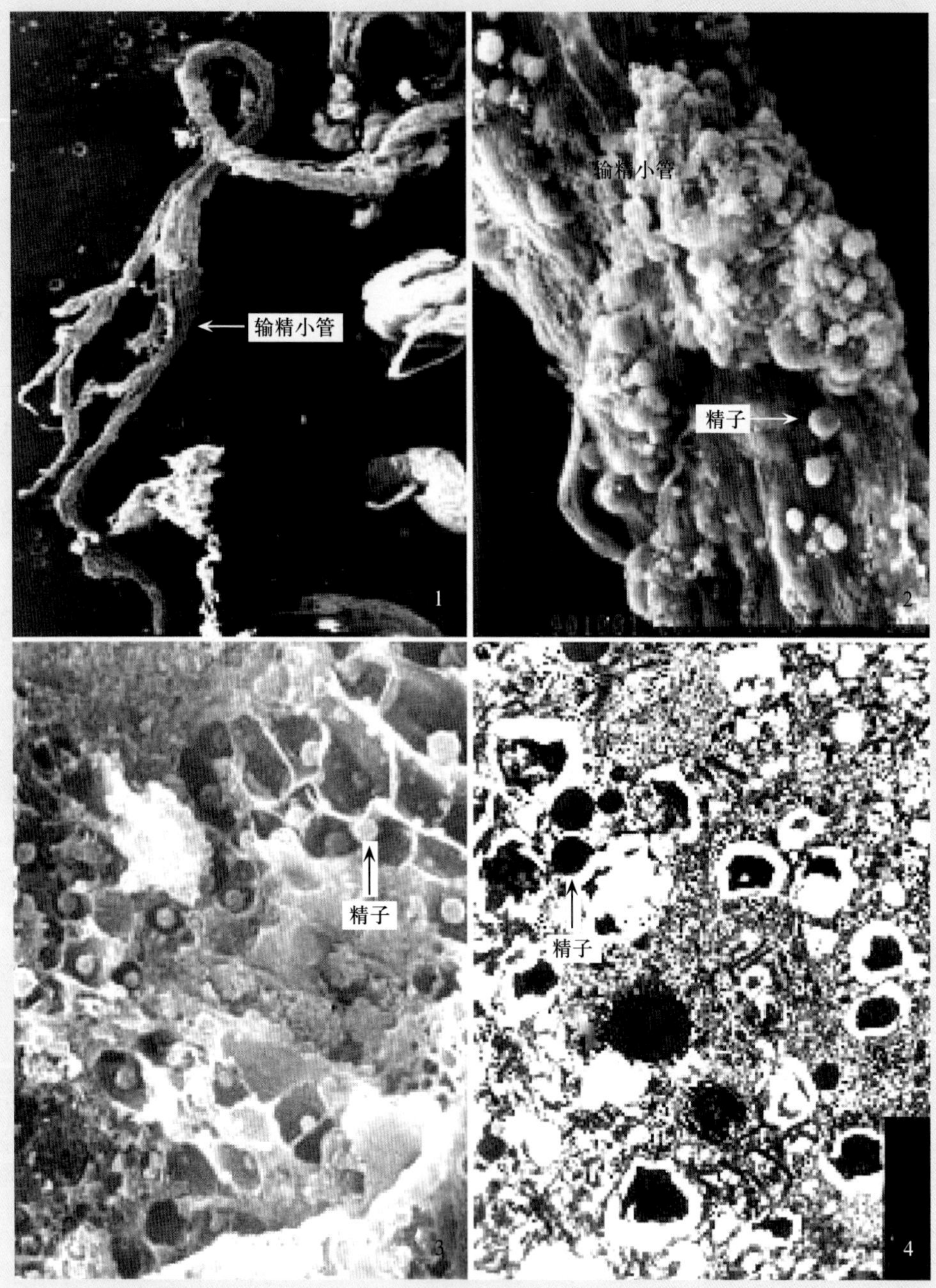

图 3-21　中国鲎输精小管电镜照片

1. 输精小管片段扫描电镜照片，可见小管交错成网，×20
2. 输精小管片段扫描电镜照片，示精子从横切端口排出特点，×700
3. 输精小管纵剖面扫描电镜照片，示内管壁分隔成无数小格，精子贮藏其间，×1900
4. 输精小管纵剖面透射电镜照片，示内管壁分隔成无数小格，精子贮藏其间，×1900

※ 参考文献（References）

霍淑芳，刘润中，许华曦，洪水根．中国鲎复眼的形态及超微结构研究．***中国水产科学***，2006，13(4)：517～520.

翁朝红，洪水根．中国鲎血细胞发生的超微结构变化．***厦门大学学报（自然科学版）***，2003，42(4)：521～525.

翁朝红，谢仰杰，洪水根．中国鲎黄色结缔组织的研究 I. 黄色结缔组织显微结构的观察．***集美大学（自然科学版）***，2001，6(4)：301～307.

翁朝红，谢仰杰，洪水根．鲎血淋巴系统的特点及其功能 .2003，***集美大学学报（自然科学版）***，2003，8(1)：16～21.

翁朝红，谢仰杰，洪水根．中国鲎黄色结缔组织营养细胞超微结构观察．***集美大学学报（自然科学版）***，2003，8(2)：1346～138.

Bonaventnre，J.，Bonaventura，C.，Tesh，S. Physiology and Biology of Horseshoe Crabs.1983，AlanR.Liss，Inc.，NewYork.

HongS.G.，Huang，Q.，NiZ.M. Ultrastructural observations on haemocytopoiesis in adult horseshoe crab (*Tachypleustridentatus*)，*Acta Zoologica Sinica*，2000，46(1)：1～7.

Sekiguchi，K. Biology of Horseshoe Crabs.1988，Science House Co.，Ltd.，Tokyo.

第四章 鲎的生态学 (ECOLOGY OF HORSESHOE CRABS)

/ 第一节 /
鲎的分类及分布（Classification and distribution）

一、鲎的分类（Classification）

鲎属于节肢动物门（Arthropoda）、有螯亚门（Chelicerata）、肢口纲（Merostomata）、剑尾目（Xiphosura）、鲎科（Limulidae）。现存鲎的种类很少，分布狭窄，根据其形态和分布特点，可分为 2 亚科 3 属 4 种。其中 Limulinae 亚科仅有美洲鲎属（*Limulus*），美洲鲎（*L. polyphemus*）1 种，分布于北美洲东海岸水域；而 Tachypleinae 亚科有 2 属，分布于亚洲东南岸及东岸沿海水域。其中东方鲎属（*Tachypleus*）有 2 种：中国鲎（*T. tridentatus*）和巨鲎（*T. gigas*）；蝎鲎属（*Carcinoscorpius*）仅 1 种圆尾鲎（*C. rotundicauda*）。另外，至少还有十几种已经成为化石的种类分布在北美、欧洲和亚洲，在澳洲也有报道。欧洲虽然发现不少鲎的化石，但从未发现过现今生活的鲎。

（一）美洲鲎（*Limulus polyphemus*）

美洲鲎属大型鲎，壳呈褐绿至墨褐色，雌鲎身体全长（包括头胸部、腹部及剑尾）约 44 cm，雄鲎约 36 cm。它的最大特点是剑尾短于头胸甲加上腹甲的长度，这是它区别于其他 3 种鲎的不同之处（图 4-1）。

（二）中国鲎（*Tachypleus tridentatus*）

中国鲎亦称东方鲎、三刺鲎或日本鲎，民间俗称海怪、鸳鸯鱼、夫妻鱼等，属大型鲎，壳为灰绿色，雌鲎全长约 65 cm，最大可达 85 cm，雄鲎约为 55 cm(图 4-2)。

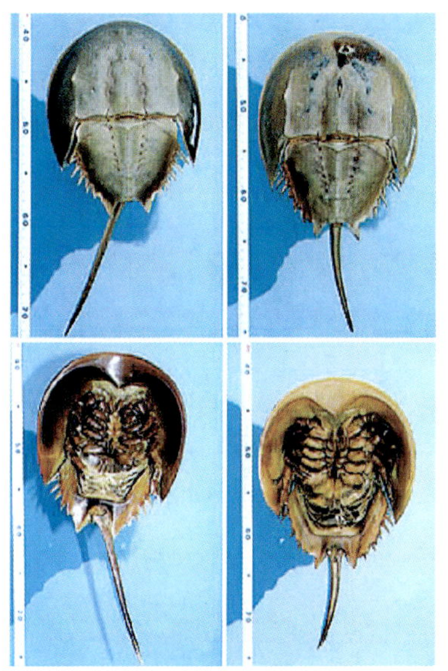

图 4-1　美洲鲎（左为雄，右为雌；上为背面观，下为腹面观）

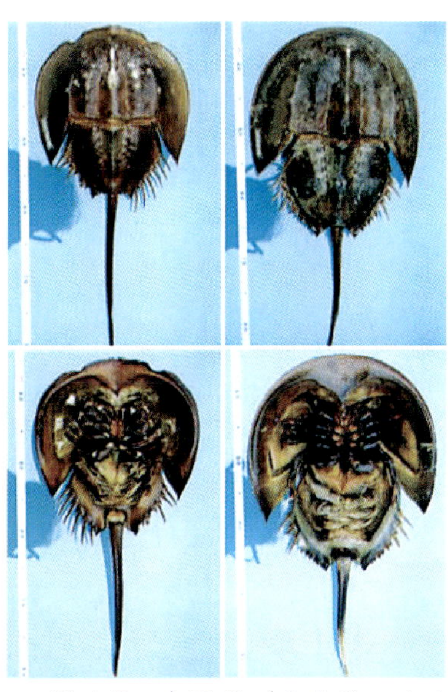

图 4-2　中国鲎（左为雄，右为雌；上为背面观，下为腹面观）

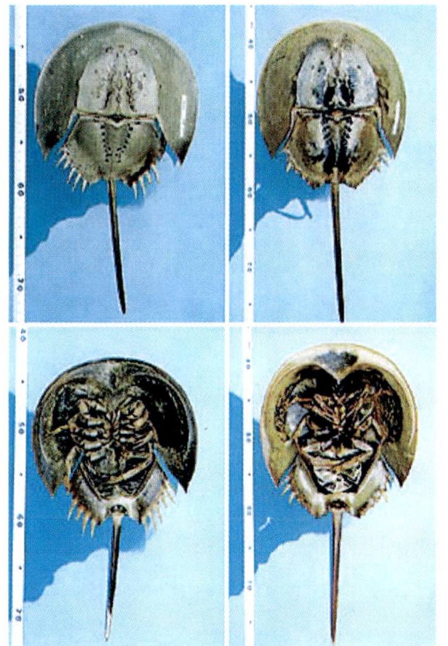

图 4-3　巨鲎（左为雄，右为雌；上为背面观，下为腹面观）

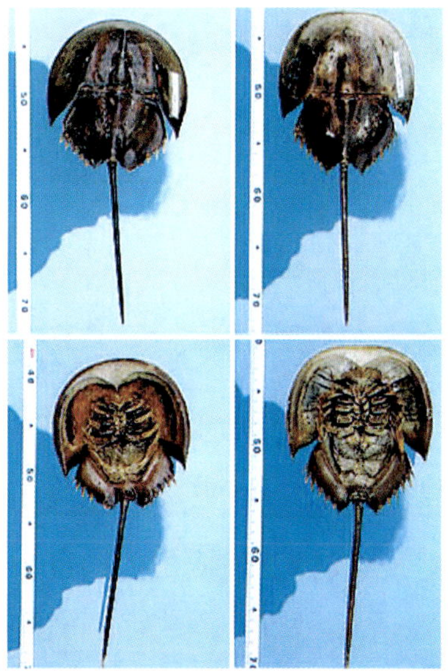

图 4-4　圆尾鲎（左为雄，右为雌；上为背面观，下为腹面观）

(三) 巨鲎 (*Tachypleus gigas*)

巨鲎又叫南方鲎，属中型鲎，雌体个体全长大约为 43 cm，雄体 33 cm，头胸甲隆起较低，呈圆弧形，背面平滑无小刺（图 4-3)。

(四) 圆尾鲎 (*Carcinoscorpius rotundicauda*)

圆尾鲎又叫东南亚鲎，属小型鲎，壳为深绿至绿褐色，它是 4 种鲎中体型最小的种类。全长大约为雌体 30 cm，雄体 28 cm。头胸甲圆弧状，背面散有微小的小刺。缘刺无明显差别。腹甲后端背面正中有小隆起，尾剑表面完全无小刺，后半部腹面两侧长有白毛，端面大体呈圆形。它与其他 3 种鲎不同之处在于其剑尾的横截面为圆形，而不是三角形，故称其为圆尾鲎（图 4-4)。

图 4-5 示中国鲎和圆尾鲎成体大小的比较。

图 4-5　1 对中国鲎（左下）与 1 对圆尾鲎（右上）大小的比较

二、鲎的分布 (Distribution)

(一) 美洲鲎的分布 (Distribution of *Limulus polyphemus*)

从美国大西洋沿岸最北的一个州——缅因州的北海岸往南，到佛罗里达半岛，一直到南部的中美洲的尤卡坦半岛，也就是从北纬 19°~ 44°，是美洲鲎的分布区域。美洲鲎最北的分布地点是加拿大的新斯科舍省，最南的分布区是中美洲的墨西哥。

北美洲的大西洋沿岸是地势平坦的平原，海岸是泥沙浅滩，鲎喜欢在高潮时成为一片潮淹区的泥沙海滩活动，以躲避海浪。从缅因州沿岸到佛罗里达半岛，随处可见这样的海滩。马塞诸塞州的科德角湾和新泽西州的特拉华湾，美洲鲎最为丰富，但今天其数量大为减少。州政府已制定特拉华湾鲎的管理计划。现今，大约 98% 的美洲鲎分布于新泽西州的开普梅到北卡罗来纳州的哈特勒斯角之间的海岸。

北美洲大西洋沿岸仅分布有美洲鲎一种（图 4-6）。

图 4-6　美国东岸美洲鲎数量巨大的鲎群

（二）中国鲎的分布（Distribution of *Tachypleus tridentatus*）

中国鲎主要分布于中国的东南沿海、海南省，日本的濑户内海和九州岛北岸，越南、西菲律宾的岛屿、苏门答腊、爪哇、马来西亚的北婆罗洲、加里曼丹东岸等（图 4-7）。

在中国，中国鲎分布于舟山岱山、宁波以南的广大中国海岸和台湾岛西岸以及澎湖列岛周围。数量较多的分布区是福建、广东、广西、海南等。在福建，宁德的三沙湾、福清、莆田的兴化湾、平潭岛、泉州湾、厦门岛周围以及金门岛等鲎的数量非常丰富。厦门岛周围、集美沿岸和同安湾的海滩，不少是泥沙质海滩，非常适合鲎的繁殖和栖息。因此，厦门地区鲎的产量是非常丰富的。但是近年的海岸开发以及鲎试剂等药业的发展，使这一带鲎资源下降，期待有关部门予以重视和保护。在广东，特别在湛江一带，鲎的数量多，个体大，渔民捕获的鲎是一箩筐一箩筐地装载外运。香港地区的中国

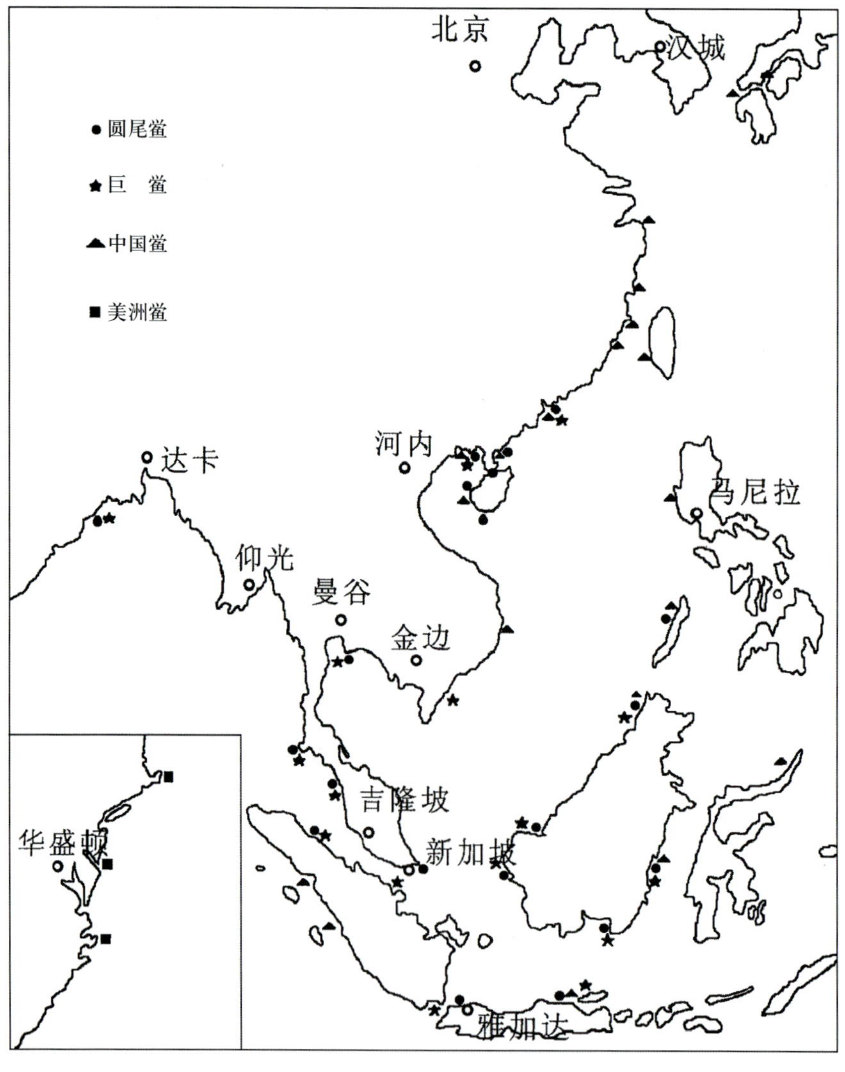

图 4-7 世界上现存 4 种鲎的分布

鲎的数量也不少。在广西，北部湾沿岸的鲎资源非常丰富，向南延伸到海南省的西部沿岸。

在日本，中国鲎分布于日本西部沿岸，主要是濑户内海周围沿岸和九州岛北岸。岛根半岛南岸的福山市是著名的鲎分布区，其南面是福山湾，盛产中国鲎，其 Kanaura 小海湾内可见许多卵群。Kanaura 小海湾的西部是 Oehama 海滩，曾被政府划为鲎繁殖的自然保护区，但现在由于开垦，鲎的数量下降很多。四国岛的北岸，曾经布满鲎卵，中国鲎的数量十分丰富。但是，工业的发展使这一带污染严重，鲎逐渐在消失。所以这一带鲎资源的保护成为当务之急。九州岛的北岸有许多鲎产区，其中 Imari 海湾是日本最大的鲎栖息地；Hakata 湾西部的 Imasu 湾的鲎分布十分普遍；Karatsu 海湾曾有许多鲎。近年来，这些地方鲎的数量大大下降。而九州岛东北岸的 Kitsuki 湾，鲎的数量相当多，而且这个地方非常适合鲎的生存，没有污染或开垦等威胁。

在越南，中国鲎分布于芽庄一带，其他地方很少见。中国鲎还分布于菲律宾的西部海域、加里曼丹岛北部西岸及东岸、北婆罗洲、苏拉威西岛北部、东爪哇和苏门答腊的印度洋沿岸的锡博尔加和巴东等地。

（三）巨鲎和圆尾鲎的分布（Distribution of *Tachypleus gigas* and *Carcinoscorpius rotundicauda*）

巨鲎和圆尾鲎，这 2 种鲎几乎生活在同一海域（图 4-7）。这 2 种鲎以印度恒河河口附近为西限，由这里向东南方向扩展。其分布经马来西亚半岛沿岸，到曼谷湾深处，一方面分布从苏门答腊岛、马六甲海峡侧起，到爪哇岛北岸一带及加里曼丹周缘和菲律宾南部沿岸。

在印度的 Junput 和 Digha，巨鲎和圆尾鲎数量不少，巨鲎仅在沙滩上见到，而圆尾鲎在泥滩和河滩也能见到。这 2 种鲎在泰国湄南河和印尼北部苏门答腊地区有极高的分布密度。

在我国，圆尾鲎分布于我国北部湾的海滩、雷州半岛的西海岸以及海南的西海岸。在广西，圆尾鲎分布于江平、漫尾、企沙、薄辽尾、沙螺寮、红河漫、龙门港、茅尾海、果子山、鸡墩头、三娘湾、官井、高沙、水儿、北海湾、大冠河、竹林、铁山港、丹兜海、关罗港等。在广东，圆尾鲎分布于安铺港、江洪、企水、康港、英楼港、流沙等。在海南，从新西到三亚的广大海南西海岸，都有圆尾鲎的分布。近年来，发现雷州半岛南海岸及以东沿岸均有圆尾鲎的分布，如湛江、香港等地不少海滩也分布有圆尾鲎。历史记载我国的长江南岸以南的沿海有圆尾鲎的分布。

总之，现存鲎家族的分布是连续的，但对一种鲎来讲，在其各自的分布范围内却是断续的。鲎的分布受一些自然因素所影响。温度似乎是美洲鲎和中国鲎分布北界的限制因素；而对巨鲎和圆尾鲎来讲，爪哇海沟和其他地方的海底深度可能是阻碍它们南迁至澳洲的原因。

三、关于亚洲海域鲎的种类、分布及名称的不同观点（Different opinions on species, distributions and names of horseshoe crabs in Asian Sea areas）

（一）有关对亚洲海域鲎种类和分布的报道（Reports on species and distributions of horseshoe crabs in Asian Sea）

根据 Sekiguchi 报道，20 世纪 70 年代以前中国鲎分布以日本濑户内海和九州北岸为北限，沿我国长江口从南一直向南延伸，中南半岛东岸一带的大陆东岸可以看到其分布。最南分布为爪哇岛北岸。东南亚的分布以苏拉威西岛北部为东限，西以苏门答腊岛印度洋侧为限。

1. 有关南方鲎分布的报道

Rama Rao 等、Patil 等和 Vijayakumar 等分别报道印度东北部（孟加拉湾）有南方鲎分布。Chowdhury 等报道孟加拉国东南有南方鲎分布。Key 等报道新加坡海域有南方鲎分布。Sluys 报道马来西亚和印度尼西亚西北部海域有南方鲎分布。Sekiguchi 报道越南的西贡有南方鲎分布。梁广耀等报道中国北部湾有南方鲎分布。Wong 等报道香港有南方鲎分布。Sekiguchi 利用他及助手们的大量第一手调查资料和已报道的资料，对南方鲎的分布进行了归纳和总结。可能他们没有看到梁广耀等、Wong 等的资料，或者他们怀疑以上 2 种资料的可信度，总之他们在进行南方鲎的分布归纳时，认为自印度恒河河口的印度东北部，经孟加拉国、缅甸、泰国、马来西亚、新加坡等国海域的马来半岛至越南的西贡的中南半岛以南海域均有南方鲎分布。南方鲎在太平洋分布的最北限是越南的西贡，苏门答腊岛马六甲海峡侧起到爪哇岛北岸一带及加里曼丹岛周围和菲律宾南部沿岸一带均有南方鲎分布。

2. 有关圆尾鲎分布的报道

Rama Rao 等报道印度东北部海域有圆尾鲎分布；Chatterji 等报道西孟加拉海域有圆尾鲎分布；Chowdhury 等报道孟加拉国东南有圆尾鲎分布；Fusetani 等报道泰国有圆尾鲎分布；Key 等报道新加坡海域有圆尾鲎分布；Sluys 等报道马来西亚和印度尼西亚西北部海域有圆尾鲎分布；Sekiguchi 报道菲律宾的巴拉望岛、印度尼西亚的苏门答腊岛北岸、爪哇岛北岸、加里曼丹岛周围和菲律宾南部海域有圆尾鲎分布；梁广耀报道中国北部湾的防城、北海海域、海南岛西岸海域有圆尾鲎分布；廖永岩等报道雷州湾海域有圆尾鲎分布；吴淑嵚报道海南岛北部海域有圆尾鲎分布；Chiu 等报道香港有圆尾鲎分布。Sekiguchi 对圆尾鲎进行归纳时，可能没有发现梁广耀等的文章，认为圆尾鲎在太平洋分布的北限是菲律宾的巴拉望岛（Palawan）。

3. 有关亚洲海域有其他鲎分布的报道

在亚洲海域除有以上 3 种鲎外，Pocock 在 Van der 工作基础上提出了一个鲎的新分类系统，并描述了一个新种 *Tachypleus hoeveni*（Pocock，1902）。报道中国海域有"蓝皮鲎"、"鬼仔鲎"存在。周立矩等报道中国海域还有黄皮鲎、蓝皮鲎存在。廖永岩等 在北部湾进行鲎资源调查时还听当地渔民反映北部湾还有"黑皮鲎"和"鬼仔鲎"存在，人若吃了会引起中毒甚至死亡。从以上资料看，亚洲现存鲎的种类远比美洲多，最多可达 6 ~7 种，但分布相当狭窄。亚洲海域鲎的分布以印度恒河河口附近为西限，东南亚区域的东限为印度尼西亚苏拉威西岛北部及菲律宾南部海域，日本濑户内海和九州北岸为亚洲海域鲎分布的北限和东限。印度尼西亚的爪哇岛北岸为亚洲鲎分布的南限。

（二）亚洲海域鲎的种类及分布（Species and distribution of horseshoe crabs in Asian Sea）

因历史原因，有关亚洲海域鲎的种类和分布的报道，以中国南海北部最为混乱不清。下面就亚洲海域（特别是中国南海北部）鲎的种类及分布进行分析和讨论，以便澄清和修正以往不正确或错误的报道，弄清亚洲海域鲎的种类和分布。

1. 中国鲎的分布

自从 20 世纪开发鲎试剂以来，由于中国鲎和美洲鲎的个体较大、血量多，是制作鲎试剂的主要原料鲎，所以各国加强了对中国鲎的资源调查。亚洲海域中国鲎的分布区域比较清楚。Sekiguchi 归纳了中国鲎分布区域，经廖永岩对历史资料进行综合分析认为是比较准确的。此后十多年来虽然中国鲎的分布数量在逐渐减少，但分布区域没有太大的变化。

2. 北部湾没有南方鲎分布

南方鲎的分布问题，特别是中国海域是否曾有南方鲎分布，一直是最为混乱的问题。从东南亚区域来看，南方鲎的分布区域基本与圆尾鲎一样，但也不是完全相同，如越南西贡并没有看到有圆尾鲎的报道，而菲律宾的巴拉望岛也没有看到有南方鲎的报道。总体来说圆尾鲎和南方鲎的分布区域，可以一样也可以不一样，而相同区域主要位于印度洋、马来半岛及印度尼西亚西北部等南亚海域。梁广耀等报道北部湾海域有南方鲎分布；但廖永岩等在北部湾进行了近 5 年的调查也没有发现南方鲎，所以北部湾是否真的有南方鲎分布就值得怀疑了。因各种原因，廖永岩等至今也没有找到梁广耀等曾鉴定过的原始标本，所以只能从梁广耀等已报道的信息来推断他们鉴定标本的真伪。梁广耀等的报道里没有对南方鲎的形态特征进行详细的描述，对南方鲎生殖盖板形态、腹甲后尾上棘突数等关键的南方鲎分类特征都没有提及，所以无法对其报道的“北部湾南方鲎”进行详细的分类鉴定。但梁广耀等报道,“南方鲎，成体稍小于中国鲎而大于圆尾鲎；头胸甲形态与中国鲎相似，但背部隆起较低，雄性更扁平，雌雄头胸甲前缘均呈圆弧状；雄性第1、2对步足与中国鲎一样，末节变为钩状；尾剑断面呈三角形，仅有上棱角有锯齿状小刺；腹甲两侧的6对可动缘刺雄者大体上和中国鲎一样，同形同大，但雄性的第4、5、6对缘刺退化明显缩小”；“中国鲎雌性成体一般都有2 kg以上……”,“圆尾鲎雌雄成体仅有0.4 kg左右，是4种鲎中个体最小的一种”。从他们的报道看,“北部湾南方鲎”和中国鲎非常相似。他们仅报道了一些粗略的体重等形态方面的大概数据。为了从体重、体长和体宽等形态上初步鉴定北部湾的“南方鲎”，我们先以印度南方鲎和东南亚南方鲎、中国南海北部中国鲎和圆尾鲎为例，对亚洲海域的3种鲎进行比较，结果见表4-1。

表4-1 中国鲎、南方鲎和圆尾鲎的体重、体长和头胸甲宽度比较

鲎种类	体重范围（g）	平均体重（g）	体长范围（mm）	平均体长（mm）	头胸甲宽范围（mm）	平均头胸甲宽（mm）
中国鲎雄体	1170～2230	1630	482～614	535	237～308	261
中国鲎雌体	2200～4880	3630	586～705	668	265～367	328
中国鲎雄体	50～300	195	60～240	195	105～185	165
中国鲎雌体	300～700	450	195～350	260	185～250	205
中国鲎雄体	170～290	210	255～335	295	255～335	142
中国鲎雌体	200～510	360	305～382	340	150～178	158

从表4-1可见，雌中国鲎体重均有2200 g以上，基本上与他们报道的“中国鲎雌性成体一般都有2 kg以上”一致，这说明香港的中国鲎和北部湾的中国鲎大小基本一致。因为香港雄性中国鲎平均体重1.63 kg，最小体重在1.17 kg以上，而他们报道的“圆尾鲎雌雄成体仅有0.4 kg左右”，虽比香港的圆尾鲎平均体重偏大，也基本接近香港圆尾鲎的形态大小数据(0.21～0.36 kg)。而他们报道中又说“南方鲎，成体稍小于中国鲎而大于圆尾鲎”，这样看来他们指的南方鲎大约体重应在1 kg以上，只有体重在1 kg以上才可能“稍小于中国鲎”的2 kg而“大于圆尾鲎”的0.4 kg。从表4-1可见，南方鲎雄体的平均体重0.195 kg，雌南方鲎平均体重0.45 kg，就算最大的南方鲎个体体重也不超过0.7 kg，所以仅从体重判断，梁广耀等报道的“南

方鲎”肯定不是南方鲎。再看他们报道的南方鲎的生态环境：“生态习性：中国鲎、南方鲎及黄鲎的栖息环境基本相同，从水深 40 m 至潮间带之间都是它们的生活和栖息场所。”而印度和东南亚分布的南方鲎其栖息地很少有超过 20 m 水深线的，即南方鲎和圆尾鲎一样分布于水深 20 m 至潮间带区域。所以从分布深度来看梁广耀等报道的“北部湾南方鲎”也和南方鲎的实际分布深度不一致，倒和中国鲎分布深度一致。虽然他们报道的有关“南方鲎”的资料相当少而不具体，但综上所述，可以说梁广耀等报道的“南方鲎”肯定不是南方鲎。

那么梁广耀等报道的是什么鲎呢？从“头胸甲形态与中国鲎相似……尾剑断面呈三角形，仅有上棱角有锯齿状小刺”看，此鲎肯定不是圆尾鲎而是中国鲎。从“尾剑断面呈三角形，仅有上棱角有锯齿状小刺；腹甲两侧的 6 对可动缘刺雄者大体上和中国鲎一样，同形同大”来看，因为此鲎尾下侧棱的锯齿状小刺尚未长出，雌体的腹甲两侧后 3 对可动缘刺尚未退化，说明此鲎为中国鲎的幼体。从“南方鲎成体稍小于中国鲎”来看，他们报道的南方鲎应是接近成熟、但第二性征尚没有发育完全的、尚欠 1 次成熟蜕壳或尚欠最后 2 次蜕壳的中国鲎幼体。他们同时报道的甲壳较软的“黄鲎”是刚蜕壳的中国鲎幼体，因刚蜕壳不久色素还未来得及完全沉着，所以颜色偏淡而呈黄色；也因刚蜕壳不久甲壳尚没有完全固化所以甲壳较软。

综上所述，梁广耀等报道的“北部湾南方鲎”不是南方鲎，而是一种中国鲎接近成熟阶段的幼体。中国北部湾并没有南方鲎分布，是报道者错把中国鲎的幼体当成了南方鲎。

3. **香港没有南方鲎分布**

Wong 等报道香港有南方鲎分布，并且他们进行了南方鲎肌肉的显微观察研究。他们对香港的南方鲎形态描述得不多，仅提及他们所用的南方鲎的体重、体长数据：体重 1.5～4 kg，头胸甲壳宽 25～36 cm，称所用样本为拖网所得的成体南方鲎，所以无法从形态分类特征上判断他们实验用的是不是南方鲎。但从他们提供的鲎体重 1.5～4 kg、鲎头胸甲壳宽 25～36 cm 数据和表 4-1 的数据进行比较，可见他们实验标本的体宽（25～36 cm）也明显大于南方鲎的体宽（10.5～25 cm）。所以仅从头胸甲宽度来看，Wong 等报道的鲎不可能是南方鲎。从重量看，Wong 等报道的南方鲎的重量（1.5～4 kg）远大于南方鲎的体重 0.05～0.7 kg，所以从重量上看，Wong 等报道的实验样本也不可能是南方鲎。Chiu 等在香港进行鲎资源调查时并没有发现南方鲎，认为梁广耀等报道在香港有分布的南方鲎现在已经消失。以上事实说明香港曾有南方鲎分布的报道是错误的，香港没有南方鲎分布，现在没有，以前也没有。那么 Wong 等报道的是什么鲎呢？虽然他们没有准确的形态分类特征的描述，但只要实验样本是鲎，从表 4-1 现存鲎的形态特征分析，头胸甲壳宽 25～36 cm，体重 1.5～4 kg，基本和中国鲎的形态特征一致。他们的实验样本为拖网所获，因为成体中国鲎主要分布于 20～60 m 的较深海域，这也正好和中国鲎相似。所以从报道的鲎数据判断他们实验所用的样本不是南方鲎而是成体中国鲎。

4. 台湾可能有圆尾鲎分布

除 Sekiguchi 报道台湾有中国鲎外，目前尚未查到台湾有其他鲎分布的正式报道。习惯上学术界认为台湾除中国鲎外没有其他鲎分布。但网上有台湾食鲎中毒的报道，且认为成鲎无毒幼鲎有毒，特别是食用绿色的卵最易中毒。若台湾真有食鲎中毒的话，那就说明台湾肯定有圆尾鲎分布。人们所说的“食幼鲎（中国鲎幼体）中毒”就是错把大小和中国鲎幼体相近、颜色相似的圆尾鲎当成了中国鲎。若真是食中国鲎幼鲎中毒的话就不会有食鲎卵中毒的说法，因为幼中国鲎性腺尚没有成熟，根本就不会有卵形成。再者，就算有极个别成熟的个体较小的中国鲎像幼鲎，那卵也一定是黄色的，绝不会是绿色的；只有圆尾鲎的卵才是绿色的。其实，因为成熟的雌性中国鲎成体远比雄体大（表 4-1），有卵的中国鲎雌体个体都相当大，很少会有人再把其当幼体的。所以，若考虑网络的报道具有一定的可信度即台湾也有食鲎中毒发生的话，那台湾一定有圆尾鲎分布。

温度是影响圆尾鲎在亚洲东岸海域向北分布的主要限制因素。从纬度看，分布有圆尾鲎的香港和台湾南部的纬度相似，相对香港来说台湾更远离大陆，海洋性气候更明显，台湾南部冬季平均气温比香港高，更有利于圆尾鲎分布。虽然圆尾鲎游泳和迁移能力比中国鲎弱，越过深海沟可能会有一定困难，但现存鲎在地球上已生存 2 亿年以上，而台湾原和大陆相连，大约第四纪晚更新世早期（1.4 万～1.2 万年前）最后与大陆分离。所以台湾有圆尾鲎分布，从地质演化上看也是很正常的。当然，台湾是否有圆尾鲎分布只有看见台湾有食鲎中毒的书面报告或台湾有圆尾鲎分布的正式调查报告后才可以肯定。

5. 在中国除中国鲎和圆尾鲎外没有其他种类的鲎

Pocock 在 Van der 的工作基础上提出了一个鲎的新分类系统，并描述了一个新种 *Tachypleus hoeveni*(Pocock，1902)。在当时，加上美洲鲎、中国鲎、南方鲎和圆尾鲎，学术界认为地球上现存鲎有 5 种。直到现在，在很多正式出版的书刊和网络上，都还有人说地球上共有 5 种鲎。但是，早在 1958 年 Waterman 就指出 Pocock 描述的新种是已知种南方鲎 *Tachypleus gigas*(Müller，1785）的同物异名，并不是一个鲎的新种，地球上现存的鲎仍只有 4 种。至于中国海域（特别是南海北部）的“黄皮鲎”、“蓝皮鲎”，廖永岩等通过研究发现都是中国鲎不同阶段的幼体。由于中国鲎的幼体和成体分布在不同的生态区域里，为了适应不同的生态环境，形成了黄色或蓝色等不同保护体色。所以“黄皮鲎”和“蓝皮鲎”不是一个新种，只是中国鲎同物异名而已。“黑皮鲎”则是指中国鲎或圆尾鲎更早期的幼体，它们为了适应滩涂的环境具有了黑色的保护色。不同的“黑皮鲎”个体虽小，但分别具有中国鲎或圆尾鲎的特征，根据中国鲎和圆尾鲎的形态分类特征很容易把这 2 种黑皮鲎区分开。一部分“黑皮鲎”是圆尾鲎的幼体，也不是一个新种，也只是圆尾鲎的同物异名。“鬼仔鲎”又叫“鬼鲎”，个体小，不是中国鲎的幼体，而是指圆尾鲎成体。将圆尾鲎叫“鬼鲎”或“鬼仔鲎”，是因为这种鲎含有剧毒，一旦误食，有性命之忧。所以鬼鲎或鬼仔鲎也不是一个新种，也是圆尾鲎的同物异名。

因此说，在中国海域中，除中国鲎和圆尾鲎外并没有其他种类的鲎。

以下，根据廖永岩所作的调查加以说明。

（1）材料及方法

①材料及采集地区

1997 年 8 月至 1999 年 8 月，不同大小的中国鲎幼体标本采自广东省湛江市东海岛民安海区和北部湾企水海区。东海岛民安采集地区位于中国南海雷州湾底部，地处亚热带，高温多雨；年平均气温 23℃，1 月平均气温 15℃，7 月平均气温 29℃；年平均降雨量 1534 mm，夏秋季常有台风和雷雨。企水海区位于北部湾东岸，雷州半岛西岸，气候条件与民安海区相近。

②方法

刚孵出的 1 龄幼鲎（已孵化成幼鲎的个体为 1 龄，以后每蜕一次壳就增加 1 龄）至 4 龄幼鲎由本实验室人工孵化提供（廖永岩等，1997），每个龄次各 20 个；4 龄以上、头胸甲处于 10 cm 以下（即 4 龄以后，11 龄以前）的中国鲎幼体，于大潮时在潮间带采集，每个龄次 20 个；10 cm 以上（即 12 龄以后，直至成熟的雌雄个体）的个体则从安放流刺网和进行拖网作业的渔船上收集，每个龄次 20 个。标本采回后按大小及蜕皮次数多少进行整理和分类，观察和特征记述，就一些关键性分类特征与中国鲎、圆尾鲎和美洲鲎进行形态比较。

（2）结果

①中国鲎幼体阶段（黄皮鲎）的记述（图 4-8）

中国鲎幼体阶段（黄皮鲎）头胸甲背部有 7 个长达 0.5 ± 0.1 cm(10) 的棘刺（正中线上 3 个，两侧各 2 个；两侧前棘刺位于复眼处，后棘刺和其他鲎的棘刺位置相同，只是较长），腹甲背部有 8 个棘刺，较长的达 0.5 ± 0.1 cm(10)，两侧耳突前各有一长突刺，达 1 ± 0.2 cm，向后上方伸展；腹甲身体正中线有

4 棘，心脏后 1 个，肛上 1 个，这两者之间有 2 个，一长一短（短的有的不明显），腹甲尾上除正上 1 个棘刺外，两侧还各有 1 个。头胸甲除正中 3 长棘刺之间有一排小刺外，其背表面光滑；腹甲背面光滑，但密生白毛（图 4-8：7）。

尾横截面呈三角形，上脊有一列小刺（图 4-8：3），腹面两侧脊无刺，但生有一列白毛（图 4-7：6）。腹甲后侧边刺 6 对，可动，几乎等长，可动侧边刺的前后侧边上均生有一列白毛。后侧边刺之间的固定刺上无小刺（图 4-8：1，6）。

头胸甲两侧后刺突尖锐，两侧有锯齿状小齿。头胸甲和腹甲接触处无刺而生有白毛（未接触处生有锯齿状小齿）。生殖盖板中央两叶，中央叶顶部不达侧叶顶部，两侧叶顶叶尖似有交叉重叠状。

活体背面周围及身体正中线部位为黄褐色，其余部位为土黄色，所有棘刺、齿和尾为黑褐色，腹面蓝绿或黄绿色，四肢基部呈蓝色（图 4-8：1，4～6）。头胸甲和腹甲腹边脊红褐色。头胸部第 5 步足第 5 节扁稍圆。肛角腹部下凹处有锯齿状刺，后外侧生白毛。

选取有代表性的 8 个标本 1～6 号标本为“黄皮鲎”，7～8 标本为“黑皮鲎”(中国鲎幼体)，对其形态特征进行比较，详细数据体色比较结果见表 4-2。

从表 4-2 可以看出，体形较小的“黑皮鲎（中国鲎幼体）和体形较大的中国鲎幼体（黄皮鲎）之间，各种数据参数处于一种渐变之中。“黄皮鲎”为 12～16 龄的中国鲎幼鲎。而“黑皮鲎”为 11 龄以前的中国鲎幼鲎。

综上所述，“黄皮鲎”的很多形态结构和中国鲎一样或非常相近，只是呈幼体状。

②中国鲎不同阶段幼体的观察及生态

实验室人工孵化的 1 龄幼鲎（9 月孵化），第 2 年 6 月能蜕壳为 2 龄幼鲎。2 龄幼鲎当年能再蜕两次壳，成为 4 龄幼鲎。4 龄幼鲎的头胸甲宽度为 1.3 cm，颜色为黑色。

在潮间带的低潮位处，头胸甲宽度介于 1～10 cm 之间的中国鲎幼体，颜色从小至大为黑色至黑褐色。接近 10 cm 的个体，颜色接近土黄色，但颜色稍深一点。相对来说，个体越小，数量越多；个体越大，数量越少。

用网具在较深海域捕获到的中国鲎幼体，头胸甲宽度均在 10 cm 以上(头胸甲宽度介于 9.30～24.95 cm 之间)，头胸甲宽度达 24.95 cm 实际已是成体，体色由小到大也处于土黄色→褐色逐渐变化之中。相对来说，较小的个体（头胸甲较接近于 10 cm），黄色较深，较大的个体，黄色逐渐变淡，褐色加深，最终转变为成体的褐色。中国鲎的幼体，从小到大，身体背面的颜色呈现为淡黑色→黑色→黑褐色→土黄色→黄色→黄褐色→褐色（成体）的变化。

中国鲎幼体背上的不动棘刺，随着个体的不断长大，也呈现出从短到长，再从长到短的变化过程。1 至 2 龄幼鲎的背上棘刺较短 [1.6±0.6 mm(10)]，

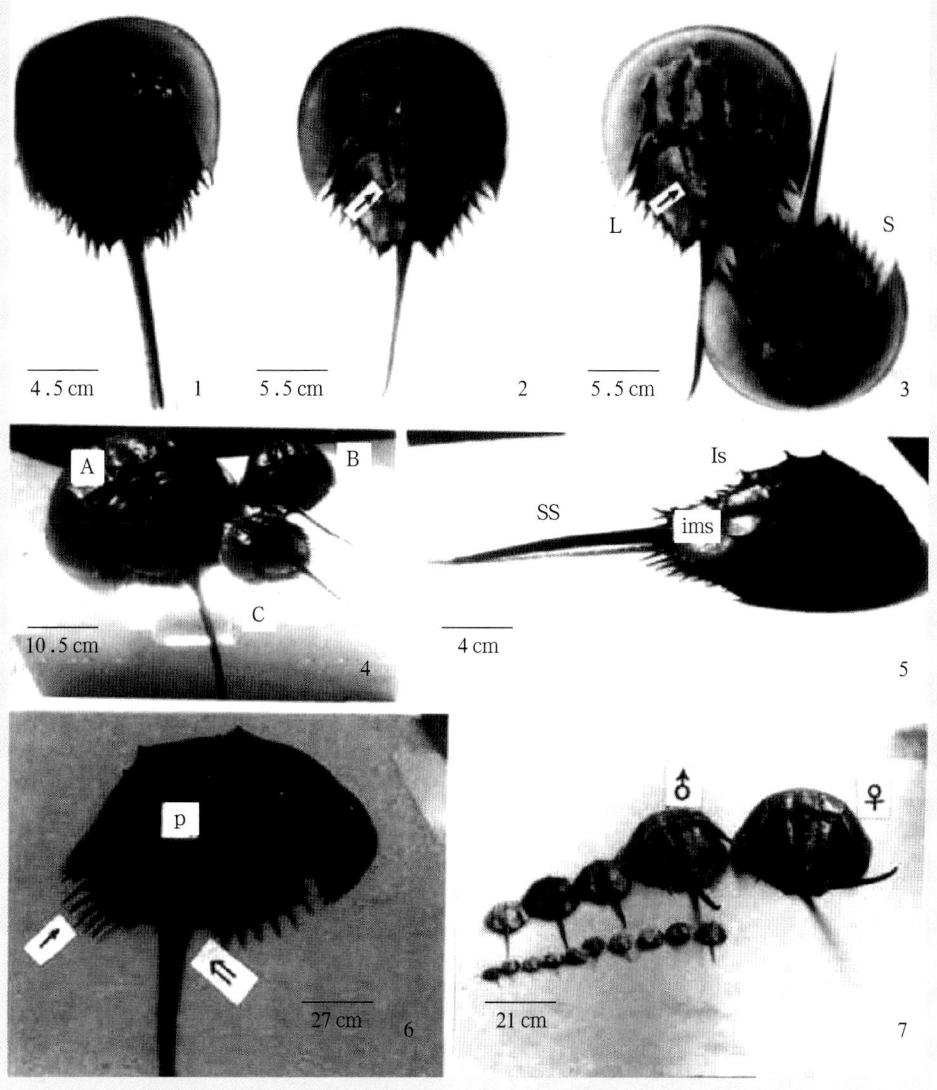

图 4-8　中国鲎幼体阶段（黄皮鲎）及与其他不同鲎形态特征

1. 中国鲎幼体 (黄皮鲎) 背面观。

2. 腹甲背面上有小刺的中国鲎幼体 (黄皮鲎) 背面观。→：腹甲背面上小刺

3. 腹甲背面上有小刺中国鲎幼体 (黄皮鲎) (L) 和腹甲背面无小刺的中国鲎幼体 (黄皮鲎) (S) 比较。→：腹甲背面上小刺

4. 中国鲎 (A，♀)、圆尾鲎 (B，♀)、中国鲎幼体 (黄皮鲎)(C) 大小及颜色比较

5. 中国鲎幼体 (黄皮鲎) 侧面观。Is：背面的长棘突，ims：尾上腹甲末端具 3 棘突，ss：尾上脊具小刺

6. 中国鲎幼体 (黄皮鲎) 的后背面观。P：腹甲，→：边刺，⇑：尾侧脊没有刺，密生白毛

7. 不同大小的中国鲎幼体 (黄皮鲎) 和中国鲎。♂：中国鲎雄体，♀：中国鲎雌体，其余为中国鲎幼体 (黄皮鲎)

从 3 龄幼鲎开始，背上棘刺不断增长增粗［长 2.5±0.7 mm(10)]，到头胸甲宽度至 10 cm 时，达到最大［长 4.5±0.8 mm(10)]。以后，当头胸甲宽度达 20 cm 以后时，这些棘刺又逐渐变短变小（长 3.5±0.7 mm)，至个体成熟时，这些棘刺已相当不明显［长 2.5±0.7 mm(10)，但相对长度变小]。

体色从土黄色逐渐向褐色过渡，其尾侧边生有白毛逐渐减少，逐渐长出小刺（图 4-8：2，3），最后白毛被一列小刺代替；白毛是无刺向有棘过渡的一种中间状态。头胸甲和腹甲背侧生有的白毛，也经历和尾侧边白毛一样的变化，最终被小刺代替。

就分布底质来说，体色黄色或黄褐色的幼体，分布于沙质或有少量泥的泥沙质底的海域中，很少到泥质底的海域生活。较深的沙质底的海域能捕到黄皮鲎和成熟的中国鲎，而很少能捕到圆尾鲎。泥质底或泥质较重泥沙质底的海域，仅能捕到圆尾鲎，而很少能捕到中国鲎成体和黄色或土黄色的幼鲎。有少量泥的泥沙质底的海域，中国鲎成体、黄色中国鲎幼体和圆尾鲎均能捕到。不同阶段中国鲎幼体分布于不同深度的海区。在潮间带低潮位处的水洼处，可发现大量头胸甲宽度介于 1～10 cm 之间的中国鲎幼体；但头胸甲宽度大于 10 cm 的幼体就很难在潮间带发现了。渔民只有用网具在较深（约 20～60 m）的海域才能捕获到。总的来说，我们的研究结果与 Sekigushi (1988) 的结果基本一致（表 4-3)。头胸甲大于 10 cm 的中国鲎幼体，不能在潮间带找到，而能在 20～60 m 深的海区用网具捕到，说明头胸甲宽度大于 10 cm 的中国鲎幼体，主要和成体一道，生存在 20～60 m 较深海区。但是，成体到了产卵季节，要来沙滩产卵，但这些幼体不必产卵，也就不会在产卵季节来到沙滩，故也就很难在沙滩采到这种中国鲎幼体，这也许是在浅海或沙滩很难采到黄皮鲎的原因。

所以，中国鲎的一生的生存栖息地变化路线是：沙滩周围的潮间带（头胸甲宽度小于 10 cm 的幼体）→ 20～60 m 深的较深海域（较大幼体）→ 20～60 m 深的较深海域（成体）→沙滩（产卵成体）。粤西、海南和北部湾的渔民称之为“黄皮鲎”的鲎，身体背面黄色或土黄色，其实是一定阶段的中国鲎幼体。其体内从未发现卵细胞，呈明显不成熟状态（图 4-8：7）。

表 4-2 中国鲎幼体（“黄皮鲎”和“黑皮鲎”）形态测量及体色（cm）

特征 Charact ers	数据 Data							
标本号（No. of specimen）	1	2	3	4	5	6	7	8
体重（Body weight)(g)	293	282	216	177.5	75.3	11.5	11.0	2.2
躯干长（除尾）(Length of median of prosomatic carapace and opist hosomatic carapace)	14.65	14.38	13.22	12.95	9.32	6.63	4.81	3.41
身体主线长 (Length of median linc of body)	31.95	30.20	25.15（尾断）	26.70	20.05	14.41	9.34	7.30

续表

特征 Charact ers	数据 Data							
头胸甲长（Length of median of prosomatic carapace）	8.72	8.98	8.37	8.00	5.89	4.48	2.90	2.21
头胸甲最大宽度（Maximum width of prosomatic carapace）	14.59	14.53	13.70	13.22	9.71	7.22	5.71	3.50
两中央眼距离（Distance between of both median eyes）	0.12	0.13	0.13	0.09	0.12	0.09	0.07	0.04
两中央眼距离与头胸甲最大宽比值（Ratio of distance between both median eyes to maximum width of prosomatic campace）	0.01	0.01	0.01	0.01	0.01	0.01	0.01	0.01
两复眼间的距离（Distance between both compound eyes）	7.66	8.20	7.32	7.10	5.30	3.91	2.97	2.68
复眼的长径（Long diameter in compound eye ）	0.45	0.55	0.41	0.49	0.28	0.25	0.24	0.112
复眼长径与头胸甲长的比值（Ratio of long diameter in compound eye to length of median of prosomatic carapace）	0.05	0.06	0.05	0.06	0.05	0.06	0.08	0.05
身体后甲中线长（Length of median line of opist hoso matic carapace）	6.12	6.70	6.05	5.88	4.38	3.11	2.39	1.45
两耳突间的距离（Distance between apices of both auriculate processes）	12.86	11.48	10.65	10.69	7.80	6.11	5.11	2.95
第 1 边刺间距离（Distance between apices of both first margimal proscesses）	11.47	11.60	10.95	10.61	7.40	5.70	4.45	2.80
第 1 边刺长宽（Length of first marginal spine）	1.90	1.82	1.95	1.90	0.95	0.99	0.65	0.18
第 2 边刺长宽（Length of second marginal spine）	2.05	2.02	2.00	1.89	1.37	0.99	0.65	0.18
第 3 边刺长宽（Length of third marginal spine）	2.16	2.02	2.05	2.02	1.38	0.91	0.65	0.18
第 4 边刺长宽（Length of fourth marginal spine）	2.05	2.25	2.00	2.00	1.30	0.95	0.62	0.15
第 5 边刺长宽（Length of fifth marginal spine）	2.05	2.10	2.00	1.88	1.28	0.90	0.59	0.14
第 6 边刺长宽（Length of sixth marginal spine）	1.95	1.85	1.82	1.88	1.27	0.77	0.51	0.10
尾长（Length of telson）	17.71	15.67	14.52	13.80	10.42	8.10	4.95	3.98
尾最大宽度（Maximum width of telson）	1.25	1.24	1.15	1.10	0.85	0.55	0.45	0.25
身体背面颜色（Coloration of prosomatic carapace and opist hosomatic carapace）	土黄色（Sallow）	土黄色（Sallow）	土黄色（Sallow）	土黄色（Sallow）	土黄色（Sallow）	黑褐色（Brown）	黑色（Black）	黑色（Black）
幼体的龄数（Numbers of stages of juveniles of *Tachypleus tridentatus*）	14	14	14	13	12	11	10	8

n=8

表 4-3　中国鲎幼体和其他 4 种现生存鲎的分类特征（Sekiguchi）1988 比较

特征 Characters	中国鲎幼体 Juveniles of *Tachypleus tridentatus*	中国鲎 *Tachypleus tridentatus*	南方鲎 *Tachypleus gigas*	圆尾鲎 *Carcinascorpius rotundicauda*	美洲鲎 *Limulus polyphemus*
尾横截面	三角形	三角形	三角形	近圆形	三角形
(Cross section of the telson)	(Triangular)	(Triangular)	(Triangular)	(Subtriangular With round edges)	(Triangular)
生殖盖板 (Operculum)	中叶短于侧叶 (The median lobes whose apices do not reach the apices of lateral lobes)	中叶短于侧叶 (The median lobes whose apices do not reach the apices of lateral lobes)	中叶短于侧叶 (The median lobes whose apices do not reach the apices of lateral lobes)	中叶等于侧叶 (The median lobes whose apices reach rhe apices of lateral lobes)	中叶长于侧叶 (The median lobes whose apices extend beyond apices of lateral lobes)
腹甲背面小刺 (Scattered spinerets on dorsum of the opisthoso matic carapace)	无 (Absent)	有 (Present)	无 (Absent)	有 (Present)	无 (Absent)
腹甲后尾上棘突 (Immovable spines on mid-dorsal part of posterior margin)	3	3	1	1	1
尾上脊一列小刺 (Thornlike spines on dorsal of telson)	有 (Present)	有 (Present)	有 (Present)	无 (Absent)	有 (Present)
尾两侧腹脊小刺 (Ventral ridges spine of telson)	无 (Absent)	有 (Present)	无 (Absent)	无 (Absent)	有 (Present)
雌第 4～6 对边刺 (The fourth to sixth ones marginal spine of female)	未退化 (Uniformly long)	退化 (Degenerate)	退化 (Degenerate)	退化 (Degenerate)	未退化 (Uniformly long)
活体背面颜色 (The coloration in living body)	黄色 (Yellowish brown)	绿灰色 (Greenish gray)	绿灰色 (Greenish gray)	黑绿或绿褐色 (Dark green to Greenish brown)	绿褐或褐色 (Greenish brown to Blackish brown)
头胸甲腹甲背上棘突 (The immovable spines on carapaces)	大而长 (Large and long)	小而短 (Small and short)	小而短 (Small and short)	小而短 (Small and short)	小而短 (Small and short)
体型 (Bodysize)	小 (Small-size)	大 (Large-size)	较小 (Middle-size)	小 (Small-size)	大 (Large-size)

C. 讨论

(A) 中国鲎幼体阶段（黄皮鲎）和其他 4 种现生存鲎的分类特征比较

中国鲎幼体阶段（黄皮鲎）在体表颜色、身体大小等外部分类特征上，均与其他鲎有一定的区别，也有一定的相似之处，具体比较见表 4-3。从表 4-3 的比较结果我们可以看出，黄皮鲎的生殖盖板 3 叶，中央叶 2 叶，明显短于侧叶，故黄皮鲎不属于美洲鲎。黄皮鲎尾呈三角形，而不是圆形或近圆形，故不属于蝎鲎属，应属东方鲎属。腹甲末端尾上有 3 个棘突，这应是中国鲎的特征，所以黄皮鲎和中国鲎很相似；但是其尾下侧缘和头胸甲及腹甲背面无小刺，只遍生白毛，这似乎不是中国鲎的特征，而是南方鲎的特征，但其体形仅和中国鲎极相似，而和南方鲎明显不同。所以，“黄皮鲎”既不是已知的美洲鲎、南方鲎和圆尾鲎，也不是一个新种，而是中国鲎一定阶段的幼体。

(B) 中国鲎幼体背面棘刺和颜色的变化

中国鲎幼体背面棘刺的变化，也可能是和其生活相适应的。从小到大，随着身体的生长，背面的棘刺也随着长大。粗大而尖锐的背面棘刺，对自己具有明显的保护作用，从而提高自己的环境适应能力。但是，一旦发育成熟，就要进行交配。交配时，粗大而尖锐的背部棘刺就是一种障碍。同时，快成熟的幼体，个体已相当大，对环境的承受能力已相当强，相对来说，对粗大硬刺的需求不是太明显。所以，随着幼体的成熟，背上的硬棘刺就变得越来越小，越来越短。中国鲎幼体背面的颜色随环境变化而变化。每当其头胸甲小于 10 cm 时，幼体生存于低潮位处的小水洼处，其背面颜色也和水洼处的泥沙相似，为淡褐色或黑色。当这些幼体逐渐长大，开始向大海深处迁移，背面的颜色也开始由黑褐色变为土黄色。而当幼体一旦成熟，开始从深海向沙滩迁移，体色也转变为褐色。当然，为什么游向深海的幼鲎身体背面为土黄色，而成熟的个体背面又转变为褐色，有待进一步研究。

/ 第二节 /
鲎的生活习性（Living habits of horseshoe crabs）

一、鲎的生境及其行为（Habitat and behavior）

每年冬天成鲎生活于沿海、海口及浅海等 20～30 m 深的沙质海域过冬。春天水温升高时，成鲎迁往浅水域觅食和产卵。每年 6～9 月成鲎会成对爬至潮间带高潮线附近沙滩掘沙产卵，体外受精。鲎卵大约经过 50 d，孵化成 1 龄幼鲎。幼鲎则栖息在潮间带泥滩内。

根据鲎的生活史，其栖地由 3 个要素构成：

1. 沙滩：作为产卵场与孵育场（生殖季在满潮线）。

2. 泥滩：供幼鲎栖地（潮间带）。

3. 亚潮带：作为成鲎栖息地（海水深在 10～30 m 左右）(图 4-9)。

中国鲎幼体孵出后并不急于离开其巢穴，而通常在巢穴里过冬。第 2 年春夏，幼鲎才离开它们的巢穴，在出生地附近海滩生活。高潮时幼鲎把身子

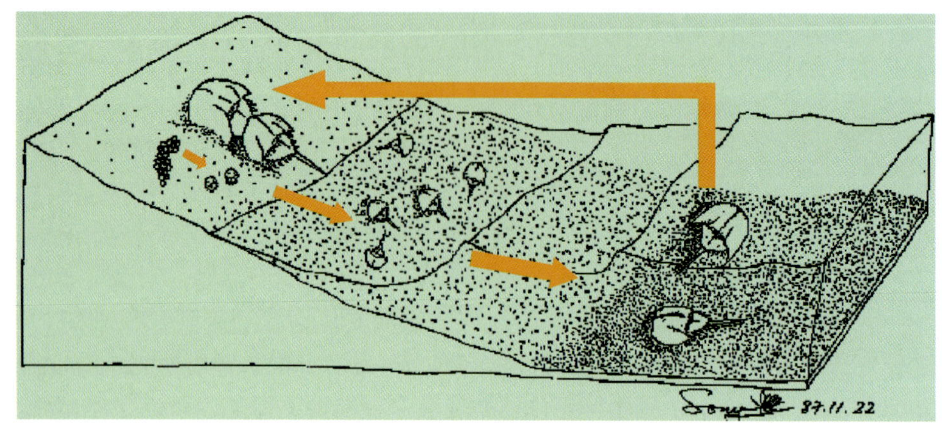

图 4-9 鲎的栖息地示意图

埋在泥沙里；低潮时海滩形成一个个潮洼，幼鲎从泥沙里爬出来开始在潮洼里觅食。晚上低潮时，一些个体也会爬出觅食，但数量很少，且活动时间短。涨潮时幼鲎的这种埋伏习性，可保护其免受水生天敌的捕杀。幼鲎在已孵出但尚未离开海滩时，在巢穴中抱成一团；退潮时，钻出沙子，在巢穴的表层；高潮时，缩在巢穴深处。幼鲎的活动是昼夜节律，一般来讲，较活跃的时期是在落潮时，即最低潮前的 2～3 h。

鲎蛰伏于海底时，水从其前体部和后体部间的空道泵入，而后由后体部末端排出；腹部附肢扇叶可防止排水时水的倒流；腹部附肢扇叶有节律地摆动，保证水的流动，以满足呼吸的需要；当鲎不动时，扇叶的摆动频率低；游泳时，则摆动速度加快。鲎的游动与海水的涌动有关，通常是迎着海浪的方向向深水游动，而没有浪涌时其游动的取向是随机的。分布于头胸甲边缘的背刚毛是物理性感受器，协助鲎保持被掩埋的状态。与幼鲎相比，成体鲎比较安静，不爱活动，且活动缓慢。鲎的主要运动方式是爬行，偶见其游泳，游泳耗能较大。

二、鲎的繁殖习性（Reproductive habits）

一般认为，中国鲎的产卵季节是在 6—9 月份。繁殖季节里，当晚上潮水涌上来时，雄鲎用其第 2、3 对步足末端的弯钩状抱握器抱住雌鲎后体部侧缘，雌鲎驮着雄鲎爬上海滩，用步足在沙地掘坑，将其前体部前部推进沙中，然后把卵产在坑中；之后，雄鲎释放出精子完成受精；然后这一对鲎又前行 15～20 cm，重复这一过程。当雌鲎掘第 2 个巢穴时，挖出的沙子正好盖住前一个巢穴。一对鲎大约产十几堆的卵。产完卵，潮水退去，雄鲎把身子弯起来，以刺激雌鲎背部，雌鲎似乎感受到这一信息，就把埋在沙里的前体部抬起，然后这一对鲎就撤离海滩，回到海底。中国鲎尚未交配时成双成对地出现，并双双向海滩前行。甚至在非繁殖季节里，雌雄鲎也是待在一起，不分开。中国沿海渔民戏称之为夫妻鲎。

鲎把卵产在沙质的高潮线附近的地方，这种习性非常适合鲎的发育。卵埋在高潮线附近，1 天 2 次高潮时被淹没在海水中，时间相当短，而且沙缝的水分随着一天 2 次潮更换 2 次。卵周围的沙子犹如一层保湿层，潮水落去时，沙层能够保持水分使卵不会干燥，而且低潮时卵可吸收足够的热量，保证发育。低潮时沙缝里充满小小的气泡，当涨潮时卵被沙缝里冒出来的富氧海水冲洗。卵周围沙层的这种保水换水保温的机制非常有利于鲎的胚胎发育。

三、鲎的食性（Feeding habits）

幼鲎喜欢以小型多毛类为食；大的未成年鲎及成年个体多以双壳类软体动物、环节动物、星虫等蠕虫及海豆芽等为食。鲎跟在猎物后面挖掘式前进，用螯肢捉住猎物并将其送到颚基，用其 6 对步足的基部结构破碎食物后送到口中。鲎卵本身被虾等动物所食，鲎卵、胚胎、幼体也是一些小鱼、大鱼及海鸟的美餐。鲎大多在晚上摄食，但若有食物的话，随时都能摄食。鲎的耐饥能力很强，甚至整年不吃食物也无大碍，这可能与鲎体内发达的黄色结缔组织内储存有大量的营养有关。鲎的幼体对饥饿的耐受力也相当强，廖永岩等发现养鲎的海水只有少量的单细胞生物，但小鲎照样像成体鲎生长至蜕去第 1 龄幼鲎的壳变为 2 龄幼鲎。幼鲎的强耐饥力还与其大量的卵黄有一定的关系。

鲎的摄食量与水温相关。7—10 月水温在 31～24℃时，每月每只鲎平均摄食量由 0.125 kg 增加到 0.179 kg；10 月中旬—3 月初，水温从 24℃下降到 13～19℃时，摄食量则由 0.179 kg 减少到 0.115 kg。秋季水温高，摄食量大；随着水温的下降，摄食量减少。

近年来，由于鲎栖息地受到人类的严重破坏，其生活习性受到人类的严重干扰，使鲎这种珍贵的资源数量急剧下降，其生存面临巨大的威胁。因此，研究鲎的生态习性、保护鲎的栖息地是鲎资源保护工作的首要任务。

以下介绍中国鲎幼体阶段（黄皮鲎）饵料的初步研究结果。

（一）材料与方法（Materials and methods）

1. 材料

幼体阶段中国鲎（黄皮鲎）采自湛江遂溪草潭海区，体重 112～610 g，头胸甲宽度 10～20 cm，附腹肢齐全，健康、活力强。饵料 5 种，分别为小杂鱼、星虫、牡蛎、乌贼、虾，均购自湛江东风市场。饵料为活体或新鲜，购回后于 −20℃冰冻保存备用。

试验用桶为长方形红色塑料桶，长宽高为：65 cm × 50 cm × 45 cm，桶内水深 16～18 cm；24 h 充气，自然光照。

2. **方法**

(1) 中国鲎幼体饵料种类试验

首先将幼体阶段中国鲎（黄皮鲎）按个体大小不同均匀分成 5 组，每组 3 只。分组情况见表 4-4。

表 4-4　中国鲎幼体饵料种类试验分组及体重

组别	总重量（g）	平均重（g）
第 1 组	770.0	256.8
第 2 组	673.8	224.6
第 3 组	819.0	273.0
第 4 组	736.4	245.4
第 5 组	707.8	235.9

饵料种类试验时间共 7 d。每天晚上 19：00～20：00 清除残饵、换水、重新投饵。试验投饵量为鲎总体重的 5%，饵料长 1 cm，星虫、虾肉的宽度为饵料的自然宽度和厚度（0.5～1 cm）；乌贼和贝肉切为 1 cm 宽，厚度为自然厚度（0.5 cm）（中国鲎口径约为 1～2 cm）。试验期间海水的盐度为 21～24，pH 7.5～8.5，水温 23～26℃。

(2) 中国鲎幼体的饵料粒度试验

使用上述中国鲎幼体（黄皮鲎），按体重不同重新分为 4 组（表 4-5），分别做粒度试验。以乌贼为饵料进行粒度试验，试验时间共 8 d，4 种粒度分别为 0.3～0.5 cm，0.5～1 cm，1.5 cm 和 2 cm。每种粒度试验 2 d，试验水温 19～22℃，盐度 22～25，pH 7.5～8.3。每天晚上 19：00～20：00 清除残饵、换水、重新投饵，换水量约为 60%～80%，投饵量约为每组总体重的 5%。每天换水后测水的温度、盐度；pH 值每 2～3 d 测一次。

表 4-5　中国鲎幼体饵料粒度试验分组及体重

组别	总重量（g）	平均重（g）
第 1 组	1986.0	496.5
第 2 组	1420.9	355.2
第 3 组	1034.8	258.7
第 4 组	589.7	147.7

(3) 中国鲎幼体白天和晚间摄食的比较

试验用鲎和分组情况与粒度试验相同，饵料用最佳粒度为 0.3～0.5 cm 的乌贼肉。

白天摄食量的测定：按体重的 5% 投饵，每天早晨 07：00 投饵，晚上 19：00 收集残饵，称重，换水。试验时间 2 d。晚上摄食量的测定：按体重的 5% 投饵，每天晚上 19：00 投饵，第 2 天上午 07：00 称残饵重，换水。试验时间 2 d。水温 21～22℃，盐度 24～25，pH 7.5～8.3。

（二）结果与分析（Results and analyses）

1. 中国鲎幼体饵料种类摄食量

中国鲎幼体对乌贼的平均绝对摄食量最大［5.218 g /（只 · d)］，对牡蛎肉和虾肉的平均摄食量次于乌贼［分别为 2.395 g /(只 · d) 和 2.541 g /(只 · d)］，对杂鱼和星虫的平均摄食量最小［分别为 0.886 g /(只 · d) 和 1.329 g /(只 · d)］。从摄食相对量（摄食量与体重的百分比）看，摄食乌贼为 2.1%，摄食贝肉为 0.9%，虾肉为 1.0%；摄食最差的为杂鱼和星虫，分别为 0.3%，0.6%。详细情况见表 4-6。

表 4-6　中国鲎幼体对各种饵料的摄食量

饵料种类	杂鱼	星虫	牡蛎肉	乌贼	虾肉
相对投饵量**(%)	5	5	5	5	5
绝对摄食量（g）	2.660±2.598	4.006±0.063	7.178±4.499	15.66±4.958	7.624±5.731
平均绝对摄量 [g /（只 · d）]	0.886±0.866	1.329±0.674	2.393±1.619	5.218±1.652	2.541±1.910
相对摄食量#(%)	0.3±0.3	0.6±0.3	0.9±0.6	2.1±0.7	1.0±0.8

** 所投饵料的重量与体重的百分比；# 摄食量与体重的百分比

这说明，中国鲎对乌贼等软体动物摄食比较多，且能被鲎捕到的食物都有可能成为它的食物，但体较软的为好。

2. 中国鲎幼体饵料粒度试验结果

各不同体重组的中国鲎幼体对粒度最小（0.3～0.5 cm）的乌贼摄食量均较大，其中第 1 组（平均体重为 496.5 g 组）中国鲎幼体摄食量最大，其平均绝对摄食量达到 5.214 g /(只 · d)。而对粒度最大（2.0 cm）的乌贼摄食量均较小，其中第 4 组（平均体重为 147.7 g 组）中国鲎幼体摄食量最小，其平均绝对摄食量仅为 0.225 g /（只 · d)，详细情况见表 4-7。

表 4-7　中国鲎幼体对各种不同粒度饵料的摄食量

组别	饵料粒度（cm）	相对投饵量（%）	平均绝对摄食量 [g/(只·d)]	相对摄食量（%）	各组相对量 ##(%)
第 1 组	0.3～0.5	5	5.214±0.864	1.0±0.2	100
	0.5～1.0		1.752±0.573	0.4±0.1	33.6
	1.5		1.152±0.152	0.2±0.2	22.1
	2.0		0.495±0.061	0.1±0.0	9.5
第 2 组	0.3～0.5	5	1.753±0.461	0.5±0.1	100
	0.5～1.0		1.323±0.148	0.4±0.3	75.4
	1.5		1.110±0.859	0.3±0.2	62.7
	2.0		0.227±0.207	0.06±0.0	12.9
第 3 组	0.3～0.5	5	3.514±0.049	1.4±0.4	100
	0.5～1.0		1.602±0.084	0.6±0.0	45.6
	1.5		1.837±0.948	0.7±0.4	52.2
	2.0		0.474±0.015	0.2±0.0	13.4
第 4 组	0.3～0.5	5	1.464±0.157	2.1±0.2	100
	0.5～1.0		0.522±0.012	0.8±0.0	37.1
	1.5		0.513±0.087	0.7±0.1	36.7
	2.0		0.225±0.063	0.3±0.1	15.3

以各组的最大摄食量为 100%，其他各种不同粒度的食量与之相比较得出的数值

综上所述：上述各不同体重组中国鲎幼体均对粒度较小的饵料摄食量较大，而对粒度较大的饵料摄食量较小。对粒度处于中间的饵料，其摄食量也介于二者之间。在该试验粒度范围内基本上符合摄食量随粒度的增大而减小的规律。

3. 中国鲎幼体白天和夜间摄食量的比较

中国鲎幼体夜间的摄食量比白天稍多一些，其差值在各体重组之间均不同：第 2 组（平均体重为 355.2 g 组）夜间的平均绝对摄食量比白天多 2.958 g/(只·d)，差值最大；第 3 组（平均体重为 258.7 g 组）夜间的平均绝对摄食量比白天多 0.801 g/(只·d)，其差值最小。从其相对量看第 4 组（平均体重为 147.7 g）差值最大，为 0.9%；第 3 组（平均体重为 258.7 g）差值最小，为 0.3%。详细情况见表 4-8。

表 4-8　中国鲎幼体白天和夜间摄食量的比较

组别	相对投饵量	试验时间	平均绝对摄食量 [g/(只·d)]	二者的差值 $	相对差值 $$(%)	相对摄食量 (%)	二者的差值 $	相对差值 $$(%)
第 1 组	5%	白天	9.269±0.434	1.850	19.9	1.8±0.1	0.4	21.7
		夜间	11.119±0.211			2.2±0.0		
第 2 组	5%	白天	6.300±0.535	2.958	46.9	1.8±0.2	0.7	42.9
		夜间	9.258±0.418			2.5±0.2		
第 3 组	5%	白天	2.747±0.839	0.801	29.1	1.1±0.3	0.3	29.1
		夜间	3.548±0.341			1.4±0.1		
第 4 组	5%	白天	0.883±0.189	0.887	100.4	0.8±0.2	0.9	100.4
		夜间	1.770±0.093			1.7±0.0		

$ 二者的差值 = 夜间的摄食量 − 白天的摄食量；$$ = 二者的差值 / 白天的摄食量

（三）讨论（Discussion）

1. 中国鲎的摄饵种类

由饵料种类试验可得中国鲎幼体对乌贼的摄食量最大，对其余几种试验饵料也有不同程度的摄食，这至少可以说明中国鲎幼体可以摄食动物性饵料。同时也可以说明中国鲎幼体喜食乌贼等软体动物，而且，能捕到的食物都有可能作为鲎的饵料，但以体软的为好。但在野生状态下中国鲎很难摄食到乌贼。所以可以推测中国鲎幼体可能对一些活动能力不强的底栖软体动物和低等蠕虫有较多的摄食。普通动物学中也提到，肢口纲动物一般摄食低等蠕虫和底栖贝类。在野外放流时，如选择底栖软体动物较多的海区，效果会比较好。该试验结果仅是在该试验使用的几种饵料之间相比较得出的结果。可以多选择几种动物性饵料进行试验，得出更加合适的动物性饵料。

2. 中国鲎摄食粒度

各不同体重组中国鲎幼体的摄食量均随粒径增大而减少，各组均对粒度最小的饵料摄食量最大，对粒度最大的饵料摄食量最小。这可能与中国鲎没有很锋利的摄食器官，对饵料的撕裂能力不强有关。遇到比较容易摄食的饵料，它的摄食量会大增。而遇到较难摄食的饵料，它的摄食量又锐减。所以在饲养中国鲎时，应投喂粒度大小适宜其摄食的饵料，才可以保证其有较高的摄食量。

3. 粒度与最佳摄食量

粒度试验中，按体重不同分成不同的组，然后在相同时间内，投以相同粒度饵料。各组均随时间变换投不同粒度的饵料。如该试验中，前 2 天均投 0.3～0.5 cm 粒度的饵料，第 3、4 天均投粒度为 0.5～1 cm 的饵料，接下来投的粒度为 1.5 cm 和 2 cm。这样，均可得出每个组对不同粒度饵料的摄食量，从而得出各组在最佳饵料、最佳粒度情况下的最大摄食量。在饲养投饵过程中，只有小于这些最大摄食量才不至于造成饵料浪费。

/ 第三节 /

环境因素对鲎发育生长的影响（Effect of environmental factors on development and growth）

一、盐度对中国鲎胚胎发育的影响（Effects of salinity on embryonic development）

（一）材料与方法（Materials and methods）

1. 材料

成熟雌雄中国鲎各 1 只，采自湛江遂溪海域。

2. 方法

（1）盐度的配制：本试验共设置 10 个梯度的盐度，分别为 3、6、16、26、33、40、48、55、62、70。

原料为自然海水（滤纸过滤后备用）、NaCl(分析纯)、蒸馏水。高盐度用自然海水加 NaCl 配制而成，低盐度用海水加蒸馏水配置而成，海水比重计校正（误差范围 ±1）。

（2）中国鲎的人工授精

①检查精子和卵子

1998 年 7 月 24 日取成年雌雄中国鲎各 1 只，用海水洗净，在雄鲎的生殖孔侧缘抽取少量精液，用等量海水稀释后滴于载玻片上，置于 ×400 显微镜下观察，以确认运动的精子。在雌鲎生殖盖板后侧和生殖孔相连处，用手挤压，观察到有卵子挤出，这样的亲鲎可用。

②采卵与采精

在雌鲎的头胸部及附肢基部两侧数处切口，让体液流出，用海水冲洗干净，切开头胸部腹面周缘软壳皮，将卵取出，置于盛有海水的大烧杯中，反复添加海水冲洗，直到海水变清为止，并把混杂卵中的内脏碎片清除干净。采精比采卵稍晚进行，用剪刀剪开雄鲎步足基部侧缘，流出的体液即混有精液，用纱布过滤后盛于有海水的烧杯中，轻微搅拌，使其混合均匀。

③授精

将卵置于塑料网中，分别置于装有 150 mL 各盐度的海水的塑料盘中（海水的盐度依次为 3、6、16、26、33、40、48、55、62、70）。各倒入稀释精液 50 mL，静置 1 h，更换新鲜海水，授精即完成。试验用塑料盆、网共计 17 套，其中各盐度（3、6、16、26、33、40、48、55、62、70）设置计为 10

套，另一部分统一授精后，再分装于 3 个梯度盐度的海水的塑料盆中（盐度值分别为 26、33、40），另设置 4 个未授精的（盐度值 33），装于 4 个盆中。

④胚胎培养

从授精后第 2 天起，每天早晚换新鲜海水各 1 次，直到第 11 天，改为 1 天 1 次，适当加以人工风（风扇吹风），以补充胚胎发育的耗氧。每天 1 次详细观察胚胎的发育变化情况，及时检出死亡胚胎。

（二）结果与分析（Results and analyses）

试验由 7 月 24 日授精开始直到 9 月 6 日幼鲎孵出，均在温度较高的条件下进行的，整个试验期间，室温维持在 30℃以上，最高达 38℃。

1. 中国鲎的人工授精

观察各种条件下的中国鲎卵子受精及死亡情况，其结果见表 4-9。

表 4-9 盐度对中国鲎受精率的影响

项目	样本数据									对照（统一授精）		
盐度	3△	6△	16	26	33	40	48*	55	62	70	26	33	40
卵总数	389	387	431	467	497	406	454	458	429	422	200	200	200
受精个数	306	360	412	457	484	380	186	0	0	0	198	182	189
未受精个数	56	17	11	3	8	6	217	0	0	0	1	4	4
死亡个数	27	10	8	4	5	10	51	458	429	422	1	4	7
受精率（%）	78.7	93.0	95.6	98.5	97.4	86.1	40.9	0	0	0	98	96	84.5
死亡率（%）	6.9	2.6	1.8	0.9	1.0	2.5	11.2	100	100	100	0.5	2	3.5

注：标“△”示出现花纹的情况比正常偏后 5～6 d，标“*”示有异样。各盐度分别授精，用统一授精作对照。

从表 4-9 可见，中国鲎人工授精育苗适用的海水盐度范围为 16～48，此段盐度范围内，其受精率在 85% 以上。当盐度为 48 时，其分裂纹表现有异样，表现在分裂纹上不是明显的分裂花纹状，而是在卵子上有 1～4 条宽而浅的沟，个别沟甚至环绕整个卵细胞。在统计表上显示的只是所记录到的某一天同时出现花纹卵的最高数，但在统计受精率时，由于受实验条件的限制，不能把未出现花纹的卵分离出来，待其出现花纹后再统计总和。并且，正常出现分裂纹的时间为 2～3 d，在 2～3 d 内即使出现花纹的先后时间不同，但相差亦不到 2～3 d。所以在统计时，看到的分裂纹有的模糊，有的很清晰，但都能见到，这样，统计时就不会有误差。盐度为 3～6 的海水中，由于海水盐度过低，其渗透压低于中国鲎卵的渗透压，致使中国鲎的卵大量吸水而膨胀，但如表 4-10 所示，正常的卵分裂球（花纹）出现后 5～6 d，亦即授精后 7～9 d 内，它也表现为分裂花纹状。而高盐度的梯度 55、62、70 号盆则在授精后几天即先是萎缩，然后变绿，死亡。观察表明，授精后 2～3 d 内出现的分裂纹并不能作为其已受精的标志。在同时进行的对照试验中，发现未授精的 4 个盆中的卵子（盐度为 33 的海水培养）也与正常分裂的已受精的卵子同步表现分裂花纹，与已受精的卵子所表现的分裂纹在时间上是一致的，但未授精的卵显现的是块状物质消失状态，即并非正常的清晰可见的分裂球，而是卵壳内物质一块块的消失或塌陷，从而出现“烂”的分裂形状，而且未授精的卵子“烂”分裂纹状态一直不消失，变化亦不大，只有个别死亡，这种现象一直维持到实验结束。但已受精的卵子在分裂花纹出现后，即慢慢减弱，继而消失。

同时发现，只要盐度范围适当，各盐度分开授精与统一授精后再分开培育，其受精率差别不大，原因是授精的时候，保持其静止不动 1 h，这段时间是决定精子是否进入卵子并完成受精的关键，而在这段时间内，分开授精与统一授精正好处于相同的条件下，虽然其授精后，统一授精的卵子继而进行大幅操作，分开培养，并且换水时冲击大，使卵子不是处于附着状态，但对其受精率的影响却是不明显的。

2. 胚胎的培养

（1）胚胎培养观察

各盐度下，中国鲎受精卵的发育情况、时间及其表现的特性如下：

第 1 天：盐度为 48、55 中的卵子部分有些凹洞出现，盐度为 62、70 的卵细胞颜色变浅、萎缩。

第 2 天：盐度为 3、6 的卵子体积膨胀，变圆，直径为 0.16～0.17 cm，而正常卵为 0.14 cm 左右；盐度为 16 中略有吸水现象，显得有点浑圆，其直径变化不明显；盐度为 26 的卵子开始出现分裂花纹；盐度为 48 的卵细胞出现怪异的不明显的短而宽的沟，数量为 1～4 条。

第 3 天：分裂花纹大量出现，盐度为 16、26、33 中的卵细胞出现的分裂花纹数均达到了最大值，计算受精率。

第 5 天：部分死亡卵出现，各个盐度中均有，死亡卵变成较浅的绿色（可能与营养物质积累有关），高盐度组中的 55、62、70 中的卵全部变绿死亡，盐度为 48 中也有较多的死亡卵。此时，剔除死亡卵，并计算死亡率。未死亡卵花纹消失或模糊不清。

第 9 天：盐度为 3、6 组中的卵子大量表现分裂花纹，其后一直维持不大变化的状态直到逐渐变绿死亡。

第 18～20 天：盐度为 16、26、33、40 中均大量出现卵皱缩现象，皱缩卵的胚清晰可见，部分进行第 1 次蜕皮，蜕皮后卵径增大，其直径在 0.5～0.55 cm 之间，由于卵壳较厚，所以难于观察其内部结构，在解剖镜下，可见其有突起的一个小椎为尾椎部，将来发育成尾扇及尾。

第 20～23 天：胚胎第 2 次蜕皮，这时，第 1 卵壳破裂，露出无色透明的第 2 卵膜，能清楚地观察到各种附肢、尾椎以及胚胎腹面的 2 条纵沟及中央脊，整个表现是原始的三叶虫状。随后，附肢有一伸一缩的运动，但极缓慢。眼点出现，复眼原始分化，呈现出黑点状。

第 26 天：胚体背部可见两条明显黑线，即过眼点的 2 条隆起脊。

第 27 天：胚体附肢基部有黑点出现，各黑点排列呈点线状，胚运动更快。

第 30～32 天：第 3 次蜕皮卵膜进一步吸水膨胀，胚体运动活泼，在卵膜内积极翻滚，胚体前部分置，如背部心脏区、尾扇后缘均呈现有色区。

第 40～43 天：胚体进行第 4 次蜕皮，第 2 卵膜破裂，幼鲎孵出，孵出的幼鲎相当活泼，在水中用腹肢击水仰游。

由上可见，中国鲎胚胎发育的各阶段在适宜盐度范围内的时间偏差并不大。在实验中，发现只要胚体能正常地进行第 1 次蜕皮，即可成功地孵出幼鲎。在各盐度的卵子中，盐度为 16 的最先行第 1 次蜕皮，也最先孵出，而盐度为 26、33、40 的卵子则有偏后的现象。胚胎发育从受精卵开始到幼鲎孵出共经历 40 d 左右的时间。廖永岩报道的为 60 d 左右，王渊源等报道的为 53 d 左右，可以明显看出本实验中幼鲎孵出时间较廖永岩、王渊源的明显提前。出现这种情况，与环境条件是密切相关的。而这里，主要影响环境因素是温度，整个试验期间，均是高温天气，室内气温在 30℃以上，最高甚至达到 38℃。高温促进了中国鲎胚胎发育的速度，但温度过高，其负面影响也是巨大的，高温导致了部分卵停留在胚盘阶段而不能进行第 1 次蜕皮，从而影响其发育以及试验的孵化率，导致孵化率降低。

（2）胚胎的皱缩和孵化

把卵细胞受精后 18～20 d 后出现第 2 次花纹的现象称为卵皱缩。这个时期的卵可以明显地看到胚盘，在外观上形成一个盘状结构，并与卵壳分离。因此，在胚体和卵壳之间可以看到一个空的空间。皱缩率（成胚盘率）以及孵化率见表 4-10。

表 4-10　盐度对中国鲎卵皱缩率、孵化率的影响

项目	样本数据									对照（统一授精）		
盐度	3	6	16	26	33	40	48	55	62	70	26	33	40
受精卵数	306	360	412	457	484	390	186	/	/	/	198	192	189
皱缩数	248	335	337	387	464	380	136	/	/	/	190	180	189
孵化数	0	0	138	132	102	41	0	/	/	/	37	40	21

续表

项目	样本数据										对照（统一授精）		
皱缩率（%）	81.0	93.0	81.8	84.7	95.9	97.4	73.1	/	/	/	96	93.8	100
孵化率（%）	0	0	33.6	28.9	21.0	10.5	0	/	/	/	18.5	20.5	10.9
死亡率（%）	6.9	2.6	1.8	0.9	1.0	2.5	11.2	100	100	100	0.5	2	3.5

注：各盐度分别授精，用统一授精作对照。

从表 4-10 可见，中国鲎受精卵孵化的适宜盐度范围为 16～40，在 3～48 的盐度范围内均形成胚盘，最适盐度范围为 16～33，这与中国鲎自然产卵场的盐度条件是相适应的。一般来说，中国鲎在海岸沙滩上产卵的条件与实验得出的结果是一致的，但这次实验的孵化率较低。天然场所的鲎卵是产于高潮位的沙滩之上，潮水退后，卵埋于沙下 10 cm 左右处，接受阳光照射所提供的热量进行孵化。但在实验条件下无阳光照射，且实验室内气温过高，这可能影响到导致胚胎第 1 次蜕皮的活性物质的活力，致使胚胎不能进行第 1 次蜕皮，阻止胚胎的继续发育，进而直接影响到孵化率。在试验过程中，有一个现象也是值得注意的：部分卵子由于加水换水的原因，使其移动和翻滚，致使胚盘朝下或侧向一边，而在没有任何外力作用下，过 8～12 h 左右，其胚盘面就会朝上，但这种现象应该不是通过自身翻滚（条件不允许），更多的解释应是通过卵壳内胚体物体的流动，此时，由于胚体未进行第 1 次脱皮，胚体各部分未真正出现，只是一个平的盘状结构，出现有运动亦只是各细胞的运动，这种运动的结果即导致上述情况出现。当然，胚盘的整体运动性也是有很大可能的。

（三）讨论（Discussion）

1. 取出后的卵子经人工授精后孵化率较低

其原因可能主要是：

(1) 卵不够成熟，卵内物质积累不够；(2) 环境温度过高。

经解剖而得卵，直径在 0.14 cm 左右，部分卵较小，直径在 0.13 cm 左右，在大卵之间还可见部分白色的小卵，直径极小，不足 0.105 cm，说明所采用的卵的成熟度是值得怀疑的。虽然，从生殖孔可以挤出卵子，但这并不代表体内卵全部处于成熟阶段，在解剖其他鲎的过程中，可以清楚地看到卵子的颜色区别，有的呈现为黄色，有的呈现淡黄色甚至白色，卵子的颜色与其卵的成熟度是密切相关的，本试验所用的卵是黄色的卵，其颜色偏淡，不是完全成熟。其次，采卵的季节和鲎的大小对卵的成熟度也是有一定影响的。由于鲎生性特别怕冷，只有在温暖季节（水温＞18℃），才爬到沙滩高潮位产卵，而在不同季节，不同的鲎体中，所怀卵的成熟度亦是相差很远的。

卵子的成熟度与其营养物质的积累是密切相关的。实验中，发现取出的卵在体内呈不规则状，这与卵在体内相互挤压有关，但取出卵后，置于海水中，卵虽变得规则，但不是那种浑圆的充实状。这说明卵内营养物质的积累还未到一定程度，不能满足胚胎发育需要。我们知道，幼鲎孵出后到其进行孵出后的第 1 次蜕皮之前，是可以不用任何食物而仅靠体内的卵黄来维持其生命。切片发现幼鲎的体内也存在大量脂质颗粒。当营养物质积累不足时，其发育不成熟也是可想而知的。另一方面，也可能与参与幼鲎胚胎发育的各种调节物质，如蜕皮激素，以及各调节物质在卵子内的分布和结构有关，当营养物质未达到一定程度，其他各调节物质也相应较少，布局亦可能不尽合理，从而影响胚胎蜕皮，直接导致孵化率低。卵的发育不同步也与卵成熟度有关。实验发现在解剖的中国鲎体内存在着少量处于不同发育阶段的卵。

环境温度对孵化率的影响也是巨大的，由于实验室所处的较高温环境，影响胚胎发育过程中各种活性物质的调节作用，甚至由于温度过高破坏某些物质，或者是形成一些抑制因子使胚胎的第 1 蜕皮不成功而影响到以后的一系列蜕皮活动从而直接导致其孵化率低。这表明，研究温度对其胚胎发育的影响是重要的。

2. 在中国鲎的胚胎发育过程中，环境因子是影响其发育的重大因素

本实验主要就其盐度适应范围进行研究。但其他因子如 pH、底质、水体大小以及各种微量元素对其影响均是巨大的，还需要进行这方面的系列实验，对各种因子进行综合分析，以期达到实用的目的。

二、中国鲎人工培育的幼体对不同环境适应（Adaptation of artificial breeding larval to different environments）

（一）材料与方法（Materials and methods）

1. 材料

亲鲎：人工授精所用的亲鲎购自厦门市第 8 市场。实验共用雌鲎 20 只，雄鲎 40 只。钻沙和钻泥实验所用的海沙及海泥采自厦门环岛路海滩。实验使用的海水系过滤海水，比质量为 1.020，盐度为 30。

2. 方法

2004 年 7 月至 9 月进行人工授精和育苗。2004 年 10 月 14 日至 2005 年 3 月 15 日进行鲎钻沙、钻泥实验，共计 152 d。

(1) 人工授精

①卵子的采集：选择成熟度好的雌鲎，切开头胸部腹面周缘甲壳，将腹腔大量的卵取出置于盛有海水的塑料箱。清除混杂在卵子中的肝脏、黄色结缔组织和不良卵子；反复用过滤海水清洗直至海水不再混浊，再将卵平铺于盛有海水的洁净塑料箱中。

②精子的收集：用解剖刀从雄鲎头胸部附肢的基部切掉附肢，让混有精子的体液快速流出放在盛有过滤海水的大烧杯中，用玻璃棒轻微搅拌，使其混合均匀，然后用多层纱布过滤，滤去血凝块及组织块。

③授精：迅速把经纱布过滤过的雄鲎体液倒入铺有卵的塑料箱中，用玻璃棒轻轻搅拌使卵子与含有精子的体液充分混合，静置1至数小时，完成授精。

(2) 人工育苗

受精后第2天起，每天早晚各换过滤新鲜海水（比质量1.020，pH 8.2)1次，在28～30℃孵化，气泵充氧，仔细挑去变绿坏死的卵。孵出的1龄幼鲎在室温用塑料桶饲养，氧气泵充气。每天喂养轮虫，当剑尾长出时喂养丰年虫，并每天换过滤海水1次。

(3) 幼鲎在不同水体中发育的实验

实验分3组，每组各取1个体积为60 cm × 50 cm × 45 cm的相同的长方形塑料箱，每个塑料箱分别放置500只孵化发育成自由觅食游泳的1龄幼鲎，水位控制在40 cm，水温28℃，盐度30，pH 8.2，每天换水1次，气泵充氧，并喂给日本东元混合饲料每日2 g等相同的条件下，进行3组实验。在对照组塑料箱内放置过滤海水，在实验组塑料箱内分别铺上25 cm高的细沙或海泥，每个塑料箱内放置500只发育为可以自由觅食游泳的1龄幼鲎，每天观察并记录其生活习性及发育状况。

（二）结果（Results）

1. 鲎的人工育苗

鲎人工育苗的流程如下：见第八章第一节。

2. 幼鲎在不同水体中发育的实验

(1) 鲎的钻沙实验

实验152 d中，观察到幼鲎多数时间潜伏在沙中生活，也可观察到幼鲎在沙上爬行或在海水中游泳。游泳中多数以仰泳姿势。实验结束计数，共有480只幼鲎成活，成活率为96%。其钻沙过程见图4-10：1～6。

(2) 鲎的钻泥实验

在进行实验的152 d中，观察到幼鲎多数时间潜伏在海泥中生活，其钻泥过程见图4-10：7～14。在幼鲎潜伏的上方，留有一个气孔，沿着气孔的位置向下挖，就可挖出潜伏其间的幼鲎。另外，还可以看到气孔周围有成堆排弃物，说明幼鲎在泥中潜伏的时间较长（图4-10：15）。平时也观察到幼鲎在海泥上爬行或在海水中游泳。游泳中多数以仰泳姿势。

钻泥的幼鲎生长发育良好，个体颜色也更接近天然海区生长的鲎的颜色（图4-10：16，17）。

实验结束计数，共有 468 只幼鲎成活，成活率为 93.6%。

(3) 幼鲎在过滤海水中发育状况

对照组在进行实验的 152 d 中，生长良好，共有 268 只幼鲎成活，成活率为 53.6%。因没有泥沙可栖息，该实验组的幼鲎多数时间成堆聚集在一起，群伏在箱底。随着水体涌动，幼鲎也时常浮在水面或在水中游动，多数也呈仰泳姿势。3 个实验组幼鲎生长发育比较见表 4-11，表 4-12，表 4-13，表 4-14。

从实验结果可以看出，发育长成可自由游泳的幼鲎具有潜伏在沙和海泥中生活的习性，而且在沙泥环境中生长发育的速度及生命力比在天然海水中的环境更快更强。

表 4-11　不同水体幼鲎体长的变化

水 体	平均体长		增长率（%）
	1 龄（mm）	2 龄（mm）	
天然水体	6.6	9.7	47.0
底部铺沙的水体	6.6	12.1	68.2
底部铺泥的水体	6.6	10.8	63.6

表 4-12　不同水体幼鲎体宽的变化

水 体	平均体宽		增长率（%）
	1 龄（mm）	2 龄（mm）	
天然水体	5.8	7.2	24.1
底部铺沙的水体	5.8	7.8	34.5
底部铺泥的水体	5.8	7.5	29.3

表 4-13　不同水体幼鲎剑尾长的变化

水 体	平均剑尾长		增长率（%）
	1 龄（mm）	2 龄（mm）	
天然水体	0	2.8	280
底部铺沙的水体	0	3.2	320
底部铺泥的水体	0	3.0	300

表 4-14　不同水体幼鲎发育时间和存活率的影响

水体	1 龄幼鲎发育到 2 龄所需时间（d）	存活率（%）
天然	21.1±2.5	53.6
含沙	18.5±2.3	96.0
含泥	19.6±2.1	94.0

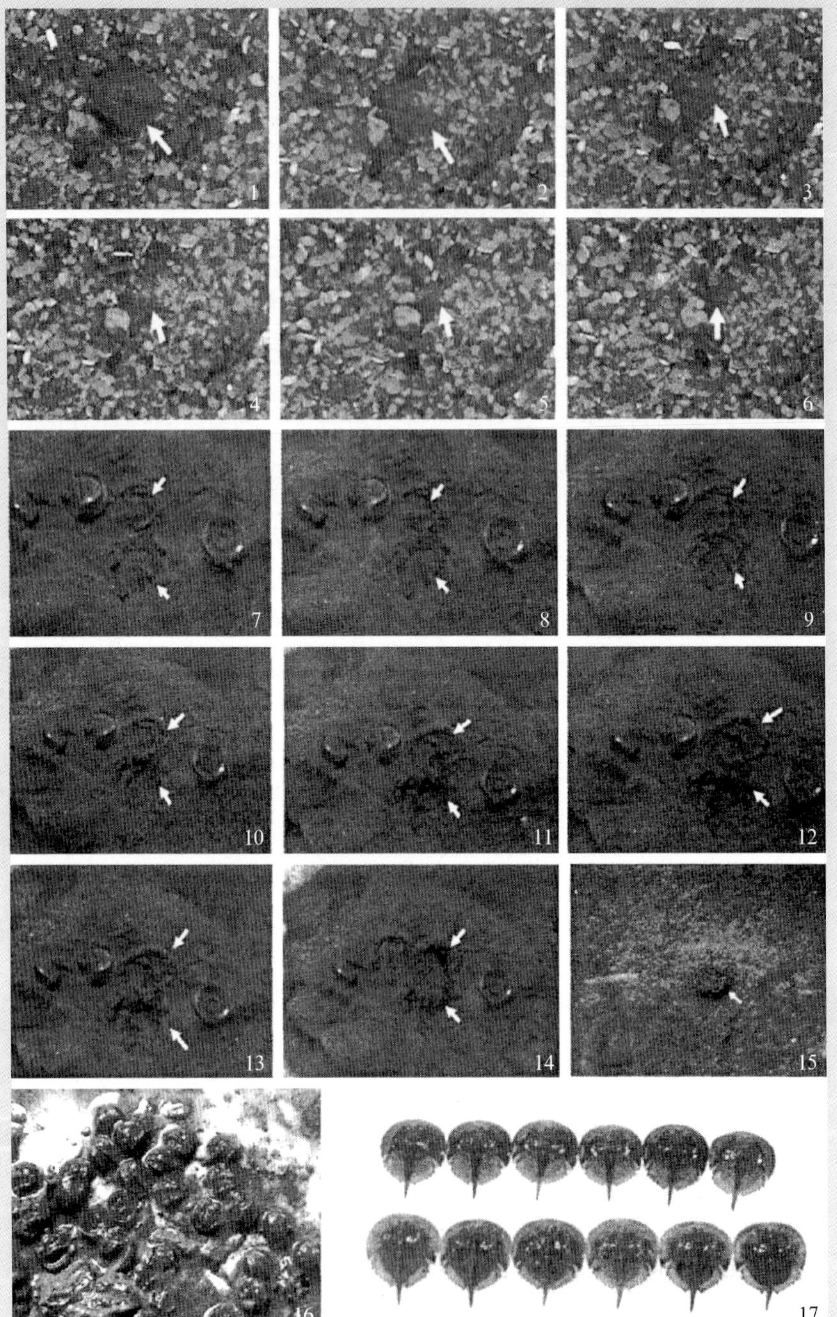

图 4-10 环境因素对幼鲎发育生长影响

1～6. 幼鲎钻沙实验

7～14. 幼鲎钻泥实验

15. 幼鲎的排弃物（箭头）

16. 表示从 2004 年 10 月 29 日至 12 月 21 日在海泥中生长的幼鲎已长出剑尾，个体健康活动能力强

17. 不同生长条件下幼鲎发育比较。上为在完全海水水体中生长的幼鲎，下为在带有海泥的水体中生长的幼鲎

（三）讨论（Discussion）

国内外研究表明，人工育苗及海区放流是保护珍贵的鲎资源和恢复鲎种群数一种有效可行的措施。与此同时，对鲎人工放流的成效和可行性，许多业内海洋人士曾提出质疑。其中有的认为，人工放流的幼鲎最终可能都葬身鱼腹或其他海洋动物口中，将是徒劳无功，不会有效果的；另外，有的人士认为，人工放流的鲎，是否会随海水涨落而游到其他海域，而使我们鲎的人工放流努力付之东流；再者，人工放流的成活率如何评价等诸多问题，都使人们对鲎人工育苗及放流心存疑虑。

本文有关幼鲎在不同水体中发育的实验所得出的数据及幼鲎具有钻沙钻泥潜伏生活习性的结论，对以上业界人士所提疑虑是一个很好的解答。实验表明，只要找到有沙质或泥滩的海滩即可以进行人工放流，这就解决了鲎保护与当地旅游业争占沙滩的矛盾，做到鲎保护及种群恢复与旅游业和谐发展的双赢局面。和成鲎在潮线下区的生活环境完全不同，鲎的幼体生活在海浪剧烈波动的这种环境严酷的潮间带的沙平面上。幼鲎退潮时爬行在泥沙上，涨潮时钻入沙和泥，不易被海浪冲走，这可保护其免受水生天敌的捕杀。在实验室观察美洲鲎的幼鲎显示出一种很强的夜间活动的高峰的特性，它在白天把自己埋在泥沙的底下，而每个夜间的同一个时间会出来活动，但在早上的某个时间又会钻入泥沙，这种活动习性有可能是被一种仍然未知的因素所引发，比如光的强度。另据报道，实验证明，初生的幼鲎能自己绕过障碍物说明已经具备了视觉能力，因此有一定的躲避敌害的能力。

从表 4-14 幼鲎在不同水体存活率看，在天然水体中幼鲎存活率最低。这可能由于幼鲎在天然水体中没有可供栖息的环境，日夜处于不停游动状态，疲于奔命，体力消耗过大，易造成死亡。这提示人们，可以以大海作为天然养殖池，把人工育苗培育长成的鲎幼体进行人工放流，使鲎种群在天然海域中逐渐恢复，节省鲎人工养殖所必须投入的大量人力、物力、财力，这是一种投资少、成效大的鲎资源保护措施。为了取得更可靠和有说服力的实验结果和数据，还要进一步研究沙滩和滩涂的一些具体指标，如颗粒度、含碳量、含氮量和水温、盐度对幼鲎生活的影响以及鲎在生长发育的不同时期对不同的生境的要求和适应，使鲎保护工作建立在更科学的基础上。

三、季节对中国鲎的影响（Impact of season）

一般认为，在隆冬的元月鲎已去深海越冬。有关中国鲎的越冬，目前研究得很少，在中国尚未发现过有关的报道。人类对冬季中国鲎的形态、内部结构（主要是性腺的发育）及毒理还很不清楚。廖永岩的观察有助于了解中国鲎生殖周期的周年变化及对中国鲎的生态进行周年分析。

（一）材料来源（Sources of material）

1. 中国鲎的发现

1998 年 1 月 1 日（农历 1997 年腊月初三）大潮。在北部湾雷州企水港，渔民用拖网在企水港拖到大约 20 只中国鲎，作者购得 1 只成年雌性中国鲎，其余的鲎渔民又投入海中。1998 年 1 月 1 日，天气晴朗，气温 20～26℃，水温 18～22℃，有 2～3 级微风。

2. 结果与分析

（1）冬季中国鲎标本的观察

这只成年雌性中国鲎体表绿褐色，体形完整，但腹甲上有膝壶附着，并有一定的沉积物附着（腹甲上可见呈直纹的布纹状沉积物）。这表明，可能原因是中国鲎在冬季绝大部分时间里，伏在海底不动，只有晴天的大潮时才出来活动。其他外部形态方面的详细测量结果见表 4-15。

表 4-15　冬季中国鲎外部形态测量结果

特征	数据（cm）
躯长	35.5
身体主线长	66.5
头胸甲主长	19.5
头胸甲最大宽度	32.0
两中央眼间距离	0.4
两复眼间距离	19.5
复眼的长径	1.2
复眼的长径 / 头胸甲主长	0.07
身体后甲中线长	15.0
两耳突间的距离	21.0
第 1 边刺间距离	25.5
第 1 边刺长	4.3
第 2 边刺长	4.7
第 3 边刺长	4.5
第 4 边刺长	1.7
第 5 边刺长	1.3
第 6 边刺长	1.1
尾长	32.0
尾宽	3.0

（2）性腺观察

冬季的中国鲎的性腺与夏、秋季雌性中国鲎的性腺不一样；夏、秋季雌性中国鲎的性腺几乎全是成熟的卵子，颜色呈黄色，而冬季雌性中国鲎的性腺绝大多数卵子均为未成熟。详细情况见表 4-16。

表 4-16 冬季中国鲎不同成熟程度的卵子的大小及颜色

卵的长径（mm）	第 1 组（个）	第 2 组（个）	平均（个）	百分率（%）	颜色和形态
4.0	1	3	2	0.87	具有成熟卵的黄色和形态
3.5	2	4	3	1.30	颜色偏淡，卵与卵间有胶样物
2.3	12	30	21	9.09	颜色较淡，卵与卵间有胶样物
2.0	12	48	30	12.99	颜色较白，胶样物更稠
1.2	20	62	41	17.75	白色，形态不规则
1.0 以下	46	222	134	58.00	白色，难于和胶样物分开
卵总数	93	369	231	100	

从表 4-16 可以看出，元月份的中国鲎接近于成熟的卵子只占 0.87%，其他绝大部分卵子处于未成熟状态。总的变化趋势是越接近成熟的卵子越少，越不成熟的卵子越多，其中卵子长径小于 1.0 mm 的占 58%，所以，冬季的中国鲎的性腺明显呈未成熟状态。

（三）讨论（Discussion）

1. 中国鲎的越冬

人类对中国鲎越冬了解得相当少，除廖的实验之外，只有 Sekiguchi, K.1988 年报道的一些粗略信息。他们大约 1970 年从 Kasaoka Bay 渔政官员那里获得一些成熟中国鲎越冬的资料，从而推断中国鲎在离海岸一定距离的海底过冬，但他们并未亲自在冬季采到中国鲎。廖在雷州企水实地调查时了解到，1998 年 1 月 1 日晚，当地渔民捕到许多中国鲎（大约 20 来只），说明雷州企水港或其近海是中国鲎的一个越冬场所。

廖永岩在调查中了解到，厦门以北海区，中国鲎出现的季节是 5—9 月，吴川至汕尾海区是 4—9 月，徐闻至东海岛海区是 3—10 月，企水以南海区是全年。说明中国鲎的出现与纬度有很大的关系；而受纬度直接影响的是温度，所以，真正影响中国鲎分布的是温度，而温度对动物分布的限制可分为最低繁殖温度的限制和最低生存温度的限制（最高温度这里暂可不考虑）。对于中国鲎来说，影响它分布的主要温度应是它越冬的最低温度。Nishii 1935 年报道，当水温升至18℃以上时，鲎从越冬的深水栖息地迁至浅水港湾区域。在日本等地，这种情况发生在6月上旬；而在雷州企水，冬天都有这个条件（如廖采标本时，水温为18～22℃），在企水以南海区，全年能见到中国鲎也就不足为怪了。

2. 中国鲎的性腺年周期变化

鲎的性腺的周年变化从未见报道。从本实验可以看出，中国鲎的性腺具有明显的周年变化特性，冬季的中国鲎的卵子呈未成熟状。从已有的资料及廖采的标本已知，4—5月中国鲎卵子就已基本成熟，所以，1—4月为中国鲎卵子成熟期，5—10月为产卵繁殖期，11月至翌年1月为卵子退化期（假设中国鲎的卵子未全部排完）及次年卵发育期。当然，其卵到底是产完了还是被吸收了，有待进一步研究。但不管怎样，中国鲎的性腺是明显地具有年周期变化的，廖永岩正就此进行深入的研究。

※ 参考文献（References）

陈章波，叶欣宜，林柏芬，吴松霖．两亿年之鲎（第二版）．2005，台湾高远文化事业有限公司．

程鹏，周爱娜，霍淑芳，黄秀梅，刘润中，卢小宁，翁忠钗，许华曦，洪水根．中国鲎人工培育的幼体对不同环境适应性的研究．***厦门大学学报（自然科学版）***，2006，45(3)：404～408.

高凤英，廖永岩，叶富良．中国鲎幼体阶段（黄皮鲎）饵料的初步研究．***海洋通报***，2003，22(4)：92～96.

李锋，廖永岩，董学兴．盐度对中国鲎（*Tachypleus tridentatus*）胚胎发育的影响．***湛江海洋大学学报***，1999，19(3)：4～8.

廖永岩，刘金霞．亚洲海域鲎的种类和分布．***热带海洋学报***，2006，25(6)：85～90.

廖永岩，李晓梅，洪水根．中国鲎幼体阶段（黄皮鲎）的形态特点．***动物学报***，2002，48(1)：93～99.

廖永岩，李晓梅，朱丽敏，丁橘，王梅芳．中国鲎在冬季的发现及观察．***海洋科学***，2000，24(1)：55～56.

Sekiguchi，K.Biology of Horseshoe Crabs. 1988，Science House Co.，Ltd. Tokyo.

第二篇

鲎发育生物学

（DEVELOPMENTAL BIOLOGY）

第五章 鲎生殖细胞及发生

（GERM CELLS AND THEIR GENESIS）

/ 第一节 /

生殖细胞（Germ cells）

一、卵子（Eggs）

（一）卵子的形态（Morphology of egg）

鲎卵含有大量卵黄，属中黄卵（centrolecithal egg），大小如绿豆，卵径约 2.8～3.0 mm。由于鲎的卵子在输卵管内相互挤压，刚排出的卵形状较不规则。卵排入水中数小时后逐渐变为球形或扁球形。初生卵为淡黄色，以后逐渐转成黄色、黄褐色（图 5-1）。中国鲎卵的比重较海水大，故为沉性卵，具粘性。

图 5-1　中国鲎卵子照片

(二) 卵子的化学成分 (Chemical compounds)

成熟中国鲎卵中蛋白质、脂肪、氨基酸及脂肪酸的含量丰富。中国鲎卵粗蛋白和粗脂肪含量分别为61.90%和15.82%；鲎卵至少含有16种氨基酸，其中异亮氨酸 (Ile)、酪氨酸 (Tyr)、亮氨酸 (Leu)、赖氨酸 (Lys) 和天冬氨酸 (Asp) 含量较高，占氨基酸总量的60%以上；鲎卵至少含18种脂肪酸，其中不饱和脂肪酸 (UFA) 有7种，高度不饱和脂肪酸 (HUFA)4种，分别占总游离脂肪酸含量的60.71%和13.15%。

二、精子 (Spermatozoa)

鲎的精子是典型的动物有鞭毛可游动精子类型。成熟精子头部如梨形，约3~4 μm，尾部拖着一根长达35 μm的鞭毛，精子全长约40 μm(图5-2)。

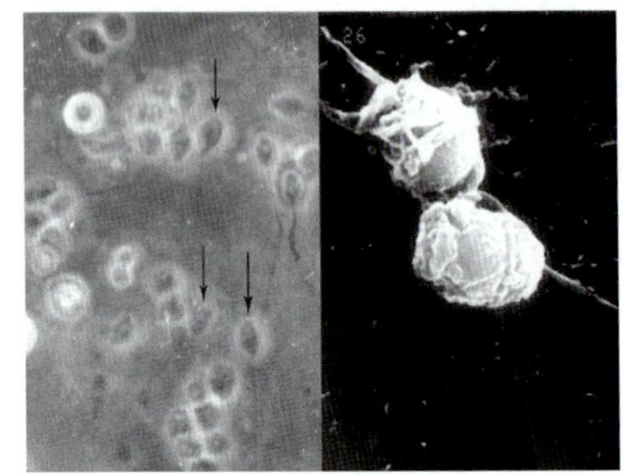

图 5-2 中国鲎精子

左图为相差显微镜照片 ×1500，右图为扫描电镜照片 ×5000

/ 第二节 /
生殖细胞发生 (Genesis of germ cells)

一、卵子发生 (Oogenesis)

(一) 卵子发生的一般过程 (General process of oogenesis)

中国鲎的卵子发生可划分为卵原细胞、早期卵母细胞、卵黄发生前的和卵黄发生的卵母细胞4个阶段。卵黄粒是在卵黄发生的卵母细胞中出现。5种细胞组分——线粒体、平滑内质网膜囊、高尔基液泡、多泡小体和微吞饮泡参与了卵黄粒的形成。卵母细胞达到它的最后体积时，卵径达2.8~3.0 mm，总体积增长了7×10^5倍。

1. **卵原细胞** (Oogonia) (**图** 5-3：1，Oo，**图** 5-6：1，5)

由生殖上皮发育而来，细胞近椭圆形，其短径约9~12 μm，长径为12~18 μm。细胞核大而圆，位于近细胞中心位置，对Feugen反应表现阳性结果。核仁1~2个，在Altmann染色中，核仁表现为致密均质嗜品红性。

细胞质量少而透明，在H·E染色中为伊红所染，表现为嗜酸性。在电镜下，其电子密度很低，其间游离的核糖体数量很少，其他的细胞器很不发达(图5-6：5)。

卵原细胞通过有丝分裂增加细胞数目（图 5-3：1，2，3，4），随后卵原细胞转化为早期卵母细胞（图 5-3：11，Oe）并开始生长发育。

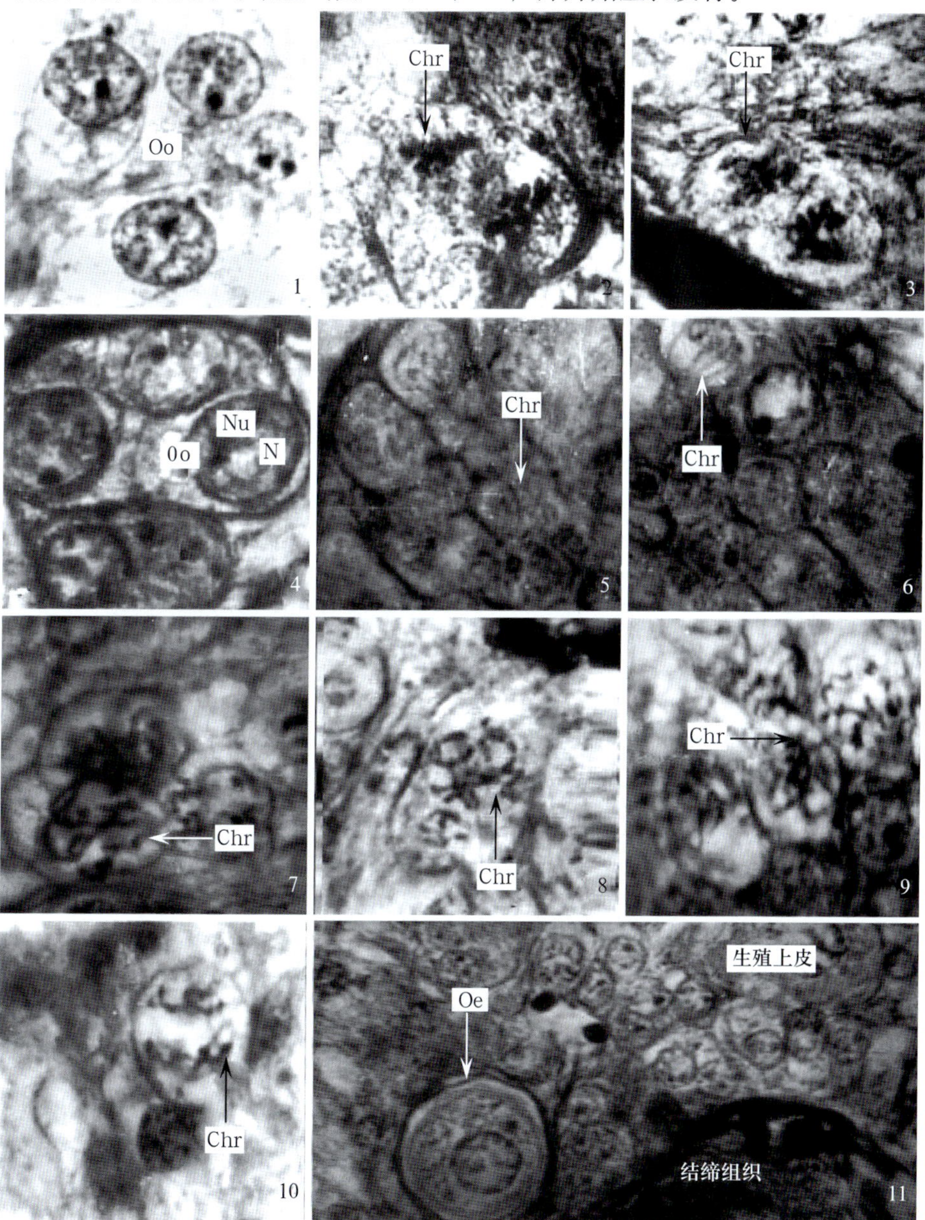

图 5-3　从卵原细胞到早期卵母细胞发育过程光镜照片

1，2，3，4. 示卵原细胞（Oo）通过有丝分裂增加细胞数量，×1200

5，6，7，8，9，10. 示早期卵母细胞核染色体（Chr）发生减数分裂前的变化，它经历了细线期、偶线期及粗线期几个阶段的变化；

11. 示在生殖上皮上已形成的早期卵母细胞（Oe），×1250

2. **早期卵母细胞**（Early oocyte）（**图** 5-3：11，Oe）

在生殖上皮发育，细胞接近卵圆形。卵径在 12～60 μm 之间。这个时期的特点是核发生减数分裂前的变化。核处于第 1 减数分裂前期。它经历了细线期、偶线期及粗线期几个阶段的变化（图 5-3：5，6，7，8，9，10）。随后，核膨大，形成大而圆位于细胞中心位置的生发泡（图 5-4：2，N，箭头所指）。当卵母细胞处于减数分裂前的变化中，核表现为 Feulgen 阳性反应。当

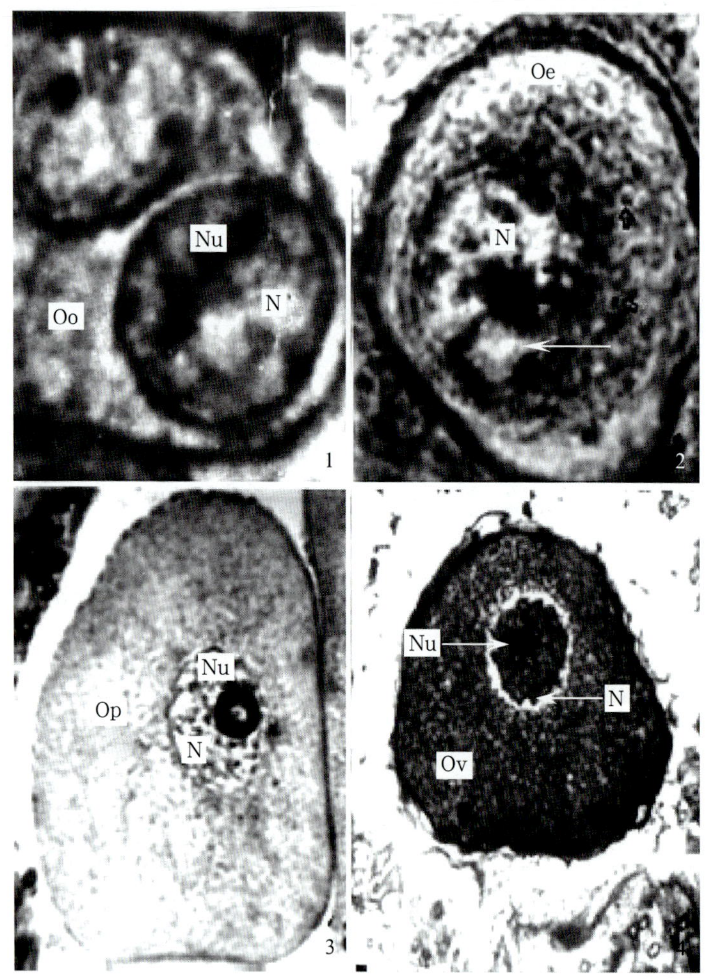

图 5-4　中国鲎卵子发生各期细胞核变化

1. 卵原细胞，×2400；
2. 早期卵母细胞，×2500；
3. 卵黄发生前的卵母细胞，×800；
4. 卵黄发生的卵母细胞，×500

核膨大为生发泡之后，核表现为 Feulgen 阴性反应。核仁 1 个，亦呈均质嗜品红性，但其密度比卵原细胞来得低。

细胞质呈嗜碱性。这是早期卵母细胞与卵原细胞相区别的另一个特征。利用 H·E 染色和 Brachet 反应表明，细胞质的嗜碱性和嗜派洛宁性表现出一个围核的分布梯度。这与在电镜下，细胞质中游离的核糖体比卵原细胞增多，核糖体在核周围的分布比其他地方更为密集的特点相一致（图 5-6：6）。与此同时，高尔基体的分布也同样表现出一个围核的分布梯度。

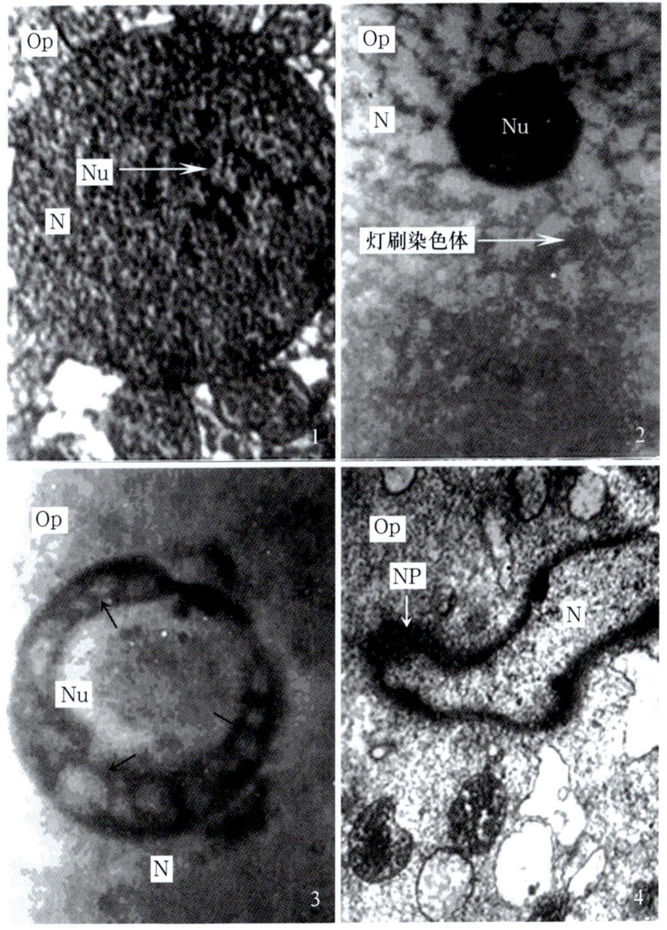

图 5-5　卵黄发生前的卵母细胞细胞核变化

1. 核（N）向细胞质伸出许多伪足状的突起，×1500；
2. 灯刷染色体，×1000；
3. 环状核仁（Nu），×1400；
4. 核膜孔（NP），×12000

3. **卵黄发生前的卵母细胞** (Provitellogenic oocyte) (**图** 5-4：3，**图** 5-6：3，8，Op)

包括 60～500 μm 的卵母细胞。细胞从生殖上皮移出，依靠柄细胞附着卵巢管外壁发育，形如葡萄串。

细胞近于球形，外由基膜覆盖。基膜的出现是这个时期卵母细胞的一个特征（图 5-6：8，BL）。质膜伸出许多微绒毛嵌入基膜（图 5-6：8，MV）。

核在这时期出现各种变化：核向细胞质伸出许多伪足状的突起；此期染色质重新凝聚形成分枝网状的灯刷染色体，这是早期卵母细胞核内染色体变化的继续，它代表核处于第 1 减数分裂的双线期，灯刷染色体对 Brachet 反应表现阳性反应，而对 Feulgen 反应表现阴性反应；核仁由均质性分化为嗜品红的皮质和不嗜色的髓质形成环状核仁，皮质中出现许多核仁小泡；核膜孔多而密（图 5-5：1，2，3，4）。这时期细胞核从中心位置向动物性极一端移动（图 5-4：3，图 5-6：3）

此期细胞质内容物丰富。游离的核糖体非常丰富。与此相对应，这时期细胞质嗜碱性和嗜派洛宁性最强。Brachet 反应表明，细胞质中 RNA 的分布有一个从动物性极向植物性极递减的分布梯度。平滑内质网呈不规则的囊腔。线粒体数量丰富，形态多样。以卵圆形的线粒体为主，掺有长、短棒状的线粒体（图 5-6：8）。这个时期有典型的高尔基复合体的结构。细胞质中存在大量直径约 120～180nm 的高尔基小泡。利用 Da Fano 法可显示，高尔基体集中分布在靠植物性极核的一端。这时期细胞质对显示蛋白质反应的快绿及汞－溴酚蓝表现强烈的阳性反应。

4. **卵黄发生的卵母细胞** (Vitellogenic oocyte) (**图** 5-4：4，Ov，**图** 5-6：4，7，9，Ov)

包括 500 μm 以上的卵母细胞。在质膜和基膜之间出现卵黄膜（图 5-6：9，VE）。卵黄膜的出现是卵细胞进入卵黄发生的卵母细胞发育阶段的标志，也是区别于其他各期卵母细胞的显著特征。卵黄膜对汞—溴酚蓝及 PAS 反应表现阳性反应。质膜伸出大量的微绒毛穿过卵黄膜深深地嵌入基膜，基膜上分布有孔。质膜的微吞饮活动显著，出现很多微吞饮泡（图 5-7：20，MP 及 21 箭头所示）。

此期，游离的核糖体相对于前一时期来得稀疏。细胞质嗜碱性和嗜派洛宁性相应地下降。在此期的较早阶段，细胞质中出现大量形状不规则、电子密度低的平滑内质网囊腔，线粒体数量丰富，多数呈卵圆形。高尔基复合体在细胞皮质部分出现。高尔基液泡数量多，囊腔加大。细胞质中逐渐形成和积累大量的卵黄粒。

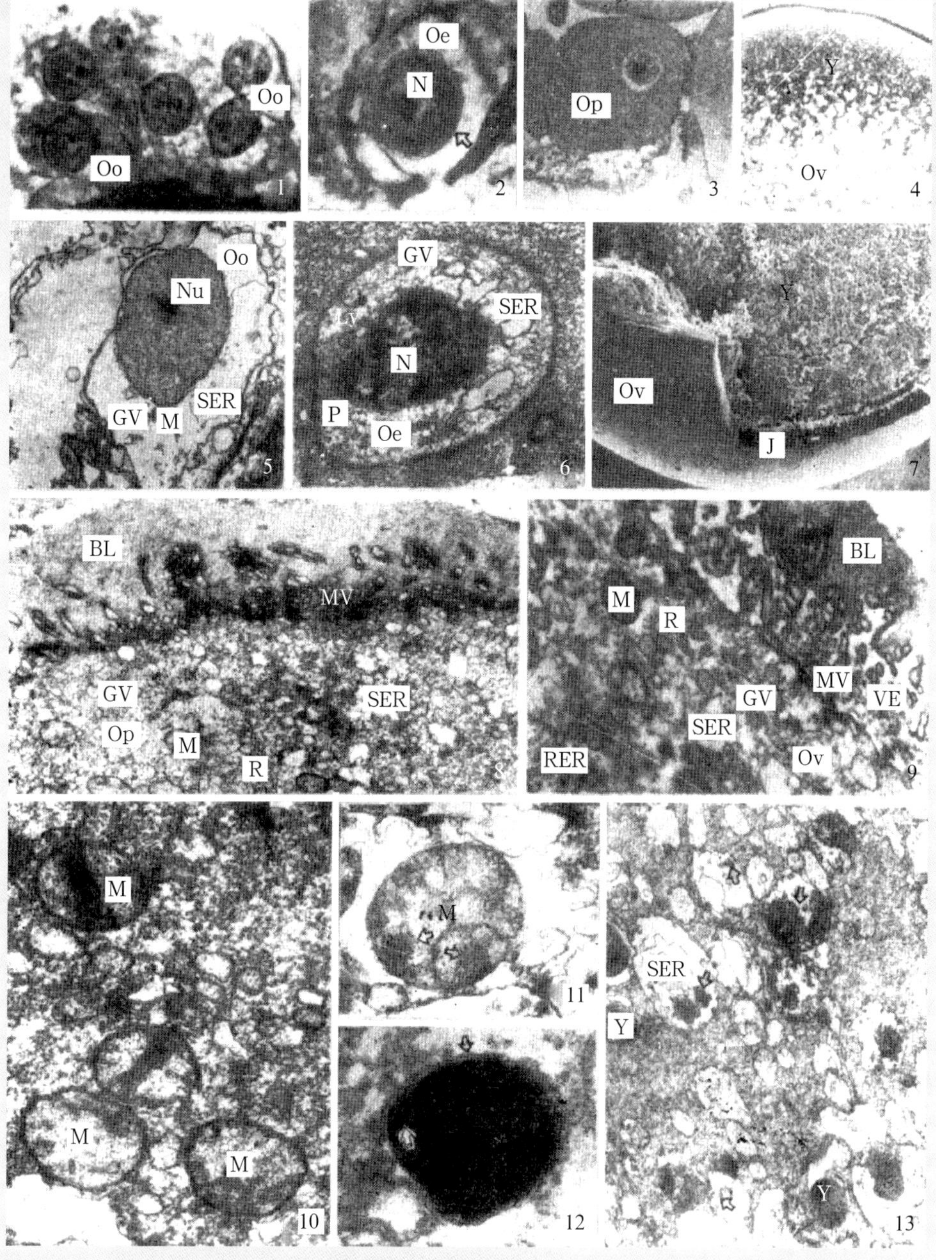

图 5-6　中国鲎卵子发生照片

1. 卵原细胞，H·E 染色，×946；
2. 早期卵母细胞，H·E 染色，×946；
3. 卵黄发生前的卵母细胞，汞-溴酚蓝染色，×151；
4. 卵黄发生的卵母细胞，PAS 反应，×151；
5. 卵原细胞电镜照片，×3200；
6. 早期卵母细胞电镜照片，×6600；
7. 成熟卵扫描电镜照片，×65；
8. 黄发生前的卵母细胞，×7500；
9. 卵黄发生的卵母细胞，×15000；
10，11，1 2. 示线粒体演变为卵黄粒的过程，×35000，×65000，×72000；
13. 示卵黄粒在平滑内质网形成的过程，×7000。

卵黄发生后期，细胞质中的细胞器数量大大减少，细胞为大量的卵黄粒、脂肪粒所充满，核被局限在动物性极一端，核仁逐渐退化。卵母细胞达到最大体积时，基膜外还覆盖两层胶质膜，卵径达 2.8～3.0 mm(图 5-6：4，7，Y 和 J)。

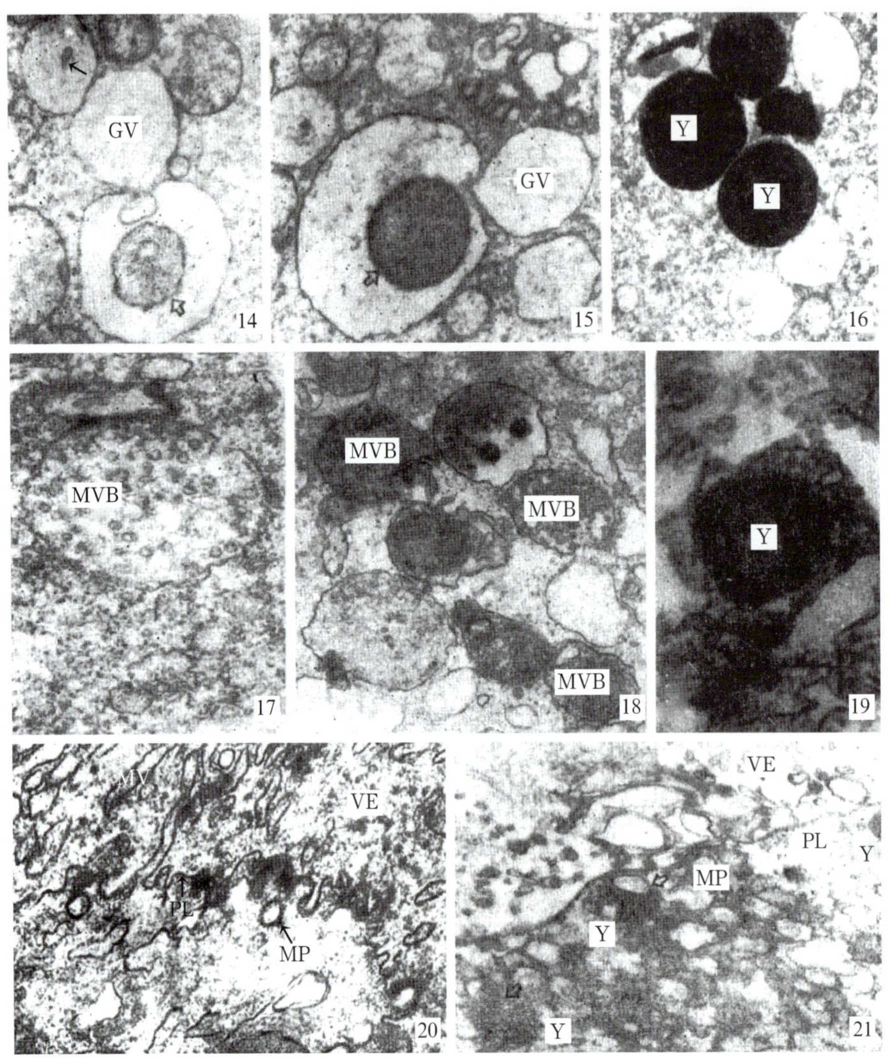

图 5-7　中国鲎卵子发生电镜照片

14，15，16. 示卵黄粒在高尔基液泡形成的过程，×20000，×27000，×10500；
17，18，19. 示卵黄粒在多泡小体沉积的过程，×50750，×22870，×52900；
20，21. 示微吞饮活动与卵黄粒形成的关系，×19600，×19000

符号意义：BL－基膜；GV－高尔基液泡；J－胶质膜；Ly－溶酶体；M－线粒体；MP－微吞饮泡；MV－微绒毛；MVB－多泡小体；N－细胞核；Nu－核仁；Oo－卵原细胞；Oe－早期卵母细胞；Op－卵黄发生前的卵母细胞；Ov－卵黄发生的卵母细胞；PL－质膜；R－核糖体；RER－粗糙内质网；SER－平滑内质网；Y－卵黄粒。

（二）储藏物质的形成（Formation of storage material）

1. 卵黄粒的形成

卵黄粒的形成是卵黄发生的卵母细胞的主要代谢活动。根据电镜观察，鲎卵母细胞卵黄粒的形成可能有以下几种方式。

（1）卵黄粒由线粒体演变而成

图 5-6：10，11，12 示由线粒体演变为卵黄粒的过程。在卵黄发生前的卵母细胞质中含有大量形态多样的线粒体（图 5-6：10，M）。到了卵黄发生的卵母细胞，卵黄蛋白逐渐在线粒体基质中沉淀，电子密度逐渐增大（图 5-6：11 箭头所示），最后整个线粒体演变为卵黄粒。图 5-6：12 示几个由线粒体演变而成的卵黄粒，线粒体基本上已蛋白质化，但外缘仍保留线粒体双膜的特征。与此同时，利用 Altmann 染色可以显示，在卵黄发生前的卵母细胞质中出现大量红色颗粒，而在卵黄发生的卵母细胞质中，随着卵黄粒的出现，红色颗粒大为减少。这表明，一部分线粒体可能演变为卵黄粒。

（2）卵黄粒在平滑内质网膜囊中形成

在卵黄发生的早期阶段，细胞质出现大量平滑内质网的膜囊。与高尔基液泡不同，这些膜囊形状较不规则，囊腔中内含物少，电子密度低。在卵黄发生过程中，这些膜囊中逐渐出现一些电子密度高的蛋白质沉淀物（图 5-6：13 中箭头所示）。这些浓缩物出现的位置较不规则，而且最初无固定形状，只有当浓缩物较多时才形成一个球形核心（图 5-6：13，Y），然后逐渐扩大充满整个膜囊，变成近卵圆形的卵黄粒。

（3）卵黄粒在高尔基液泡浓缩形成

在卵黄发生的卵母细胞的较早阶段，细胞质出现大量含有细小微丝状内含物的高尔基液泡（图 5-7：14，GV）。腔内的内含物逐渐沉积浓缩，形成蛋白质的浓缩球（图 5-7：15 中箭头所示）。随后整个液泡演变成卵黄粒（图 5-7：16，Y）。

（4）由多泡小体演变而成的卵黄粒

在卵黄发生前的卵母细胞中，含有许多多泡小体（图 5-7：17，MVB）。它们也参与卵黄粒的形成。图 5-7：18，19 示卵黄蛋白在多泡小体中逐渐沉积浓缩的可能过程。

（5）由微吞饮泡所形成的卵黄粒

在卵黄发生期间，质膜出现明显的微吞饮活动（图 5-7：20，21，MP）。这些微吞饮泡进入细胞质中为平滑内质网所包围，吸收蛋白质逐渐膨大起来，并互相汇集形成卵黄粒（图 5-7：21，Y）。这种卵黄粒较为细密，主要分布在卵子外周皮质部分（图 5-6：4，Y 及图 5-7：21，Y）。

图 5-8 示鲎细胞中各种细胞器与卵黄粒形成的关系。

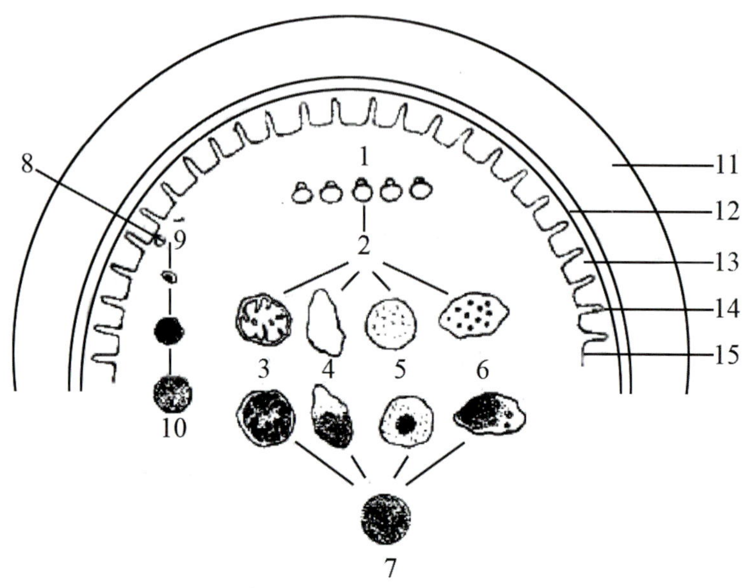

图 5-8 中国鲎卵黄粒形成与细胞器代谢活动关系图

1. 核糖体；2. 合成的蛋白质；3. 线粒体；4. 内质网；5. 高尔基液泡；6. 多泡小体；7. 卵蛋粒；8. 来源于肝脏的卵黄蛋白；9. 微吞饮泡；10. 卵黄粒；11. 卵胶膜；12. 基膜；13. 卵黄膜；14. 微绒毛；15. 质膜

2. 脂肪粒的形成

在卵黄发生期间，脂肪粒也大量形成，并成堆地分散于卵子的胞质中（图 5-9）。脂肪粒看来是在平滑内质网囊腔中形成的。图 5-9 示脂肪粒正在平滑内质网囊腔形成的过程。最初，囊腔中间出现电子密度低的脂肪物质（图 5-9 箭头所示），并逐渐吸收囊腔中一些电子密度中等的分泌物膨大起来。最后，整个囊腔为脂肪物质所充满形成脂肪粒（图 5-9，Li）。平滑型内质网囊腔为脂肪粒提供一层 7 nm 左右的界限膜。但在卵黄发生后期，脂肪粒的界限膜消失，成为均一的电子密度低的脂肪粒，分散于卵黄粒之间。

从以上观察结果，可以了解一些与胚胎发育有关的问题。

(1) 卵子发生过程核的变化及其意义

鲎从卵原细胞进入卵母细胞的发育阶段，核发生减数分裂前的现象。它经历了细线期、偶线期和粗线期及双线期。然而它并不立刻接着中期和将来几个阶段的变化，而是停留在这个时期，直到卵黄形成之后。

这种现象在许多动物种类中都相当普遍。如在人和很多动物（如鱼类、两栖类、爬行类和鸟类）减数分裂在双线期常停留非常长的时间，几周、几月、几年甚至几十年。而对于一些卵黄含量多的种类，双线期相当于合成卵黄量最大的时期，因而也是细胞体积显著增大的时期。双线期停留较长时间是卵母细胞对卵黄形成、积累贮藏物质的一种适应。

核仁形态结构的变化是核另一个富有特征的变化。在鲎卵子发生中，核仁经历了从卵原细胞和早期卵母细胞的致密均匀的结构到卵黄发生前的卵母

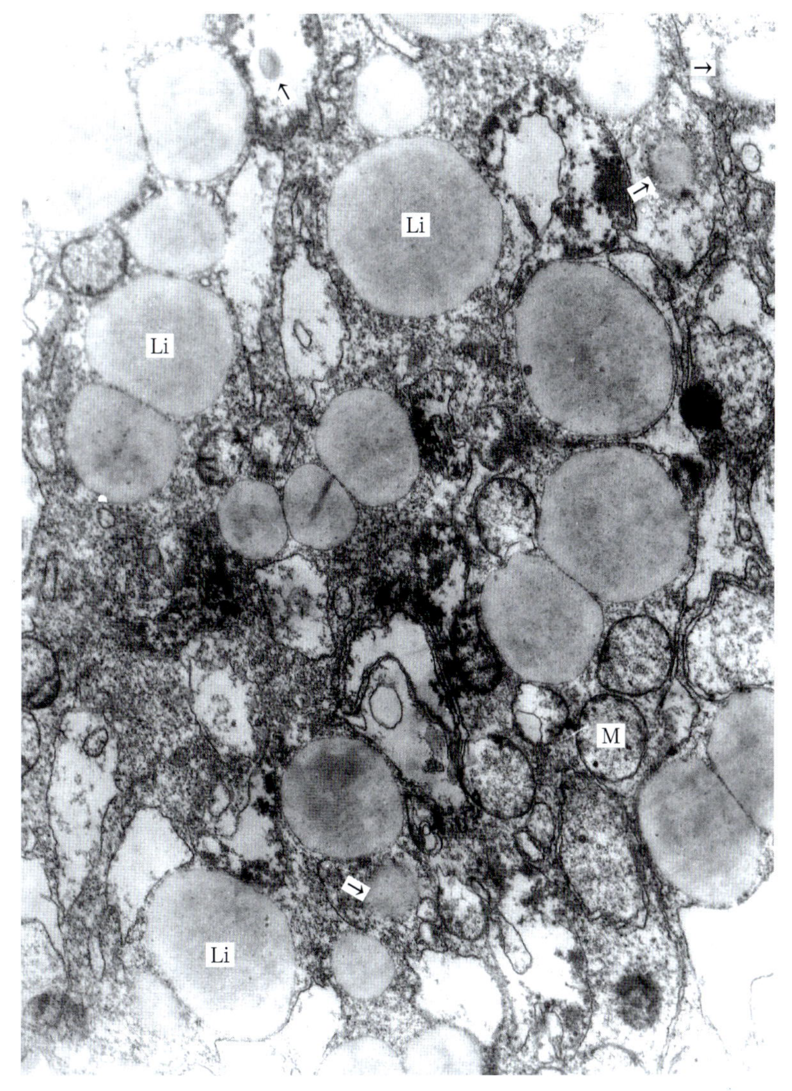

图 5-9 脂肪粒形成过程电镜照片，×19600

Li－脂肪粒；M－线粒体

细胞的环状核仁，到卵黄发生的卵母细胞核仁逐渐退化这样一个变化过程。Azeved 和 Coimbra(1980) 在剑尾鱼，Mirre 和 Stohl(1976) 在鹌鹑，Polombi 和 Viron(1976) 在鼠等的卵子发生的研究中都观察到类似的现象。看来它是一个较为普遍的现象。

根据大量生化研究知道，核仁是合成 RNA 的位置。Azeved 和 Coimbra 利用 H^3- 尿嘧啶作标记物，证明了在卵黄发生前的卵母细胞出现含有小泡的环状核仁比早期卵母细胞的致密均质的核仁具有更高的 RNA 合成活性。

Johnson(1969) 在培养的烟草细胞中利用 H^3- 尿嘧啶作标记物证明，H^3- 尿嘧啶渗入有小泡的核仁的速率比无小泡的核仁和利用放线菌素 D 处理所引起的小泡数量减少的核仁要高得多。

现已知道，核仁所合成的 RNA 实际上是核糖体的前体——核糖体 RNA (rRNA)。细胞质中的核糖体是由核仁所合成的 RNA 通过核膜孔输送到细胞质，与细胞质合成的核糖体蛋白质结合形成核糖体的。所以，细胞质核糖体含量的多少与核仁合成 rRNA 活性有密切关系。

联系到鲎卵子发生过程，在卵黄发生前的卵母细胞时期，当核仁从早期卵母细胞致密均质的结构发展为具有小泡的环状核仁时，细胞质中的游离核糖体也从数量不多变为数量非常丰富，这时细胞质的嗜碱性及嗜派洛宁性也最强。伴随这个变化，核孔多而密，核膜向细胞质伸出许多伪足状的突起，以适应这个时期核质之间强烈的物质运输。高尔基体发达，平滑内质网丰富。线粒体数量大大增加，为细胞的强烈代谢活动提供能量。所以说，鲎卵黄发生前的卵母细胞核仁出现小泡，形成环状核仁的现象可能代表核仁中 rRNA 合成活性高的时期，也是卵母细胞处于代谢旺盛的阶段。而核仁呈致密均质结构的卵原细胞和早期卵母细胞及核仁开始退化的卵黄发生的卵母细胞时期，细胞的代谢活动相对比较低弱。

(2) 卵母细胞质中 RNA 梯度分布的生物学意义

在早期卵母细胞中，利用 H·E 染色和 Brachet 反应可以显示细胞质的嗜碱性和嗜派洛宁性有一个围核的分布梯度。这实际上就是 RNA 的分布梯度。到了卵黄发生前的卵母细胞阶段，RNA 的分布表现一个从动物性极向植物性极递减的梯度分布。这说明在早期卵母细胞时期，细胞的内部构造已经出现分化，表现出极性。根据 Bracket 的意见，这种梯度的建立是置于遗传控制下的，它和将来胚胎发育的极性可能有一定的联系。电镜观察业已证明，这个梯度实质上主要是核糖体的梯度。胚胎学家称之为一级（或极性）梯度。核糖体（RNA）极性梯度到原肠化时，为 mRNA 所激活。mRNA 是沿着背腹梯度在细胞核中形成的。其结果是蛋白质合成在胚胎前部（头部）将比胚胎后部（尾部）更为活跃，蛋白质合成也将从背部到腹部递减，这两个梯度正好平行于或等同于实验胚胎学家所提到的形态发生梯度。

（3）卵黄的形成与细胞器的关系

与美洲鲎相比较，在中国鲎卵子发生中除了高尔基体、内质网和微吞饮活动以外，还有线粒体也卷入卵黄粒形成的活动。Favard 和 Carasso(1958，1962）就曾在扁卷螺卵母细胞应用连续超薄切片观察，详细报道了卵黄粒由线粒体演变的过程，对卵黄粒这种方式的形成给予有力的支持。早在 1927 年，Gardinar 就从光学的水平指出，美洲鲎的卵黄发生中，有一定数目的线粒体直接转变为卵黄粒。但 Dumont 和 Anderson(1976）在有关美洲鲎卵黄生成的超微结构研究中却无涉及线粒体参与卵黄粒形成的问题。其他卵黄生成的方式与中国鲎也有相当大的不同。

卵黄粒形成的多种途径的现象，并非个别现象，近年来，许多学者分别在对虾、僧帽牡蛎、文昌鱼及海豆芽等海洋无脊椎动物的卵子发生中观察到类似的过程。

关于卵黄粒形成的方式问题，需要指出的一点是，在卵母细胞中，卵黄粒形成的时间和位置不一定和卵黄蛋白合成的时间和空间相吻合。卵黄粒的形成仅代表着已合成的原先以溶解的形式存在于细胞中的蛋白质浓缩加工的过程。根据不同情况，不同的细胞器和细胞组分在这一过程可以起浓缩中心的作用和作为沉积的场所，这是可以理解的。

（4）卵黄形成与外源蛋白质的关系

在鲎卵子发育过程中，从早期卵母细胞到卵子达到最终体积时，总体积增长了 7×10^5 倍。在短时期内，细胞形成并积累了大量的卵黄粒。如果所需要的蛋白质完全依靠卵母细胞自己合成，那是不可想象的，它可能还有一个细胞外的来源。质膜微吞饮活动可能就是细胞吞饮细胞外来源的蛋白质，在细胞内形成卵黄粒的一种相当重要的方式。

外源蛋白质要进入卵母细胞，必然涉及血淋巴循环中的卵黄蛋白如何接近卵母细胞的问题。在鲎和其他无脊椎动物中，所遇到的第一个障碍是基膜。基膜在各种动物中，结构基本相似，虽然它的厚度变化相当大。Telfer 等利用荧光标记抗体曾经证明，在蚕蛾（*Cecropia*）的卵母细胞中，基膜能让蛋白质透过。

一旦蛋白质分子通过基膜，它们接下去就是与微绒毛和卵黄膜的顶端相遇。在这里所遇到的阻力很小。蛋白质一部分由微绒毛直接吸收，进入细胞中，作为卵黄粒的原料；另一部分通过质膜微吞饮活动，形成卵黄粒。

无脊椎动物中，卵黄蛋白在卵母细胞外什么位置合成尚有争议。Roth 和

Porte 根据对蚊子所作的研究认为，卵黄蛋白很可能在中肠合成；而 Brachet 则认为，大多数（如果不是全部的话）卵黄蛋白来源于雌体的肝脏。鲎在卵母细胞卵黄粒尚未大量形成前，肝脏极为发达，与卵巢小管紧密结合在一起，充满整个体腔；而当卵母细胞形成并积累大量卵黄粒，整个体腔为卵子所占据时，肝脏极度退化萎缩。这暗示鲎从卵母细胞外吸收的卵黄蛋白，可能是由肝脏合成的。

另外，鲎的卵子不像其他具有营养细胞和滤泡细胞的种类那样，卵母细胞发育过程所需要的营养物质可以由营养细胞或滤泡细胞提供。因此，没有滤泡细胞的鲎卵母细胞，其发育过程中，肝脏作为外源蛋白质的来源就显得更有可能。

关于卵黄粒形成的方式问题，特别要指出的是，卵母细胞中卵黄粒形成的时间和位置，不一定和卵黄蛋白合成的时间和空间相吻合。卵黄粒的形成，仅代表着已合成的原先以溶解的形式存在于细胞中的蛋白质的浓缩和加工的过程。根据不同情况，不同的细胞器和细胞组分，在同一个卵母细胞中可以先后起浓缩中心的作用和作为沉积的场所，这是可以理解的。

（三）卵膜发生（Genesis of egg envelope）

1. 鲎卵膜结构

除了质膜以外，成熟卵子还有 3 层卵膜。质膜外的是卵黄膜（vitellogenic envelop，VE），再外面的是基膜（basement lamina，BL），其上再覆盖 2 层富有弹性的不透明的胶质膜（jelly chorion，JC)(图 5-10)。

2. 卵膜的形成

鲎卵原细胞仅以质膜为界（图 5-6：5)，早期卵母细胞也仅以一层质膜为界（图 5-6：6)，卵黄发生前的卵母细胞外出现一层亮带，这就是基膜（图 5-6：8，BL ）。基膜厚约 5 μm，覆盖在质膜外面，呈均匀的电子密度中等的致密层。质膜伸出微绒毛嵌入其中（图 5-6：8，BL ）。基膜对汞－溴酚蓝表现阳性反应，而对 PAS 呈阴性反应。这表明，基膜的成分主要是蛋白质。基膜的出现是区别卵黄发生前的卵母细胞与早期卵母细胞的标志。

随着卵母细胞的发育，在基膜和质膜之间的某些区域出现空隙。质膜向这些空隙伸出微绒毛。最初，这些微绒毛由于受到基膜的阻碍，伸展受到限制。多数微绒毛的伸展方向与卵质表面平行（图 5-6：9，MV ）。当微绒毛大量出现（1 μm^2 质膜可伸出 45～50 根微绒毛)，基膜与质膜逐渐分开，在基膜和质膜之间出现一层卵黄膜（图 5-6：9，VE)。随着卵母细胞的增长，卵黄膜不断加厚，最终可达 35 μm(图 5-10：5，VE)。卵黄膜对汞-溴酚蓝染色表

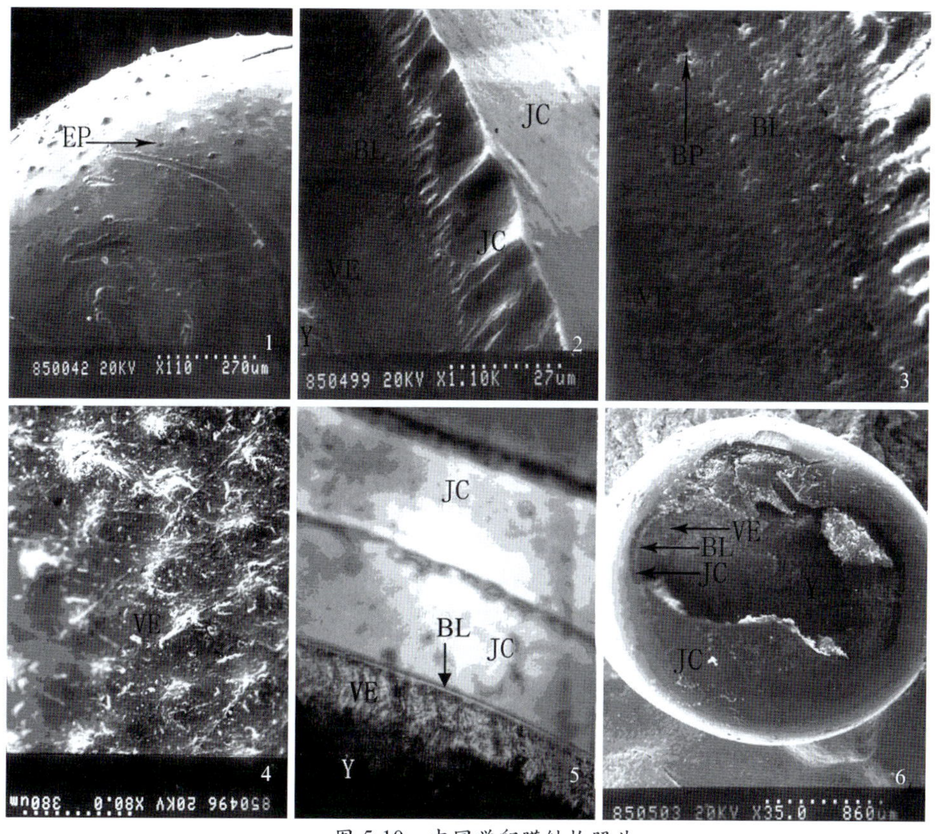

图 5-10　中国鲎卵膜结构照片

1. 卵子表面扫描电镜照片，EP 示卵胶质膜上的孔，×110；
2. 卵子胶质膜（JC）横断面扫描电镜照片，×1100；
3. 卵基膜（BL）上的孔洞（BP）扫描电镜照片，×2500；
4. 卵黄膜（VE）纵切面扫描电镜照片，示胶原纤维网，×120；
5. 成熟鲎卵膜横切面结构光镜照片，×504；
6. 成熟鲎卵扫描电镜照片，×35

现强烈的阳性反应，对 PAS 也呈阳性反应。在扫描电镜下，可观察到卵黄膜中充满着直径约 25 nm 的胶原纤维（图 5-10：4）。它们围绕着微绒毛交织成密网。在微绒毛和胶原纤维之间有一个电子密度很低的通道。卵黄膜的形成是卵母细胞进入卵黄发生阶段的显著标志。这个时期的卵母细胞直径可增至 500 μm 以上。其胞质开始形成并逐渐积累大量的卵黄粒（图 5-10：5，6，Y），体积增长非常迅速。在短时间内，卵母细胞很快达到最大的体积（卵径达 2.8～3.0 mm）。

当卵黄粒形成接近完成时，在基膜外面又沉积并形成第 2 层的胶质膜（图 5-10：5，6，JC），作为卵子坚固的保护层。

卵黄膜属于初级卵膜，这是许多动物种类共有的结构。鲎的卵黄膜厚而坚实，里面充满着大量交织成网的胶原纤维，质膜伸出大量微绒毛浸润其中。卵黄膜是在卵黄发生之前出现的结构，它是以后卵子受精形成受精膜的前体，它的存在可能与卵黄粒的形成有关。

在发生卵黄的卵母细胞中，细胞质扩大并积累大量的卵黄粒（图 5-6：7，Y）。卵黄粒的形成需要大量的卵黄蛋白作为原料。根据我们的研究，卵黄蛋白可能有 2 个来源，其中一部分是由早期卵母细胞和卵黄发生前卵母细胞中的核糖体合成的。另外相当大的一部分卵黄蛋白由肝细胞核糖体合成，通过体液循环输送到体腔，由卵母细胞吸收后加以利用。TeIfer 及 Telfer 和 Meliusl 利用荧光标记抗体已经证明，在蚕蛾（*Cecropia*）的卵母细胞中，蛋白质能透过基膜，然后进入卵黄膜。Stayl 在惜比天蚕蛾的卵母细胞中也曾经证明，铁蛋白可以通过卵母细胞的基膜。中国鲎基膜上还存在有直径为 20 nm 孔洞，可以作为细胞外卵黄蛋自由通过的一个通道。一旦卵黄蛋白分子通过基膜，它们就与微绒毛和卵黄膜的顶端相遇。在这里所受到的阻力是很小的。卵黄蛋白的一部分由微绒毛直接吸收，进入卵母细胞，另一部分通过卵黄膜和微绒毛之间的通道，然后质膜通过微吞饮活动，形成微吞饮泡（图 5-7：20，21，MP）进入卵母细胞，形成卵黄粒（图 5-7：21，Y）。

基膜是卵母细胞从生殖上皮游离，进入体腔后出现的。基膜同时也延伸，与柄细胞相连附贴在生殖上皮的外壁。Bennett 利用 PPS（potassium permangane schiff）反应在美洲鲎的基膜上看到黑色的沉淀，从而证明基膜存在有孔洞，用扫描电镜观察中国鲎基膜，上面可见到数量很少相间排列的孔洞。在鲎多精受精的过程中，精子顶体丝很明显地都穿过这些基膜的小孔，然后到达卵质表面。

卵胶膜是在卵黄粒形成比较后期才出现的。它可能是由体腔液浓缩沉积在基膜外所形成的结构。

鲎的卵胶膜非常坚韧，具有很强的弹性，用针刺也不容易穿破它；另外，它也具抗压、抗干旱及抗高温的特性。鲎卵能耐受 10～20 cm 厚度的海沙压力和摩擦，无论夏季 35～41℃酷热的沙滩或是在雨季海水比重极低的条件下，其受精卵都能正常发育，可见鲎卵的发育对环境的适应性是很强的。

在做细胞切片时，利用硫酸或硝酸处理尚不能使卵胶膜软化。这说明它具有很强的抗物理和化学刺激的能力。据分析，鲎的卵膜含有 16 种氨基酸，主要为酸性氨基酸，其中含量最多的是酪氨酸、天冬氨酸和谷氨酸。鲎卵胶膜有较大量的酪氨酸是特别重要的。某些昆虫，如果蝇和蚕，卵膜上也含较大量的酪氨酸。已经知道，多酚及其苯醌的衍生物对昆虫外壳的变暗和硬化起着重要的作用。多酚是酪氨酸为酪氨酸酶氧化的产物。在昆虫的外壳，这种酶系分布得很广泛，外壳的变暗和硬化受到基质酪氨酸的分布所控制。鲎卵被膜所以具有这样的坚韧性，可能也是由于含多量酪氨酸的缘故。

鲎卵膜对以下诸种物理化学试剂的作用也是很稳定的。除了次氯酸钠能使鲎卵胶膜溶解外，胰蛋白酶、过氧化氢、硫代硫酸钠及阳离子表面活性剂对其卵胶膜结构均无作用。鲎卵胶膜能有效地防止许多酶和物理化学试剂的降解作用，很可能是这种自古生代奥陶纪就出现的“活化石”能繁衍至今的重要因素。

二、精子发生（Spermatogenesis）

（一）精子发生的一般过程（General process of spermatogenesis）

中国鲎成熟的生精小管呈细网状分布，外围有基膜，管腔内呈束状分布着不同发育阶段的生殖细胞，形成精胞（cyst）。包围在一个精胞中的多个精母细胞是由一个精原细胞分裂形成的，因而保证同一精胞中的精母细胞能够同步发育（图 5-11：1，2）。

1. 精原细胞（Spermatogonia）

中国鲎精原细胞位于生精小管腔内靠近基膜边缘的位置，细胞呈卵圆形，约 8～10 μm。核大亦为卵圆形，约 6～7 μm，占据整个精原细胞绝大部分体积。核内染色质呈颗粒状均匀分布（图 5-11：1，2，3，SG）。

精原细胞胞质中可见许多大小不同的高尔基液泡集中于核的一端，形成高尔基区（图 5-11：3，GV）。胞质中还有核糖体颗粒及数量不多的线粒体（图 5-11：3，R、M）。

2. 初级精母细胞（Primary spermatocyte）

精原细胞经有丝分裂发育为初级精母细胞。初级精母细胞近于球形，略比精原细胞小，约 6～8 μm。核大而圆约 5 μm。染色质逐渐浓缩成团块状，有的附着在核内膜上，有的分散在核质中（图 5-11：4）。随着染色质进一步凝缩，细胞进入减数分裂前期。胞质中的高尔基液泡相互融合为大的囊泡，线粒体数量明显增多，呈颗粒状分布于胞质中（图 5-11：4，GV、M）。

3. 次级精母细胞（Secondary spermatocyte）

次级精母细胞为卵圆形，核经历减数分裂各时期的变化（图 5-12：5、6）。次级精母细胞大小相差较大，接近完成减数分裂的次级精母细胞比初级精母细胞小得多。

4. 精子细胞（Spermatid）

次级精母细胞完成减数分裂后，产生单倍体的精子细胞（图 5-11：1，ST）。

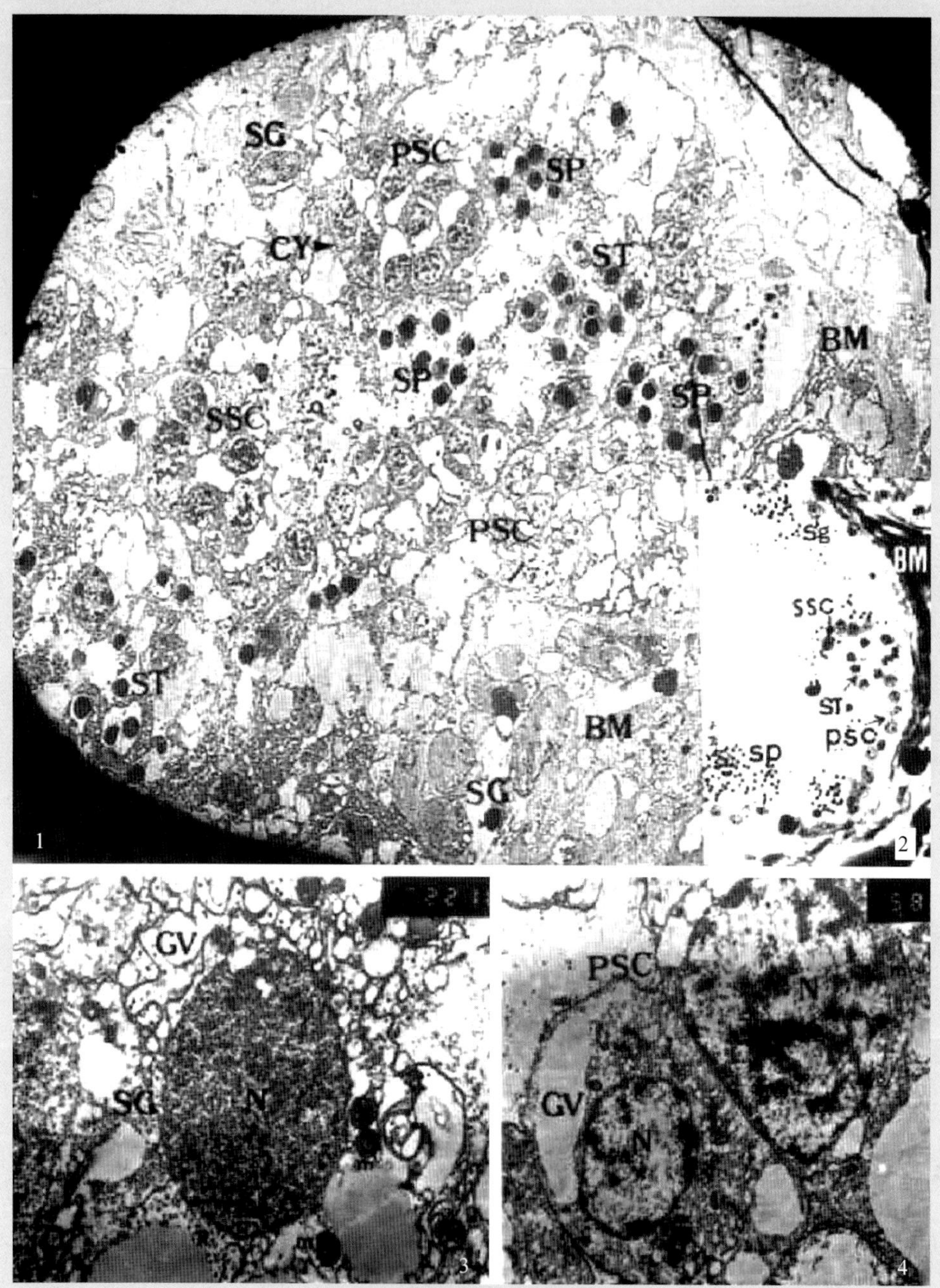

图 5-11　中国鲎精子发生照片

1. 生精小管中精子发生各时期细胞电镜照片，×1000
2. 生精子管中精子发生各时期细胞光镜照片，×400
3. 精原细胞电镜照片，×7200
4. 初级精母细胞电镜照片，×5800

早期精子细胞近于卵圆形，大小约 5 μm。核近于球形，约 3 μm。染色质高度浓缩，整个核成为电子密度很高的均匀球体。核外膜与核内膜相互分开形成巨大的核周腔（circumnuclear cisternae）。胞质内容物较丰富，高尔基液泡数量多，并逐渐朝细胞一端集中（图 5-12：7，CNC、GV）。

中期的精子细胞，高尔基液泡集中于核的前端并逐渐融合，成为前顶体泡（图 5-12：8，GV），进而形成电子密度很高的前顶体囊，紧贴于核上方（图 5-12：9，AC）。胞质中其余的高尔基液泡及其他细胞器则移向与顶体囊相对的一端。

后期的精子细胞，核进一步浓缩，形成电子密度极高的球形核。核周腔进一步扩大，在靠近核下半部的核周腔中出现直径约 100nm 的顶体丝（图 5-12：10，AF）。靠近顶体囊下方的胞质部分，其内容物大部分移至核下端。

5. **精子**（Spermatozoa）

与典型精子类型相似，中国鲎的精子由头部和尾部组成。扫描电镜下，成熟精子头部如梨形，约 3～4 μm，前端覆盖有类似吸盘的唇帽，外包有由质膜突起皱折形成的膜被，尾部拖着一根长达 35 μm 的鞭毛（图 5-13：15）。

精子头部由顶体及核组成。顶体为一扁平囊状结构，像唇帽覆盖于核的顶部上方（图 5-13：16）。质膜与顶体膜间有一宽约 300 μm 电子密度较顶体囊内高的浓集带。细胞化学方法表明，顶体囊呈 PAS 及 Gomori 阳性反应。顶体囊与核相接处有一个圆锥形的亚顶体间隙（subacrosomal space），通过其下一层亚顶体板（subacrosomal plate），紧贴于核顶部上方（图 5-13：11）。

精子核卵圆形，直径约 2.5 μm。核底部有一深的凹陷。早期精子细胞，核的中央部分就形成一个宽约 160 nm 的中央通道（图 5-12：7、8，图 5-13：11、12 中空心箭头）。

顶体丝由顶体囊底部发出，穿过亚顶体间隙，贯穿核的中央通道，再从核底部凹陷处穿出，然后在核周腔内缠绕于核内膜表面，形成多达 28 匝左右的螺圈纤丝，总长约 210 μm。顶体丝直径约 100 nm，由许多微纤丝集合而成，外被有膜结构（图 5-13：11、12、13，AF）。胞质中线粒体数量丰富，集中分布在核底部，其他细胞器退化。精子鞭毛从核底部凹陷处发出（图 5-13：16，FL）。在鞭毛基部有一对中心粒（图 5-13：13，Cp、Cd）。鞭毛为 $9\times2+0$ 的微管结构（图 5-13：14），精子全长 40 μm(图 5-13：15、16）。

中国鲎精子发生中，核的大小和形态发生明显变化。总的趋势是核表面积不断减少，核体积逐渐缩小，核内染色质密度越来越大。动物精细胞核染色质浓缩的形态分为颗粒状、纤维状和片状 3 种类型。中国鲎精细胞染色质浓缩属颗粒状类型。染色质凝聚同时，一些与遗传物质无直接关系的物质也从核中去掉。覆盖在核上方的顶体及缠绕在核表面的顶体丝结构为核染色质浓缩提供了强有力的外部因素。精细胞核体积的变化，减少了自身的重量，利于精子的运动，这也是对精子运动功能的一种适应。

与多数动物顶体形成方式相似，中国鲎精子发生中顶体是由分散的高尔基液泡聚集融合形成的。成熟精子的顶体像个吸盘，内充满糖蛋白及酸性

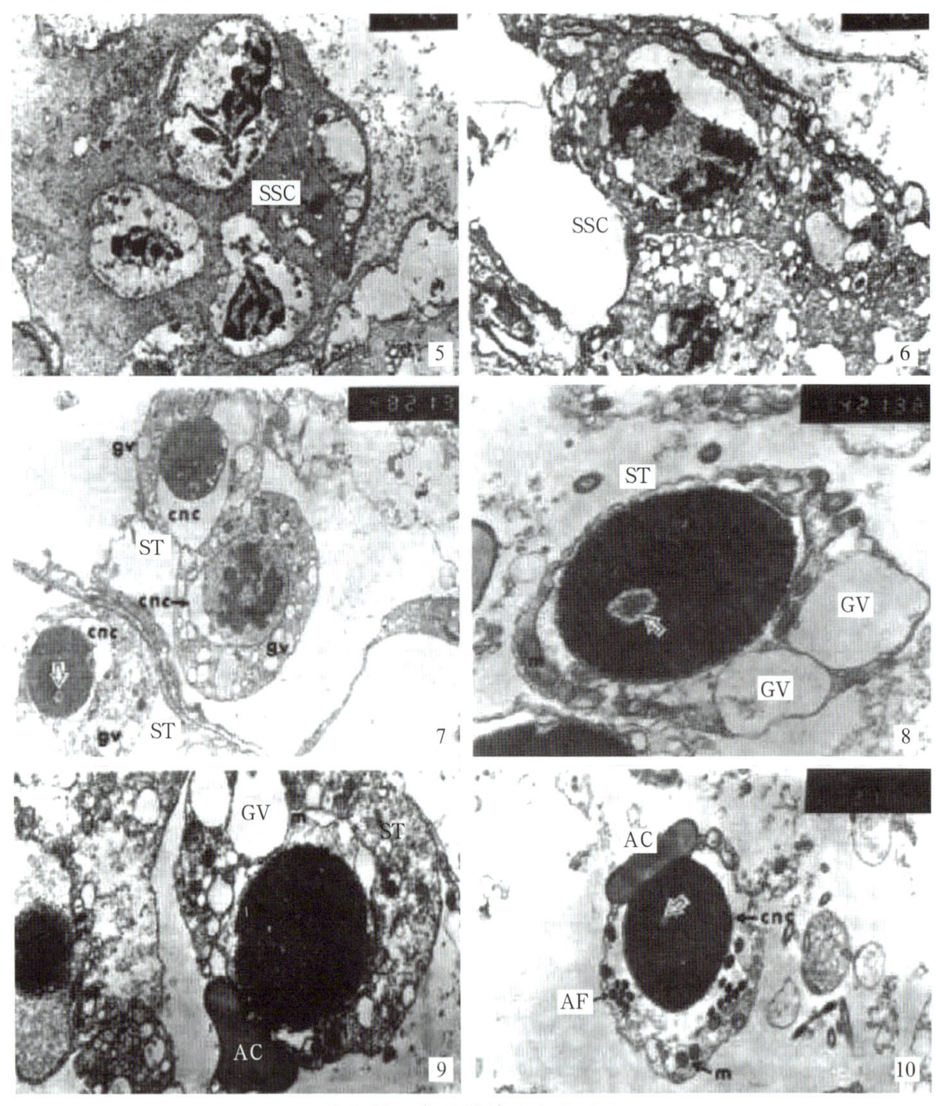

图 5-12　中国鲎精子发生照片

5. 次级精母细胞电镜照片，×2900
6. 次级精母细胞电镜照片，×4800
7. 早期精子细胞电镜照片，×4800
8～10. 精子细胞变态过程电镜照片，×14000，×10000，×10000

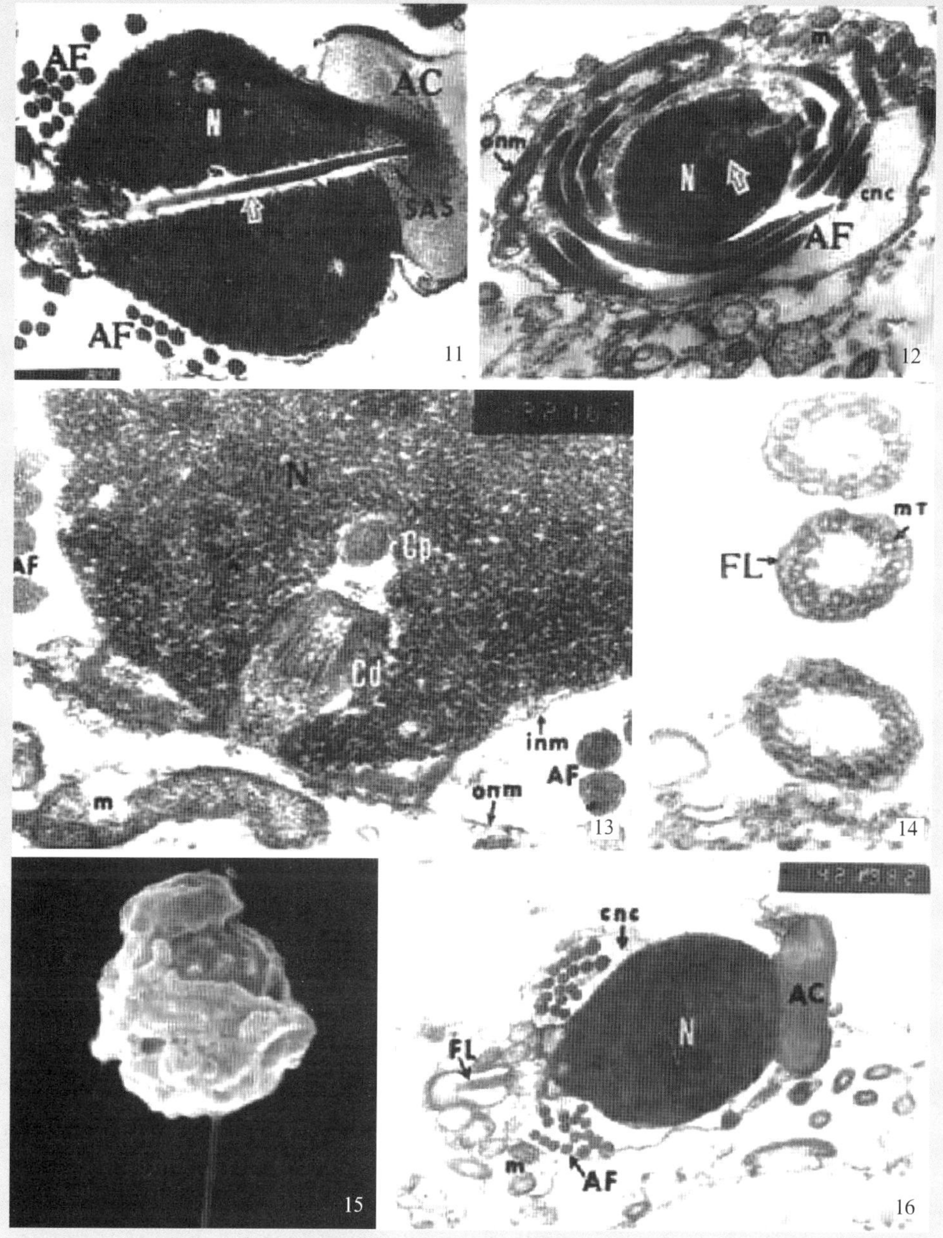

图 5-13　中国鲎精子发生照片

11. 精子电镜照片，示顶体丝通过精子核中央通道，×36000
12. 精子横切面电镜照片，示绕核顶体丝的纵切面，×14000
13. 精子电镜照片，示一对中心粒，×48000
14. 精子鞭毛横切面电镜照片，×86000
15. 成熟精子扫描电镜照片，×20000
16. 成熟精子电镜照片，×14000

缩写字母含义：

AC－顶体（acrosome）；AF－顶体丝（acrosomal filament）；ASA－顶体间隙；BM－基膜（basement membrane）；CAF－中央顶体丝（central acrosomal filament）；Cd－远端中心粒（distal centriole）；CNC－核周腔（circumnuclear cisternae）；Cp－近端中心粒（proximal centriole）；Cy－精胞（cyst）；FL－鞭毛（flagellum）；GV－高尔基液泡（Golgi vacuole）；INM－内核膜（inner nuclear membrane）；M－线粒体（mitochondria）；MT－微管（microtubule）；N－细胞核（nucleus）；ONM－外核膜（outer nuclear membrane）；PM－质膜（plasma membrane）；PSC－初级精母细胞（primary spermatocyte）；R－核搪体（ribosome）；SAS－亚顶体间隙（subacrosomal space）；SAP－亚顶体板（subacrosomal plate）；SG－精原细胞（spermatogonia）；SP－精子（spermatozoa）；SSC－次级精母细胞（secondary spermatocyte）；ST－精子细胞（spermatid）

磷酸酶等物质（PAS 及 Gomori 呈阳性反应）。中国鲎顶体囊边缘有一圈厚约 70 μm 由颗粒及纤维丝组成的致密层。细胞化学反应表明，这层对 PAS 表现更强的阳性反应。鲎的卵子具有 3 层卵膜：卵黄膜、基膜和胶膜，厚达 120 μm，并含有大量与昆虫几丁质外壳类似的酪氨酸。因此鲎卵很坚韧并富有弹性。鲎精子的顶体结构是与精子必须穿越厚而多层的卵膜相适应的。

鲎精子顶体囊与核之间存在一个由颗粒状物质组成的圆锥形亚顶体间隙。这些物质可能通过亚顶体板牢固地把顶体囊嵌接于核顶部上方。

中国鲎精子发生中最显著的特点是形成顶体丝结构。顶体丝有 2 个明显特点：一是长度很长，总长约 210 μm；二是顶体丝在早期精子细胞就已出现，在成熟精子中结构最为完备。鸡的精子也存在环核纤丝，某些软体动物和棘皮动物精子也形成顶体丝，但它们有的只在顶体反应时才形成，有的在顶体反应时再加长。

关于顶体丝的来源，已证明顶体丝来源于一个小的顶体扣（small acrosomal button）。这个位置最终与触发顶体丝的喷出相联系。顶体丝并不为顶体膜覆盖，覆盖顶体丝的被膜是核外膜的延伸部分，并在整个早期精子发生期间，随着纤丝的生长而逐步形成。据认为，顶体丝爆发式的喷射使纤丝通过卵基膜孔穿越卵膜。

顶体丝或其前体位于核凹陷处是许多无脊椎和脊椎动物精子的一个特点。但像鲎那样，核被通道完全贯穿的情况仅在 *Mytilus* 及七鳃鳗 *Lampetra* 中发现，并且二者核膜的排列与鲎的不同。七鳃鳗是唯一已知的另外一种预先形成顶体丝的种类。有螯肢亚门与原始脊椎动物间这种异乎寻常的相似，使生物学家提出脊椎动物来源于鲎的假设。

现已知，除了顶体丝长度不同外，现存 4 种鲎精子的大小几乎一致。3 种亚洲鲎（中国鲎、南方鲎及圆尾鲎）精子顶体丝比美洲鲎长。根据顶体反应前精子纵切面的研究，美洲鲎顶体丝绕核缠绕 6 匝，中国鲎为 28 匝。美洲鲎顶体丝总长为 50 μm，中国鲎 210 μm。尚不知道，这到底是种间的差别，还是可能在电镜下通过顶体丝螺圈的切面不同，造成匝数计算上的差别所致。

另外，美洲鲎顶体囊形状也不同于亚洲种。扫描电镜下，美洲鲎顶体囊像一颗半球形的弹头凸出在精子头部上方，而亚洲种的顶体囊则像个扁平的吸盘，中间稍向内凹陷。这种差异可能是地理差别造成的。

其三，从精子鞭毛结构看，只有美洲鲎的鞭毛为 9×2 + 2 轴丝结构，所有亚洲种为 9×2 + 0 结构，无中央管。鲎精子特别适合用于鞭毛运动中轴丝中心复合体的功能研究。

（二）精子形成过程（Formation of spermatozoa）

中国鲎精子发生的整个过程，精子的形成是有鞭毛精子类型形成的典型代表。下面再详细介绍中国鲎精子形成过程和特点。

早期精子细胞核圆，染色质呈网状分布，胞质中有许多线粒体和高尔基液泡。精子形成期间，出现合胞体现象：核分裂而胞质不分裂，细胞通过胞质桥相联系，随后出现隔板，逐渐将细胞核分开。细胞随核向后移动而呈现极化现象。核的顶部出现一个高尔基—线粒体区，顶体由高尔基液泡演变而成。精子形成期间，核中央位置形成贯穿整个核的中央通道，并在核底部形成植入窝，中心粒位于其中。成熟精子胞质极度退化。残余的胞质像一圈衬领，包绕在核底部外围，在鞭毛周围形成一隐窝。衬领中主要组分为线粒体。顶体丝长 210 μm，绕核形成 28 匝螺旋（图 5-14，图 5-15，图 5-16，图 5-17）。

成熟精子头部如梨形，约 3～4 μm，前端覆盖有类似吸盘的唇帽，外包有由质膜突起皱折形成的膜被，尾部拖着一根长达 35 μm 的鞭毛，精子全长约 40 μm(图 5-13：15，图 5-16：21)。

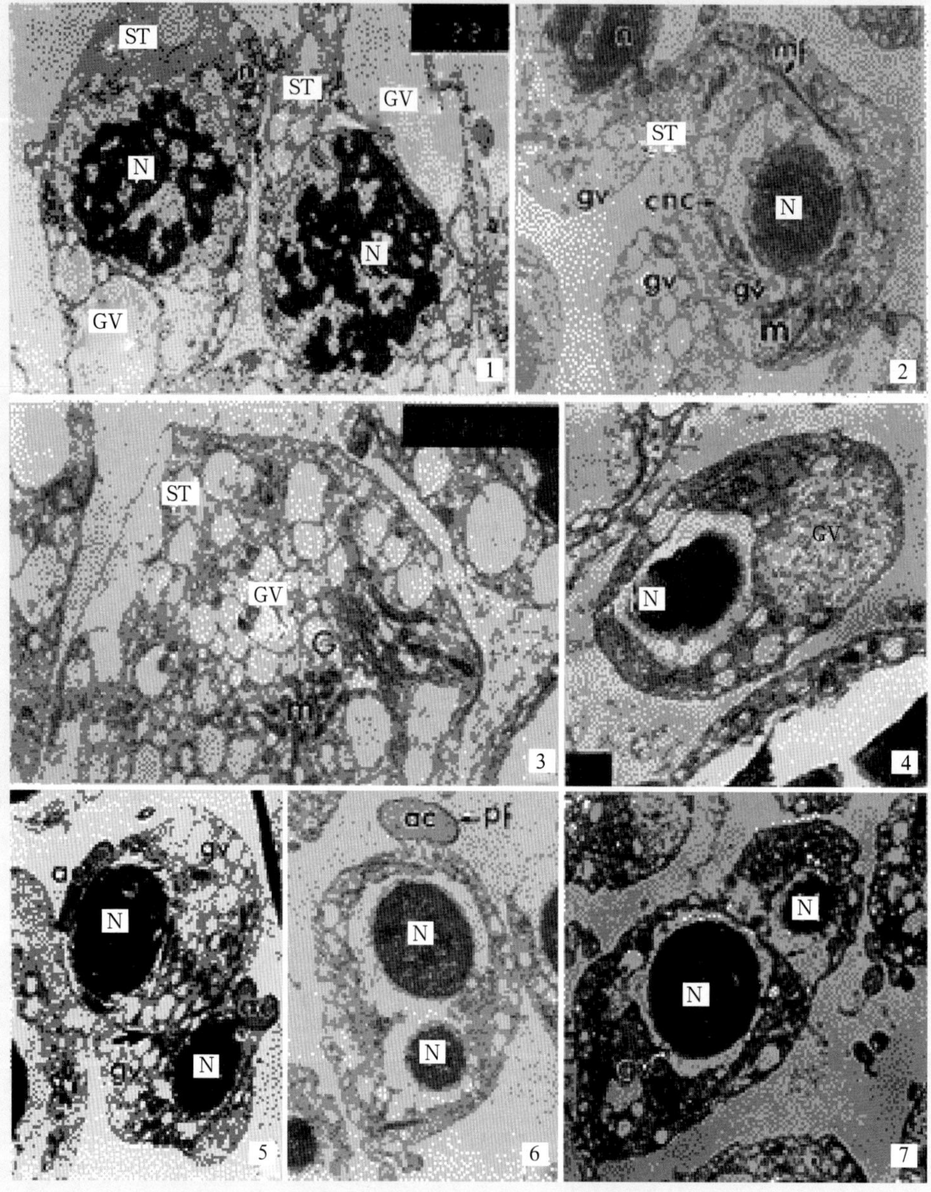

图 5-14　中国鲎精子形成电镜照片

1. 两个新形成的精子细胞，示核染色质呈网状分布，×72000
2. 精子细胞开始极化，核周腔加大，核顶部上方出现高尔基体—线粒体区，×10000
3. 精子细胞高尔基体—线粒体区高倍观，×10000
4. 蛋白质在早期精子细胞高尔基液泡中沉积，×10000
5. 合胞体中两个新形成的精子细胞，箭头所指为胞质桥，×7200
6. 一个正在经历胞质分裂的合胞体，箭头指胞质隔板的位置，×7300
7. 两个细胞核已被胞质隔板分开的合胞体，×7200

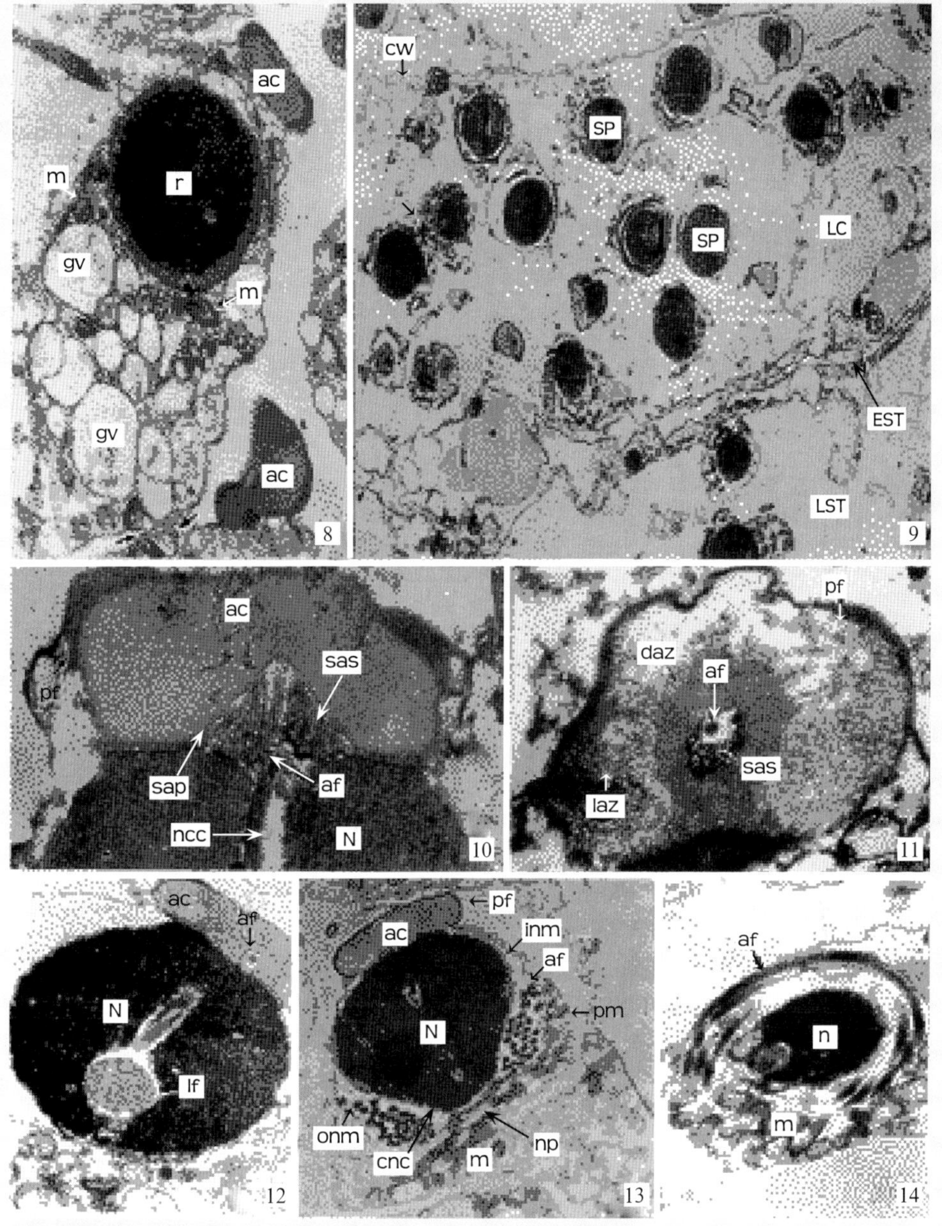

图 5-15　中国鲎精子形成电镜照片

8. 两个刚从合胞体分开的早期精子，其中一个细胞，胞质中的细胞器聚集在细胞的后端，随后大部分细胞质丢弃，× 15000

9. 一个靠近生精小管的精胞切面观，箭头指两个正从合胞体分开的精子，×3800

10. 精子纵切面观，示顶体包括顶体囊、亚顶体间隙、顶体外纤层及亚顶体板，×12000

11. 精子顶体长径切面观，示顶体的暗区和明区，×12000

12. 顶体纵切面观，示顶体、核中央通道、植入窝及通过核中央的顶体丝，×12000

13. 精子纵切面观，示位于核周腔中的顶体丝横断面，×10000

14. 精子横切面观，示绕核顶体丝螺旋的纵切面，×14000

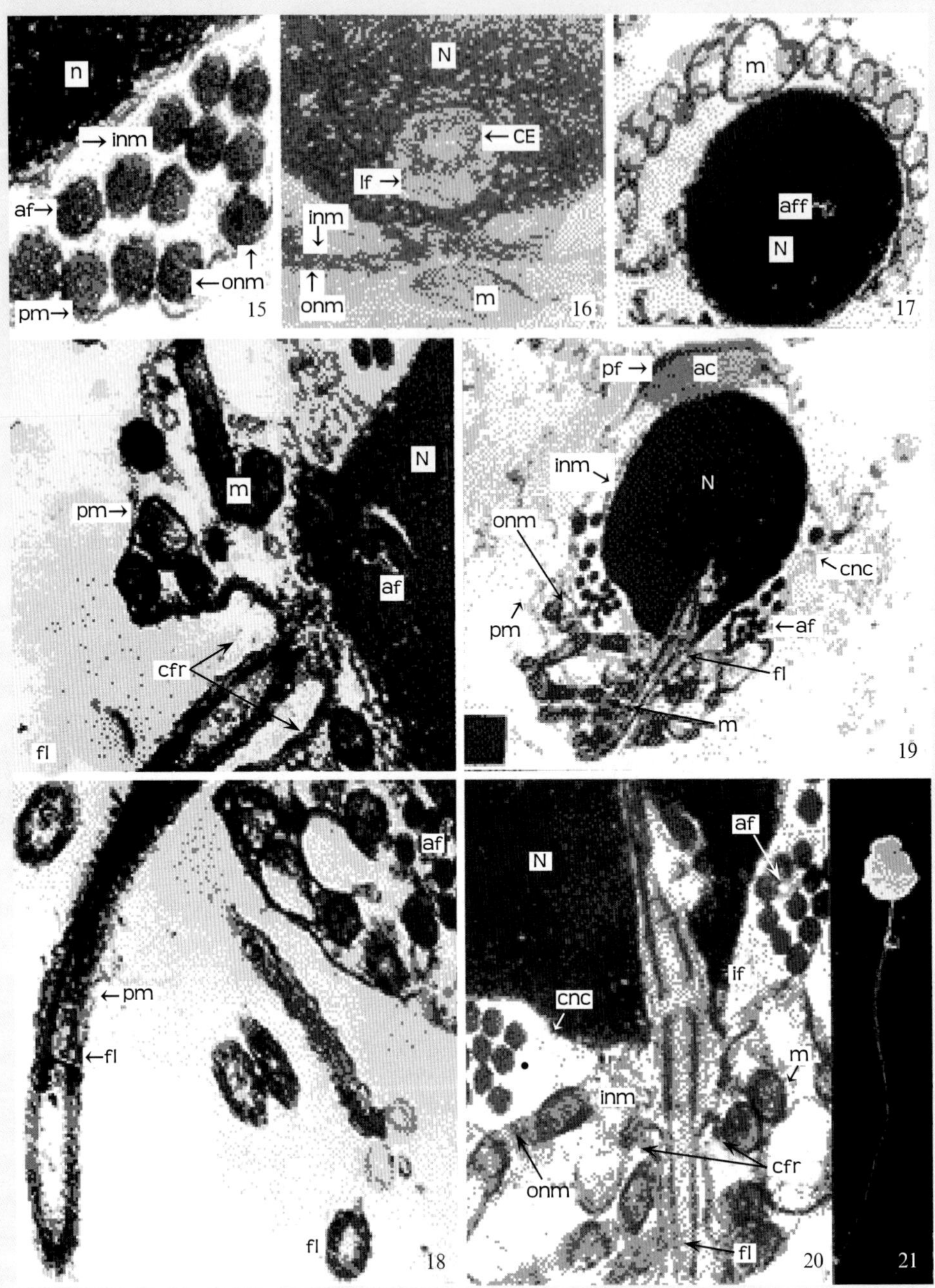

图 5-16　中国鲎精子形成电镜照片

15. 顶体丝横切面观，示顶体丝外由核外膜包被，×48000
16. 精子核后部观，示位于植入窝的中心粒，×48000
17. 精子核横切面观，示环绕核的线粒体形成串状，× 19000
18. 精子鞭毛纵切面观，示鞭毛外周隐窝及无中央微管的轴丝，×14000
19. 精子纵切面观，示包埋在植入窝后部的鞭毛基部呈锥体状以及隐窝的结构，×28000
20. 精子鞭毛外围隐窝的放大观，×36000
21. 扫描电镜精子整体观，× 5000

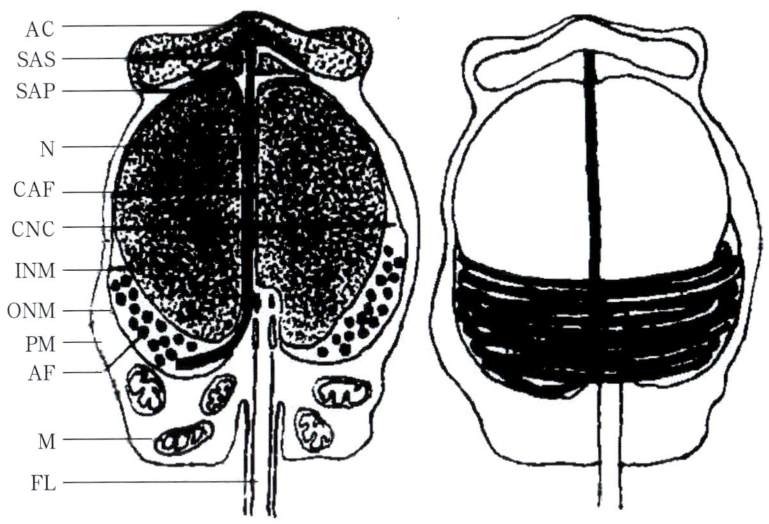

图 5-17 中国鲎成熟精子的模式图

缩写字母含义：

ac – acrosome（顶体）；af – acrosomal filament（顶体丝）；cnc – circumnuclear cisternae（核周腔）；ce – centriole（中心体）；cfr – circumflagellar resess（鞭毛外周隐窝）；cw – cyst wall（精胞壁）；daz – dense acrosomal zone（顶体暗区）；est – epithelium of seminiferous tubules（生精小管上皮）；fl – flagemellum（鞭毛）；G – Golgi body（高尔基体）；Gv – Golgi vacoles（高尔基液泡）；if – implantation fossa（植入窝）；inm – inner nuclear membrane（内核膜）；laz – light acrosomal zone（顶体明区）；lc – lumen of cyst（精胞腔）；lst – lumen of seminiferous tubules（生精小管）；m – microchondria（线粒体）；mf – microfilament（微丝）；n – nucleus（细胞核）；ncc – nucleus central channel（核中心通道）；np – nuclear pore（核孔）；onm – outer nuclear membrane（外核膜）；pf – periacrosomal filament（外顶体丝）；pm – plasma membrane（质膜）；sap – subacrosomal plate（亚顶体间隙）；sp – spermatozoon（精子）；st – spermatid（精子细胞）

※ 参考文献（References）

洪水根 . 动物显微技术学 . 厦门大学出版社，1989.

洪水根，孙涛，倪子锦，薛茹 . 中国鲎精子发生的研究：Ⅰ精子的发生过程 . ***动物学报***，1995，41(4)：393～399.

洪水根，吴仲庆 . 中国鲎（*Tachypleus tridentatus* Leach）的电刺激催产 . ***福建水产***，1985，3：24～25.

洪水根，汪德耀．中国鲎卵膜发生的研究．***厦门大学学报（自然科学版）***，1986，25(2)：233～238.

洪水根，汪德耀．鲎的卵黄发生．***海洋与湖沼***，1987，18(3)：286～290.

洪水根，汪德耀．中国鲎卵子发生的细胞学研究．***海洋学报***，1988，10(5)：596～601.

邱嵘，洪水根，汪德耀．中国鲎胚胎被膜的扫描电镜研究．***厦门大学学报（自然科学版）***，1998，39(2)：222～226.

夏传武，洪水根，虢华珊．中国鲎卵黄发生的电子显微镜研究．***华中师范大学学报（自然科学版）***，1998，32(2)：215～218。

Dumont，J. N.，Anderson，E. Vitellogenesis in the horseshoe crab，*Limulus polyphemus. J.Microscopie*，1967，6：791～806.

Hong，S.G.，Huang，Q. Studies on spermatogenesis in *Tachypleus tridentatus*：II.The spermiogenesis. *Acta Zoologica Sinica*，1999，45(3)：252～259.

Sekiguchi，K. Biology of Horseshoe Crabs. 1988，Science House Co.，Ltd. Tokyo.

第六章 鲎胚胎发育（EMBRYO DEVELOPMENT）

/ 第一节 / 鲎受精作用（Fertilization）

如前所述，鲎精子属于典型的有鞭毛精子类型，鲎卵具有厚而坚韧的卵壳。当它们受精时，经历了顶体反应（acrosomal reaction）。根据 Andre（1963）报道，鲎受精的顶体反应分 2 种类型：一种是真反应（true reaction），另一种是假反应（false reaction）。真反应是轴丝（axial rod）解开，突出穿过破裂的顶体帽；而假反应是轴丝后端未解开，而是从精子中部和头部侧面突出来。

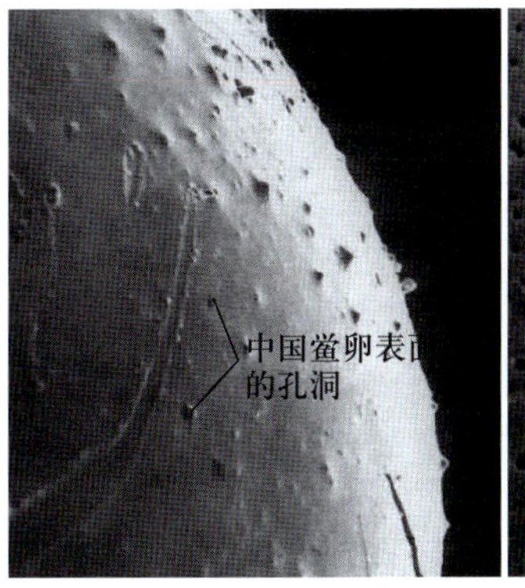

图 6-1　中国鲎（左）与美洲鲎卵表面构造比较
×800（左），×1800（右）

与美洲鲎不同，中国鲎卵子表面只有为数不多的孔洞，而美洲鲎卵表面布满大小不同、数目众多的孔洞（图 6-1）。这也与王军（2001）观察到中国鲎卵壳上有许多大小不同的微孔的报道不同。根据电镜初步观察，中国鲎受精时，精子附着在卵表面，然后通过卵表面的孔洞入卵。受精后，卵表面出现许多凹凸不平的突起，形成受精膜，它可能是阻止其他精子入卵的一种机制（图 6-2，图 6-3）。

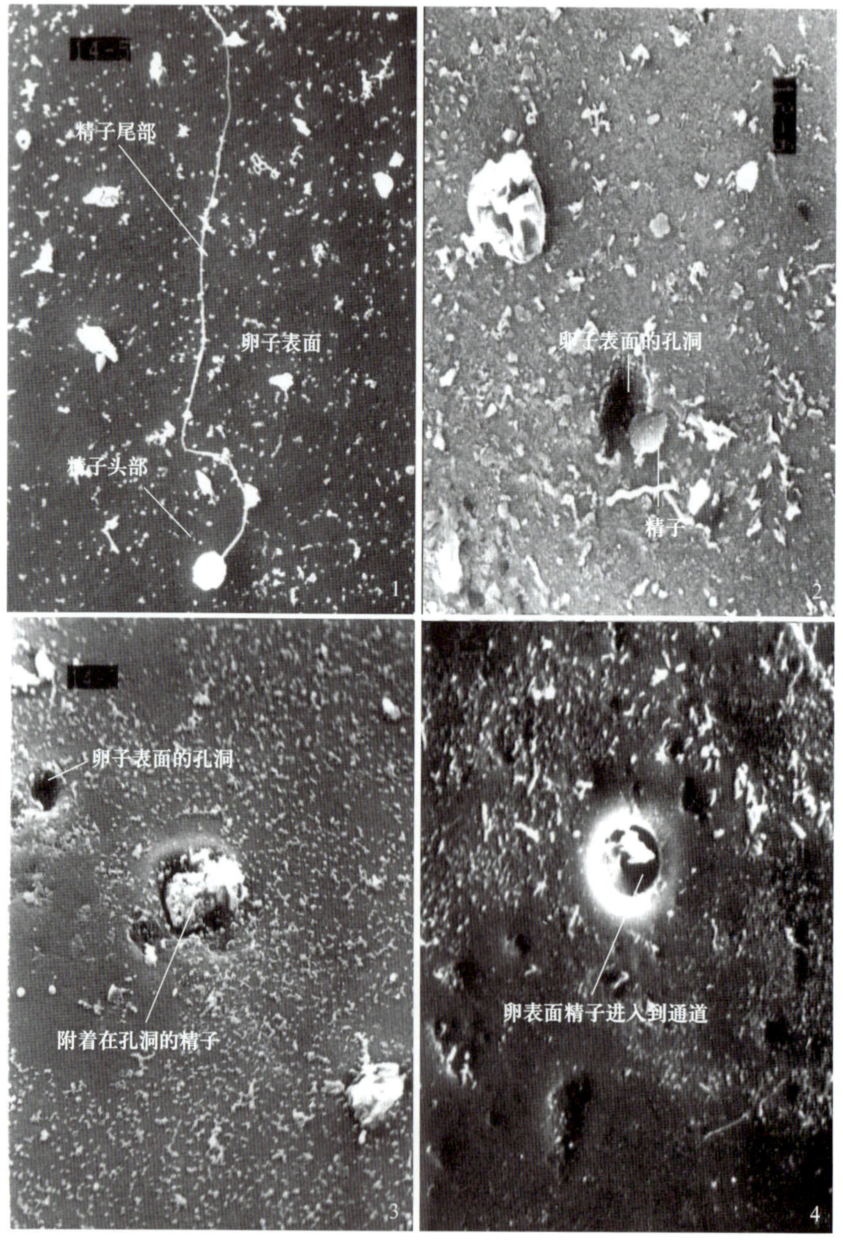

图 6-2　中国鲎受精电镜照片，×3000

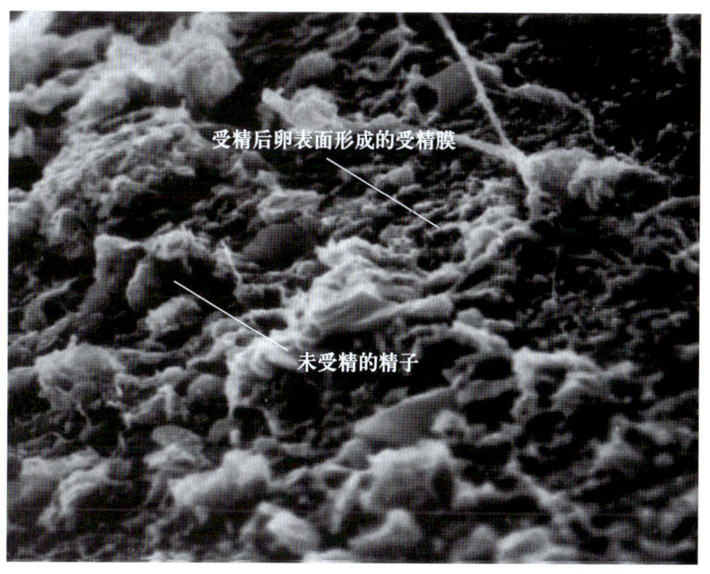

图 6-3　中国鲎卵子受精后表面形成的受精膜，×6000

根据 Shoger 和 Brawn(1970) 的研究，美洲鲎受精时，顶体丝会穿过破裂的顶体帽射出，通过卵表面的孔洞进入卵子（图 6-4)。

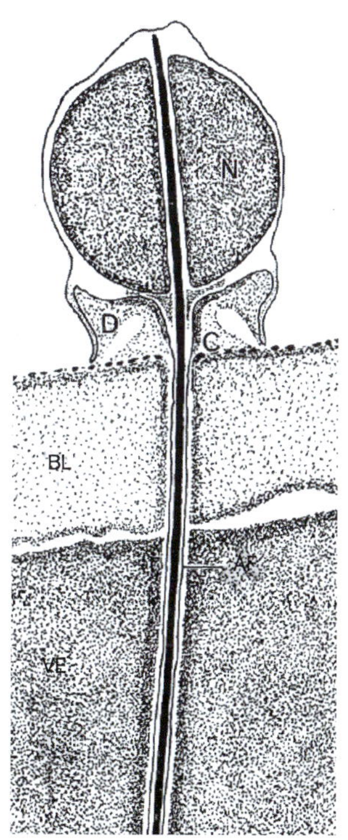

图 6-4　鲎精卵相互作用初始阶段示意图

AF－顶体丝（轴丝和顶体膜）
C－附着在卵表面的锥体状的物质
D－与顶体膜紧密结合的致密物质
BL－基膜
N－精子细胞核
VE－卵黄膜

/ 第二节 /

中国鲎胚胎发育（Embryonic development）

一、中国鲎早期胚胎发育形态学变化（Morphological changes of early embryonic development）

由于鲎卵子的卵壳（chorion）厚而坚韧，卵子属中黄卵，含大量卵黄，其胚胎组织很难被充分固定和渗透，因而给石蜡切片造成很大困难。至今仍未见鲎胚胎发育组织学和细胞学研究的详细报道。Sekiguchi(1973）以及Brown 和 Clapper(1981）分别详细报道用中性红（neutral red）进行活体染色(living staining）结合电影摄影术研究东方鲎（即中国鲎）和美洲鲎胚胎发育的过程。但他们都是在卵壳去掉的情况，观察其发育过程。本节仅介绍中国鲎受精卵正常状态下胚胎发育过程形态学变化。

中国鲎受精之后，受精卵开始发育。鲎早期胚胎发育过程经历以下几个阶段。

（一）卵裂期（Stage of cleavage）

鲎卵含有大量卵黄，阻止分裂沟将卵子完全分开，其卵裂属于不完全卵裂（meroblastic cleavage）的表面卵裂（superficial cleavage）方式，卵裂在卵子表层细胞质较多的地方进行。

精卵融合后，受精卵快速分裂，而不伴随体积和物质的增加，细胞的数目越来越多。受精后 1～2 天内，可见 70%～80% 的卵进入了卵裂期。由于发育速度不一致，在受精后第 2 天，可观察到多种卵裂相：部分受精卵的一极出现小浅沟，并逐渐延伸加深，因而在卵表面出现各种相互交错纵横不规则的沟纹（图 6-5）。这是受精卵中卵黄块重排的表现。由于卵壳不透明，未能

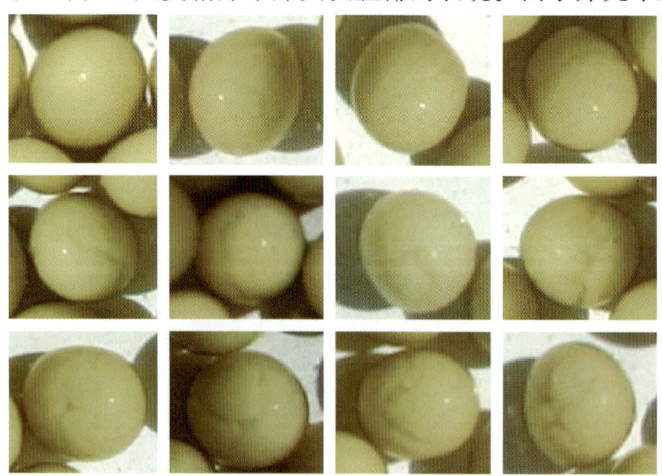

图 6-5　中国鲎胚胎发育卵裂期卵表面的变化，×6

像用中性红活体染色看到细胞核分裂，只能看到的卵表面凹陷出现的沟渠纹路。Brown 和 Clapper(1980，1981) 以及 Bannon 和 Brown(1980) 认为，凹陷是作为受精的一种伴随的现象，因而称之为“皮质反应”(cortical reaction)。Sekiguchi 由二台电影摄影机同步记录图像显示，受精卵从凹陷到沟纹的形成同样的变化也在未受精卵中发生，只不过发育过程在未受精卵中的速度比受精卵中的来得慢。

很明显，不规则的卵黄块的形成与卵裂并无直接的联系，因为卵表面核的形成是一个独立的现象。但是，作为这个现象却是非常独特的，因此称之为“假卵裂”(pseudocleavage)。

（二）囊胚期（Blastula stage）

随着鲎卵表面卵裂沟的增加，可以观察到整个卵表面出现规律的卵裂沟，有的是 2 等分，有的 4 等分、8 等分、16 等分、32 等分等等，最后整个卵像一个桑葚球（图 6-6）。这个阶段大约发生在受精后第 2 天至第 4 天内。

在囊胚期阶段，周围有一层分裂球包在一团实体的卵黄外面，没有囊胚腔（blastocoel）。因此，鲎的囊胚属于表面囊胚（superficial blastula）。

图 6-6　中国鲎胚胎发育囊胚期卵表面的变化，×6

（三）原肠胚期（Gastrula stage）

一切多细胞动物，继囊胚之后，随着出现一个双胚层的胚体，这个胚体称为原肠胚（gastrula）。它的外层叫外胚层（ectoderm），内层叫内胚层（endoderm）。这种形成内外胚层的过程，称为原肠作用（gastrulation）。

大约在受精后第 4 天，鲎受精卵开始进入原肠形成阶段。与囊胚期卵表面凹凸不平形成美丽的桑葚球不同，这个时期卵表面重新变得光滑平整。在卵的一端出现内陷，随着发育，内陷逐渐加深，最后形成像一个瘪扁的皮球(图 6-7)。

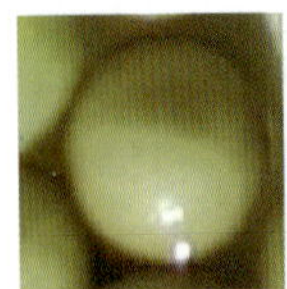
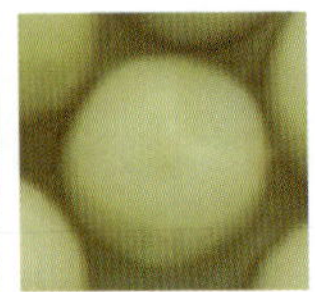

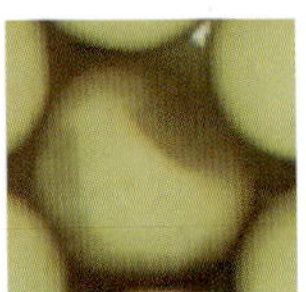

图 6-7　中国鲎胚胎发育原肠胚期的形成，×6

从原肠作用起始到原肠胚形成是鲎胚胎发育中一个重要的阶段。在囊胚期阶段，囊胚基本上是一些构造相类似或略有差别的细胞集合在一起，代谢作用也很单纯。原肠胚之后，就有明显变化。各种细胞已经初步特化，出现胚层分化，形成外胚层、内胚层和中胚层，它们是将来形成各种组织和器官的物质基础或原基（anlage)。

（四）胚锥的形成（Formation of blastocone）

在受精后第 5 天左右，受精卵表面会出现细小的突起。随着发育，突起逐渐变为锥形的胚锥（blastocone）或称为胚极（embryonic pole)(图 6-8)。这是连接未来胚胎的头部和尾部的轴线。

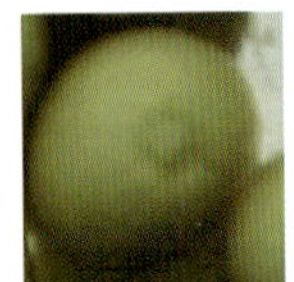

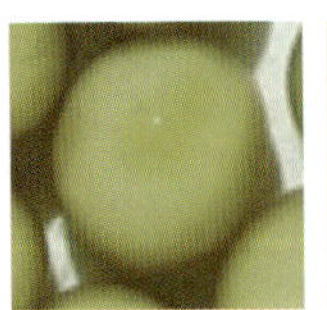
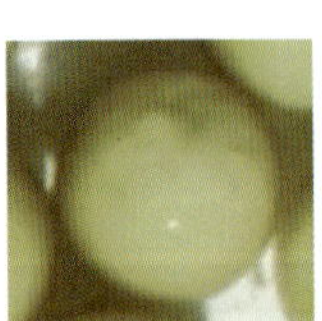

图 6-8　鲎胚胎发育中胚锥的形成，×6

（五）胚孔的形成（Formation of blastopore）

受精后第 6 天，受精卵表面出现圆点状的凹陷，随后凹陷逐渐加深，形成一个深窝，这就是胚孔（图 6-9)。

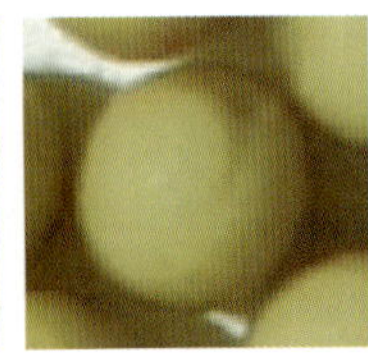
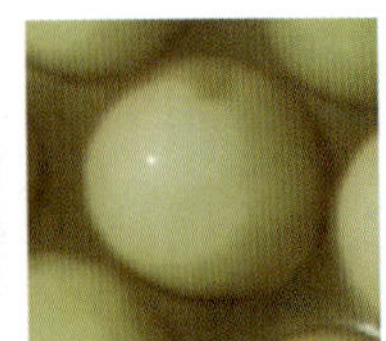
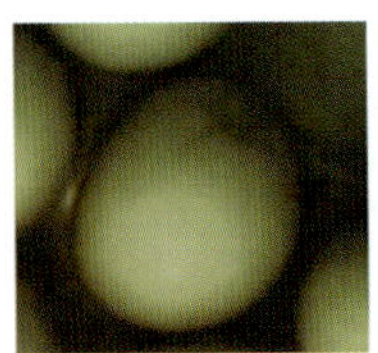

图 6-9　鲎胚胎发育中胚孔的形成，×6

（六）胚盘形成期（Appearance of germ disk）

受精后第 7 天，受精卵又重新恢复圆球的形状，随后，在卵表面出现一个圆盘状的结构，中央往往有一个凹陷。这就是早期的胚盘（germ disk）(图 6-10)。

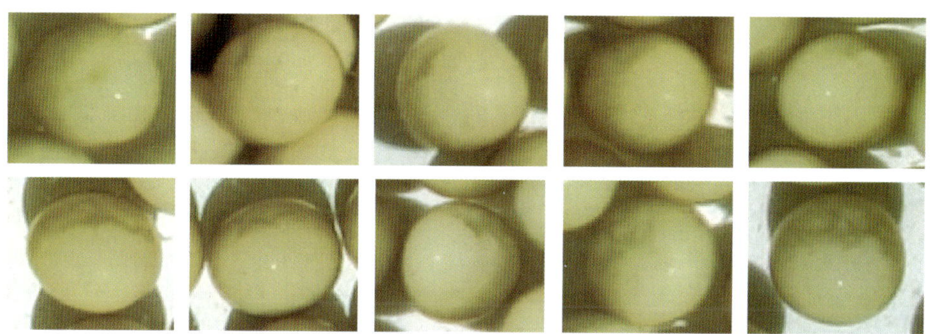

图 6-10　中国鲎胚胎发育胚盘的形成，×6

（七）胚带形成（Formation of germ band）

受精后第 8 天，在受精卵的背部出现隆起，慢慢延长扩大，逐渐形成一条胚带（图 6-11）。此为胚胎发育的区域。

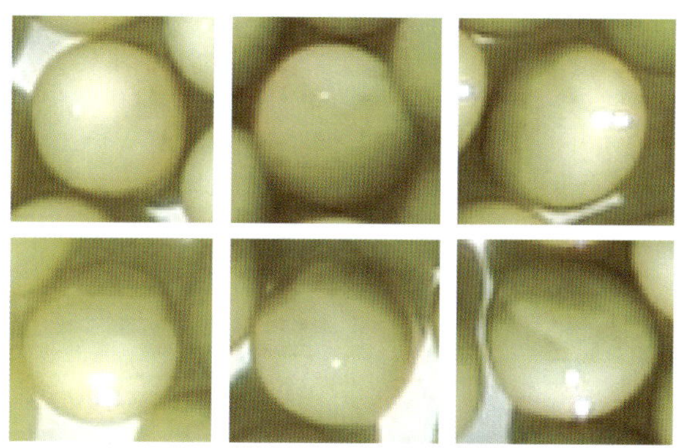

图 6-11　中国鲎胚胎发育胚带的形成，×6

（八）胚嵴的形成（Formation of embryonic ridge）

在受精后第 9 天，在受精卵的顶端，出现中间稍向内凹陷小的圆形突起，随后突起内陷延长成一条线，在线的两侧逐渐隆起并围成一端开口的 U 形嵴

（图 6-12）。它是日后胚胎体节和附肢形成的原基。

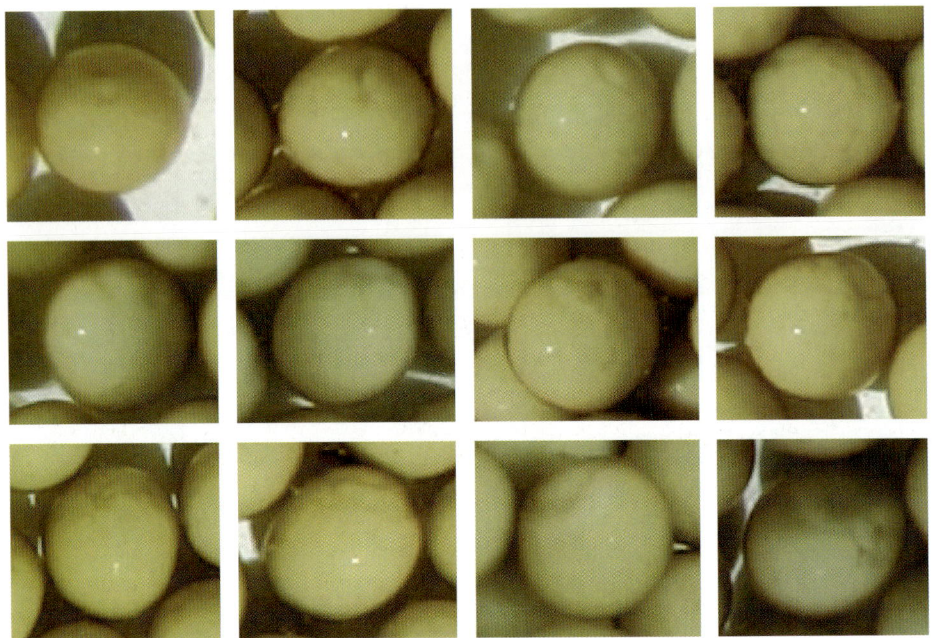

图 6-12　中国鲎胚胎发育胚嵴的形成，×6

（九）细胞组织分化和三叶虫胚体形成期（Formation for cell and tissue differentiation and trilobitc embryoid）

鲎早期胚胎发育的明显特点是从受精后第 4 天后，受精卵表面出现褐色与淡黄色相间的斑点纹路。起初，斑块只在受精卵表面局部出现，随后斑块逐渐不规则地弥散开来。这是鲎卵受精后细胞及组织在卵黄粒之间移动变化的反映。这种变化一直持续到壳卵破裂之前。在受精后 26 天左右，可以在受精卵表面观察到一个形似鹰隼的三叶幼虫的鲎胚体的雏形。随后，受精卵表面从原来鹅黄色逐渐加深、变暗转而变为深褐色。这表明，这个时期鲎三叶虫胚体雏形基本形成（图 6-13）。

（十）卵壳脱落期（Stage of chorion spalling）

大约受精后第 27 天，受精卵卵壳颜色逐渐加深，变为深的褐色，卵壳开始出现裂缝，直至最后完全脱落，受精卵由新形成的晶莹剔透胚膜所包围。这时，受精卵的体积也增长 1 倍（图 6-14）。

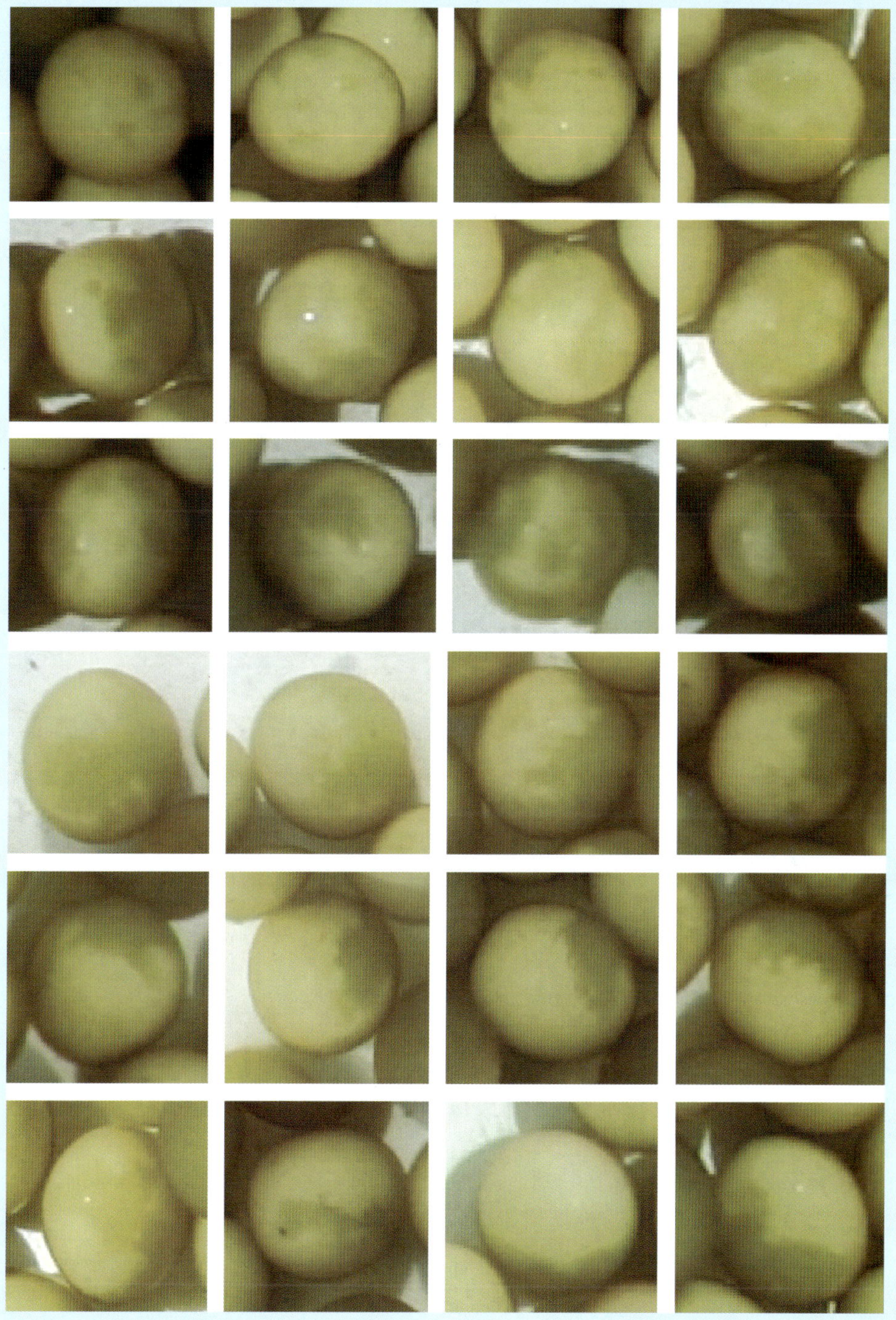

图 6-13　细胞组织分化和三叶虫胚体形成期鲎受精卵形态变化，×6

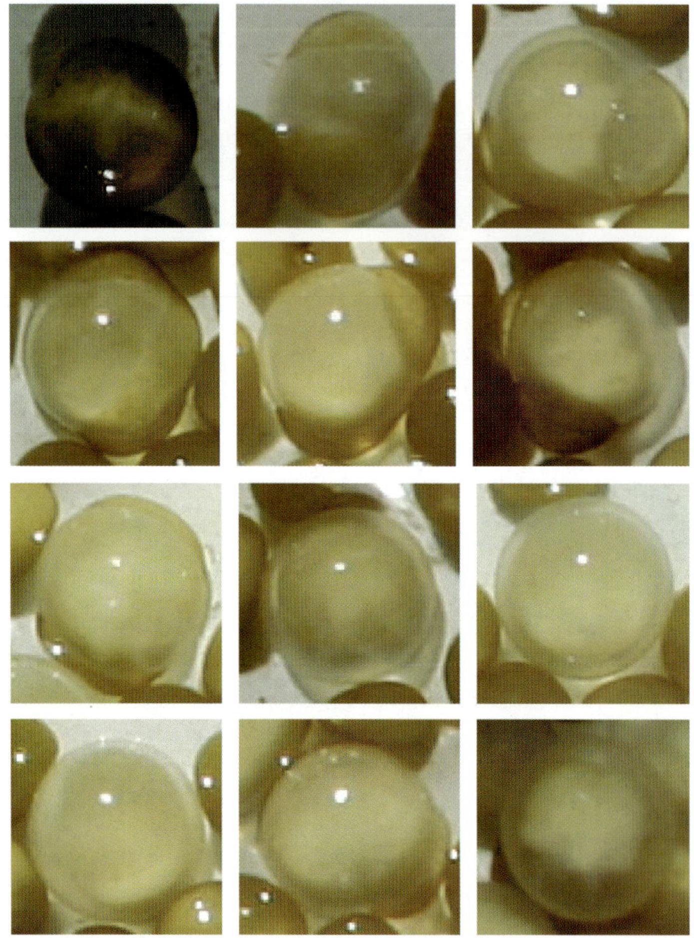
图 6-14　卵壳脱落前后鲎胚体的变化，×5

（十一）蜕皮（Molt）

1. 第 1 次蜕皮（The first molt）

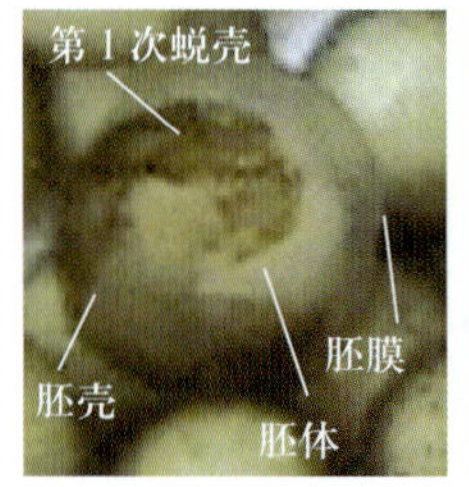

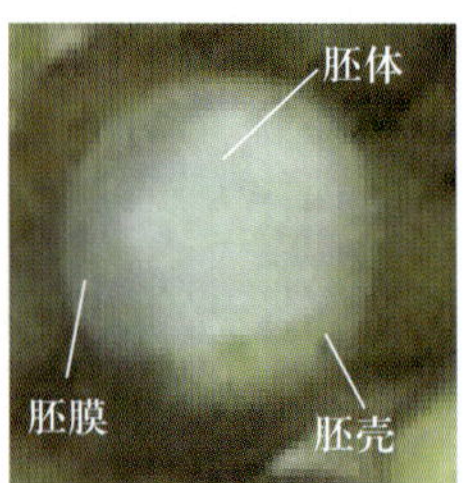

图 6-15　鲎胚胎发育中第 1 次蜕皮，×5

大约受精后 23 天，第 1 次胚胎蜕皮发生在内卵膜里面的卵周腔，内卵膜是由胚层细胞分泌的物质形成的。这次蜕皮仅发生在胚区。当蜕完皮后，第 1 次蜕下皮（exuviae）黏附在内卵膜的胚区。但蜕皮不久，在卵周液中很难找到蜕下皮，因蜕皮后，胚胎从内卵膜分离，在卵周液中自由转动，因此蜕下的皮被分散开了。蜕皮后，胚胎前体部的附肢比蜕皮前来得长，第 1 至第 5 附肢顶端变为双叉型的。第 6 附肢变成尖状。侧器变成卵圆形，从边缘带分离开来并移至胚胎一侧（图 6-15）。

2. **第 2 次蜕皮**（The second molt）

第 2 次胚胎蜕皮发生在第 1 次胚胎蜕皮后的 3～4 天（图 6-16）。这次蜕皮起先是从身体前缘带朝后缘带松落，而在靠近胚区后端后体部的背部结束。蜕下的皮在蜕皮后仍然粘在后体部的背部。胚胎现在呈半球形，腹部为切面。前体部附肢加长，后体部的附肢至少有 2 对叶片状突起可以辨认。原口位于第 1 前体部附肢——螯肢之间。身体侧面的体节进一步发展，收缩变得更为明显。后体部向后突起像一个小的窄窄的突出物，肛门出现在其后腹侧。侧器移至胚胎侧面。在这阶段结束时，胚胎的后体部区域向后延长。作为内卵膜膨胀的结果，卵壳的破裂几乎与第 2 次胚胎蜕皮同时发生。因此，卵壳破裂是判断胚胎是否达到第 2 次蜕皮的一个重要指标，虽然这 2 个发育阶段并非总是同时发生。破裂的卵壳从未在这个阶段脱掉（peel off），它粘到内卵膜直到第 3 次胚胎蜕皮。

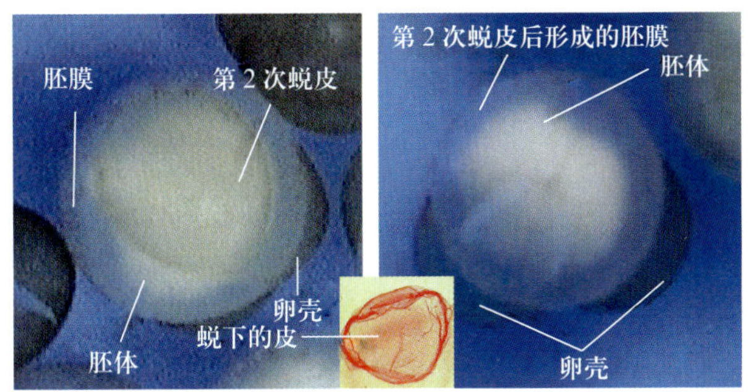

图 6-16　鲎胚胎发育中第 2 次蜕皮，×5

3. **第 3 次蜕皮**（The third molt）

第 3 次蜕皮大约发生在受精后 30 天以及在第 2 次蜕皮约 7 天之后。这次蜕皮开始时，前体部的角质层沿前缘破裂，然后背部和腹部的角质层（或称为蜕皮）分别沿背侧和腹侧剥落。蜕掉的皮被丢弃时，背部和腹部的角质层在后体部相连而没有分开。第 2 次蜕的皮附着到后体部的背面，仿佛它是第 3 次蜕的皮的一部分和第 3 次蜕下的皮一同脱落。这些蜕下的皮都包含在胚胎的卵周液中，直到孵化才丢弃。这一阶段胚胎的明显特征是前体部的附肢明显延长，前体部加宽，后体部生长。从背部观，前体部像一个半圆形，而后

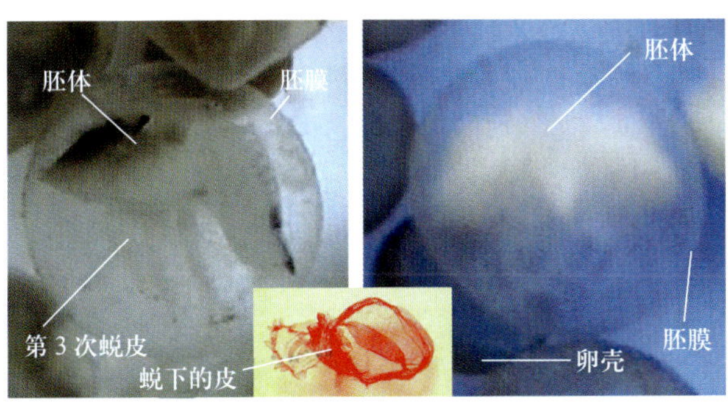

图 6-17　鲎胚胎发育中第 3 次蜕皮，×6

体部几乎像一个长方形。原口移至第 3 前体附肢的基节的水平（图 6-17）。胚胎在卵外周腔主动地旋转，进而借助于内卵膜的膨胀而伸长。这阶段是中国鲎发育过程中胚胎旋转最活跃的时期。

4. 第 4 次蜕皮（The fourth molt）

第 4 次也是最后一次胚胎蜕皮，发生在受精后 5 周。身体变平，前体部和后体部伸长是这一阶段的特征，特别是后体部变得几乎与前体部一样大小（图 6-18）。胚胎仍然是在卵周液中，它变得弯曲但并不积极旋转，特别在前体部的前侧缘及鳃盖板的后缘长有许多长毛。第 4 次蜕下的皮与第 2 次和第 3 次蜕皮脱下的皮一起飘浮在卵周液中。

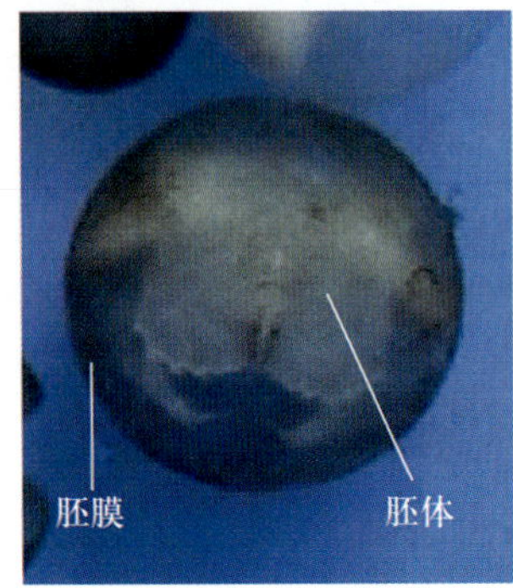

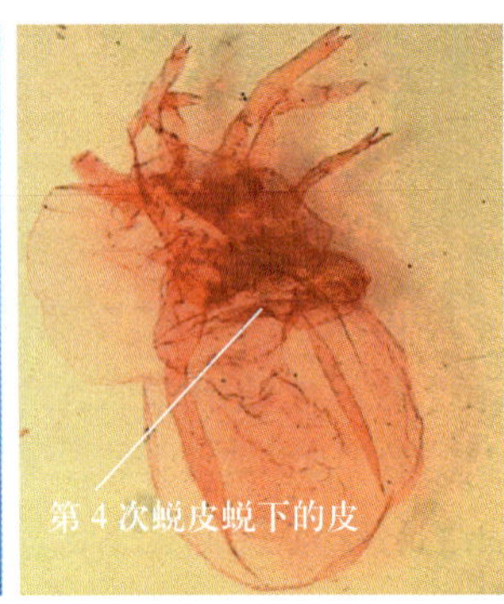

图 6-18　鲎胚胎发育中第 4 次蜕皮，×6

（十二）附肢、器官形成期（Formation of appendages and organs）

自三叶虫胚体形成卵壳破裂脱落后，鲎胚胎发育进入附肢、口器及各种器官系统形成的阶段。这个时期大约经历 20～25 天左右（图 6-19）。

在这个阶段，胚体可以在透明的胚膜中的胚胎液中自由翻转运动。

（十三）孵化（Hatching）

在第 4 次蜕皮后 7 至 10 天，胚胎孵化成游泳幼体，即 1 龄幼体（first larvae）或称为三叶幼体（trilobite larvae）(图 6-20)。这样，当室温在海水中培育，中国鲎卵一般需要 45～50 天或更长的时间才能孵化成幼体。

但鲎胚胎发育个体差别很大，有的受精卵发育会停滞很长时间，两者相差数周，甚至数月。有的受精卵已经孵化形成自由游动的 1 龄幼鲎，但有的受精卵仍停留在卵壳破裂阶段，随后再继续发育并也能孵化成为 1 龄幼鲎。因此，不同批次及不同季节实验的鲎胚胎发育时间及各期间隔时间会略有不同。鲎胚胎发育的滞育现象是发育生物学研究基因调控的一种很好的材料。

二、中国鲎畸形胚胎发育（Embryo abnormality）

在鲎的胚胎发育中，也观察到畸形胚胎的发育（图 6-22，图 6-23）。图 6-22 为一个类似人类连体胚胎，该畸形胚共有 1 个前体部，却有 2 个后体部。

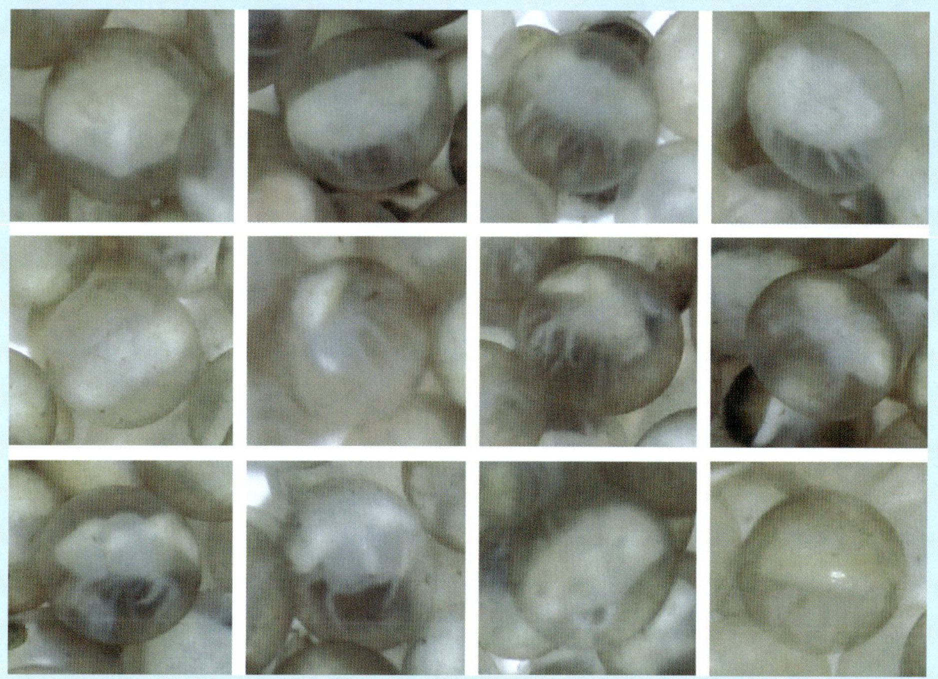

图 6-19　卵壳破裂脱落后，鲎胚体形成附肢、口器及各种器官系统的过程，×6

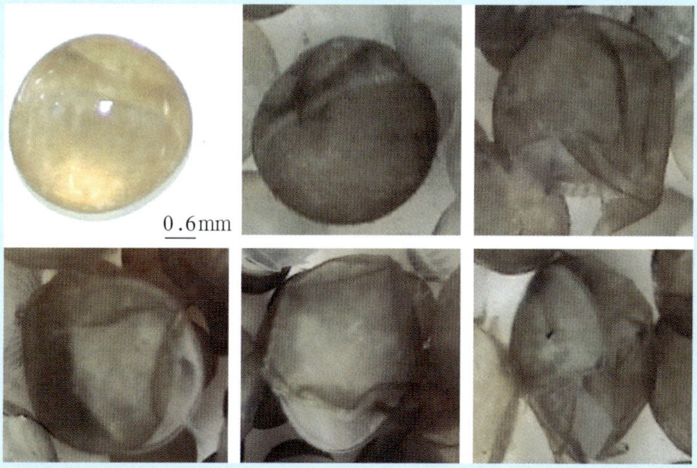

0.6mm

图 6-20　孵化前完成早期胚胎发育的胚体破膜过程

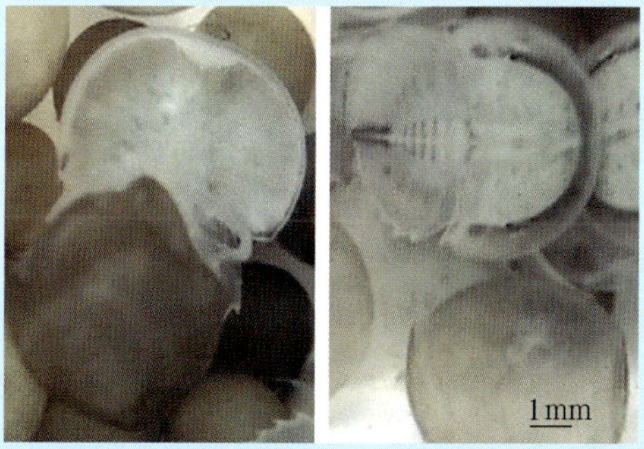

1mm

图 6-21　完成早期发育的幼体正在脱离胚膜发育为 1 龄幼鲎

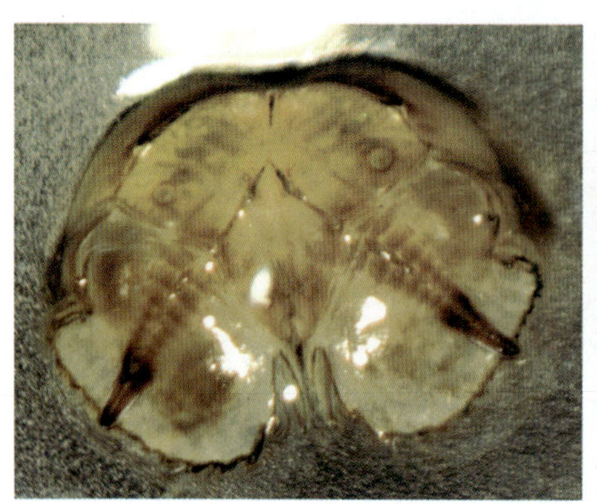
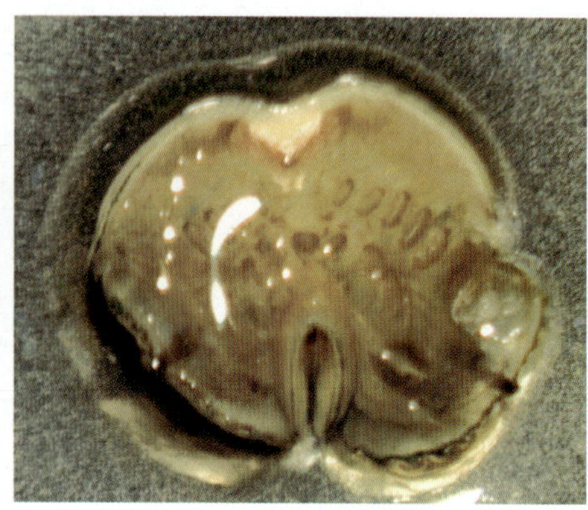

图 6-22　正在发育的鲎畸形胚胎（左为背面观，右为腹面观），×6

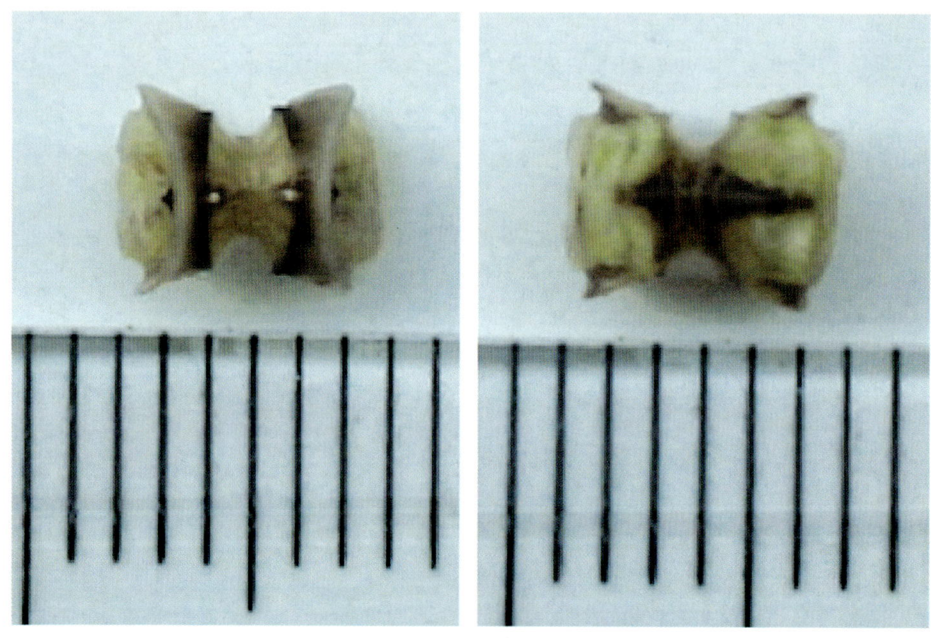

图 6-23　正在发育的鲎连体畸形胚胎（左为前体部观，右为后体部观）

标尺每小格为 1 mm

图 6-23 则是一个更为典型的鲎连体胚胎，两者都有完整独立的组织器官系统，只是在中间由组织将两者联在一起。鲎这种连体畸形胚胎发生的成因是发育生物学值得探讨的一种现象。

三、鲎的孤雌生殖（Parthenogenesis）

鲎胚胎发育有一个值得提出的现象就是未受精卵的发育。

根据 Sekiguchi 报道，中国鲎未受精卵发育进程不能超过浅沟形成。本实验室在 2010 年 8 月 1 日进行受精卵和未受精卵发育对照实验。结果发现，鲎未受精卵可以同步发育，与受精卵有相同的卵裂现象，并发育到“囊胚期”，而后甚至发育至卵壳脱落形成胚膜包围的三叶虫胚体，直至 2010 年 9 月 15 日孵化成 1 龄幼鲎（图 6-24，图 6-25）。这一现象说明中国鲎卵子的激活不一定需要精子的参与，海水可以解除卵子自身抑制，进入卵裂，而这跟许多的甲壳动物卵子激活相似。

图 6-24　中国鲎未受精卵胚胎发育实验

图 6-25　未受精卵经 55 天已孵化成为 1 龄幼鲎

这一现象也对许多学者将受精后几天内是否进入卵裂作为受精与否的标志来计算受精率的方法提出质疑。卵子不经精子的刺激而发育成子代的特殊的生殖方式，叫单性生殖或孤雌生殖、处女生殖。而从发育角度看，卵子不需受精而发育成新个体（或停顿在胚胎发育的早期）又可称为单性发育。目前对中国鲎的卵子单性发育机制还不清楚，有待进一步的研究，以便更好地控制中国鲎的人工授精育苗。

/ 第三节 /
中国鲎的胚后发育（Post-embryonic development）

1 龄幼鲎孵出后，在适合的条件下蜕皮发育成长为 2 龄幼鲎（图 6-26）。1 龄幼鲎发育成为 2 龄的时间，差别很大。在温度 30℃时，它大概 2～3 周就可以蜕皮成为 2 龄幼鲎。如果温度低于 25℃，1 龄幼鲎一直保持不能蜕皮，甚至直到第 2 年水温升高时才蜕皮，时间间隔长达 5 个月。这期间，幼鲎也无需喂养仍能存活。虽然 1 龄幼鲎可以依靠鲎卵卵黄供应养分，但这样长的时间，幼体能够存活，而且当温度适合，又能蜕皮发育为 2 龄幼鲎，这不能不令人赞叹其高度的耐饥能力。鲎从幼体就具有这样惊人的耐饥能力是否也是鲎能经历 4 亿多年沧海桑田变化而保持不变、延绵至今的因素之一。

随后，鲎每蜕 1 次皮，身体就生长 1 次。每蜕 1 次皮，鲎就增加 1 龄。鲎从 1 龄幼体到性成熟，大约要蜕 15～16 次皮（图 6-27，图 6-28，图 6-29 图 6-30，表 6-1）。

图 6-26　1 龄幼鲎蜕皮发育成为 2 龄幼鲎

表 6-1　中国鲎发育过程不同鲎龄头胸甲宽度的比较（mm）

鲎龄	1	2	3	4	5	6	7	8	9	10	11	12	13	14	15	16	成体	
头胸甲宽度	6.0	7.8	11.0	13.3	17.5	22.2	26.0	33.0	42.7	53	69.0	74.0	85.0	97.0	?	?	♀	300.0
																	♂	240.0

？示未找出实体鲎

以下图 6-31 至图 6-44 是利用霍兰德 - 波恩固定液（Hollande Bouin fixative）固定中国鲎受精卵，观察其胚胎发育到 2 龄幼鲎过程中形态变化，以供参考对比。

图 6-27　正在蜕皮的 9 龄幼鲎

图 6-28　幼鲎发育的不同阶段（背面观）

图 6-29　幼鲎发育的不同阶段（腹面观）

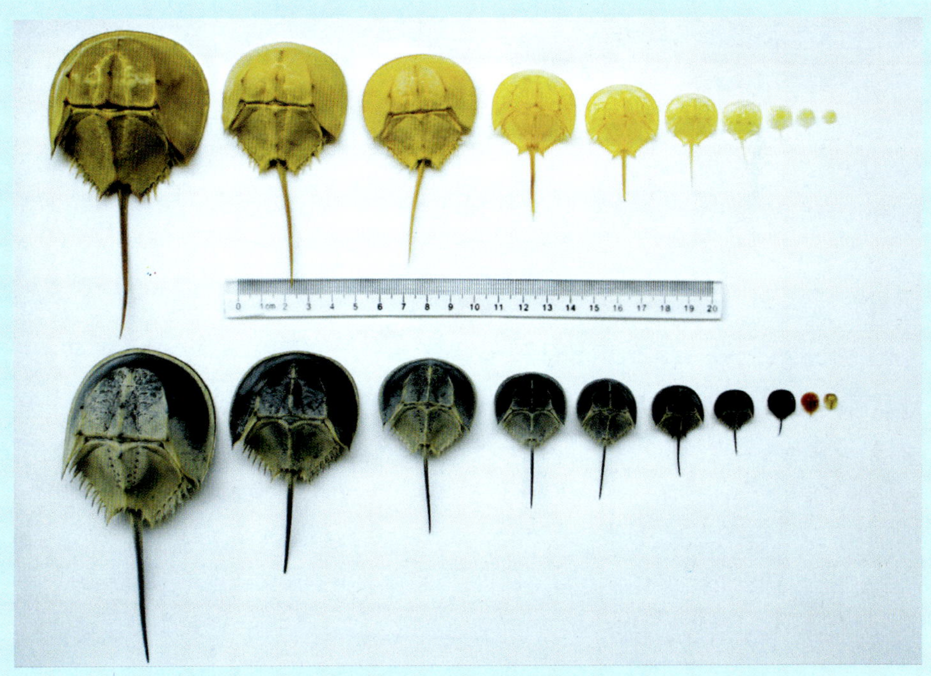

图 6-30　幼鲎（下）发育的不同阶段与其蜕下的皮（上）对照图

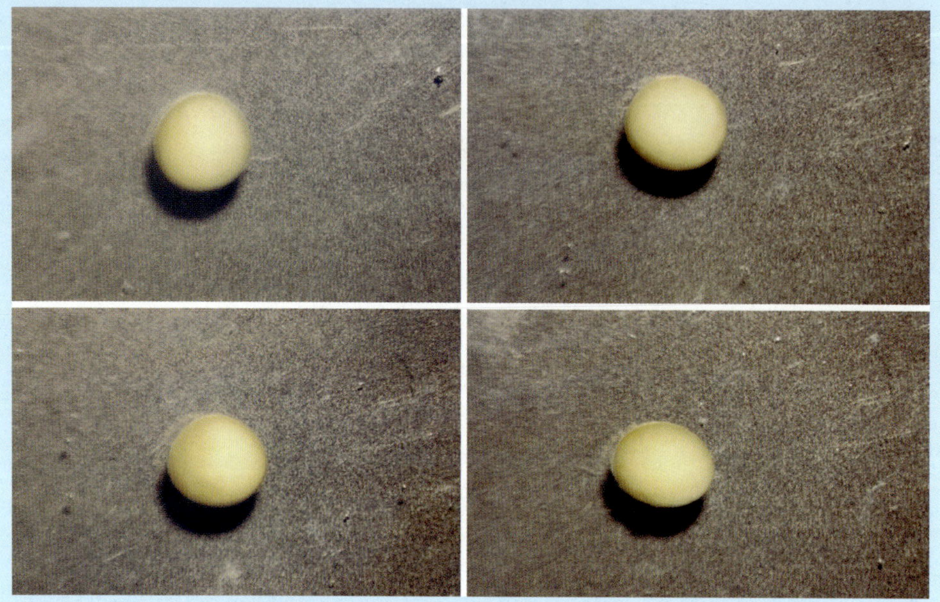

图 6-31　中国鲎受精 1～4 d 胚胎发育，×6(至图 6-43 放大倍数相同)

图 6-32　中国鲎受精 5～8 d 胚胎发育

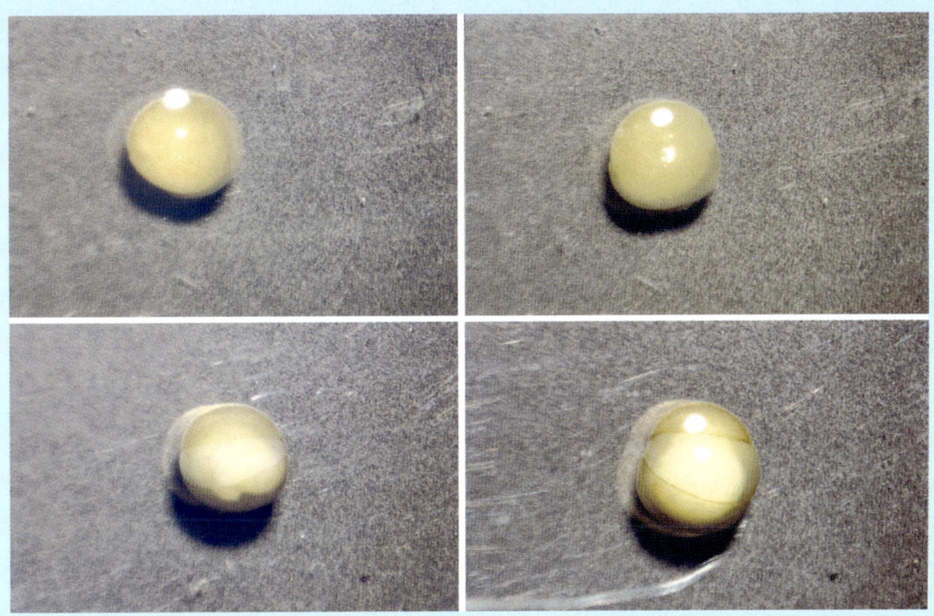

图 6-33　中国鲎受精 9～12 d 胚胎发育，胚锥及胚嵴形成，卵壳正在破裂脱落

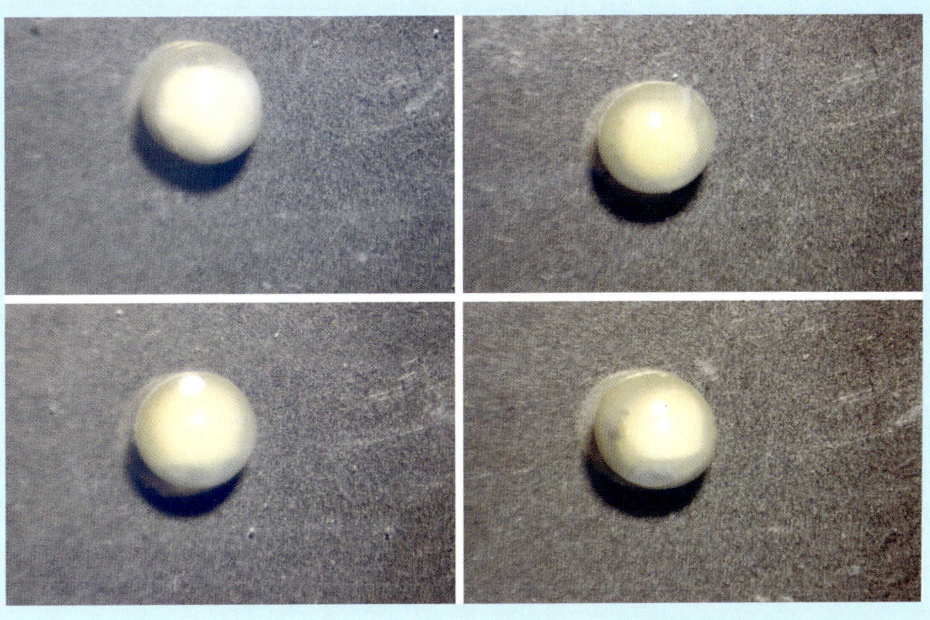

图 6-34　中国鲎受精 13～16 d 胚胎发育，胚体正在新形成的胚膜中发育

图 6-35　中国鲎受精 17～20 d 胚胎发育，三叶虫胚体已经形成

图 6-36　中国鲎受精 21～24 d 胚胎发育，胚体的器官正在形成

图 6-37　中国鲎受精 25～28 d 胚胎发育，胚体继续在胚膜中发育

图 6-38　中国鲎受精 29～32 d 胚胎发育，胚体继续在胚膜中发育

图 6-39　中国鲎受精 33～36 d 胚胎发育，胚体完成在胚膜中发育

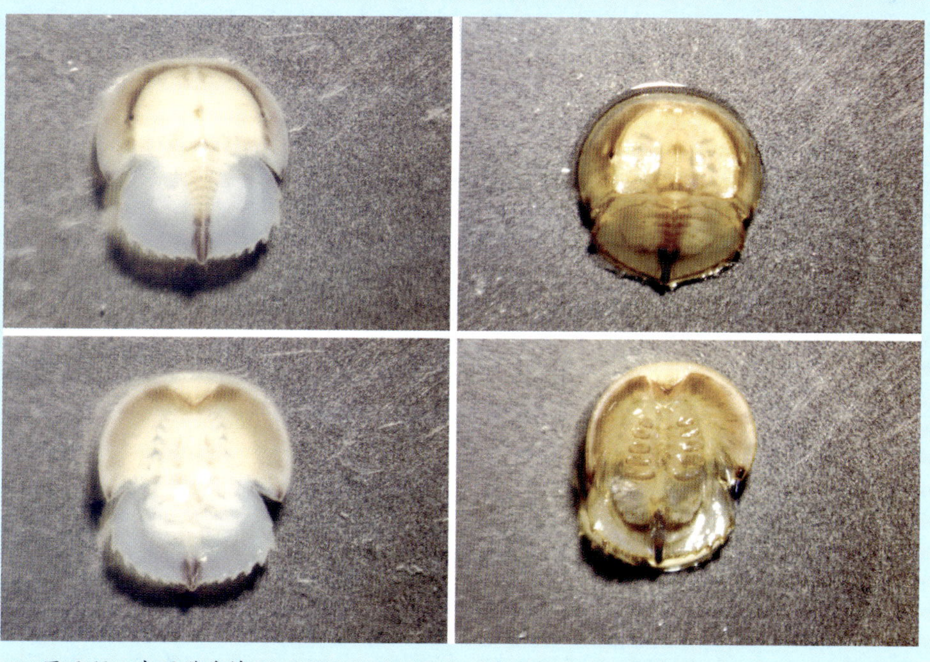

图 6-40　中国鲎受精 34～40 d 胚胎发育，胚体完成第 4 次蜕皮刚孵化出的 1 龄幼鲎

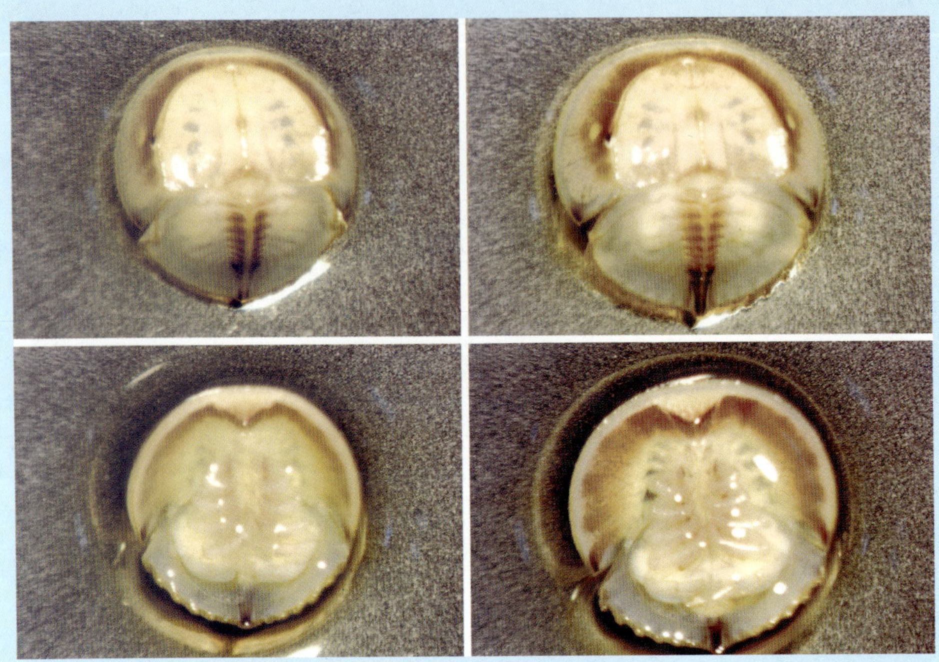

图 6-41　中国鲎受精 41～45 d 胚胎发育，完成早期胚胎发育的 1 龄幼鲎

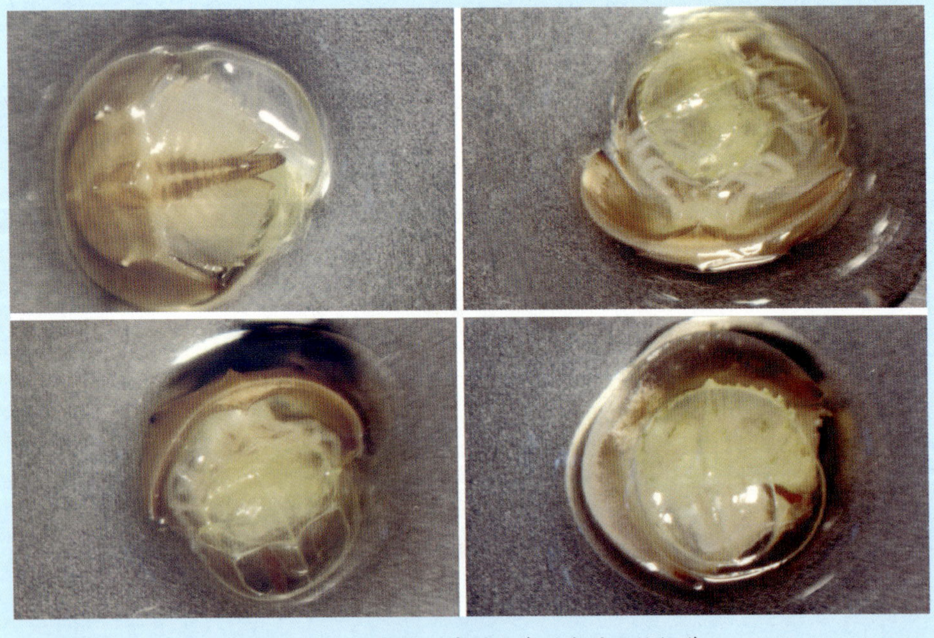

图 6-42　不同视角观察的正在蜕皮的 1 龄幼鲎

图 6-43　蜕皮后长成的2龄幼鲎（左）及蜕下的皮（右）

图 6-44　2龄幼鲎（左为背面观，右为腹面观）×8

※ 参考文献（References）

洪水根．动物显微技术学．厦门大学出版社，1989.

洪水根，李祺福，陈美华，黄大川．中国鲎胚胎发育研究．***厦门大学学报（自然科学版）***，2002，41(2)：239～246.

王军，王德祥，苏永全，梁军荣．中国鲎的胚胎发育．***动物学杂志***，2001，36(4)：9～14.

蔡心一，林琼武，黄健裕．中国鲎的生殖习性和早期胚胎发育．***海洋学报***，1984，5：663～671.

Hong，S.G.，Huang Q. Studies on spermatogenesis in *Tachypleus tridentatus* ：II.The spermiogenesis. *Acta Zoologica Sinica.* 1999，45(3)：252～259.

Sekiguchi，K. Biology of Horseshoe Crabs. 1988，Science House Co.，Ltd. Tokyo.

Shoger，R. L.，Brown，G. G. Ultrastructural stuty of sperm-egg interactios of the horseshoe crab *Limulus polyphemus* L. (Merostomala：Xiphosura). *J.Submicr Cytol.*，1970，2：167～179.

Brown，G. G.，Huphreys，W. J. Sperm-egg interaction of *Limulus polyphemus* hith scanning electron microscopy. *J. Cell Biol.*，1971，51：904～907.

Brown，G. G. Scanning electron-microscopical and other observations of Sperm fertilization reactions in *Limulus polyphemus* L.(Merostomata：Xiphosura). *J.Cell Sci.*，1976，22：547～562.

第三篇

鲎资源保护

（CONSERVATION OF HORSESHOE CRAB RESOURCES）

第七章 中国鲎的保护（CONSERVATION OF *TACHYPLEUS TRIDENTATUS*）

/ 第一节 /

中国海域鲎资源现状及保护策略（Current situation of horseshoe crab resources and protection strategies）

我国是世界上少数拥有鲎资源的国家。而中国的中国鲎资源，占世界上中国鲎总蕴藏量的 95% 以上。鉴于目前我国的鲎资源在急剧减少，已近枯竭，进行鲎资源的科学管理和保护尤为必要，也是刻不容缓的。

一、中国的鲎资源现状（Status of horseshoe crab resources in China）

（一）中国的鲎种类资源及分布（Species and distribution of horseshoe crabs）

根据目前掌握的资料已知，中国海域分布有中国鲎和圆尾鲎，是否有南方鲎存在，有待进一步研究。中国鲎分布于长江口以南的东海和南海海域，圆尾鲎分布于广东湛江东海岛以南的南海海域。珠江口以北海域仅发现中国鲎成体和少量中国鲎 7 cm 以下幼体。而在湛江及湛江以南的南海海域，有大量的中国鲎成体和 7 cm 以下幼体外，尚发现大量 7 cm 以上的幼体。同时，湛江及湛江以南的南海海域，还发现大量圆尾鲎成体和幼体。

（二）中国的鲎资源及其变化（Resources and changes）

20 世纪 70 年代以前，在中国长江口以南的广大海域有大量的中国鲎分布。上海、浙江的杭州湾、舟山群岛、福州、厦门、汕头、香港等地均能采到大量的中国鲎。如在厦门大学，20 世纪 70 年代以前，在海边的沙滩上，师生们都能经常捕捉到中国鲎。但随着鲎试剂的开发及鲎甲壳素的利用，鲎的数量急剧减少。现在，珠江口以北的海域已很难发现中国鲎，仅在广东湛江以南的南海海域有大群体的中国鲎和圆尾鲎存在，但数目也大为减少。据有关海洋调查报告资料显示，20 世纪 90 年代以前，整个北部湾，成熟的鲎个体每年可达 $60 \times 10^4 \sim 70 \times 10^4$ 对。那时，在北部湾沿海，随处都可见到鲎。但是近二三年已很难再见到这种现象，北部湾的鲎成熟个体每年已不到 30×10^4 对。目前，中国的鲎资源主要集中在南海北部的海南、北部湾及粤西一带海域，占中国鲎蕴藏量的 95% 以上。中国南海北部这一狭窄海域是中国鲎在地球上的唯一聚集地，若这一海区的中国鲎消失了，那么，地球上就再也找不到中国鲎了。

（三）中国的鲎资源变动原因（Reasons of resource change）

1. 过度捕捞和任意宰杀

（1）作为食物而捕杀。鲎的味道鲜美，福建、江浙、台湾地区居民食鲎风气盛行，而且有悠久的历史。如古籍《金门志》中记载："陈如松官太仓时，邑有怪物食禾，布满陌阡。佥诣令告怪，如松按视，认为鲎，自携归，于厅事教以折解食烹之法，乃争相捕取。"物以稀为贵，鲎肉的价格越来越高，也造成鲎的收购价相应上升，驱使渔民大量捕鲎。目前，市场上 0.5 kg 煮熟加工好的鲎肉为 30 元，而在高档食肆中价格则更高（图 7-1，图 7-2，图 7-3）。更有甚者，原来不知鲎为何物的东北地区，也整车皮地将鲎运到当地作美味佳肴享用。近几年来，据北海的初步统计，由于买价升高，受利益驱使，每年的 5—9 月，每月大约有 8×10^4 对鲎被拉上江浙、福建一带，宰杀出售。这种任意捕捞和宰杀是造成鲎资源锐减的一个重要原因。

图 7-1 市场上肆意宰杀鲎的情景

图 7-2 市场上加工好待售的鲎肉

图 7-3 惨遭宰杀后成堆的鲎壳

（2）提取甲壳素。国外及我国其他省的甲壳素生产厂商，在湛江草潭一带收购鲎的甲壳。沿海不少鱼贩子，不论个体大小的幼体鲎及成年鲎都进行掠夺性收购，然后弃之沙滩晒干后卖给生产厂家。这些甲壳素生产厂商每次收购鲎的干壳达数吨之多，情况惨不忍睹，已对这种生物的生存造成毁灭性的打击。

（3）抽提鲎试剂。由于鲎试剂的广泛应用，大量的杀鲎取血也是鲎资源锐减的另一主要原因。目前，世界范围内鲎数量的减少，造成鲎试剂的价格上扬，鲎的收购价也相应上升。从而驱使渔民大量捕捉鲎。而鲎的生长周期相当长，从卵子受精至性成熟需 13～15 年的时间，这也给鲎种群的恢复造成很大的困难。

国外及我国的鲎试剂厂商，用 1 只成年鲎 5 元左右的低价大量在湛江、北海、海南收购中国鲎，抽血后把死鲎扔进大海，或把抽血后的鲎制成鲎肉食品出售。换句话说，现在宰杀的一只成年鲎，是 1996 年受精经 14 年生长至今发育成熟的。所以为了使鲎这一珍贵资源不至于在中国灭绝，中国迫切需要进行鲎资源的保护。

2. 生产工具的改善提高对鲎资源的破坏

从 20 世纪 80 年代中后期开始，我国沿海水域渔船全部机动化，且数量增加。随着捕获工具的改进，大量的流刺网等先进网具的应用，特别是能在水深 20 m 以下工作面进行拖网作业的大功率渔船数量急剧增加，使得对鲎的捕获手段，从手工沙滩捕捉变为手工捕捉与拖网并举。这样，不仅会对沙滩产卵的少量成熟鲎进行采捕，也能对在 20 m 水深以下生存的大量不同大小的鲎群进行采捕。捕上来的鲎，能卖钱的就卖掉，不能卖的就随便扔在了沙滩上；或把肉挖掉，壳晒干，成吨地卖给甲壳素厂，用于提取甲壳素。更有甚者，有的渔民为了防止鲎挂在他的渔网上损坏其渔网，每一捕到鲎，不管大小，一律杀死，成坑掩埋。

3. 鲎繁殖生态环境的严重破坏

由于沿海地区逐渐工业化以及城市的发展，人们加大对海洋的开发利用、围海造地，使海滩面积不断减少，沙质退化，即使剩下不多的沙滩也受到严重污染，使鲎失去栖息生殖繁衍的场所，直接威胁着鲎的生存。同时，鲎生存海域的海水也受到人类经济活动的影响，工业和生活污水及废物大量排入大海，鲎生活的近海水域富营养化及有毒有害物质严重超标，也都严重威胁着鲎的生存。

4. 缺乏鲎保护意识及严格的管理保护措施

虽然人们了解鲎的重要价值，但缺乏对鲎的保护意识。普通市民通常放任鱼贩在市场上对鲎的宰杀，不少人还把鲎肉当成下酒佳肴美味，百啖不厌。另外，目前，尚缺少严格的管理和保护措施和法规，也未能阻止中国鲎资源的急剧锐减。

二、鲎资源的保护策略(Strategies for protection)

虽然中国鲎于1982年就在《福建省水产资源繁殖保护实施细则》中被确认为重点保护对象,1993年又被列入福建省人民政府发布的《福建省重点保护野生动物名录》。但是,近年来我国沿海捕捉、贩卖成鲎和幼鲎的现象仍十分严重。面对这种状况,只有采取明确、有效的措施,才能真正实现保护鲎资源的目标。

(一)进行鲎种类和资源量调查(Investigation of species and resources)

中国海域鲎的数量而言,虽进行过几次相关的调查,但都相当不系统。目前已知中国海域有2种鲎。但有人认为中国有3种以上的鲎,即除中国鲎和圆尾鲎外,尚有南方鲎、黄皮鲎和蓝皮鲎存在。因此,首先必须调查我国的鲎种类资源和资源量,彻底弄清我国的鲎资源现状。另外,鲎资源量这几年减少得很快,进行一次全面的中国海域鲎种类资源和资源量调查就尤显必要。这样才能对中国海域鲎的资源有一个整体而全面的认识,便于对中国海域鲎资源的管理和保护制订切实可行的措施。

(二)合理捕捞(Reasonable catching)

保护资源,并不是说不能捕鲎,而是说必须合理捕捞,充分发掘鲎的价值。鲎的价值主要体现在成年鲎上。幼鲎的利用价值低,捕捞幼鲎对鲎资源的损害大。所以,管理部门必须分别对中国鲎订出一个许可的捕获规格,包括尺寸大小、体重等方面的具体要求,保证幼鲎不被捕杀,严禁个体商贩滥捕滥杀,严禁各种生产单位收购幼鲎和成年鲎用于生产饲料和甲壳素之用,从而使鲎资源得到合理保护。

(三)建立鲎持牌捕捞和收购制度(Establishing licensing system for fishing and acquisitions)

要保护鲎资源,就必须对现有鲎资源进行计划利用,杜绝乱捕滥杀。渔业管理部门根据现有的资源状况,制订年度最大捕获量,对有条件的单位发放捕鲎牌照,做到持牌捕鲎。严格做好鲎试剂生产企业对鲎原料的收购制度,给鲎试剂生产企业发放"鲎原料收购许可证",非生产鲎试剂企业或个人,不得以任何理由收购活鲎作为他用。

(四)利用高新技术生产鲎药物(Production of medicine using high technology)

鲎是一种重要的药物资源,鲎的捕杀大部分用于制药。若这些药能人工合成的活,就可大大减少鲎的捕获量。如鲎素,在鲎血细胞里含量相当少,要提取一定量的鲎素，就必须捕杀大量的鲎，若用人工合成，则不必捕杀鲎，又能获得大量的药源组分。

另外，也可以利用干细胞技术，从胚胎干细胞培养大量血细胞，进行工厂化生产培养，再从培养的血细胞分离提取鲎素等其他生化活性物质，用于药物生产。

（五）合理的鲎医用采血（Reasonable blooding for medical uses）

为保护成年鲎正常产卵繁殖后代，要规定在繁殖季节严禁采鲎血。鲎试剂生产厂家在采鲎血时，不能采用“杀鲎取血”的方法，应规定一只鲎一次最大抽血量，如只抽取 1／3 或 2／3 的血，鲎抽血后必须放归大海中，让它得到恢复继续存活，这样鲎就可持续被利用。

（六）严禁鲎资源出口（Prohibition of resource export）

为保护我国鲎资源和国家的经济利益，不准任何单位以任何理由将鲎资源（活鲎和鲎血）输出国外，以避免鲎资源受到掠夺性的破坏。

（七）进行鲎人工育苗及人工放流增殖（Artificial breeding and releasing juvenile horseshoe crabs back to ocean）

由于鲎具有极其重要的经济价值和科研意义，每年捕杀鲎的数量不计其数。这一方面致使鲎数量锐减，另一方面也从根本上切断了鲎自然繁殖的最基本环节，使得鲎每年有来无回。再者，由于海滩生态环境的急剧恶化，鲎把卵排到沙滩受精孵化的习性也受到人类活动的严重威胁。随着鲎的科研和医用价值的日益提高，预计鲎肉将发展成为一种需求量很大的药膳食品，这又将刺激对鲎需求量的增长。

根据调查，由于经济高速发展和旅游事业的发展，目前在国内已经很难找到一块适合鲎天然繁殖的海域，要依靠鲎自然繁殖方式来恢复原有鲎的种群数量，几乎已经不可能了。因此，如果纯粹划出一定区域，等待鲎来产卵受精，那只是我们一厢情愿，结果还是无法达到保护和迅速恢复鲎种群的目的。目前，必须以人工的手段补上鲎繁殖和生长发育过程中被破坏的这个重要环节。目前，最有效、最迅速的方法就是开展鲎人工育苗，选取适宜的海区和地点以人工放流的方式，争取以最短的时间，使鲎的种群数量得以恢复。可以说，大规模人工育苗、人工放流是目前最理想、最有战略意义的保护鲎资源的措施。

（八）加强鲎保护意识的宣传教育（Strengthening education on horseshoe crab conservation awareness）

动物保护仅靠相关部门和有关科技人员的努力和工作是不够的，需要发动群众全民参与，才能有效地保护。首先借助新闻媒体进行广泛的宣传教育，让鲎的生物学基础知识、鲎保护的重要性及意义深入人心，并进一步发动群众自发杜绝吃鲎、捕鲎，保护鲎幼体、保护鲎栖息繁殖环境等。在宣传教育方面，还应该积极透过中、小学来进行宣传鲎的保护工作。此外，加强国际或其他地区的合作与交流，也有助于鲎的保护工作。

(九)建立鲎特别保护区，使鲎保护与社会经济和谐发展(Establishing special conservation areas and promoting harmonious development of conservation and social economy)

自然保护区，是指对有代表性的自然生态系统、珍稀濒危野生动植物物种的天然集中分布区、有特殊意义的自然遗迹等保护对象所在的陆地、陆地水体或者海域，依法划出一定面积予以特殊保护和管理的区域。

在鲎相对集中的海区，及鲎的主要繁殖海域，人为干扰较弱的海区，建立鲎自然保护区，就地保护鲎及鲎的繁殖及其生存繁殖生态环境。这虽然能有效地保护鲎资源，使鲎种群数量得到恢复，使鲎资源得到可持续性发展和利用。但随着我国经济和旅游业的迅猛发展，近 20 年来，各地大量的填海造陆地，住房和道路等建筑娱乐设施及养殖发展挤占沙滩，已造成沙滩面积大大减少。同时，工业和人类生活污染已使沙滩的质量大为降低。沙滩变薄，沙滩泥滩化；工业污染、生活垃圾，已使沙滩面目全非。在国内已经难以找到适合鲎排卵受精、繁衍生息的海滩环境。一方面，这些环境生态的恢复非短期时间内所能达到的；另一方面，各地沿海地区又是都经济蓬勃发展的美丽海滨旅游城市，而如果为了保护鲎资源，而人为地把优良美丽的海滩确定为鲎自然保护区，禁止海域的合理开发及游人游览，又会对当地经济发展起大的负面影响。因此，这是既不实际也行不通的一种保护措施，也就是说，不能把鲎保护与地方经济发展对立起来。因此，摆在当前的紧迫任务就是寻找一条适合我国实际状况，保护鲎资源的新路子和措施。

经摸索，我们提出应该建立鲎特别保护区，力争做到鲎的保护与经济发展和谐发展。为此，我国海洋与渔业局应启动建立一个鲎特别保护区建区计划，在我国创造一个适合鲎繁衍的生态环境，使鲎种群数量尽快地得到恢复。这一方面保护了这种珍贵的活化石免遭灭顶之灾，并为日后进行大面积海区鲎人工养殖提供基地；同时也可以充分利用鲎血可制药、鲎肉可食、鲎壳可综合利用的广阔经济前景，建立一个可持续开发利用的鲎高科技产业；另外还可以把鲎保护与海洋生物科普教育基地及旅游业结合起来，使之成为我国旅游业的一个新景点，以吸收更多游客，为我国“旅游经济”作出贡献。

/ 第二节 /
鲎保护在福建（Conservation of horseshoe crabs in Fujian Province）

福建海域在 20 世纪 50—70 年代是中国鲎的主要产区，沿海一带部分渔民以捕捞出卖鲎为生。70 年代后福建海域的鲎数量锐减，鲎资源已近枯竭。

一、厦门地区鲎保护工作（Conservation of horseshoe crabs in Xiamen areas）

（一）厦门地区鲎资源的历史与现状（History and status of horseshoe crab resources in Xiamen areas）

1. 调查方法

调查于 2002 年 11 月—2004 年 11 月期间进行，访问调查与实地观察相结合。

访问调查：普遍地访问厦门当地的渔民，调查鲎出没的情况、捕获量、历史变迁等，对厦门地区鲎的分布情况和大概的数量变化以及鲎的一些生态习性作了较全面地了解，并对其栖息地进行考察。

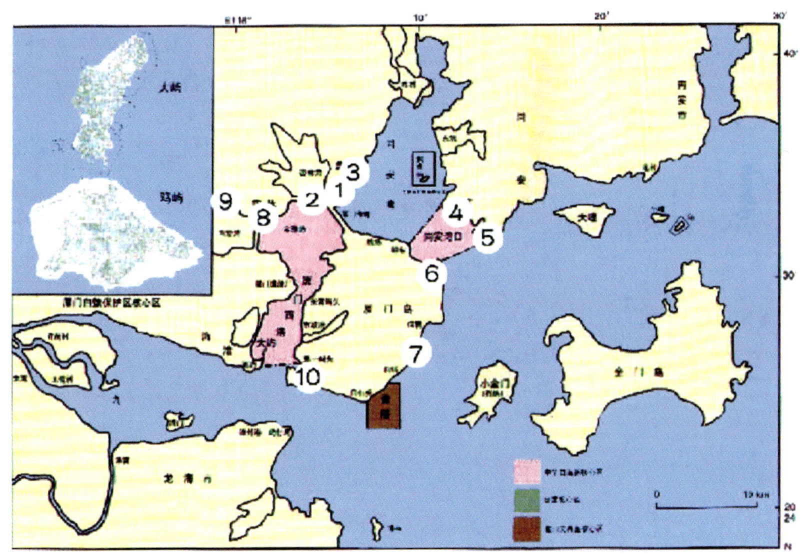

图 7-4　厦门鲎资源调查点

①集美鳌园　②集美西海域
③集美风林　④同安刘五店
⑤翔安澳头　⑥厦门五通
⑦厦门椰风寨　⑧杏林马銮
⑨杏林西滨　⑩鼓浪屿
⑪大嶝岛　⑫小嶝岛

分点调查：以鼓浪屿周边海滩、厦大白城、椰风寨、国际会展中心、五通村、钟宅、高崎、集美火车站、鳌园一带、集美凤林、同安刘五店、澳头、大嶝岛、小嶝岛、杏林等调查点（图 7-4），进行实地观察、研究询问厦门地区鲎的生活习性、生态环境以及数量变动情况。

2. **厦门地区鲎资源的历史状况**

厦门曾经是我国重要的中国鲎产地（图 7-5，图 7-6）。20 世纪 70 年代之前，由于海峡两岸对峙状态，厦门沿岸都属于前沿管制地带，人迹罕至，没有多少工业建设和经济开发。因此生态环境未受太多人为的改造和破坏，沿岸沙滩环境生态也保持良好的状态，优良的鲎产卵场比比皆是，很适合鲎的繁衍生息。当时，一到春夏之交，厦门海滩随处可见成对鲎徜徉沙滩，挖坑产卵，交配受精。据渔民回忆，一次即可以捉上 50、60 只鲎。如果遇上大潮，清晨就可在沿白城到黄厝一带的沙滩上随手抓到成对的鲎。过去，沿岸渔民根据鲎的习性，在繁殖季节（5—9 月），于潮间带沙滩及水深 5 m 以内的浅水捕捉。当渔民看到沿高潮线的潮水区冒出许许多多的泡沫，就可以判断水下有许多成对的亲鲎正要爬上海滩产卵，探身下去可捕到许多的鲎。年捕获量达 5000 对以上。

图 7-5　捕获大量的鲎

图 7-6　大批装箱准备外运的鲎

根据调查，以下是历史上厦门 5 个区鲎的分布情况。

思明区：从厦港沙坡尾，沿白城至黄厝、何厝的海域是鲎最适宜的栖息地。该地沙滩广阔延绵，海水蔚蓝清澈，底栖动物丰富，与金门遥相呼应，曾经是很好的鲎产卵场。这一带的鲎捕获量相当大，曾厝垵一带的渔民无不感慨，30 多年前曾经体验随手捉鲎和盛夏吃鲎肉的惬意。鼓浪屿潮间带也是鲎常出没的地方，但由于属于旅游区，又是主航道，故鲎数量相对较少。

湖里区：该区的五通、钟宅、寨上一带远离市区，海滩地势平坦，海域也盛产鲎，当地部分渔民夏季依靠捕鲎贩卖为生。据说在钟宅海滩曾有

500～600 m^2 的优良产卵场，仲夏时，上来产卵受精的成对鲎密密麻麻，场面非常壮观。

集美区：集美区杏林湾、马銮湾像一双臂膀环抱杏林岛，形成相对平静适于鲎栖息的海区，故鲎的数量也多；厦门大桥两岸两侧的滩涂浅滩也是鲎的高产区。

海沧区：历史上，海沧区沿岸的后井、澳头、嵩屿、温厝、渐美、石塘、鳌冠、新垵、鼎美等海域也是鲎经常出没的地方，鲎产量也相当高。

同安区：同安区的潘涂、西柯、丙洲等海域，鲎的产量也很大。

翔安区：该区的琼头、新店、刘五店、澳头、大嶝岛、小嶝岛等处海域是历史上也曾以盛产鲎而闻名，鲎的数量极多。

上世纪 80 年代，厦门的鲎资源为我国自行生产鲎试剂、减少外汇支出做过重要贡献；上个世纪 70 年代后期起，随着滩涂经济的发展，厦门鲎资源量明显减少；90 年代，厦门鲎数量急剧下降，产量比 50 年代减少大约 80%～90%；到 90 年代末，厦门鲎不仅形不成渔业，甚至在许多地方已难觅其踪。5 年来，我们在厦门走访了 10 多个从前鲎产量较高的渔村，发现厦门海域和滩涂已经基本上不再产鲎。只有在生殖季节，在曾厝垵、何厝、大嶝岛、小嶝岛等本地渔民将从厦门海域通过深海拖网捕获到的鲎出卖给当地的餐馆，供人食用，数量不大。目前厦门餐桌上的鲎肉主要是鱼贩子从广东、广西长途贩运过来的。

3、厦门地区鲎资源的现况

(1) 厦门地区鲎的种类、分布

在厦门，只生活着一种鲎——中国鲎。

鲎曾广泛分布于厦门海域的浅海、沙质或泥质海滩（图 7-7，图 7-8）。厦门的沿岸带曾经多数具备这样的生存环境，随着历史的变迁，许多海滩都已今非昔比了，鲎的分布区已大大缩小了，在很多地方甚至绝迹。

图 7-7 小鲎的运动轨迹

图 7-8 不同大小的小鲎

(2) 厦门地区鲎的生活现状及变化

①鼓浪屿和厦门岛鲎的生活现状及变化

我们以鼓浪屿、五通村、椰风寨、国际会展中心、白城等几点为例。

鼓浪屿 环境优美，已经成为国家级重点旅游景点，游客众多。虽然那里的沙滩仍然保存得很好，但它是旅游娱乐的热点，由于人为的活动频繁，严重地影响了鲎的栖息和繁殖生态环境，从而使得那里的鲎变得越来越少，基本看不到。

五通(图 7-9) 位于厦门岛的东北部，那里比较偏僻，风平浪静，海岸主要还是以泥沙质为主，且非常平坦，适合鲎的生存。据当地的渔民讲，可见一些小鲎的活动，因为人们过度捕捉，成熟的鲎只有拉网才会偶尔看到。目前，环岛路经过这里，可以预见，不久的将来，又会少掉一片鲎的天然栖息地。

椰风寨(图 7-10) 则是整个环岛路沙滩的典型代表，虽然那里的沙质保存完好，但那里的海滩现在已经成为游客们最受欢迎的休闲中心，游客们在那边的海里游泳、赛船，在沙滩上运动；还有很大一部分沙滩被盖上了草皮供游客们休息。国际会展中心那边由于近 10 年来的开发，那里的沙滩已遭到严重破坏，更谈不上什么鲎出没了。

图 7-9 五通鲎的栖息地

图 7-10 椰风寨旅游景点

②集美地区鲎的生活现状及变化

集美区分为集美、大社、孙厝、郭厝、东岸、风林、后堤这几个村，其中东岸、风林、后堤几个村邻海。

东岸位于集美区的东北部，风林位于集美区的东部，集美位于集美区南部，这三个地方的海域情况大体相似：均以泥沙质为主，海滩坡度较小，非常适合鲎的生存。现在基本上都被划分为养殖海域，主要养殖虾蟹，滩涂养殖贝类，吊养牡蛎等。据当地渔民讲述：以前那边都是海沙坡，鲎资源非常丰富。每年到了阴历 4 月份以后，就开始有一些鲎成对地爬到沙滩的潮区产卵。尤其是大潮时，鲎来得更多，每次产卵时雌鲎掘 2～4 个洞，洞深约 10 cm 左右，上盖一层沙粒，内藏一堆淡黄色的卵，一直到 8 月份甚至 9 月份还有鲎到沙滩上产卵。

风林有一片红树林保护区，那里的生态环境保护得比较好，据渔民说那里时常会有鲎出入。

后堤即西海域（图 7-11），位于集美区的西南部，那里有一小部分海堤，下面就是海滩，底质为泥沙，但泥居多，渔民一脚踩下去就陷很深。这里鲎资源曾经非常丰富，现在偶尔可见到幼鲎。由于这里曾是养殖重地，被渔民分割围成许多块，阻断鲎上岸繁殖。厦门市已开始对西海域进行整治，那里已经没有了大面积的养殖设施，不久这里的生态环境可改观。

厦门大桥左右侧 (图 7-12) 以及高崎，西到杏林湾，东到比华丽别墅，这里是泥沙滩涂，现在还有鲎出没，偶尔能捉到鲎，但比以前大大减少了。

图 7-11　集美西海域

图 7-12　鳌园

③翔安区鲎的生活现状及变化

翔安区的刘五店、澳头、大嶝岛、小嶝岛等地是鲎的重点栖息地。

澳头 (图 7-13) 边的海滩是以泥沙质为主，且地势平坦，海滩广阔，退潮时发现有大量小鲎在沙滩上爬行，可见那边还是鲎的一个很好的栖息环境。据渔民讲，以前这里鲎更多。目前，当地的渔民为了方便，有填海的迹象。

刘五店 (图 7-14) 也发现有一些小鲎在沙滩上，但那边的开发程度比较高，建立了码头，对鲎的生长和繁殖有很大的影响。

图 7-13　澳头海滩上的小鲎

图 7-14　刘五店海滩

大嶝岛和小嶝岛(图 7-15，图 7-16)虽然许多地方还保存完好的鲎的栖息地，夏季鲎还常有出没，由于滥杀滥捕的原因，鲎的数量大为减少，在鲎繁殖季节每天尚有数对鲎出现在餐馆供人食用。

图 7-15　大嶝岛一家餐馆门口水族箱里的鲎

图 7-16　小嶝岛一角

④杏林地区鲎的生活现状及变化

杏林地区(马銮湾、杏林湾)的海域绝大部分曾是厦门重要的水产养殖区域，多年的高密度养殖对厦门西海域的水质环境造成严重的污染和破坏。那里的滩涂由于养殖贝类而被围网分割，鲎的生态环境破坏相当严重。据当地的渔民讲，20 年前那里的鲎非常多，经常可以轻易地抓到，而现在很少看到，几乎没有了。

(二) 厦门海区生态状况基本调查 (Basic survey of ecological conditions in Xiamen Sea areas)

厦门位于台湾海峡西岸金门湾内，在福建省第 2 大河九龙江的出海口处。地理坐标为东经 117°53′~118°25′，北纬 24°25′~24°54′。厦门市辖思明、湖里、集美、海沧、同安和翔安 6 个区，总面积为 1516 km^2。海域总面积约 390 km^2，海岸线长约 234 km。

1. 地质条件

(1) 海岸

厦门海岸类型复杂，根据各岸段的动力因素、组成物质、地貌特征及所处的方位，大致可划分为基岩海岸、沙质海岸、台地土崖沙泥质海岸和港湾淤泥质海岸等四种类型。

①基岩海岸

本类海岸组成物质主要为花岗岩、火山岩及变质沙岩等基岩。水动力以波浪作用为主，沿岸海蚀地貌发育，常可见到海蚀陡崖、海蚀洞穴、海蚀柱及海蚀槽沟等地貌形态。基岩海岸分布零散，主要见于基岩岬角岸段，如厦门东海岸的白石头、香山角、五通头及同安湾口澳头等岸段；除大嶝岛外，大部分海岛均为基岩海岸。

②沙质海岸

本类海岸多发育于基岩岬角间的海湾内，主要分布于厦门岛东南部、鼓浪屿南部和大嶝岛双沪—嶝崎一带。沿岸沙堤、沙坝和沙嘴等沙质地貌堆积体发育。特别是厦门岛东南沿岸，岸线长达 15.9 km，在黄厝和溪头一带沿岸沙堤发育，长达数公里，宽 10 余米，高 1～3 m，岸前沙滩发育。这类沙质海岸原来是鲎最适宜的繁殖场所，现均因辟为海滨浴场、海滨度假休闲地而使鲎失去繁衍生息的环境。

③台地土崖沙泥质海岸

本类海岸由岩石风化的红土层组成台地，海岸面向北或东北，在东北风浪作用下，海岸崩塌，构成直立状土崖，高约数米至十余米不等。岸崖前缘高潮带常见宽约 10 m 左右的沙滩带，中、低潮带则为沙泥滩。本类海岸仅见于厦门岛高崎—五通及杏林。

④港湾淤泥质海岸

本类海岸地处隐蔽的港湾内，水动力以潮流作用为主，海岸发育大片淤泥质潮滩，滩面宽阔平坦，宽者达数千米。

本类海岸分布最广，主要见于厦门西部海域的沙坡尾—高崎段，杏林、海沧沿岸，同安湾的北岸、西岸及东岸，大嶝海域的欧厝—莲河岸段及大嶝岛的西岸和北岸。这类海岸适宜于大小在 1～2 cm 大小的幼鲎潜伏生长。

（2）滩涂

根据潮间带地貌特征、水动力条件及组成物质的差异，厦门岛潮间带滩地可划分为岩滩、沙滩和泥滩等 3 种类型。

①岩滩

主要分布于基岩海岸突出部侵蚀岸段潮间带。多呈海蚀平台。其上散布岩块和礁石，岩礁间低凹处常有砂砾堆积，滩面起伏不平，一般滩面宽度约 10 余米，大者可达 50 m。滩地后缘与海蚀陡崖相接。崖壁浪蚀穴、海蚀洞发育。

厦门岛岩滩所占面积最小，为 112.09 ha^2，约占全市潮间带滩地总面积的 0.88%。岩滩分布零散，主要见于厦门岛东海岸的胡里山角、白石头，石胄头、五通角，鼓浪屿南岸，海沧区排头以南和嵩屿以南岸段，同安澳头南部、大嶝岛南岸、小嶝岛及角屿沿岸，鸡屿南岸、北岸，火烧屿北岸与东岸，鳄鱼屿东北岸，大离浦屿、卸上屿沿岸。

本类岩滩呈海蚀景观，奇岩怪石千姿百态，是兴建海滨公园、垂钓场的备选场地。若前沿水深条件好，亦是港口码头选址地。

②沙滩

主要见于小型岬湾沙质海岸潮间带。这类海岸向陆地凹入，湾的两侧有岬角环抱，湾口开阔，面向东北或东南常风向。水动力以波浪作用为主。在滩地上沉积中细沙或中粗沙或砾石粗砂等沉积物。沙滩剖面发育较完整，潮上带往往有一道或两道沙堤。潮间带上沙滩坡折明显，分带清楚。高潮滩坡度约 6°～9°、中潮滩 5°～6°、低潮滩约 0.5°～1°。中低潮滩折处，常发育树枝状退潮回流冲刷沟。

厦门岛沙滩长度共有 27.69 km，面积 2011.91 ha^2。约占全市潮间带滩地总面积的 15.85%。沙滩主要分布于厦门岛东岸和东南岸及鼓浪屿南岸和西岸，其次在大嶝岛、小嶝岛和角屿南岸，鳄鱼屿、鸡屿、火烧屿和上屿等岛屿也有小面识分布。

③泥滩

多分布于内湾或背风岛岸。水动力较弱。以潮流作用为主。滩地上沉积物以粉砂质泥为主，或泥质粉砂、或粉砂、或泥沙混合沉积。泥滩滩面宽阔平缓，坡度仅 0.5°～1°，其上常有蛇曲状潮沟蜿蜒。

厦门岛泥滩分布广泛，所占面积最大，为 10567.35 ha^2，占全市潮间带滩地总面积 83.27%。集中分布于厦门西港和同安湾沿岸及大嶝岛北岸和西岸。

（3）海岛

①海岛数量

据 1990 年海岛调查。厦门市共有 31 个海岛，而面积大于 500 m^2 的海岛有 25 个，其中有 7 个海岛与厦门本岛或大陆连成一片。已失去海岛特征，故现存面积在 500 m^2 以上的海岛只有 18 个。

上述海岛的数量。均不包括金门、大担地区由原厦门市所辖的海岛。

②海岛分布特征

厦门市海岛分布具有三个特征：一是大多数海岛紧靠大陆边缘。就成因类型而论，均为大陆岛。如最大海岛厦门岛与大陆的距离仅 2200 m。二是全部海岛均分布于金门湾内，并以岛群散布于各海湾中，具有海湾岛群分布特征。其中西海域港湾是厦门市海岛分布最多的海湾。共有 4 个岛群：西北有宝珠屿—虾屿—红屿—镜台屿岛群；东北有象屿—中屿—狗睡屿—虎屿岛群（此岛群已与厦门岛连成一片，成为东渡港区和象屿保税区）；中部有火烧屿—大兔屿—小兔屿—白兔屿岛群；南部有猴屿—大屿—鼓浪屿岛群。其他海域的岛群为：九龙江口湾有钱屿—鸡屿岛群；同安湾有鳄鱼屿—大离浦屿—小离浦屿—花仔屿岛群；厦门岛东侧海域有尖屿—上屿岛群；大嶝海域有大嶝岛—小嶝岛—角屿岛群。三是厦门海岛的形成与分布深受 NE、NW 及 E-W 向断裂构造控制，海岛往往呈岛群分布，并有明显的定向性。如上述的象屿—虎屿及火烧屿—白兔屿岛群，其排列方向呈 NE 向，而虾屿—镜台屿岛群却呈 NW 向排列。

（4）海底地貌与沉积

①海底地貌

厦门海区波浪小，潮流作用显著，塑造现代海底地貌的主要动力是潮流。此外，九龙江口海域还有河流径流参与作用。按地貌形态及成因，可分为 3 种海底地貌类型。

A. 水下三角洲

仅分布于九龙江口区，呈不规则的指状向湾口方向伸展，长达 13 km，水深在 0～5 m 之间，坡度约 2‰。水下三角洲是由潮流和河流径流共同作用形成的，底质具有明显的相带变化规律，一般从水下三角洲后缘至前缘，底质由粗变细，即由砂过渡为泥质沙，再为粉砂质泥。

B. 水下浅滩

又称潮流浅滩，是由潮流作用堆积形成宽阔平坦的浅滩，在厦门海域中有广泛分布，较大水下浅滩在西港有宝珠屿浅滩，呈似三角形状。由北向南略有倾斜，最大宽度 5 km，底质为粉砂质淤泥。鳗尾礁浅滩，位于筼筜海堤西侧，呈椭圆状，近南北向展布，长 1500 m，宽 700 m，浅滩中部底质为粗砂，四周为泥质粉砂。外港有鼓浪屿南部浅滩，最大宽度 7 km，水深 14～18 m，最深达 26 m，海底平坦，坡度 2‰，海底地形由西北向东南倾斜，水深随之增加，底质北部以沙质为主，南部以淤泥质粉砂为主。

C. 潮流通道与冲刷槽

潮流通道系由涨落潮流往复冲刷形成的水下潮沟，它是沟通各港湾的主要水道（航道）。典型潮流通道分布于厦门西港，潮流自厦门外港进入西港，潮流通道自南而北由深变浅，南段潮流通道宽而深，最宽处（鼓浪屿西航道）达 1200 m，水深大多超过 10 m；北段（石湖以北）水道逐渐趋窄趋浅，宽约 150～200 m，水深 5～8 m。潮流通道底质以黏土质粉砂和粉砂质黏土为主，局部地段有砂、砾石出露。厦门西港潮流通道是厦门港的主要航道，特别是南段通道是修建航道、码头、港区等设施的重要地段。

此外，九龙江口及同安湾内也有小型潮流通道发育，水深一般为 3～5 m，最深达 8～10 m，为中小船只航行的主要水道。

冲刷深槽主要分布于厦鼓海峡和东渡海峡的水道中，由于海面狭窄，水流颈束，潮流强劲冲刷，形成狭长深槽。深槽水下岸坡陡峻，横断面呈“V”形，槽底起伏不平，凸起处常为基岩裸露，低凹处有薄层粗砂砾石堆积，水深一般超过 15 m，最大水深达 30 m。厦门岛东侧水道有两条深槽，深槽走向呈北北东向，长 10 余公里，宽 500～1000 m，一般水深超过 10 m，最大水深达

26 m，自南而北，由深趋浅。底质以粗砂、砾石为主，局部地段有基岩出露。

②海底沉积

厦门海域海底沉积类型复杂。共有17种沉积类型：砾砂、粗砂、中粗砂、粗中砂、中砂、细中砂、中细砂、砂、细砂、粉砂质砂、黏土质砂、砂质粉砂、黏土—砾砂、砾石—粉砂—黏土、砂—粉砂—黏土、黏土质粉砂和粉砂质黏土等。其中主要类型只有7种，即粗砂、中粗砂、粗中砂、中细砂、砂—粉砂—黏土、黏土质粉砂和粉砂质黏土等，前4种属于粗颗粒沉积物，砂—粉砂—黏土为过渡类型混合沉积物，最后2种为细颗粒沉积物。

厦门海区海底沉积物的分布特征：厦门岛东侧海域底质粗，西部、南部海域细，西南和东北海域粗细交错。厦门岛东侧海面开阔，面向东北、东南风向，水动力活跃，以波浪作用为主，沉积属于砾砂、粗砂、中粗砂、中细砂等以粗颗粒为主的类型。南部和西部海域地处湾内，沉积环境隐蔽，水动力以潮流作用为主，沉积属于以细颗粒为主组成的类型，其中厦门外港以黏土质粉砂为主，西港以最细的粉砂质黏土居优势。东北部同安湾和西南部九龙江口海域，水动力条件复杂，除潮流、海浪外，还有河流径流参与作用，沉积物来源多向，沉积以混合类型砂—粉砂—黏土及砂质粗粒为主，并有粉砂质黏土、黏土质粉砂、黏土砂等多种粗粒和细粒沉积类型，并且具有从河口内向河口外、由粗变细的分布规律，即沉积类型由中粗砂或中细砂渐变为黏土质砂或砂—粉砂—黏土，过渡为黏土质粉砂或粉砂质黏土。

2. 气候

厦门是紧贴大陆边缘的海岛，东南面向海洋，西北背靠大陆，在北回归线偏北约1°，是亚热带中的最南带，为热带向温带的过渡带，由于受台湾海峡海洋水体调节，以及福建山地丘陵地形的影响，季风影响明显，因而属于南亚热带海洋性季风气候，同时，具有热带气候的某些特征。

厦门受海洋的影响较为显著，气温年较差小，秋温高于春温，相对湿度大，属于海洋性气候。冬季蒙古高压控制中国大陆，中国大陆盛行偏北风；夏季西太平洋副热带高压北抬西伸，大陆东部盛行偏南风。厦门两者均有，季节变换，季风跟着变换。厦门冬季偏北风，夏季偏南风，明显而稳定。

厦门气候特点：夏季长而无酷暑，秋春相连而无冬，全年几乎全是无霜期。气温变化不显著，秋温略高于春温；春夏锋面雨连绵，夏秋雷雨又台风，雨日不多日照长，干湿变化亦宜人；全年多风且较大，冬季偏北风而干冷，夏季偏南风而暖湿，盛夏午后至午夜，海风劲吹暑气减。

热带性主要表现在气温方面，若以张宝堃按候温划分四季的方法对厦门进行季节划分，则夏季从5月1日至10月25日，长达178天；春季从2月6

日至4月30日，共84天；秋季从10月26日至2月5日，共103天。海洋性主要表现在：最热月与最冷月平均气温相差不足16℃，9、10、11月份平均气温高于5、4、3月份平均气温，夏季日最高气温≥35℃的天数，多年平均仅5天。常风较大，年平均3.4 m / s，地方性海陆风明显，尤以盛夏午后至午夜。这些特点分别体现在各季、各月的天气变化中。

夏季从5月开始，这也是台风出现最早的月份。此时夏季风盛行且稳定，温度高，湿度大，进入盛雨期，直至6月，雨量大，雨日多，是第一个降水高峰期。6月份雨量最多，且多暴雨，暴雨日数占全年20 %；相对湿度亦是一年中最大的；是风速最小，平均气温日较差最小的月份。7月主要在副热带高压控制下，太阳辐射量最多，气温最高，天气多晴热，易旱；当温度、湿度大时，午后可发生雷阵雨，雨时短，雨滴大，降雨范围不大；平均水气压为全年最大月份。8月天气类型与7月相似，气温次于7月；台风出现频率最高，新中国成立后风力最强的台风（1959年8月23日，3号台风袭击厦门，风速达38 m / s）就出现在本月。9月夏季风减弱，东北风占优势，气温开始下降，降水减少，但台风影响仍较大。7—9月受台风影响，形成第2个降水高峰期。

秋季天气特点是晴朗干燥，雨量很少；气温下降，日较差增大；冷空气南下多，故多大风。10月东北季风盛行，日平均风速全年最大，气温下降较多，有寒露风出现，雨量明显减少，晴天日数增加，云量为全年最低，空气干燥，天高云淡，空气清新，能见度大。此时由于地面受冷高压控制，气温下降。较夏季而言，凉快了许多。而高空仍受副热带高压控制，天空晴朗少云，人称“秋高气爽”。11月冬季风盛行，气温显著下降，月终比月初低4℃，从第3候起，气温下降到20℃以下。平均风速仅次于10月。但有时从立冬到小雪冷空气较弱，出现气温较高、湿度较大的反常天气，称为“小阳春”。12月北方冷空气南下频繁，气温继续下降，气温日较差增大，早晚显得较冷，有明显深秋迹象；降水极少，无降水日达25.6天，气候比较干燥。1月平均气温很低，但仍在12℃以上，水气压是全年最低的，显得寒冷干燥；日照时数较多，风速较大，云雾较少，天气稳定。

春季天气的特点是多变，忽冷忽热，忽阴忽晴。春季是过渡季节，南方暖湿的海洋气团与北方较干冷的变性极地大陆气团在华南相互交绥，相互消长。当前者控制本地区时，天气晴暖；当后者控制本地区时，天气晴冷；在两气团交界面上及附近，出现阴雨天气。气团强弱变化不定，交界区的锋面在本区上空南北来回移动，造成本区天气阴晴冷热变化频繁，风向和风的性质多变，风力也较小，易出现雾，春季平均雾日16天，最多年达36天，多在3、4月，一般为轻雾。2月平均气温全年最低，但雨量增多，表明干季结束。3月气温开始增高，是一年中锋面最活跃的时间，云量和雾日是各月中最大和最多的。4 月气温升幅为各月中最大，东南风增强，海风不断吹拂，此时由于暖湿气流活跃，温度、湿度大，当冷空气南下影响时，对流强烈，易产生冰雹、雷暴、大风、暴雨、龙卷风等灾害性天气。因此，综合多年的气象、气候资料，厦门主要气象条件如下：

年平均气温：20.7℃

最热月（7 月份）平均气温：28.4℃

最冷月（1、2 月份）平均气温：12.6℃

极端最高气温：38.5℃

极端最低气温：2.0℃

气温年较差：15.8℃

气温日较差：6.7℃

≥ 35℃每年平均天数：5 d

全年≥ 10℃积温：7300℃

全年≥ 10℃日数：341 d

年平均日照：2100 h 以上

年太阳辐射总量：1565 kj · h / m^2

年平均降水量：1143 mm

年降水日数（日降水量≥ 0.1 mm）：100～130 d

年平均相对湿度：82%

年平均蒸发量：1850 mm

冬季盛行风向：NE-ENE，风速较大

夏季盛行风向：SE 或 S，风速较小

海域平均风速：3～5 m / s

对保护区造成主要灾害性天气有台风、大风、暴雨、干旱和寒潮。台风每年平均达 5.6 次，多集中于 7、8 月份，当台风登陆时，伴随暴雨和风暴潮，对大屿、鸡屿岛上鸟类、树木及建筑物可构成较大的破坏。

3. 海洋水文

（1）水温与盐度

厦门海区年平均水温 21.3℃～33℃之间，2 月最低平均水温为 13.6℃；7 月最高，平均水温 20℃以上。冬季水温南部海区稍高于北部。

厦门海区全年海水盐度的变化范围在 25.02‰～32.5‰之间。年平均值以九龙江口为最低，盐度为 26.9‰；大嶝岛和厦门岛东部的开阔海区盐度最高，平均值在 32‰以上。厦门西港平均盐度 28.57‰；同安湾鳄鱼屿海域平均盐度为 29.8‰，向湾口方向盐度最高。

（2）潮汐与潮流

厦门海区潮汐类型属正规半日潮，潮汐周期 12～13 h，平均潮差 3.98 m，平均最大潮差 4.95 m，平均最小潮差 2.85 m，实测最大潮差 6.92 m，最大可能潮差 7.2 m。厦门海区为大潮差区，平均海平面黄零 3.33 m 潮流是潮汐所引起的海水水平运动，一般具有周期性变化特征。厦门海区潮流属于半日潮流，潮流运动形式为往复流，涨潮时流向湾内，落潮时流向湾外。流向受地形制约，因地而异。厦门港湾口—九龙江口海域为东西流向，西港为南北向流，同安湾近于南北向。潮流流速以深槽中轴为最大，向两侧渐小，尤以水道狭窄处为最大，如厦鼓海峡、东渡、嵩屿海峡等处。落潮流速大于涨潮流速，如同安湾的澳头—五通断面，涨潮最大流速为 1.2 节，而局部落潮最大流速则为 1.72 节，西港火烧屿处最大涨潮流速为 1.5 节，最大落潮流速高达 2.5 节。落潮流大于涨潮流，有利于深水航道保持稳定。

（3）余流与波浪

厦门海域余流流速不大，一般在每秒数厘米至十余厘米之间。厦门外港和九龙江海域余流最大，西港次之，同安湾最小。余流流向受地形影响，各海区自成系统：九龙江口海区表层余流顺江而下向东流，而底层余流则逆江而上向西流；西港海区表层余流紧贴西岸北上，而底层余流则沿主航道南下；同安湾表层余流从湾口北岸流进，沿湾口南岸流出，形成逆时针环流，底层余流沿南岸流出湾外。

厦门海区波浪以风浪为主，出现频率达 88%。厦门西港由于风区较短，波高都很小，强浪向 NNC-N，最大波高 1.3 m。次强浪向 SSE，最大波高 1.2 m。平均波高 0.2 m，平均周期 3.4 s。同安湾因湾口向南，海域较为开阔，易受外海涌浪和西南风影响，湾内波高一般为 1.5 m 左右，强浪向 SSE，最大波高达 2.4 m。

4. 航道

（1）厦门港航道

厦门港分内港和外港。内港在大屿至鼓浪屿的兆和山、外剑山至避风港一线以北，南北长 14 km，北部水域较为宽阔，最宽处 7 km，中部最窄处仅 600 m。外港在大屿南端与鼓浪屿西南的康泰垵、印斗屿与嵩屿电厂连接线以南，九龙江口以东，长 10 km，宽约 4 km，水深 7～20 m。

①厦鼓水道

位于厦门本岛和鼓浪屿之间，为东南至西北走向的狭长水域，长 3.5 km，宽 300～800 m，水深在 7～25 m 之间，最深点 27 m。10 m 等深线东部距岸较近，一般不到 50 m，西部距岸较远，一般为 150～200 m。港区西部多礁石，有江心礁、内户碇礁，整个港区水域平稳，可供万吨级以下船只避偏东方向大风。涨落潮流速为2.2～2.5节。港区内有供3000～5000吨级船只锚泊的装卸锚地13个。

②东渡港区航道

位于内港中段，在火烧屿东侧和厦门岛间，呈北偏东至南偏西走向，长约1500 m，宽600～1000 m。10 m等深线距东岸仅40～60 m，绝大部分水域的水深超过10米。北端东侧有牛粪礁，东、西、南均有大陆或岛屿掩护，水域平稳，船只在此可避10级大风。涨落潮流速一般为1.7～2.4节，该航道猴屿南部部分航段水深仅7 m，严重阻碍万吨级以上船舶进入东渡港区，经过东渡港一、二期工程的航道建设，对浅段进行拓宽浚深，宽达200 m，通航深度8.5 m，5000吨级以上船只可由鼓浪屿西航道进出。

③高崎支航道

位于内港的北部东端，集美海堤西侧，东北、北、南、西南均有陆地和海堤掩护，西北至西南为开敞的水域，自煤码头至高崎码头航道长3 km，宽90 m。低潮时部分航道水深为2～4 m，0 m等深线距岸边600 m以上，西南2000 m处可接10 m深的深槽，西北400 m有集美海堤堤洞，洞长24 m，底宽16 m，由洞底至顶部高11.69 m，可供小船通过。

④海沧支航道

位于青礁转折点至海沧港，航道长4.6 km，宽度180 m，深度8.1 m，其中人工挖槽航道长约12 km。设计乘潮通航3.5万吨级以下船舶。

⑤马銮支航道

位于象屿码头转折点至利恒涤纶码头，航道长6.4 km，宽度80 m，深度4.5 m，设计乘潮通航3000吨级以下船舶。

⑥青屿水道和浯屿水道

即厦门港外航道。其中青屿水道由青屿岛和五担岛之间进入鼓浪屿以西水域，长约14 km，最大宽度3 km多，扉窄为12 km。水深在12～25 m之间，5万吨级以下船舶不受潮水限制，随时都可通过。1949年9月30日，金门宣布封港，不准船只进出，5000吨级国轮改由浯屿水道进出。浯屿水道比青屿水道稍窄，水深在10 m以上，走向与青屿水道平行，长度接近，位于青屿水道西侧。

⑦嵩鼓水道

位于嵩屿和鼓浪屿之间，为进出厦门内港的主航道，经鼓浪屿和嵩屿中间水域可达东渡港区和老港区，该水道至东渡港区42 km，宽度300～800 m，最窄处为200 m，水深一般在10 m以上，个别浅点在8～9 m。嵩鼓水道除猴屿南有1 km左右为人工挖槽以外，其余均属自然航道。1989年在建设东渡港第二期工程时，进行航道疏浚工程，于1993年竣工。设计为5万吨级海轮单航道和 2.5 万吨级海轮双航道，附近岩礁较少。

⑧厦门港引航锚地

位于鼓浪屿与屿仔尾之间水域，2 万吨级船舶的装卸、避风锚地均在此，锚地面积约 6.2 km^2，可同时停泊万吨级船舶 10 余艘。港内有作业锚地，分布在猴屿至虎头带水域。港内两边堤岸有白色锚位标志 17 处。

（2）刘五店水道

刘五店水道为天然水道，位于厦门岛东水道内东岸，东水道沿岸主要为红土台地，地势平缓，港湾深阔，深入内地达 20 km。刘五店港区码头向外 50～60 m 处水深达 6～7 m，深 5 m 以上的水域宽度约 450 m，向北逐渐变窄，仅 20 m 左右；向南及西南方向水渐加深，为东嘴港、浔江向东、南方向延伸的一个深槽，最深 22 m。厦门北侧水道深 10 m 以上的水域宽约 1500 m，在平潮时万吨级船舶可以从厦门北侧水道进入距码头 50～60 m 的水域，出口航道即厦门东水道。进出港船舶需绕道横穿浅滩由厦门港青屿水道航行。5 万吨级船不需乘潮即能通过北水道及东水道。

（3）大嶝水道

大嶝水道东口介于内盘礁和分流礁之间、小嶝岛与大屿岛北侧，经七星礁至澳头，航道弯曲、复杂，小型船须候潮航行，助航设备完善。水道中段有海堤残基存留的碎石，近大嶝岛一端有一堤口，上宽约 20 m，底宽约 6 m，水深 0.9 m。从内盘礁至青礁之间，最小水深不及 1 m，接近堤口一段只有一宽 30～50 m 的水沟，水深干出 0.8 m。靠近该段水道两侧的泥滩干出约 3 m 左右，从堤口至大嶝西端附近泥滩大部干出 3～5 m，水沟呈 S 形，航行较困难。9 号灯桩之间转向角大于 90°，航行船的吃水和长度均受限制。弯沟南口至澳头、七星礁以南附近干出 3.2 m，其余干出较小，但滩多牡蛎床，澳头附近多礁石，水道介于礁石之间，最窄处宽约 240 m。弯沟东南方泥滩干出 4.2 m，大潮高潮时可航行吃水 2 m 以下的船只。这里高潮比石井约迟 13 min，潮差约为厦门港的 1.06 倍，平均海深 3.79 m。

5. 2004 年 厦门周边海域水质状况

（1）pH 值

表层 pH 介于 7.88～8.97 之间，平均约为 8.13；底层介于 7.86～8.33 之间，平均约为 8.12。国家 II 类水质标准为 7.8～8.5 范围，表层 pH 在某个时空段超出国家 II 类水质标准；而底层水则符合国家 I ～ II 类水质标准。

（2）叶绿素 a

全年表层含量介于 1.30～96.3 μg/L 之间，平均约为 7.21 μg / L；底层介于 0.81～7.88 μg / L 之间，平均约为 3.30 μg / L。8 月份的含量明显高于 5 月份和 11 月份。

(3)COD

表层 COD 介于 0.17～4.3 mg / L 之间，平均约为 0.86 mg / L；底层介于小于检测限 1～1.7 mg / L 之间，平均约为 0.71 mg / L。一年当中，COD 值随时间变化趋势不明显，总体而言均小于 2.0 mg / L 的国家 I 类海水水质标准。

(4) 悬浮物

表层悬浮物含量介于 4.70～26.9 mg / L 之间，平均约为 12.1 mg / L；底层介于 6.10～126.8 mg / L 之间，平均约为 31.2 mg / L。各月份底层悬浮物含量均显著高于表层平均含量。

(5) 油类

表层油类含量介于小于检测限～19.1 μg / L 之间，平均约为 8.95 μg / L；全年表层油类平均含量符合国家 I ～ II 类水质标准。

(6) 磷酸盐

表层磷酸盐平均含量介于小于检测限～84.3 μg / L 之间，平均约为 29.7 μg / L；底层介于 2.0～67.2 μg / L 之间，平均约为 26.3 μg / L。5 月和 11 月表层磷酸盐平均含量均符合国家海水水质III标准，底层磷酸盐平均含量除 11 月份超国家海水水质III标准外，均符合国家水 I ～ III水质标准。

(7) 总无机氮

总无机氮是指亚硝酸氮、硝酸氮和铵氮的总和。年表层总无机氮平均含量介于 8.2～970 μg / L 之间，平均含量为 405 μg / L；底层平均含量介于 65.0～775 μg/L 之间，平均含量为 339 μg / L。夏季浮游植物增殖高峰期，海区的无机氮含量为全年最低，除 8 月份底层海水总无机氮含量符合 II 类水质标准；其余月份表底层海水总无机氮含量均超 II 类海水水质标准。

(8) 溶解氧

年表层溶解氧平均含量介于 4.75～16.07 mg / L 之间，平均含量为 6.85 mg / L，底层平均含量介于 3.97～7.64mg/L 之间，平均含量为 6.35 mg / L。全年趋势：除 8 月份底层溶解氧平均含量符合国家 II 类海水水质标准外，其他均符合国家 I 类水质标准。

(9) 汞

年表层总汞平均含量介于小于检测限～0.037 μg / L 之间，平均含量为 0.014 μg/L。符合国家 I 类水质标准。

(10) 铜

表层铜平均含量介于 0.48～1.8 μg / L 之间，平均含量为 0.98 μg / L。符合国家 I 类水质标准。

(11) 镉

表层镉平均含量介于 0.012～0.14 μg / L 之间，平均含量为 0.041 μg / L。

符合国家 I 类水质标准。

（12）铅

表层铅平均含量介于 0.047～0.71 μg / L 之间，平均含量为 0.12 μg / L。符合国家 I 类水质标准。

（13）砷

表层砷平均含量介于小于检测限～4.2 μg / L 之间，平均含量为 1.62 μg / L。符合国家 I 类水质标准。

监测结果表明，2004 年厦门海域海水质量与 2003 年基本持平，影响海水质量的主要参数仍然为磷酸盐和总无机氮，其中厦门东部海域和西海域总无机氮含量有增加趋势；马銮湾海域磷酸盐和总无机氮含量减少显著，这与其全年浮游植物生物量普遍偏高有关，但其化学耗氧量处于较高水平，因此马銮湾海域水质依然不容乐观。

海洋养殖贝类中总汞、镉、铅、石油烃、DDT、六六六、多氯联苯等物质的污染指数均小于 1.0，腹泻性贝毒和麻痹性贝毒含量均符合食用标准，副溶血性弧菌未检出，表明贝类未受这些物质的污染；养殖贝类质量基本符合《海洋生物质量》II 类标准。

厦门海域的污染物主要来自九龙江和沿岸陆源排污以及海水养殖、船舶排污等。2004 年九龙江入海污染物总量约为 1.89×10^5 t，其中 COD 物质约占 80.4 %，无机氮约占 15.8 %，总磷约名 0.9 %，油类约占 1.3 %，重金属约占 1.6 %。同安湾周边地区排放入海污染物总量约为 6.91×10^4 t，其中主要污染物为总磷、COD 和总氮，占排海污染负荷比分别为 55.2 %、23.4 %和 18.4 %。

厦门海域水质质量符合鲎的生存条件，因此适合建立鲎海洋特别保护区。

6. 常见海洋生物

厦门海域海洋生物种类丰富多样，有近 2000 种。其中与鲎食物链或敌害有关的有数百余种。

（1）海洋动物

Ⅰ. 无脊椎动物

①海绵动物：如生姜皮海绵，矶骨厚指海绵，隐居穿贝海绵等。

腔肠动物：南海扁胃水母、双高手水母、褐高手水母、双叉八束水母、短柄灯塔水母、拟多枝真枝螅、顶突介穗水母、厦门隔膜水母、锥形面具水母、八斑芮氏水母、缢拟长管水母、厦门枝刺水母、卡氏海笔螅、厦门外肋水母、指突水母、坚实八拟杯水母、变型和平水母、真强状水母、弯真瘤水母、帕克和平水母、情帽真瘤水母、日本真瘤水母、真瘤水母、怪真瘤水母、端庄真瘤水母、大腺真唇水母、热带真唇水母、绪氏羽螅、法氏绘叶螅、履状钟螅、真拟杯水母、刺纹水母、三叶坚固水母、太阳水母、僧帽水母、双钟水母、顶大多面水母、九角水母、黄斑海蜇、棒状海蜇、叶腕水母、拟叶腕水母、金黄水母、马来沙水母、紫色霞水母、海月水母、巴布亚硝水母、嘉庚水母、细条浅室水母、大真光水母、无疣拟蹄水母、热带无棱水母、单齿无棱水母、等指海葵、黄侧花海葵、太平洋侧花海葵、亚洲花海葵、纵条矶海葵、放射侧花海葵、斑点侧花海葵、刺棘柳珊瑚、厦门海叭等等。

②扁形动物：细弱前角涡虫、东方柄涡虫、杂色斜涡虫、外伪角涡虫。

③环节动物：星虫、沙蚕。

软体动物：墨鱼、章鱼、枪乌贼、鲛水、褶牡蛎、缢蛏、竹蛏、花蛤、文蛤、花蛏、翡翠贻贝、魁蚶、栉江珧、泥螺。

④节肢动物：远洋梭子蟹、三疣梭子蟹、红星梭子蟹、锯缘青蟹、日本蟹、中国对虾、长毛对虾、班节对虾、日本对虾、东方鲎。

⑤腕足动物：海豆芽。

⑥棘皮动物：海燕，马氏刺蛇尾，马粪海胆，中华釜海胆，刺参，砂海星，钮细锚参，棘刺海参，海老鼠，海地瓜黄五角海星，刘五店沙鸡子等。

其中底栖动物，浔江湾大型底栖生物平均密度为 416.7 个 / cm^2，小型底栖生物总平均密度为 59.65 个 / cm^2。浔江湾水域小型底栖生物自由生活的海洋线虫是数量最多的类群，其平均密度为 53.26 个 / cm^2，占小型底栖生物平均密度的 89.28%；其次是底栖桡足类，占 2.76%。此外，有小型多毛类、介形类、动吻动物等其他各类所占比例均较少。

Ⅱ．脊椎动物

①头索动物：文昌鱼。

②鱼类：条纹斑竹鲨、豹纹鲨、海鳗、江鳐、斑鲷、鳓鱼、中华青鳞、日本鳀鱼、香鱼、大黄鱼、斑点马鲛、蓝点马鲛、七丝鲚、公鱼、鲈鱼、黄鲷、尖头银鱼、长鳍银鱼、弹涂鱼、三斑海马、褐篮子鱼。

③鸟类：国家Ⅱ级重点保护鸟类有黑翅鸢、鸢、鹗、红隼、黄嘴白鹭、岩鹭、青脚鹬和褐翅鸦鹃 8 种。鸟类优势种有小白鹭、池鹭、白头鹎和环颈，白鹭、大白鹭、中白鹭、夜鹭、池鹭、苍鹭、牛背鹭等鹭科鸟类。

哺乳类：中华白海豚、宽吻海豚、糙齿海豚、江豚、太平洋短吻海豚等。

(2) 海洋植物

①浮游植物

浮游植物种类在 140 种以上，其中硅藻门 34 属 120 多种，是该区浮游植物的主要门类；甲藻门 6 属 10 几种；其余的是蓝藻门、金藻门和绿藻门，各 1 属 1 种。多数种类是广温性种（占 50% 左右），其次是暖水种和偏暖种（占 40% 左右），此外还有少数温带种（占 6%），其余一些是生态性质未明种。四季常见的种类是旋链角毛藻、有光圆筛藻、星脐圆筛藻、琼氏圆筛藻、布氏双尾藻、具槽直链藻、奇异棍形藻、尖刺菱形藻、中肋骨条藻、菱形海线藻和夜光藻等。

②底栖藻类

珊瑚藻，无柄珊瑚藻，羊栖菜，鼠尾藻，红毛菜，细毛石花菜，小石花菜，鸡毛菜，舌状蜈蚣菜，鹿角沙菜，小杉藻，礁膜，浒苔，海带，紫菜，石莼等。

③红树林

秋茄，桐花树，白骨壤等。

（三）厦门鲎海洋特别保护区建区实践（Establishing practice of Xiamen special marine conservation areas for horseshoe crabs）

1. 海洋特别保护区基本含义

根据《海洋特别保护区工作实施方案》，海洋特别保护区是可持续发展理论与海洋资源开发相结合的必然产物，它是指在我国管辖海域以海洋资源可持续利用为宗旨，对海洋资源密度高、产业部门多、开发强度高、生态敏感和脆弱的海域，依法划出一定范围的海域予以特殊保护管理，以确保科学、合理、安全、持续地利用各种海洋资源，达到最大的社会经济效益。海洋特别保护区本质上是一种兼顾海洋资源可持续开发和生态环境保护，通过特殊的综合管理手段，全面协调、有效促进海洋资源与环境可持续发展的特定区域。

海洋特别保护区与海洋自然保护区具有本质区别，主要表现在以下方面：(1) 两者保护的宗旨、目标与对象不同：特别保护区以可持续利用海洋资源为根本宗旨和目标，保护的是海洋资源及环境可持续发展的能力；自然保护区主要保护某些原始性、存留性和珍稀性的海洋生态环境对象；(2) 选划标准、保护内容及范围不同：特别保护区选划主要侧重于海洋资源的综合开发与可持续利用价值，保护内容涉及社会经济、自然资源和生态环境等多个方面，其内部还甚至可以包括海洋自然保护区；自然保护区选划主要侧重于保护对象的原始性、珍稀性和自然性等，保护的是其原始自然状态，基本不涉及资源开发与社会发展；(3) 保护的任务和管理方式不同：特别保护区保护的任务和方式涵盖了海洋资源可持续开发的诸多方面，如海洋开发规划、海洋功能区划、产业结构优化、协调管理等，强调海洋资源开发的合理性；自然保护区则按区域实行不同程度的强制与封闭性管理。因此，海洋特别保护区与海洋自然保护区基本不存在建设与管理的交叉重复问题。

2. 海洋特别保护区的工作目标

(1) 保护特定海域资源和生态环境。保护特定海域的自然资源和生态环境是海洋，通过在保护区内实施各种资源开发与环境保护协调管理措施，防止、减少和控制海洋自然资源与生态环境遭受破坏。

(2) 对已受到破坏的海域资源与生态环境进行恢复。通过实施生态旅游、生态养殖等，建设海洋资源循环利用、海洋生态恢复整治、海洋生物多样性保护等海洋生态工程，促进已受到破坏的海洋资源与环境尽快恢复。

(3) 建立资源与环境统筹考虑的海洋可持续发展示范区。在保护区内以海域空间的合理调配实现对海洋资源的合理配置和环境效益，促进各类资源可持续利用技术和清洁生产技术的广泛应用，逐步建立符合海洋开发实际的“资源节约型”和“环境友好型”的可持续发展的海洋经济体系。

(4) 实行预留及谨慎开发策略区域。对于某些目前尚不具备进行规模开发能力的海域或海洋资源，如潮汐、波浪等海洋新能源，或小规模的新兴高新技术海洋产业等，以及某些特殊敏感脆弱海域，如海岸侵蚀区域等，都可以在特别保护区内实行预留或谨慎开发策略。

(5) 建立海洋知识创新、高新技术产业发展及综合管理的试验区。利用严格的资源与环境管理方法，结合科学的规划与宏观调控手段，对保护区内的海洋产业进行有效调整和提升，积极扶持高新技术产业发展，并通过综合协调管理实现最大的经济效益与生态效益。

根据有关海洋特别保护区的诠释以及《中华人民共和国海洋环境保护法》第 23 条“凡具有特殊地理条件、生态系统、生物与非生物资源及海洋开发特殊需要的区域，可以建立海洋特别保护区，采取有效的保护措施和科学的开发方式进行特殊管理”的规定，结合考虑厦门的鲎资源现状及本市社会、经济发展情况，厦门市鲎保护区的建立只能采取海洋特别保护区的形式，以保证实现厦门的鲎保护与厦门经济可持续发展和谐发展的目标。

3. 厦门鲎特别保护区建区的原则和条件

(1) 建立鲎特别保护区的原则

由于建立特别保护区强调的是以海洋资源可持续利用为宗旨，对海洋资源密度高、产业部门多、开发强度大、生态敏感和脆弱的海域，依法划出一定范围的海域予特殊保护管理，以确保科学、合理、安全、持续地利用各种海洋资源，达到最大的社会经济效益的保护区。其本质是一种兼顾海洋资源可持续开发和生态环境保护，通过特殊的协调管理手段，促进海洋资源与环境可持续发展的特定区域。因此，与建立自然保护区要求恢复原来生态条件的要求不同，我们建区主要目的是确定厦门海域适合进行鲎人工放流的地点和位置。考虑所选的海区既要符合鲎生长发育的环境条件，又要兼顾厦门经济发展的需要，使两者达到和谐统一。

（2）选择确定鲎特别保护区的条件

根据鲎生长发育适应性实验，幼鲎适合在有沙和泥滩的环境条件生长发育。它钻在沙和泥滩中活动，一方面泥沙是它的栖息地，以免长年在海水游泳运动，消耗大量体力，另一方面可以避开敌害的攻击，成为其他海洋动物的食物，提高自己的生存率。因此，凡具有良好沙滩、泥滩及滩涂海域，都可以作为鲎幼苗放流的地点和位置，而作为鲎保护区的一部分。

4. 鲎特别保护区的位置和范围

根据厦门市海域功能区划，厦门市所辖海域划分为：厦门西部海域、厦门东侧海域、同安湾海域和大嶝三岛海域。毗邻厦门海域的有龙海市所属的九龙江口和浯屿、青屿沿海，金门所属的大小金门西侧海域，大嶝北部的南安海域。这些海域连同厦门管辖海域总面积大约 700 km^2。

这次选址调查走遍厦门各个海域，最后根据选址原则和条件下，确定以下地点和位置作为厦门市鲎特别保护区的核心区：

（1）厦门西部海域

位于厦门岛西部，北起厦门海堤，南至胡里山与青屿连线以西厦门辖属海域。包括厦门西港、九龙江口海域、厦门岛西南海域（外港）以及马銮湾。海域内有鼓浪屿、大屿、鸡屿、火烧屿、大兔屿、小兔屿、白兔屿、宝珠屿等岛屿。

该海域为厦门市最大、最深的海域，面积约 141 km^2，其中水深 10～20 m 的海域面积约占 1 / 3，拥有深水岸线 27.4 km。

我们考察了该海域中所属的海沧区和集美区的海沧、嵩屿、东屿、鳌冠、鳌园、凤林等海滨。这些海域基本没有沙滩，但有大片滩涂可作为幼鲎放流的选择地点。

①火烧屿

地理坐标：

东经：118°03′28″～118°03′52″，北纬：24°29′23″～24°29′54″。

火烧屿地处厦门半岛西侧的海沧大桥区，东距东渡港口区 0.8 km，面积为 245741 m^2。岩石呈褐色，如火烧状，故名。地势呈东北、西南走向，自北至南分上、中、下 3 条小山嵴向西南递降，于西部形成两个湾口，进深约 320 m 和 270 m。海拔 34.1 m。东北岸陡峭，西南、南岸平缓。岸线长约 3.8 km。由侏罗纪火山岩构成，由于表层为沉积岩，表面呈现色彩各异的流纹，蔚为奇观。屿上植被覆盖率 80%～90%，多数为相思树、木麻黄和桃金

图 7-17　火烧屿

娘、黄子、芒萁群落。2 个湾口已筑坝成塘，可作为放养幼鲎的实验场所。屿的沿岸既有沙滩，低潮时有大片泥滩，适合幼鲎生长，屿上有建筑物多座，可作为进行鲎研究的实验室。屿上开辟为火烧屿生态旅游景区，供游人游览。屿上开展鲎的养殖及提供鲎标本展览，可增加景区的参观景点及普及海洋生物科普知识。

②大兔屿

地理坐标：

东经：118°03′10″～118°06′21″，北纬：24°29′08″～24°29′26″。

东距火烧屿 0.45 km，海沧大桥 1.8 km，西距海沧新城 1.2 km，南距鼓浪屿 3.6 km。略呈不规则的四边形，面积约 63226 m^2，属大陆岛，以形肖得名。地势东陡西缓。中部较高，海拔 41.3 m。由侏罗纪火山岩构成，表层多沉积岩，为岩石岸，岸线长约 1 km。屿上种相思树，少量木麻黄和马尾松，绿化覆盖率约 20%。面南部有石屋一座。滨西南、西岸有泥滩，滩涂生长海生植物红树林。

图 7-18　大兔屿

③小兔屿

地理坐标：

东经：118°02′56″～118°03′08″，北纬：24°26′54″～24°26′29″。

位于大兔屿下方且面积较小，由两小屿组成，依托在巨大岩石上，北为小兔屿，南名小屿，统称小兔屿。面积分别为 2200 m^2 和 1300 m^2。高程分别

图 7-19　小兔屿

为 9.3 m 和 10.5 m。屿为大陆岛，由侏罗纪火山岩构成，表层交沉积岩。低潮时连成一片，四周为滩涂。

④白兔屿

地理坐标：

东经：118°02′51″～118°02′54″，北纬：24°28′48″～24°28′52″。

位于厦门半岛西侧，东距东渡码头 1.35 km，以形肖得名。北距小兔屿 0.3 km，西距海沧新城 1.0 km，南距鼓浪屿 2.8 km，面积 6709 m²，高程 18.9 m。由侏罗纪火山岩构成，表层多沉积岩。沿岸多石滩，岸线长约 300 m。大潮低潮时，周围为大片滩涂，可供幼鲎栖息。

图 7-20　白兔屿

⑤大屿

地理坐标：

东经：118°02′32″～118°01′51″；北纬：24°27′30″～24°27′57″。

位于鼓浪屿西北面，俗称羊母屿，略呈长方形，面积 0.18 km²。地形波状起伏，呈双马鞍形。北部较高，海拔 59.9 m，由侏罗纪火山岩构成。北、

图 7-21 大屿

东、南三面陡峭，西岸稍缓，多为岩石岸。岸线长 1.8 km^2。屿上栽种相思树、马尾松及少量柏树，植被以芒萁骨为主。屿上已辟为白鹭自然保护区。每年有近 4000 只白鹭回归大屿越冬，可是板结的滩涂上食物不丰富，更严重的是，养血蚶等使用的农药将滩涂底的栖息生物杀死，断绝了白鹭的食物来源。因此，在大屿建立鲎自然区，当鲎大量繁殖起来时，鲎卵可作为白鹭的食物，这样可使白鹭保护区和鲎保护区共同协调发展起来。

⑥鸡屿

地理坐标：

东经：118°00′00″～118°00′48″，北纬：24°25′50″～24°26′18″。

地处九龙江口中部，北距海沧港区 1.2 km，东距鼓浪屿 4.5 km，距海沧区澳头村约 1.4 km，以形肖得名，又名圭屿、龟屿。地形略呈梯形，面积 0.37 km^2。地质由侏罗纪火山岩构成。西南部较高，海拔 64.3 m。东、南、西岸多峭壁，北面稍缓。岸线长 2.6 km，东南岸下接岩石滩，西南临海处为沙滩地。岛上栽种马尾松、相思树、木麻黄，植被多为芒萁骨、桃金娘。北面海域为滩涂。

图 7-22 鸡屿

大屿—鸡屿两岛地层基岩主要为燕山晚期岩浆岩，局部有侏罗系沉积岩。鸡屿岩体多为深灰色轻变质流纹质火山岩，伴有石英砂岩、炭质板岩、蚀变英安岩夹层；大屿主要伴有紫灰色流纹岩。

大屿—鸡屿两个岛屿地貌均由低丘、台地构成，地形起伏。鸡屿岛地势南高北低，由西南向东北呈阶梯状倾斜。岸线曲折，岩礁错落，由于长期受潮汐海浪强烈冲刷侵蚀、岸崖多较陡峭，并形成多样的海蚀礁石（海蚀柱、海蚀穴、海蚀拱桥等）地貌景观（如鸡屿岛东部）。在鸡屿岛、大屿岛等岬角湾内有砂砾石滩分布，主要以砾石和粗砂混合组成。鸡屿岛南岸和北岸各有一处砂砾质海滩。北滩砂粒较细，以中粗砂为主，沙滩长度约 150 m，宽 40 m；南滩颗粒较粗，以砾石为主，沙滩长度约 200 m，宽 50 m。

大屿、鸡屿两岛屿地下水受地层的岩性、结构和构造的影响。由于两岛屿四周临海，受海水入侵影响，水质略咸，为 Cl-Na 型水，矿化度大于 1 g / cm^3，地下水源靠大气降水入渗补给。因岛屿面积较小，能接受降水入渗面积有限，加上地形一般起伏不平且较陡峻等，不利地表水在地面停留。由于径流途径短，排泄速度较快，因此地层富水性呈贫乏状态，亦无丰富水系。在鸡屿岛的北侧近海低洼处，有一潭积水，汇聚部分地表径流，但旱季则呈干涸状态。目前鸡屿西侧岛沿山边有 5 口井。其中，西面 1 口“石井”，水质较好。大屿岛 1 口井，仅能供岛上少量人员临时性生活用水，井的附近一裂缝的山沟里也可汇聚少量雨水。据记载，鸡屿岛上“北湖”有一“石龟”，从石缝中渗出少量泉水，当地人称“蝙蝠尿”。据初步调查，目前两岛上均无较大地表水体，要解决岛上用水问题无疑只能从岛外引水。

大屿和鸡屿土壤类型主要为粗骨性赤红壤，土壤呈酸性，pH 4.5～6，表土有机质和磷、钾含量低，自然肥力较低，土色呈灰棕、褐棕色，表层质地为轻壤至砂壤，母岩为中生代侏罗系酸性火山岩和砂泥岩。

鸡屿岛和大屿岛沿岸滩地主要有：石质岩滩、砂砾石滩和泥质潮滩等 3 种类型。其中泥质潮滩坡度较平缓，在低潮期间，滩面向外延伸达 100～200 m，可作为幼鲎潜伏觅食的场所。鸡屿岛西北岸泥质滩涂上分布着一片红树林，种类为秋茄和桐花树，并伴有少量白骨壤，树高约 1.5 m，林下滩涂表面可见个体较小海洋底栖动物活动。鸡屿岛西岸有一块围堰约 2.33 ha^2 的养殖池，大屿岛西南岸亦有一块 2 ha^2 多围堰养殖池塘。

⑦鼓浪屿

地理坐标：

东经：118°03′07″～118°04′21″，北纬：24°26′20″～24°27′26″。

位于厦门岛西南隅，与厦门市隔海相望，面积 1.78 km^2。鼓浪屿原名圆沙洲、圆洲仔，因西南有巨大的礁石受浪潮冲刷成海蚀洞，当受浪潮冲击，声如擂鼓被称做“鼓浪石”，岛也因此得名。西北、北、南部岗峦起伏，东、中部较平坦。最高点日光岩的顶峰，是鼓浪屿的最高峰，海拔 92.7 m，加上圆台，号称“百米高台”。登临日光岩，鸟瞰四周，望长风鼓浪，心旷神怡。

图 7-23 鼓浪屿皓月园附近海滩

鼓浪屿海岸结构，东部多人工岸，西岸多沙滩，南、北部以岩石滩、岸为主。岸线长 7.0 km，沿鼓声路、港后路、菽庄花园至皓月图的岸线有洁净沙滩，低潮可见泥滩，适合鲎的栖息。鼓浪屿轮渡码头旁边的避风坞是幼鲎放养的好地方。据该地点所属的厦门轮渡公司的管理人员介绍，前几年该地点在鲎繁殖季节可以发现大量不同大小的鲎。该公司已同意将该地作放养鲎的实验地。

⑧宝珠屿

地理坐标：

东经：118°03′52″～118°03′56″，北纬：24°32′21″～24°32′24″。

位于厦门岛北侧，北距高集海堤 3.5 km、集杏海提 3.3 km，南距海沧大桥 4.8 km，东距东渡港 3.0 km，西距马銮湾 3.8 km。屿上植被覆盖率 80%，植被类型为相思树、龙舌兰、疏花画眉草、白茅草等。宝珠屿属海中沙屿，周围皆石，中有一丘，土赤，屿上草短，遥望如翡翠珠球，故名。平面呈圆形，隆起为半球形。面和约 2710 m^2，高程 17.4 m，由燕山期似斑状花岗岩构成。屿上建有宝珠塔，塔高 15 m。岸线 270 m，低潮时，登山塔顶环顾四周，可见大片滩涂，适合幼鲎栖息，可作为幼鲎放流的选择地。屿上有可若干座建筑物可供海水养殖实验之用。

图 7-24 宝珠屿

根据考察发现，厦门港、厦门西港、马銮湾海域由厦门岛、海沧区及集美区陆地环抱（图 7-25，图 7-26），形成一个相对稳定平静的海区。而镶嵌在海上的宝珠屿、火烧屿、大小兔屿、大屿、鸡屿等岛屿四周具有成片的沙滩及滩涂，可作为建立厦门西海域鲎特别保护区的第 1 个核心区，并向外辐射到整个厦门西海域。这也与鲎繁殖的洄游路线相吻合。

（2）厦门岛东侧海域

位于厦门岛东岸海域，南起胡里山、北至五通角沿岸以东海域及同安湾口海域。海域有上屿、槟榔屿、烟屿等岛屿。

图 7-25 集美海滩

该海域地处厦门岛东海岸，海岸较平直，海域开阔。水道与台湾海峡连通，受外海海水影响较大，盐度较高，营养贫乏，浮游生物量较低，风浪较大，属高能环境。底质以沙质为主，沿岸沙滩发育，海滨浴场依次相连。本区以厦门岛东海域构成相对完整的地理单元，属于岛岸开阔海域。本区在 1949—1979 年为“军事要区”，开发程度较低，不少岸段仍保持自然风貌，很适合鲎的栖息繁衍，是厦门鲎的主要产区。1980 年后，厦门东海岸出现开发热潮，滨海旅游资源遭受不同程度破坏，海岸普遍受到侵蚀，滨岸生态环境也遭到不同程度的污染和破坏，鲎基本消失殆尽，难觅踪影。

图 7-26 海沧在大屿与大兔屿之间大片的滩涂

图 7-27　白城海滨

考察范围从白城海滨、曾厝垵海滨、白石炮台海滨、太阳湾海滨、黄厝海滨、椰风寨海滨、何厝海滨、五通海滨直到钟宅海滨。

这条漫长的与环岛路平行的海滨带具有典型沙滩和滩涂的地貌环境，原来非常适合鲎繁衍生息，也是我市早期鲎主要产区。但现在该海滨已成为厦门主要的旅游区，节假日游人如鲫，鲎在沙滩排卵受精所需要的繁殖生态环境已受到破坏，原有的生态环境荡然无存，已不适合于鲎的繁衍生息。现在再看不到当年成对鲎徜徉沙滩，挖掘洞穴，排卵受精的景象。

不过，由于该海域具有典型的沙滩、滩涂地质条件，还是可以选作为幼鲎放流的地点。幼鲎可以潜伏在泥滩，游人也难以捕抓破坏。尤其何厝海滨、钟宅大桥的内湾的水体有堤岸将滩涂围成相对平静的区域，可为幼鲎提供相对稳定、平静的生长环境。

图 7-28　太阳湾海滨

(3) 同安湾海域

位于厦门岛北部，五通—澳头以北海域，包括整个同安湾。海域内有鳄鱼屿、大离浦屿等岛屿。

我们考察了同安区的潘涂、丙洲、琼头、鳄鱼屿、刘五店、澳头、欧厝及大嶝岛与小嶝岛。考察发现，同安区水域沙滩面积缩小，采沙挖沙现象严重，养殖密度过大，滩涂基本上布满蚝石，插满竹竿。这样水域不具备作为建区的条件，但具有大片养殖滩涂，适合幼鲎生长，可以作为幼鲎放流的地点。

①鳄鱼屿

地理坐标：

东经：118°10′107″～118°10′35″，北纬：24°35′06″～24°35′26″。

位于同安湾中部，东咀港东南部，东距刘五店 2.5 km，西距集美 7.2 km，南距钟宅 6.2 km，似两条鳄鱼相交横卧海面，故名。屿为东北—西南走向，长 0.61 km，宽 0.21 km，面积 0.13 km^2。屿上植被覆盖率为 50%～60%，多为牡荆、马樱丹、茵陈篙等，西北滩涂有红树林。海岸线为沙泥质滩涂，周围水深 0.3～3.1 m。鳄鱼屿海域原适合鲎繁殖生息，盛产鲎。近年来，海岛滩涂发展为牡蛎养殖、围网养殖虾蟹及渔排。由于养殖过度密集，水质受到污染。目前，经过治理，水质已得到改善，可以作为鲎保护区的地点。

图 7-29 鳄鱼屿

②大离浦屿

地理坐标：

东经：118°08′54″～118°09′13″，北纬：23°33′32″～24°33′34″。

位于同安湾海域，东距五通 5.5 km，距厦门国际机场 2.5 km，西距集美 5 km，面积约 21831 m^2。岛上为相思树、龙舌兰、白茅、茵陈篙所覆盖，植被覆盖率达 50%～65%。岛上建有 2 座平房，原来滩涂及浅海海域养殖密度过密，经治理，现正逐渐恢复原来的环境生态。海岛滩涂岛屿四周既有沙滩，低潮时有一大片滩涂，游人一般需要有专门交通运输工具才能登上。因此，可以作为鲎自然保护区和幼鲎放流的选择点。

图 7-30 大离浦屿及周边大片的滩涂

(4) 大嶝三岛海域

地处厦门岛外东北部，西起同安湾口北岸澳头，东至角屿海域。包括翔安区新店镇东南岸及大嶝岛、小嶝岛及角屿等岛屿。

①大嶝岛

地理坐标：

东经：118°17′27″～118°20′50″，北纬：24°32′34″～24°34′32″。

大嶝岛位于翔安区东南部、大嶝航道和金山港之间，北距大陆最近点1.3 km。从金门海面看翔安大陆，此岛屿似登大陆的一大台阶，故名。岛呈西北—东南走向，长5.2 km，宽2.26 km，面积11.8 km^2。由南向北微倾，最高点寨仔山，海拔41.8 m。表层为第四系残和及现代冲积物，偶有花岗岩裸露，多红壤，有潮土和盐土。植被较少，以木麻黄为主。海岸线长17.2 km，多为泥沙岸，周围水深0.2～1.9 m，可以作为幼鲎放流的地点。

图7-31　大嶝岛大片滩涂

②小嶝岛

地理坐标：

东经：118°22′34″～118°23′34″，北纬：23°33′20″～24°33′44″。

位于金门北东水道北侧，距大嶝岛东3 km，西北距大陆最近点2.3 km，因小于大嶝岛，故名。岛呈东西走向，长1.7 km，宽0.48 km，面积0.81 km^2，由花岗岩构成，多红壤。东北部较高，最高点西悦尾，海拔28 m。海岸线长

图7-32　小嶝岛

5.13 km，泥沙岸，周围水深 0.2～2.7 m。小嶝岛目前仍然依靠每天航班及私人机动船往返于大嶝岛，人口不多，游人也少。目前，在鲎繁殖季节，大、小嶝岛还可以看到渔民捕获的鲎在饮馆、市场出卖，每天的数量约 10～20 对。岛上的东南面海岸线具有保护良好的沙滩，与角屿遥遥相对，可以作为东海域鲎保护区核心区。

③角屿

地理坐标：

东经：118°23′50″～118°24′35″，北纬：24°32′57″～24°33′24″。

位于小嶝岛东南侧，西北距大陆最近点 4.5 km，多岬角，故名。屿呈东北—西南走向，长 1.34 km，宽 0.16 km，面积 0.2044 km^2。屿主要由花岗岩构成，岩石多裸露，多红壤，海拔 24.9 m。海岸线长 3.35 km，周围水深 1～6 m，有保护良好的沙滩和泥滩，是目前厦门海域唯一不受人为破坏的海滩。

图 7-33　角屿

根据大嶝岛镇政府发展规划，虽然大嶝岛四周滩涂将全部清除建成堤岸，但小嶝岛居民稀少，而且交通不便，岛上的生态环境保护较好，具有良好的沙滩和滩涂，对面的角屿更由于属军事禁地，因此保存完好的沙滩、滩涂环境生态，是目前在厦门唯一可以找到的符合鲎自然保护区建区要求的地点。

因此，可以以角屿、小嶝岛、大嶝岛、欧厝、澳头、大离浦屿、鳄鱼屿作为鲎特别保护区为中辐线核心区，向四周辐射将东咀港、浔江港、厦门东海域包括在一起，形成厦门东海域鲎特别保护区。

根据上述的调查及分析，以上的位置和地点同时也是厦门海域进行鲎人工放流增殖的最佳位置和地点。

综上所述，厦门鲎特别保护区地理坐标包括从东经：118°0′0″～118°25′00″，北纬：24°32′57″～24°39′00″ 的海域。

镶嵌在厦门港、厦门西港、马銮湾海域上的宝珠屿、火烧屿、大兔屿、小兔屿、白兔屿、大屿、鸡屿具有成片的沙滩及滩涂，为周围的陆地所环抱，形成一个相对稳定平静的海区，可作为建立厦门西海域第 1 个鲎特别保护区核心区，并向外辐射到整个厦门西海域。

另外，以角屿、小嶝岛、大嶝岛、欧厝、澳头、大离浦屿、鳄鱼屿作为鲎特别保护区为中辐线核心区，向四周辐射将东咀港、浔江港、厦门东海域包括在一起，形成厦门东海域第 2 个鲎特别保护区核心区。而其他的海域及滩涂可作为外围区，成为核心区缓冲带。

这 2 个核心区像两个臂膀怀抱着厦门岛，周围陆地形成一个天然屏障，该保护区的海域处于相对平静的环境，符合鲎所要求的环境条件，有利于鲎在该海域的滩涂中生长发育（图 7-34）。经数年坚持不懈的努力，厦门地区鲎种类数量将很快得到恢复。

厦门市鲎特别保护区，将来还可以与金门合作，共同在海峡两岸建立共同中国鲎特别保护区，使海峡地区成为适合中国鲎繁衍生息的地方。

5. 厦门市鲎特别保护区的任务

（1）在保护区内通过实施各种有效措施，防止、减少和控制由于人类活动对鲎资源以及相关的生态环境产生的不良影响。

（2）通过实施生态旅游、生态恢复、生物多样性保护等社会性和技术性的保护措施，在保护区内有计划地实现提升鲎资源量，修复鲎生态环境的目标。

（3）积极调整保护区产业结构，努力扶持以保护区鲎资源为特色的医药、食品及其他高新技术产业，在保护区内尝试建立资源保护与开发互利并进的现代文明经济体系。

（4）充分发挥科学实验区的作用，建立保护区常规监测制度；同时，吸引和鼓励科技人员来此从事有利于资源保护和相关产业发展的科学研究与技术开发工作，把厦门建成吸引世界各国从事鲎研究专家共同进行研究、开发、利用的鲎研究中心。

6. 海洋特别保护区的建设和管理

（1）海洋特别保护区的管理体制

根据《海洋环境保护法》和国家有关规定，海洋特别保护区实行统一协调管理与分部门管理相结合的体制，各部门应按照国家职能分工明确各自管理权限，加强分工协调与配合。

海洋行政主管部门主管海洋特别保护区海洋行政主管部门负责各级海洋特别保护区的监督管理，主要负责编制海洋特别保护区发展规划，审查海洋特别保护区的建区方案和报告，指导海洋特别保护区的建设与管理工作等，对海洋特别保护区进行监督检查，被检查单位应当如实反映情况，提供必要的资料。

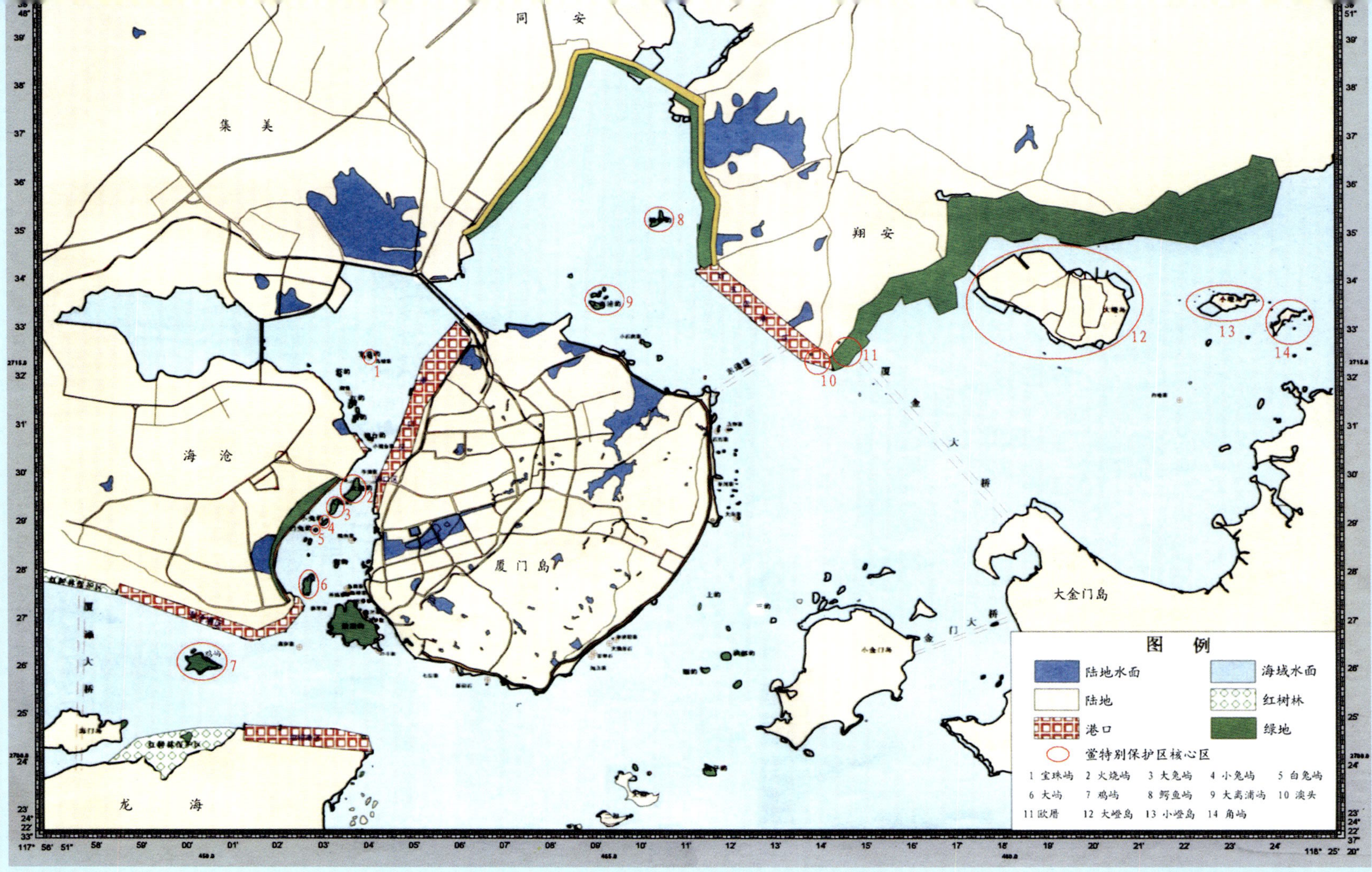

图 7-34　厦门市鲎特别保护区地理位置图

图中红色圆圈及数字表示特别保护区核心区的地点和位置

海洋特别保护区管理机构及人员组成海洋特别保护区成立专门的管理机构，管理机构配备一定的管理和技术人员，负责保护区的日常具体管理工作。

海洋特别保护区管理机构的基本职责海洋特别保护区管理机构的主要职责是：①贯彻执行国家有关海洋资源开发和环境保护的法律、法规和方针、政策；②制定和实施特别保护区的总体建设规划、管理制度和技术规范，并组织落实年度工作计划；③结合保护区资源与环境条件，以及涉海产业部门的发展政策与规划，统筹兼顾地组织编制在保护区内海洋产业的海洋资源开发活动，对已受损害和破坏的海洋资源与环境进行恢复治理；④开展保护区内海洋资源与环境基础调查和经常性监测评估工作，建立保护区的档案资料和数据信息系统；⑤在保护区内实行联合监察执法和监督检查等工作。

由于海洋特别保护区存在大量资源开发活动，其管理涉及其他行政主管部门，因此应对其管理职责明确分工。

特别保护区建设与管理经费海洋特别保护区的建设与管理所需经费，以当地财政负担为主。

(2) 海洋特别保护区建设与管理的主要内容

海洋特别保护区以科学合理开发和持续利用海洋资源、保护海洋生态环境为目标，以协调管理的形式，通过在保护区内实施可持续的资源开发、监测评估、规划管理等一系列措施和手段，优化资源合理配置，保护海洋生态系统功能，最终实现海洋经济、社会和环境协调发展。

①区划与规划

海洋特别保护区强化宏观调控，充分发挥海洋资源开发与环境保护区区划和规划在合理配置海洋资源和提高生态环境效益中的基础作用。保护区管理机构根据区内海洋功能区划、海洋资源与环境状况、行业发展模式和特定的发展优先次序，制定海洋资源开发和环境保护规划。

②特别保护区管理制度

海洋特别保护区的建设与管理应遵照国家有关海洋特别保护区的技术规范和标准。海洋特别保护区所在地人民政府根据国家有关规定和海洋特别保护区的管理办法制定相应的配套管理制度。

③协调监督管理

海洋特别保护区管理主要采取协调管理的形式。特别保护区的管理制度、海洋资源开发与环境保护的区划与规划、年度工作计划、以及日常重大事项，须经职责会议定。特别保护区管理处（站）主要依据决策，具体组织实施。

④海洋生态环境保护

海洋特别保护区积极建设海洋资源循环利用、海洋生态恢复整治、海洋生物多样性保护等海洋生态工程，保护和恢复已经破坏的脆弱生态环境。推行环境影响评价制度、污染事故报告制度等；污染物排海总量控制制度；保护区内不得新建陆源污染物的排污口，现有排污口应当逐步改造成离海排放；保护区内不得设置海洋倾倒区，禁止倾倒各类废弃物，定期对海洋生态环境进行监测和评价；保护区内严格控制筑堤围垦；保护区应制定资源破坏与环境污染事故应急计划等。

⑤海洋资源开发管理

海洋特别保护区资源开发执行国家关于“在保护中开发，在开发中保护”的资源开发基本方针。保护区内各产业部门开发活动应加强协调、共同发展，开发和增加海洋资源的潜力，维持和恢复海洋经济物种种群及其他资源能力；实行各类海洋开发优势互补，相容共存，防止顾此失彼、互相干扰；鼓励发展清洁生产和环境无害化技术，扶持海洋环保产业、海洋生态农业、生态养殖、生态旅游等技术和项目；广泛应用各类资源可持续利用技术，逐步建立起“资源节约型”和“环境友好型”的可持续发展的海洋经济体系。

海洋特别保护区应编制海洋资源开发、环境保护区划和规划，实施海洋资源可持续发展影响评价制度，通过审查、评价和调整保护区内海洋资源开发活动，使其符合总体可持续发展目标。

保护区管理处（站）应对建立之前已有的海洋开发利用项目要进行登记；对建区以后申请开发利用项目的，要进行审核。

特别保护区应通过多种方式，扶持海洋高新技术发展，在保护区内建设海洋科技产业园区或示范区，推进海洋资源可持续开发。

海洋特别保护区的建设与管理应遵照国家有关法律法规和海洋特别保护区的技术规范和标准，强化宏观调控，充分发挥海洋资源开发与环境保护区区划和规划在合理配置海洋资源和提高生态环境效益中的基础作用，使其建设成为资源与环境统筹考虑的海洋可持续发展示范区。

海洋特别保护区所在地人民政府要根据《海洋环境保护法》和地方法规制定相应的配套管理实施制度。

保护区管理机构要根据区域内海洋功能区划、海洋资源与环境状况、行业发展模式和特定的发展优先次序，编制海洋资源开发、环境保护规划和计划，实施海洋资源可持续发展影响评价制度，通过审查、评价和调整保护区内海洋资源开发活动，使其符合总体可持续发展目标。

（3）厦门鲎特别保护区的管理

①在鲎特别保护区范围内设置鲎保护区警示界标。任何单位和个人不得擅自移动和破坏特别保护区的界标。禁止在特别保护区任意捕捞鲎。

②任何单位和个人都有保护鲎及其赖以生息的环境的义务，并有权对违反自然保护法规的行为进行监督、检举和控告。

③成立鲎特别保护区执法管理队伍，合理配制人员。其编制应以精干、实用和有效为原则，并吸收关心保护区、热心环保事业的人士共同参与。

④建议在火烧屿濒危珍稀动物救治中心划出 100～150 m^2 面积辟为“厦门市鲎特别保护区管理中心”办公室，负责保护区的日常行政管理工作。

⑤在保护区放流增殖地点，定期监测鲎种群变化，为市海洋与渔业局提供决策根据。

⑥组织开展保护区内经常性的生态监测，建立保护区内生态环境指数变化档案及处理严重破坏保护区事件的应急方案。

⑦每年政府相关部门应拨一定数量的经费，以维持保护区的正常运转。

7. 宣传教育工作

保护区仅靠相关部门和有关科技人员的努力和工作是不够的，需要发动群众全民参与，才能有效地保护。

厦门鲎特别保护区要有计划、有目的地开展宣传教育工作，最广泛地动员全市各届人员共同参与保护区的建设和保护。

宣传对象包括：

(1) 党政部门、企事业单位领导干部

领导干部要以身作则，坚决贯彻执行国家一系列有关环保的方针、政策、法律、法规。

(2) 广大青少年学生

青少年学生从小要养成保护环境，热爱大自然的良好习惯；要通过教育，使青少年认识到建立鲎特别保护区的重要意义，自觉争当鲎保护的小卫士。

(3) 从事渔业生产的人员

要进一步加强海上从业人员保护野生动物教育，增强法制观念，提高保护意识，做到合理捕捞，防止野蛮破坏鲎资源行为。

(4) 进入保护区的居民、旅游者及从事考察、科研工作的专家学者

根据不同人群，有针对性地进行宣传教育，使他们成为保护区的义务宣传员，直接扩大保护区在各地的影响。

保护宣传内容包括借助新闻媒体进行广泛的宣传教育，让鲎的生物学基础知识、鲎保护的重要性及意义深入人心，并进一步发动群众自发杜绝吃鲎、捕鲎、保护鲎幼体、保护鲎栖息繁殖环境等。在宣传教育方面，还应该积极透过中、小学来进行宣传鲎的保护工作。此外，加强国际或其他地区的合作与交流，也有助于鲎的保护工作。

在火烧屿科普馆增加鲎生物学知识介绍，出版鲎科普小册子和书籍，举办标本、图片展览，使之成为普及鲎重要性教育基地，形成人人爱护鲎、保护鲎的社会氛围。

8. **保护区的效益评价**

厦门鲎特别保护区将成为集保护、科研、高新产业为一体的综合性、多效益的保护区，将对厦门生态环境和经济发展起很大的推动作用。

（1）科研价值

厦门鲎特别保护区建成之后，可以在厦门建立一个在我国独树一帜，具有厦门特色的集科研、高科技产业开发、环境保护、旅游、科普教育与学术交流为一体的鲎研究中心，以吸收世界各国从事鲎研究专家学者共同推动鲎的科学研究。

（2）生态效益

厦门是一个海湾型城市，整个城市的发展与海洋生态安全息息相关。因此，应尽快建立厦门海洋生态安全指标体系。

厦门海洋生态安全指标体系应根据代表性原则、可操作性原则、整体性原则、预警原则和系统性原则来构建。由于鲎可作为一种很实用的环境指标种，它的存在与否最能反映潮间带的健康状态。因此，鲎特别保护区的建立也将为构建厦门海洋生态安金指标体系提供一个很实用、可行的指标体系。

（3）社会效益和经济效益

随着鲎的开发研究的迅猛发展，目前世界上鲎资源的数量急剧下降。因此，建立鲎特别保护区，开展人工育苗，在厦门建立鲎繁殖生产基地，将它当成一个产业加以开发利用将会取得巨大的经济效益和社会效益。

除了鲎作为珍贵药源物种所具有的巨大经济效益外，厦门鲎特别保护区建成后，厦门可以成为我国人工育苗生产基地。该基地可为全国乃至东南亚国家鲎保护和放流提供鲎种苗。这对我国及各国鲎种群的恢复具有巨大的社会意义。人工培育的鲎苗不但可以养殖成为成年鲎，供各种需要；而且还可利用所其独特的形态结构，辟为专门旅游景点，供游客观赏；其次，其幼苗可作观赏动物，供应旅游市场；再者，所养成的成鲎抽完血之后肉可加工成食品，鲎甲壳可开发生产几丁聚糖。几丁聚糖是继蛋白质、脂肪、糖、维生素和矿物质人体不可缺少的生命 5 大要素之后，被称为第 6 要素，它具有重要的保健治病功能；还有，鲎特别保护区也是开展海洋科普教育的重要基地。

因此，厦门鲎特别保护区的建成将使厦门鲎的开发利用成为集科研、高科技产业开发、环境保护、旅游、科普教育与学术交流为一体的一条龙、全面发展、可持续发展的产业，具有巨大的经济效益和社会效益。

二、平潭地区鲎保护工作（Horseshoe crab protection in Pingtan aeras）

平潭地区也是中国鲎重要产区。2002 年秋，针对平潭中国鲎数量急剧减少及种群保护问题，黄勤等对当地中国鲎主要产区进行了各种类型的调查。

调查结果显示，人类活动是导致平潭中国鲎种群下降的主要原因，其中不乏对栖息地产生不可逆影响的情况。

（一）平潭中国鲎种群衰减主要原因（The main reason of horseshoe crab population decay in Pingtan aeras）

1. 滩涂开发

近 50 年来，为满足人口和经济增长对土地的需求，平潭县实施过多项筑堤填海、围垦养殖工程。其中大部分项目选择在中潮带以上的沙质区域，不少地方正是历史上重要的中国鲎产卵和保育场所。以海坛岛南面的建民村为例。解放前，建民村鲎多为患，入夏以后，房前屋后、田边地头到处是鲎。1976—1977 年，建民村围海造田 53.3 ha^2，高潮区滩涂被填埋部分纵向延伸 600 余米。建民村沿岸堤坝外侧高潮区沙滩现纵向平均 10 余米，真正可供中国鲎产卵的滩面估计不及原来的 1 / 60。其他一些村镇也有类似情况。海坛岛西面与海坛海峡相接的滩涂有沙有泥，是平潭历史上面积最大的产鲎区。这里曾有一处叫鲎母砂，因每年夏天到此产卵的鲎层层叠叠而得名。为了综合开发利用浅海滩涂资源，平潭县政府从 1982 年开始在海坛岛西面分期实施围垦工程。其中，乌礁滩围垦面积 476 ha^2，幸福洋 700 ha^2，甲狮澳 68 ha^2。鲎母砂也被围入幸福洋而不复存在。按照粗略的估算，围垦工程令海坛岛可供中国鲎生息繁衍的场所减少近 50%。沿岸开采也对平潭中国鲎的生境产生不同程度的冲击。不少地方开石挖土后没有及时铺设护坡，导致山泥泻入滩涂，使自然界在长期演化过程中逐步形成的鲎生境由于底质结构起了变化而不再适合鲎生存。此外，网箱养殖、污水直排、挖沙等，也对滩涂生态起到不同程度的影响。

2. 鲎镰的使用

鲎镰是一种专门用来捕鲎的网具，使用时架设在滩涂中潮区以下的滩面上拦捕上岸产卵的成鲎。平潭使用鲎镰的历史可以追溯到 1798 年。早期的鲎镰是用稻草绳编织成的，到 20 世纪 70 年代，改用乙纶丝。20 世纪 80 年代以后，平潭的鲎镰网片规格为 66 m × 2.38 m，目径 0.34 m，横向 540 目。著名的美洲鲎产地特拉华曾于 1870 年引进类似鲎镰的设施。到 1889 年，有 9 具投入使用。在此期间，研究人员发现，设置鲎镰不仅网罗群鲎，而且造成大量雌鲎未育先杀。他们认为，如果继续使用鲎镰，“不出几年，特拉华将见不到鲎的踪迹”。可见使用鲎镰对鲎群繁衍极为不利。

1995 年，平潭全县有鲎镰 750 具，以每幅长 66 m 计，连起来全长可达 50 km，相当于海坛岛周长的 1 / 4。位于坛南湾南面的渔庄是平潭鲎镰的主要产地。渔庄村民在当地及附近渔村设置鲎缣最多的时候数量达每年300多具，正所谓天罗地网。据传平潭的“鲎穴”在渔庄。可见，渔庄周边海域必有特别适合鲎群的水文、底质条件。但是，如果这里的鲎资源再生能力长期像现在这样处于劣势，那么，即便天时、地利也难保“鲎穴”鲎迹长存。

3.捕卖

平潭产鲎，但是并不盛行吃鲎。平潭的鲎主要卖到省城福州。福州民间有吃鲎的习俗，每年入夏至寒露，几乎所有菜市场都有人宰卖成鲎。假设一个中等大小的菜市场一天卖出20对，10个这样的菜市场夏季100天可杀2万对鲎龄不少于16年的成鲎。

根据福建省人民政府颁布的《福建省水产资源繁殖保护实施细则》，中国鲎属我省海洋水产资源类重点保护对象。1993年印发的《福建省重点保护野生动物名录（水生部分）》中，中国鲎名居11种被保护动物之列，足见保护中国鲎刻不容缓。既然有法有规，何以就在省城，却无人执法行规？

（二）平潭鲎保护措施（Conservation measures of horseshoe crab protection in Pingtan aeras）

在1998年10月福建省环境保护局与福建省计划委员会联合发布的《福建省自然保护区发展规划（1998—2010）》中，平潭中国鲎自然保护区（省级）被列入1998—2000年近期发展规划。

1999年，平潭县海洋与水产局在向有关部门提交的《关于加强我县中国鲎资源保护的可行性报告》中提出，希望通过保护和管理，使平潭中国鲎资源在10年内（2000—2010年）基本上恢复历史产量水平；并建议拟定每年5月1日至8月31日为平潭沿海中国鲎禁捕期（包括幼鲎）。针对娘宫码头等地部分群众频频出售成鲎和小鲎的情况，平潭县人民政府于2000年11月15日颁布了《平潭县人民政府关于加强保护中国鲎的通告》。通告明令“禁止任何单位和个人捕捉中国鲎”,“禁止驯养繁殖中国鲎”,“禁止任何单位和个人经营利用、收购、出售中国鲎及其产品”，并要求有关部门加强对海上、港口、码头的相应监督管理。

相信随着经济和社会文明的加速发展，省、市、县各级政府为保护平潭中国鲎所作的努力一定能够得到广大群众的理解和支持。

（三）平潭中国鲎保护区规划建议（Planning proposals of Pingtan horseshoe crab special marine conservation areas）

根据1998年10月福建省环境保护局与福建省计划委员会联合发布的《福建省自然保护区发展规划（1998—2010）》，平潭中国鲎自然保护区（省级）被列入 1998—2000 年近期发展规划。但是，由于各方面原因，该项计划未能如期实现。

2001 年 12 月,《福建省大比例尺海洋功能区划》和《福州市大比例尺海洋功能区划》相继获准生效。平潭县海坛岛西北往南至东南沿岸约 9000 km^2 海域被确定为“中国鲎自然保护区预留区”。其中，Ⅰ区位于海坛岛西部沿海（幸福洋），东经 119°40′33″～119°44′25″、北纬 25°30′24″～25°37′00″，面积 28.9 km^2；Ⅱ区位于Ⅰ区南面（跨海澳），东经 119°40′24″～119°43′54″、北纬 25°23′45″～25°30′15″，面积 5.338 km^2；Ⅲ区位于海坛岛西南部沿海（甲狮澳至钱便澳海区），东经 119°45′25″～119°48′15″、北 25°24′47″～25°27′12″，面积 6.301 km^2，Ⅳ区位于海坛岛南部沿海（坛南湾海区），东经 119°40′24″～119°45′11″、北纬 25°23′45″～25°29′20″，面积 21.11 km^2。

2002 年，在福建省海洋与渔业局资源与环境保护处的主持下，黄勤等对平潭中国鲎种群数量及分布状况展开调查，旨在以此为基础提出保护区建设的可行性意见。调查结果显示，过去四年间，平潭的滩涂环境、鲎资源分布及社会经济结构都起了较大变化，因此，有必要结合现有条件，重新考虑保护区选址、形式、规模等一系列问题。

1. 平潭中国鲎保护区预留区鲎分布现状

（1）幸福洋海区

斗魁与看澳之间的南海段围垦后，沿岸因缺少适合中国鲎繁育的场所，近年很少有鲎出现。斗魁海域还是平潭西部养殖区的重要组成部分，现有浅海及滩涂养殖面积 300 km^2。基于这些问题，黄勤认为这一带不宜划为中国鲎保护区。乌礁垦区外围滩涂以泥质为主，其中平原当盛的湾区内种有红树。乌礁滩适合中国鲎产卵的沙滩被围作虾池后，近岸几乎没再出现过成鲎，泥滩上也不见小鲎。与之毗邻的幸福洋垦区从高潮区延伸到中、低潮区，周围也没有适合成鲎产卵和幼鲎发育的场所。

马腿滩是幸福洋海区唯一适合中国鲎繁育的滩涂。根据 1999 年发行的《平潭县水产志》记载，附近的马腿村和门结村曾经是平潭中国鲎主要产区。马腿滩潮间带滩涂纵向延伸约 2000 m，高、中潮区有沙、有泥，既适合成鲎产卵，又适合小鲎生长。被围入幸福洋垦区的鲎母砂就因历史上每年夏天到此产卵的鲎层层叠叠而得名。然而，2001 年，马腿村村民用鲎缠在低潮区只拦到几十对成鲎。

作为水生野生动物保护区，马腿滩承受的环境压力不容忽视。马腿滩尽头的竹屿口设有全县最大的排污口，南面山腰是垃圾填埋场，北面滩涂要接纳幸福洋垦区排水和马腿村排放的生活污水。根据媒体报道，马腿滩的问题已经对当地的滩涂养殖产生不良影响。以目前的情况，我们认为在马腿滩设保护区很难达到预期的效果。况且，马腿滩四周也缺乏适合建设保护区设施的地面空间。

（2）跨海澳

跨海澳位于由娘宫码头进入海坛岛的主干道东侧。澳区滩涂面积 400 km^2，泥质或泥沙质。其间养殖牡蛎 200 km^2，紫菜 30 km^2，其他品种 50 km^2。跨海澳至今还有小鲎生长，常见的头胸甲宽 20～40 cm，约 5～7 龄。娘宫码头出售的小鲎大多出自跨海澳滩涂。

（3）甲狮澳至钱便澳海区

跨海澳、甲狮澳和安海澳由西往东南依次比邻。其中，甲狮澳夹在黄门岛和天大山北村之间，形同通道。安海澳滩涂面积 500 km^2，底质泥沙或沙泥，滩面有少量船只停泊。除靠近澳口处约 40 km^2 水面吊养紫菜，澳区内没有其它养殖。这一片滩涂曾经有大量小鲎。近年来，小鲎数量明显减少，但是还不难见到。

安海澳口东侧有一道沙衔，由东西两面水流冲击形成。由此向东南至钱便澳共有 4 处沙滩，沙滩之间为岩石海岸。2002 年夏季，沿岸建民村村民用各类渔具捕获成鲎约 300 对，华东村村民曾在满月期间一次拾得成鲎 40 余对。因沙衔东面潮水来自台湾海峡，当地有经验的渔民认为建民、华东沿岸的成鲎是顺此潮流而来的。辖属建民村的沙滩沿岸长超过 3000 m，高潮区纵向平均 10 m 有余，坡陡；高潮区以下滩涂极其平缓，纵向长达 150 m。潮间带吊养坛紫菜 10 km^2，潮下带养殖牡蛎 30 km^2，华东村沙滩沿岸长 3200 m，养殖紫菜 60 km^2，牡蛎 50 km^2。与海坛岛沿岸其他区间比较，甲狮澳至钱便澳海区中国鲎发育和产卵环境受人类干扰较少，及时保护对防止平潭鲎资源衰竭会有所帮助。

（4）坛南湾海区

坛南湾海区正对台湾海峡。位于坛南湾西南角的渔庄村在平潭有“鲎穴”之称，当地至今流传着与鲎有关的种种迷信。2003 年 2 月，我们到渔庄调查时，刚有一艘渔船从附近 50～60 m 深的水底捞起 10 多只尚未配对的大鲎。根据初步掌握的各种情况分析，“鲎穴”很可能是群鲎越冬的场所。1995 年以后，渔庄海域已不见鲎群。村里人说，鲎缣赶不上拖网。

坛南湾现有养殖面积 100 km^2，主要集中在北面观音澳浅海养殖区。湾区中部预留作海滨旅游区。在坛南湾划区设立中国鲎季节性（当年秋季至翌年春季）保护区与当地社会、经济活动不发生冲突，对有效制止拖网杀鲎有积极意义。

2. **保护区的位置**

综上所述，在现有平潭中国鲎自然保护区预留区内，跨海澳、甲狮澳至钱便澳海区和坛南湾观音澳以南海区仍具备适宜中国鲎保护的自然、资源及社会环境。但是，这一带鲎资源流失现象十分严重。希望有关部门充分重视，尽快做好保护区规划、建设与管理工作，努力防止平潭中国鲎资源继续遭受不必要以至不可逆的破坏。

根据中国鲎的洄游习性，建议平潭中国鲎保护区设立两个核心区，分别为被保护对象提供产卵、发育场所（核心Ⅰ区）和越冬、摄食场所（核心Ⅱ区）。两区之间留出季节性保护的洄游通道（图 7-35、图 7-36）。

核心Ⅰ区的内容包括用于安置保护区地面设施的陆地、适合成鲎产卵的高潮区沙质滩涂及适合小鲎生长发育的潮间带泥质滩涂；范围包括建民村南部部分陆地、安溪澳泥滩及建民、华东两村的沙滩和浅海水域。

核心Ⅰ区北面安海澳内湾至甲狮澳建议作为保护区的缓冲区管理，以免由于该处环境受破坏对核心Ⅰ区产生不良影响。核心Ⅰ区东南面建星村至钱便澳沿岸海域既是成鲎洄游通道，又有适合成鲎产卵的滩涂环境，也应列入缓冲区管理范畴。

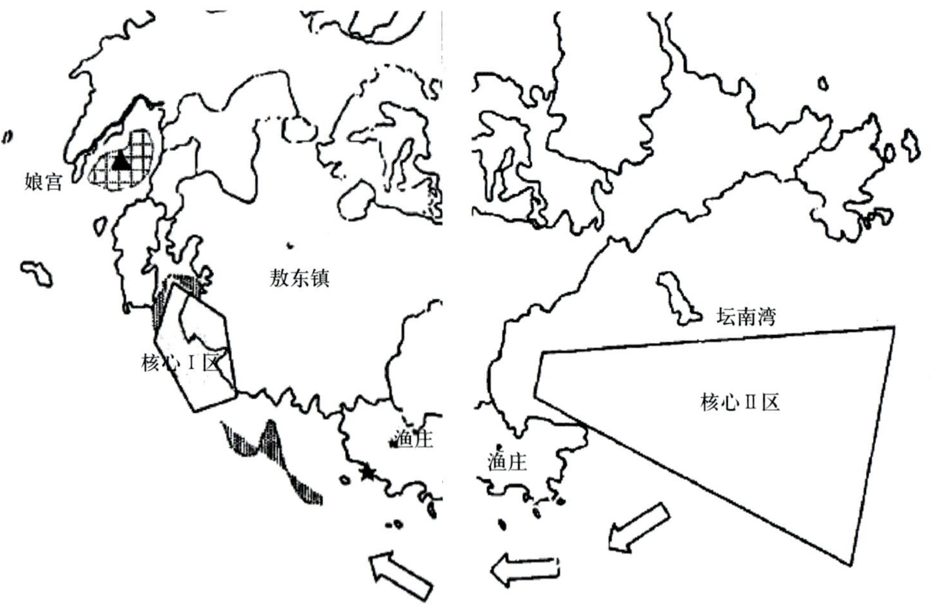

图 7-35　平潭中国鲎保护区跨海澳实验区（▲）核心Ⅰ区及其缓冲区平面示意图
箭头示洄游通道，★示钱便澳的位置，点状图形代表缓冲区

图 7-36　平潭中国鲎保护区核心Ⅱ区平面示意图
箭头示洄游通道

核心Ⅱ区以水域（包括底质）为主，范围可先以渔庄浅海为中心向外扇形辐射至 60 m 等深线。“鲎穴”现象在国内外未见报道。研究渔庄附近“鲎穴”形成的条件与可能覆盖的范围在学术上具有重要价值。同时，核心Ⅱ区的具体位置也应随着人们对“鲎穴”的逐步了解作出相应调整。

海坛岛东有台湾海峡，西有海坛海峡，双向洋流交错。安溪澳在沙衍以西，滩涂小鲎长成后是否沿海坛海峡南口或东南口通道进入台湾海峡还有待调查。跨海澳位于海坛岛西侧，经甲狮澳与安海澳相通，对研究海坛岛东、西鲎群的关系具有特殊意义。再说，跨海澳靠近娘宫码头，紧贴交通主干道，在其沿岸合适的地点设立保护区教育机构不但方便科研，而且有助于丰富平潭的旅游项目。综合以上因素，建议将跨海澳确定为平潭中国鲎保护区的实验区。

3. 保护区的任务

福建平潭中国鲎特别保护区（省级）如果获准成立，应根据《海洋特别保护区工作实施方案》承担起以下基本任务：

(1) 在保护区内通过实施各种有效措施，防止、减少和控制由于人类活动对鲎资源以及相关的生态环境产生的不良影响；

(2) 通过实施生态旅游、生态恢复、生物多样性保护等社会性和技术性的保护措施，在保护区内有计划地实现提升鲎资源量，修复鲎生态环境的目标；

(3) 积极调整保护区产业结构，努力扶持以保护区资源（此处主要指鲎资源）为特色的海洋医药及其他高新技术产业，在保护区内尝试建立资源保护与开发互利并进的现代文明经济体系；

(4) 充分发挥科学实验区的作用，建立保护区常规监测制度；同时，吸引和鼓励科技人员来此从事有利于资源保护和相关产业发展的科学研究与技术开发工作。

平潭的鲎资源代表了福建省的海洋资源特色，妥善利用这块资源对维护海洋生态环境、发展生物医药产业、提升人文环境都具有积极意义。我们希望有关部门在设立平潭中国鲎保护区的过程中，认真对照《保护区规划大纲》，深入实地调查研究，为规划工作提供可靠的科学依据。

/ 第三节 /

鲎保护在广西（Conservation of horseshoe crabs in Guangxi Province）

一、北海海域鲎保护工作（Conservation of horseshoe crabs in North Sea）

南海北部的海南、北部湾及粤西一带海域，聚集了 95% 以上中国鲎总蕴藏量，尤以广西北部湾仍为当今中国鲎最主要的栖息地。根据李琼珍、龚竹林等调查资料显示，20 世纪 90 年代以前，北部湾沿海，随处都可见到鲎。成熟的鲎个体每年可达 $60\times10^4\sim70\times10^4$ 对，但在 90 年代后期已很难再见到这种现象，北部湾的鲎成熟个体每年已不到 30×10^4 对。因此，中国南海北部这一狭窄海域作为中国鲎在地球上的唯一聚集地，开展中国鲎保育工作具有特殊意义。

广西水产研究所和广西海洋研究所的调查结果表明，很多渔民并不知道中国鲎是广西二级保护动物，捕杀中国鲎是违法行为。因此，强化民众意识，要引导民众意识到中国鲎资源保育的重要性。只有全民提高鲎保护意识，并自觉参与鲎保护行动，才能有效保护中国鲎。他们借助电视、报刊、书籍、网络等传播媒体，将中国鲎的生活史、生态习性等基础知识、保护现状以及孵育方法以最有效、最快速的方式传递至社会大众。在青少年中广泛开展相关培训也是传播中国鲎保护信息，使他们不仅可以自发参与中国鲎保育工作，还能够身体力行地把此类信息传递给他们身边的成年人。在香港海洋公园保育基金的赞助下，广西海洋研究所和广西水产研究所编写名为"可爱的小海怪，人类的好朋友"的青少年中国鲎保育培训教材，并通过墙报和宣传单等多种方式向社会民众进行保护中国鲎资源重要性的宣传，社会反响热烈，取得了很好的效果（图 7-37，图 7-38）。

图 7-37　广西鲎保护工作者在进行鲎人工养苗实验

图 7-38　广西北海开展鲎保护的宣传活动

二、广西北海西背岭潮间带中国鲎幼体栖息地环境调查（Environmental survey of juvenil horseshoe crab habitats in Xibei-Ling tidal zone, Beihai, Guangxi）

为了了解中国鲎幼体栖息地特征，以便更好地做好鲎保育工作，于 2009 年 2 月 15 日李琼珍、龚竹林等在广西北海西背岭海域潮间带对中国鲎幼体栖息地的环境因子（溶氧、pH、盐度和温度）以及底质中大型底栖动物状况进行调查。

根据幼鲎不同的分布密度，用 GPS 定位确定 9 个研究位站。调查结果显示，这 9 个研究站点的环境因子无明显差别。共鉴定出北海西背岭中国鲎幼体栖息地采集到大型底栖生物 21 种，其中多毛类 7 种，占总种数的 33.3%；甲壳类 3 种，占总种数的 14.3%；腹足类 6 种，占总种数的 28.6%；双壳类 4 种，占总种数的 19.0%；以及摇蚊幼虫的一种，占总种数的 4.8%。在西背岭潮间带，多毛类和腹足类在种类上都占优势，是该潮间带大型底栖动物的主要类群。从大型底栖动物丰度来看，中国鲎幼体分布密度大的位站的丰度要显著高于分布密度低或无幼鲎分布的位站。本研究证实在同一潮间带，环境因子不是影响幼鲎分布密度的重要因素，其栖息地生物群落组成和其潜在饵料生物生物量大小很可能是影响幼鲎分布的主要因素。

北海地处北部湾东北岸，大部分海滩已成为旅游闹区，只在西背岭和西场一带，由于地偏且尚未开发，受城市化建设影响少；且海滩平坦宽阔，为沙砾泥滩地；海滩保存完好，水质优良，非常适合幼中国鲎的孵育，是进行广西北海中国鲎资源调查的最佳场地。

调查旨在通过对广西北海西背岭海滩中国鲎幼体栖息地的环境因子和大型底栖生物群落的分析，得到中国鲎幼体栖息的生态环境的第一手资料，为将来划出特定区域对中国鲎及其赖以生存生境进行保护，建立中国鲎自然保护区，从根本上保护广西地区中国鲎资源提供参考资料。

附：广西北海西背岭潮间带中国鲎幼体栖息地环境调查纪实

（一）采样点的选择与采样方法（Selection of sampling beach and methods of sampling）

1. 调查海滩的地理位置

调查区域位于北海西背岭海域潮间带，根据广西水产研究所多年调查显示，该潮间带是中国鲎幼体理想栖息地。

2. 采样点的选择

在广西水产研究所和广西海洋研究所的组织下，于 2008 年 7—9 月对西背岭中国鲎幼体进行了分布调查，其调查方法是参照之前的类似研究（Chiu & Morton，2003；Li，2008），用同样方法收集生活于海滩的鲎幼体。设置平行于海岸线与垂直于海岸线方向的 6 条采样带（样带分布如图 7-39 所标），所有采样带平均分布于整个调查区域。然后在海滩采样带上的随机位置上收集 10 m × 10 m 范围内的幼鲎个体，所有收集到的个体则作为一个定量的样本，定义为在 100 m^2 面积内的幼鲎样本。其定量调查所得到的幼鲎数量则用于计算此栖息地内幼鲎的密度 / 丰度及分布，从而可以定位幼鲎集中分布的区域。

根据已获知的西背岭中国鲎幼体分布调查数据，用 Etrex 的 Venture 型 GPS 仪在该海滩幼鲎数量多（> 5 个 / 100 m^2），少（1 ~ 5 个 / 100 m^2），无（0 个 / 100 m^2）区域各定 3 个位站，每个位站分布如图 7-39 所示：

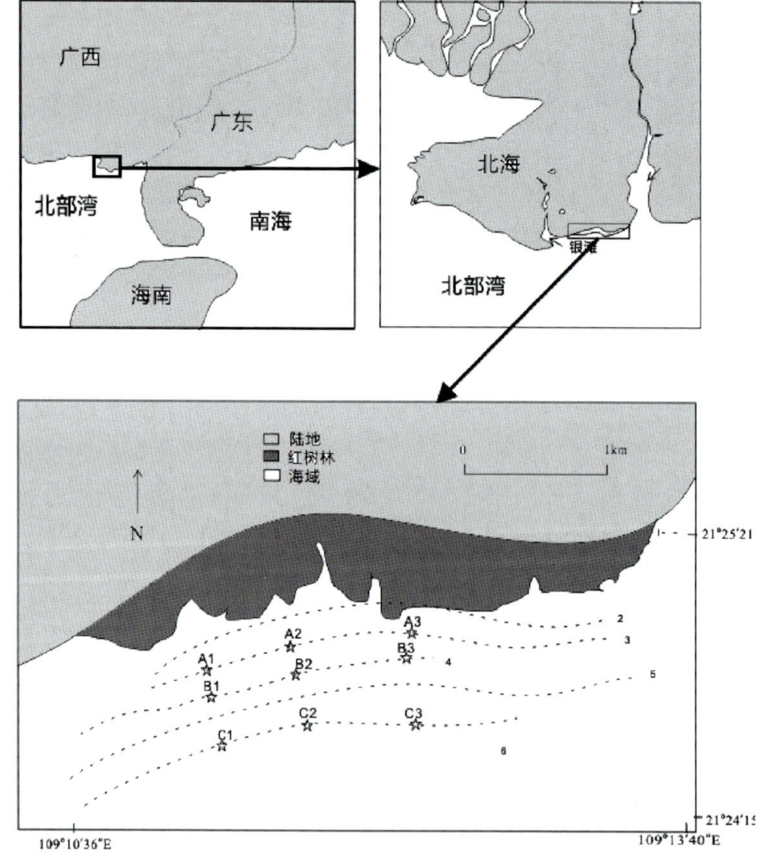

图 7-39　研究位站分布图

3. 仪器与药品

铁锹、取样框、玻璃广口瓶、塑料广口瓶、0.5 mm 孔径分样筛、25XTB-01

型解剖镜、解剖针、镊子、标签、玻璃皿、标本小瓶、95% 酒精溶液、温度计、YSI Model 58 溶氧计、便携式盐度计（Model ATAGO S / Mill-E）、P-20 型笔式 pH 计、虎红试液（1 g 虎红溶于 1000 ml 蒸馏水中）。

4. 取样方法

2009 年 2 月 15 日对广西北海西背岭幼年中国鲎的栖息地的 9 个位站作了调查取样，每个位站选定 3 个重复样点。现场测定每个样点的环境因子（溶氧、pH、盐度以及温度），并在每个样点取面积 20 cm × 20 cm 的底质样本（深度约 5 cm，约 500 g），将各个位站的 3 个样点的底质样本合为一个样品。各个样品用 0.5 mm 孔径的网筛筛选，将样品收集在广口瓶中后带回实验室用 95% 的酒精固定，用虎红染色 24 h 后在解剖镜下将大型底栖动物从样品中分选出来，进行鉴定、计数以及分析。以上均按照海洋调查规范（National technology surveillance bureau，1991）进行鉴定各底质样本中生物群落的种类和生物量。

5. 室内分选

将已固定和染色好的样品取出放入 0.5 mm 孔径分样筛中进行冲洗，除去酒精溶液，再分若干次置于玻璃皿中进行大型底栖生物的挑选，按大类用镊子夹起放入标本小瓶中，写上标号，再进行种属的鉴别，并进行计数及分析。

（二）结果与分析（Results and analyses）

1. 各站点环境因子

表 7-1　各站点环境因子

站点	GPS 坐标	描述	pH	温度（℃）	盐度（‰）	溶氧（mg · l⁻¹）
A1	109°11′23″ E 21°25′04″ N	幼鲎分布密度＞ 5 个 / 100m²	8.7	30.5	34	7.3
A2	109°11′55″ E 21°25′05″ N	—	8.4	30.3	33	7.2
A3	109°12′11″ E 21°24′04″ N	—	8.2	30.5	33	7.2
B1	109°11′22″ E 21°24′51″ N	幼鲎分布密度为 1～5 个 / 100m²	8.6	31.0	35	7.3
B2	109°11′52″ E 21°24′52″ N	—	8.5	30.7	34	7.4
B3	109°12′07″ E 21°24′52″ N	—	8.5	30.8	35	7.2
C1	109°11′18″ E 21°24′41″ N	幼鲎分布密度为 0 个 / 100m²	8.4	30.7	35	6.9
C2	109°11′59″ E 21°24′45″ N	—	8.3	30.4	34	7.1
C3	109°12′06″ E 21°24′37″ N	—	8.4	30.6	34	7.3

2. 生物群落

(1) 北海幼鲎栖息地大型底栖生物种类和分布密度

表 7-2　各站点大型底栖动物的种类和分布密度

中文名	拉丁名	站点及密度（个/m²）								
		A1	A2	A3	B1	B2	B3	C1	C2	C3
多毛类										
不倒翁虫	*Stemaspis scutata*	0	25	0	25	50	50	75	75	50
长吻沙蚕	*Glycera chirori*	25	0	25	50	75	75	0	0	0
软疣沙蚕	*Tylonereis bogoyaw leskyi*	0	0	0	75	100	125	0	0	25
异足索沙蚕	*Lumbrinereis heteropoda*	50	50	25	25	0	50	0	0	0
锥唇吻沙蚕	*Glycera onomichinensis*	0	0	0	0	25	25	25	0	0
吻沙蚕	*Glycera sp.*	25	25	0	50	100	75	0	0	0
寡鳃齿吻沙蚕	*Nephthys oligobranchia*	0	0	0	25	0	25	0	0	0
甲壳类										
活额寄居蟹	*Diogenes sp.*	75	50	100	25	50	50	50	25	25
小刺毛刺蟹	*Pilumnus spinulus*	50	75	50	0	0	0	0	25	25
韦氏毛带蟹	*Otilla wichm anni*	0	0	0	0	0	25	50	50	25
腹足类										
珠带拟蟹守螺	*Cerithidea cinguiata*	225	175	150	275	250	225	350	200	325
奥莱彩螺	*Clithon oualaniensis*	75	50	50	50	100	75	0	50	50
纵带滩栖螺	*Batillaria zonalis*	100	50	150	100	125	175	25	0	0
泥螺	*Bullacta exarata*	50	75	100	25	0	0	25	50	25
圆筒原盒螺	*Eocylichna cylindrella*	75	50	75	50	50	25	25	0	0
纵肋饰孔螺	*Decorifera matusimana*	0	50	75	50	100	50	225	175	300
双壳类										
杂色蛤仔	*Ruditapes variegata*	200	150	225	100	75	100	25	25	75
豆形胡桃蛤	*Nucula faba*	175	275	225	100	75	125	50	0	75
菲律宾蛤仔	*Ruditapes philippinarum*	375	325	350	175	300	225	75	100	75
脆壳理蛤	*Theora fragilis*	100	100	150	75	0	0	0	0	0
其他										
摇蚊幼虫	*Chironomous sp.*；Diptera；Chironomidae	250	225	275	125	100	75	25	0	0
总计		1850	1750	2025	1400	1575	1575	1025	775	1075

西背岭海区潮间带生物多属亚热带沿岸广布种，而热带高盐性种也占了一定的比例，同时也出现了少量的咸淡水种。中国鲎幼体栖息地属于泥沙质潮间带，滩涂较为平缓，断面较长，高潮区常有小径流注入，生物多样性相对比岩礁岸相小，种类多为适盐性广的种类。本次调查采集到的中国鲎幼体栖息地的大型底栖生物标本共 21 种，以腹足类和双壳类数量最多。

（2）北海幼鲎栖息地大型底栖生物类群和丰度组成

表 7-3　西背岭中国鲎幼体栖息地大型底栖动物的类群组成

种类	A1		A2		A3		B1		B2		B3		C1		C2		C3		总计	
	种数	%	种数	%	种数	%	种数	%	种数	%	种数	%	种数	%	种数	%	种数	%	种数	%
多毛类	3	20	3	18.8	2	13.3	6	33.3	5	33.3	7	38.9	2	15.4	1	9.1	2	15.4	7	33.3
甲壳类	2	13.3	2	12.5	2	13.3	1	5.6	1	6.7	2	11.1	2	15.4	3	27.3	3	23.1	3	14.3
腹足类	5	33.3	6	37.5	6	40	6	33.3	5	33.3	5	27.8	5	38.5	4	36.4	4	30.8	6	28.6
双壳类	4	26.7	4	25	4	26.7	4	22.2	3	20	3	16.7	3	23.1	2	18.2	3	23.1	4	19.0
其他	1	6.7	1	6.3	1	6.7	1	5.6	1	6.7	1	5.6	1	7.7	1	9.1	1	7.7	1	4.8
总计	15		16		15		18		15		18		13		11		13		21	

经初步分析，在北海西背岭中国鲎幼体栖息地共采集到大型底栖生物 21 种，其中多毛类 7 种，占总种数的 33.3%；甲壳类 3 种，占总种数的 14.3%；腹足类 6 种，占总种数的 28.6%；双壳类 4 种，占总种数的 19.0%；以及摇蚊幼虫的一种，占总种数的 4.8%。

在 9 个位站上，多毛类和腹足类在种类上都占优势，构成了北海中国鲎幼体栖息地大型底栖动物的主要类群。

表 7-4　西背岭中国鲎幼体栖息地大型底栖动物的丰度组成（个 /m^2）

种类	A1		A2		A3		B1		B2		B3		C1		C2		C3		总计	
	丰度	%	丰度	%	丰度	%	丰度	%	丰度	%	丰度	%	丰度	%	丰度	%	丰度	%	丰度	%
多毛类	100	5.4	100	5.7	50	2.5	250	17.9	350	22.2	425	27.0	100	9.8	75	9.7	75	7.0	1525	11.7
甲壳类	125	6.8	125	7.1	150	7.4	25	1.8	50	3.2	75	4.8	100	9.8	100	12.9	75	7.0	825	6.3
腹足类	525	28.4	450	25.7	600	29.6	550	39.3	625	39.7	550	34.9	650	63.4	475	61.3	700	65.1	5125	39.3
双壳类	850	45.9	850	48.6	950	46.9	450	32.1	450	28.6	450	28.6	150	14.6	125	16.1	225	20.9	4500	34.5
其他	250	13.5	225	12.9	275	13.6	125	8.9	100	6.3	75	4.8	25	2.4	0	0	0	0	1075	8.2
总计	1850		1750		2025		1400		1575		1575		1025		775		1075		13050	

由表 7-4 可以看出：A3 点的丰度最高，为 2025 个 / m^2，C2 点的丰度最低，为 775 个 / m^2 从表 1 和表 4 中还可以看出，在 A1、A2、A3、B1、B2、B3 中双壳类和腹足类动物丰度占有绝对的优势。A 1、A2、A3 中摇蚊幼虫的丰度明显高于 B1、B2、B3，虽然摇蚊幼虫的数量较少，但却是 A1、A2、A3 站点的优势种。

/ 第四节 /

鲎保护在广东（Conservation of horseshoe crabs in Guangdong Province）

广东省是中国鲎和圆尾鲎的重要分布区。特别是雷州半岛的北部湾，是中国鲎的集中分布区，分布密度相当高，上世纪 80 年代前，鲎分布量至少达 150×10^4 对以上。

广东地域范围处于西太平洋沿岸中段，南海北部。广东海岸线漫长曲折，东起潮州饶平县的大埕湾头，西于湛江市廉江县的英罗港洗米河口，外加沿海 759 个岛屿，海岸线全长 3368.1 km，居全国各省第一位。海域面积 419300 km^2。整个广东海域，均适宜中国鲎分布。广东省中部的香港以下海域，也适宜圆尾鲎分布。广东省广大的海域面积，及适宜于鲎分布的大量 60 m 以浅的浅海海域，使广东省的中国鲎和圆尾分布量都相当大，是中国鲎和圆尾鲎在中国（乃至世界）的主要分布区之一。

2000 年，廖永岩等进行了粤西的北部湾和雷州湾的鲎资源调查，发现粤西的鲎有两个主要的繁殖区，即湛江徐闻县的外罗的圆尾鲎繁殖区，及湛江遂溪草潭中国鲎繁殖区。2000 年 8 月，在徐闻外罗，建立了鲎（主要圆尾鲎）自然保护区，2000 年 9 月，在遂溪草潭建立了中国鲎自然保护区。2004 年，建立了揭阳市海龟、鲎市级自然保护区。

自 1997 年 7 月开始，廖永岩等在北部湾附近的广东、广西、海南海域进行鲎种类调查，至 2010 年 8 月止，发现中国海域有中国鲎和圆尾鲎共 2 种，中国没有南方鲎存在。

汕头市濠江企望湾，建立了南方鲎市级自然保护区。因为中国根本没有南方鲎，此保护区的鲎，不是南方鲎，而是较大的中国鲎幼体或成体。所以，这个鲎保护区，不是南方鲎，而应是中国鲎保护区。

黑皮鲎，是中国鲎或圆尾鲎的黑皮幼体。黄皮鲎，是中国鲎个体较大的幼体。中国鲎在沙滩产卵，孵化的幼体，在潮间带的泥滩涂里生存。由于泥滩涂的颜色多为黑色，为了增强保护色作用，在此生存的中国鲎和圆尾鲎颜色多为黑色，所以，黑皮鲎多为 11 龄以前的幼体。随着中国鲎幼体的逐渐长大，其幼体逐渐向较深海域迁移。当中国鲎幼体进入12~16龄，逐渐迁移入20～60 m较深海域，为了逐渐和较深海域的底质颜色相适应，中国鲎幼体的颜色逐渐转变为黄色，人们将其称为黄皮鲎。

所以，黑皮鲎、黄皮鲎，不是另种鲎，仅只是中国鲎或圆尾鲎不同阶段的幼体。

从1997年开始，廖永岩等在进行鲎资源调查时发现，北部湾附近的鲎资源在急剧减少，向相关部门反映了鲎资源急剧减少的情况，并促使中国在2005年将中国鲎定为濒危动物，将圆尾鲎定为易危动物，这为中国鲎和圆尾鲎的保护提供了重要的理论依据。

广东海域的鲎资源减少的原因，主要包括以下几点：

（1）人们大量食鲎。虽然鲎并没有很多可食用部分，其肉味同蟹，但比蟹肉粗，即鲎的味道并不理想。但是，鲎的分布有限，数量本来就少，很多人食用它，并不是因为其有多么多么好吃，只是尝尝新而已。再加上广东、广西，本就有食用各种动物的习惯，每年因人类食用，就杀死大量的中国鲎。

（2）制鲎试剂。本来，像美国一样，抽血量不超过鲎血量的1 / 3的话，将抽血后的鲎再放入大海，一般不会影响鲎的生命。但是，由于中国管理不当，中国鲎试剂商人，大多一次将鲎血抽干，然后再将鲎卖给食鲎的人，将鲎肉食掉，这样，造成中国鲎大量因抽血制鲎试剂而死亡。

（3）制甲壳素。虾、蟹的壳，均可以制甲壳素。鲎的壳，也可制甲壳素，且鲎壳甲壳素含量还比虾、蟹高。这样，造成很多人去沙滩拾鲎壳卖给甲壳素厂，也有的人将大量在较浅滩涂生存的中国鲎或圆鲎幼体杀死晒干，然后将大量的鲎干壳卖给甲壳素厂，赚取那少得可怜的钱。

（4）鲎产卵的沙滩被大量开垦为养殖塘或其他工业或商业设施，使中国鲎产卵场地大大缩小，减少了中国鲎繁殖的机会。由于沿海工业化，大量工业或生活污染物，严重污染沙滩及滩涂的质量，使鲎的产卵场和幼体生活场所质量大大下降，影响鲎产卵和幼体生长发育的质量。

（5）由于大功率的较深海域的拖网作业，很多较深海域生存的繁殖期的成鲎被捕捞，甚至越冬成体鲎也被大量捕捞，严重影响了中国鲎的繁殖，使鲎种群的数量急剧下降，使生存几亿年的鲎面临灭绝的危险。

/ 第五节 /
鲎保护在台湾（Conservation of horseshoe crabs in Taiwan）

我国台湾地区的鲎资源由于工业和城市的发展，导致中国鲎种群大幅下降，目前仅在澎湖和金门的外围地区偶有发现。在台湾陈章波正致力于该地区的中国鲎研究和放流的研究，他的工作已经唤起了台湾民众的注意，为保护中国鲎在台湾仅存的栖息地作出了宝贵贡献。

20～30 年前，中国鲎曾广泛分布在台湾、金门与澎湖等地沿海。随着台湾和澎湖地区的经济发展，许多海岸地带已经被填为工业用地，原始的海岸线亦被海堤与消波块所取代。生活在台湾与澎湖潮间带的鲎因而渐渐消失。而金门在战地政务解除之后，许多海岸地带也面临开发的危机，潮间带的幼鲎数量已不如以往多。6—9 月鲎的生殖季节，上岸产卵的成鲎数量也减少许多。目前在台湾对鲎的保护有以下研究。

一、人工培育幼鲎的研究（Research on artificial breeding）

1997—1998 年间，台湾学者开始在金门的潮间带进行幼鲎的微栖息地（microhabitat）特征调查，同时也进行小规模的人工培育幼鲎的研究。为了帮助民众了解保护鲎的重要，积极开展开有关鲎的宣传引导活动，包括在学术研讨会上发表论文、张贴海报，制作鲎保护宣传材料，设立“金门古宁头西北海域潮间带鲎保育区”(1999 年 12 月）等。2000 年夏天，举办了“小鲎搬新家”活动，将栖息在金门后丰潮间带的幼鲎移到保护区内，一方面使幼鲎不会因为建盖水头商港而死亡，另一方面，加强金门当地居民保护鲎的观念。

二、成鲎引入野外产卵的复育试验（Experiments for natural spawn in field）

金门县水产试验所在 2001 年也展开过大量培育幼鲎的工作，进行幼鲎放流，来增加野外的种群数量。但幼鲎的人工培育工作需耗费大量时间与人力。因此，台湾地区“中央研究院”动物研究所在 2001 年 7—10 月间，在鲎保护区内进行“成鲎引入野外产卵”的复育试验。其做法如下：(1）先在保育区内的高潮线沙滩区围网设置一个区域；(2）在初一、十五大潮的时候，将饲养在水生动物试验所的数对成鲎引入到围网区，使成鲎直接在野外的沙滩上产卵；(3）让卵直接在野外沙滩孵化，孵化出的幼鲎可以摄取潮间带泥滩地里的食物。按照以上设计，2001 年 10 月，成功地使成鲎在保护区内的南山海岸产卵。

三、人工栖息地复育试验（Experiments for spawn in artificial field）

2002 年 6 月起，在通宵西滨海洋生态教育园区内成立了“中国鲎复育中心”，并以园区内的潮间带泥滩地作为复育地点。“中心”成立后，从金门地区及基隆碧砂渔港买回数十对成鲎，妥善饲养，一方面作为种群复育所需的成鲎来源，另一方面，也作为普及教育的材料供社会大众观赏。

在通霄西滨海洋生态教育园区，中国鲎栖息地复育工作开展得相当成功。成鲎不但顺利产卵，有时，一对成鲎在高潮线沙滩区还会连续产几窝卵。1 龄幼鲎孵化后大约要到天气回暖时才会脱壳长成 2 龄鲎。研究人员要持续监测小鲎的生长情形，直到它们可以在泥滩地里顺利的生长时，这一栖息地复育与幼鲎复育试验才算成功。

四、保护意识的宣传与教育（Publicity and education of conservation awareness）

（一）公众参与（Public participation）

在通霄的中国鲎种群复育工作中，积极吸引公众参与。一方面期望通过辅导有意愿参与鲎保护及复育工作的公众或单位推广鲎的复育方法；另一方面也借由公众与电视及报章杂志等媒体的互动，将鲎的基础生态学知识、保护现状以及复育方法以最有效、最快速的方式传递至社会大众。

（二）制作宣导教育材料（Production of public education materials）

在金门县政府的经费资助下，制作了“得天独鲎”宣导教育材料和题为《两亿年之鲎》的图书，以贴近大众的方式介绍鲎的形态特征、生活史、风俗文化、现状及面临的危机、保护与复育的推动方法等内容。此外，还请电视台拍摄了《大地与人的对话——鲎专辑》，制作鲎网站，邀请重要官员参观通霄西滨海洋生物教育园区的宣导活动。

五、中国鲎保护的未来方向（The future of horseshoe crab conservation）

今后，陈章波研究团队希望在台湾沿海地区进行大规模的复育行动。新竹市滨海野生动物保护区、大肚溪口野生动物保护区或台中县大安乡等地区的潮间带都可以考虑作为鲎的复育地。他们运用在金门鲎保育区内和通霄西滨海洋生态教育园区内的复育经验，来推动鲎在台湾海滨的复育工作，并结合政府、学校以及民间产业或团体等资源，成立保育区巡守队、解说服务、推动以鲎为主题的生态旅游，通过经营管理落实鲎的保育与复育工作。

此外，加强国际合作与交流亦是未来的工作重点，全世界鲎的族群数量正面临快速减少的危机，日本以及福建厦门与香港也积极展开鲎的保育工作。未来可借由举办国际研讨会来达到学术交流与经验学习的目的，共同抢救全世界正在消失中的“活化石”——鲎。

/ 第六节 /
鲎保护在香港（Conservation of horseshoe crabs in Hong Kong）

在香港，鲎资源已经是非常稀少。香港政府与香港科研部门及院校科研人员重视中国鲎的保护工作，正在为恢复香港地区中国鲎资源作出努力，他们着力于唤起香港民众对中国鲎保育工作的支持（图 7-40，图 7-41）。但是，在香港的市场和餐馆，中国鲎仍被贩卖和烹煮。因此，建立有关的法规制止这类行为刻不容缓。

图 7-40　香港鲎保护人员在香港大帽山海域作鲎海上放流

图 7-41　香港在放流的鲎体上进行标记，以便跟踪

/ 第七节 /
中国鲎保护在其他国家（Conservation of horseshoe crabs in other countries）

目前，在其他拥有中国鲎资源的国家和地区，也都非常重视鲎的保护。

一、日本（Japan）

在日本，数百年来，东方鲎并没有作为食物被捕捞。这一点有利于东方鲎的保护。早在 1928 年，日本已经将现今笠冈市海岸鲎的栖息地指定为“天然纪念物——鲎的繁殖地”。又在 1990 年之前将鲎列入“濒危动物名单”，日本冈山笠冈市建有世界上第一所鲎博物馆（The Kasaoka City Horseshoe Crab Museum），使该市成为吸收世界各国游客和专家学者前往参观访问著名旅游景点，鲎的保护工作取得显著成果（图 7-42）。此外，日本还拥有世界上唯一国家保育组织“日本鲎资源保护协会”。

由于经济利益驱动，围海造田，填海建房等活动导致东方鲎天然栖息地被大量破坏。目前，日本鲎的数量急剧锐减，现在只有福冈和佐世保九十九

图 7-42　日本冈山笠冈市鲎博物馆

岛等地尚有中国鲎。中国鲎资源的严重下降已经引起了日本有关学者以及公众的广泛关注，因此，日本从事鲎研究和保护的专家学者每年都要在长崎佐世保市举行有关鲎的学术活动，交流研究及保护的经验和成果。

二、其他国家（Other countries）

在越南、苏门答腊、爪哇、马来西亚等国家，中国鲎作为食物、装饰物以及民间药物被大量捕杀，尽管马来西亚政府开始讨论是否应该继续这种大范围的捕捞行为，但是连同马来西亚在内的这些国家并没有建立相关的法律或管理条例来保护中国鲎栖息地或规范捕捞中国鲎的行为。

※ 参考文献（References）

陈章波，陈昭伦，杨明哲，叶欣宜，林柏芬 . 鲎的保护与族群恢复之研究 . ***福建环境***，2003，20(4)：32～34.

陈章波，叶欣宜，林柏芬，吴松霖 . 两亿年之鲎（第二版）. 2005，台湾高远文化事业有限公司 .

洪水根．建立鲎自然保护区刻不容缓．***厦门晚报***，1999，3，15.

洪水根．厦门市鲎海洋特别保护区建区可行性论证报告．厦门市海洋与渔业局，2005.

黄勤，林能锋，游华，赖晓暄．建立平潭中国鲎保护区刻不容缓．***福建环境***，2002，19(6)：14～16.

黄勤，林能峰，高扬盛，游华，赖晓暄．平潭中国鲎种群衰减原因分析．***福建环境***，2003，20(1)：7～8.

黄勤，林能峰，陈英禄，游华，赖晓暄．平潭中国鲎保护区规划建议．***福建环境***，2003，20(4)：35～38.

李琼珍．可爱的小海怪，人类的好朋友．北海鲎资源保护教育培训材料，2009.

林柏芬．金门地区中国鲎 *Tachypleus tridentatus* 保护区经营管理之研究．台湾大学渔业科学研究所硕士论文，2002.

廖永岩，李晓梅．中国海域鲎资源现状及保护策略．***资源科学***，2001，23(3)：53～57.

廖永岩，叶富良．中国鲎资源已告危急．***中国水产***，2000，10：12.

翁朝红，肖志群，谢仰杰，洪水根．创设厦门海域中国鲎自然保护区．***集美大学学报(自然科学版)***，2008，13(1)：40～44.

叶欣宜．金门地区中国鲎（*Tachypleus tridentatus*）的生活史、稚鲎栖息地特征与保育策略之探讨．台湾大学渔业科学研究所硕士论文，1999.

第八章 鲎人工育苗和海上放流增殖（ARTIFICIAL BREEDING AND LEASING OF JUVENILES BACK TO OCEAN）

由于鲎是一种具有极高经济价值和科学研究价值的海洋珍稀“活化石”，鲎的研究开发已逐渐形成一个涵盖医药生产、食品加工、军工研究的立体高科技产业，因此世界上对鲎的需求越来越大。近一二十年来的过度捕捞及滥杀，我国鲎资源已面临枯竭的境地。随着经济的飞速发展，已经难以适找到一块适合鲎受精、繁殖的海域。因此，如何把鲎的保护与促进经济可持续发展结合起来，是当前摆在海洋事业发展面前的一项重要课题。

通过大量实验和调查表明，仅靠建立鲎海洋特别保护区，并单纯等待鲎天然地来保护区产卵受精繁殖，只能是一种消极难以奏效的措施。只有用人工育苗和放流增殖的方法，把由于人为和环境因素而造成鲎“无处可生、无苗可长”，所缺失的最重要的一环补上，才能快速有效地达到鲎保护和恢复种群的目标。本章介绍鲎人工育苗和人工放流增殖技术，以求找到一种有效保护资源和恢复鲎种群数量的措施。

/ 第一节 / 鲎人工育苗技术（Technology of artificial breeding）

一、鲎人工育苗的流程（The process of artificial breeding）

雌雄亲鲎选择→ 人工授精→人工孵化→胚胎发育→ 1 龄幼鲎→其中大部

分幼鲎用于人工放流增殖，另一部分幼鲎继续培养发育。

二、鲎人工育苗具体步骤（The concrete steps of artificial breeding）

1. 人工授精

(1) 亲鲎的选择

选择成熟度好的亲鲎是人工授精成功的关键。用海水把雌雄成鲎刷洗干净。翻开雌鲎腹部生殖盖板，可见 1 对生殖孔，用手挤压生殖孔，若有成熟的卵排出，该雌鲎即可留用授精（图 8-1）。

翻开雄鲎腹部生殖盖板，用注射器从生殖孔抽取血淋巴液（内含精液），滴于载玻片上，加等量海水，盖上玻片，置于高倍镜下观察，确认有大量游动的精子，该雄鲎即可留用（图 8-2）。如果反复做标本 3～5 次还是在视野中观察不到游动精子，该鲎即弃去不能用，另选雄鲎再作检查。

(2) 卵子的收集

用剪刀从腹部附肢基部截去附肢，让体液快速流出。用过滤海水洗去体液后，切开头胸部腹面周缘甲壳，将腹腔大量的卵取出置于盛有海水的塑料箱。用镊子仔细清除混杂在卵子中的肝脏、黄色结缔组织及不良卵子，反复用过滤海水清洗，直至海水不再混浊。然后将卵平铺于盛有海水的洁净塑料

图 8-1　雌性生殖孔

图 8-2 雄性生殖孔

箱中，以备授精之用（图 8-3）。由于雌鲎体液有抑制受精的作用，所以应尽量洗净残存的雌鲎体液。清洗时动作应轻柔，注意防止伤及卵子。

图 8-3 一批成熟鲎卵子（光镜照片）

(3) 精子的采集

采精与采卵同时或稍后进行。用剪刀或解剖刀从雄鲎头胸部附肢的基部切掉附肢，让体液快速流出。精子即混在流出的体液中，用盛有过滤海水的大烧杯盛之，用玻棒轻微搅拌，使之混合均匀，后用多层纱布过滤，滤去血凝块及组织块（图 8-4）。

图 8-4 一群成熟鲎精子（左为扫描电镜照片，右为透射电镜照片）

(4) 人工授精

迅速把经纱布过滤过的雄鲎体液倒入铺有卵的塑料箱中，用玻棒轻轻搅拌使卵子与含有精子的体液充分混合，静置 1 至数小时，受精即完成。

2. 受精卵的孵育

受精后第 2 天起，每天早晚各换过滤新鲜海水 1 次。孵化温度控制在 28～30℃，海水比重 1.010～1.020(盐度 16～30)，pH 8.2，气泵充氧。换水时，注意挑去变绿坏死的卵。

胚胎发育详细过程见第六章第二节中国鲎胚胎发育。

图 8-5 至图 8-37 示鲎人工育苗中从受精卵到 2 龄幼鲎的发育过程。

3. 幼鲎的饲养

孵出的 1 龄幼鲎在室温用塑料桶培养，氧气泵充气，依靠卵中卵黄的养分存活，不必喂养饲料。当剑尾长出发育成 2 龄幼鲎喂养轮虫、桡足类或丰年虫，每天换过滤海水 1 次。

图 8-5　人工授精后，受精卵开始发育，卵壳颜色逐渐变深

图 8-6　受精卵多数处于卵裂至囊胚期，少数受精卵已发育形成三叶虫胚体

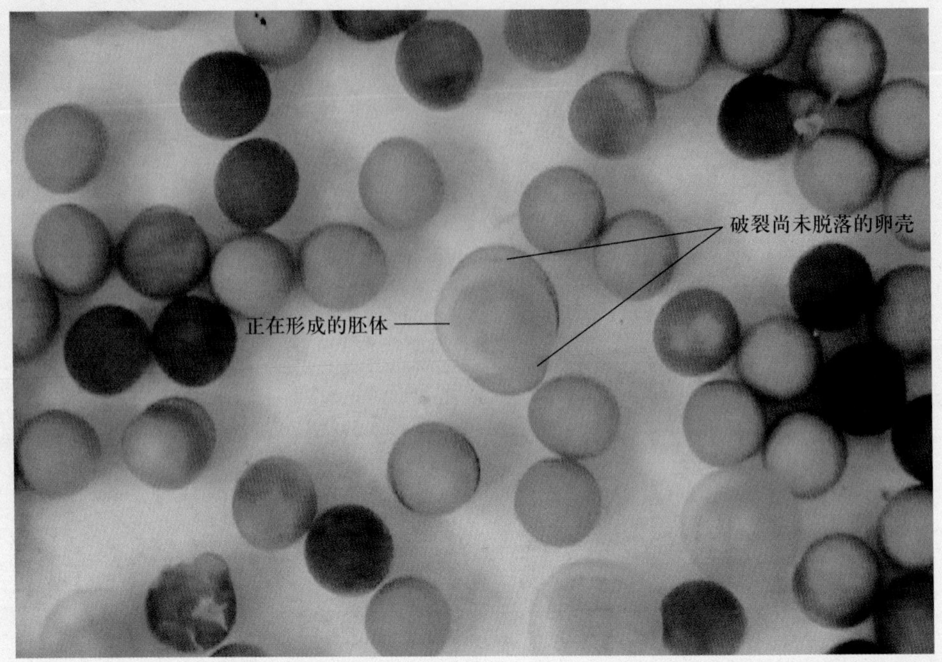

图 8-7　正在发育的受精卵，示一个受精卵已形成胚胎，卵壳尚未完全脱落

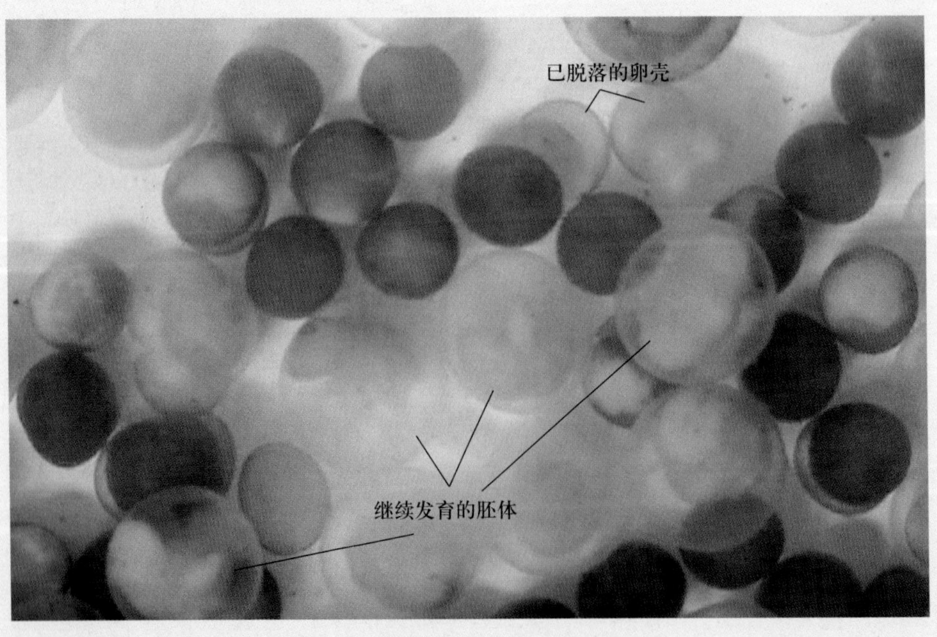

图 8-8　由胚膜包围的胚体继续发育

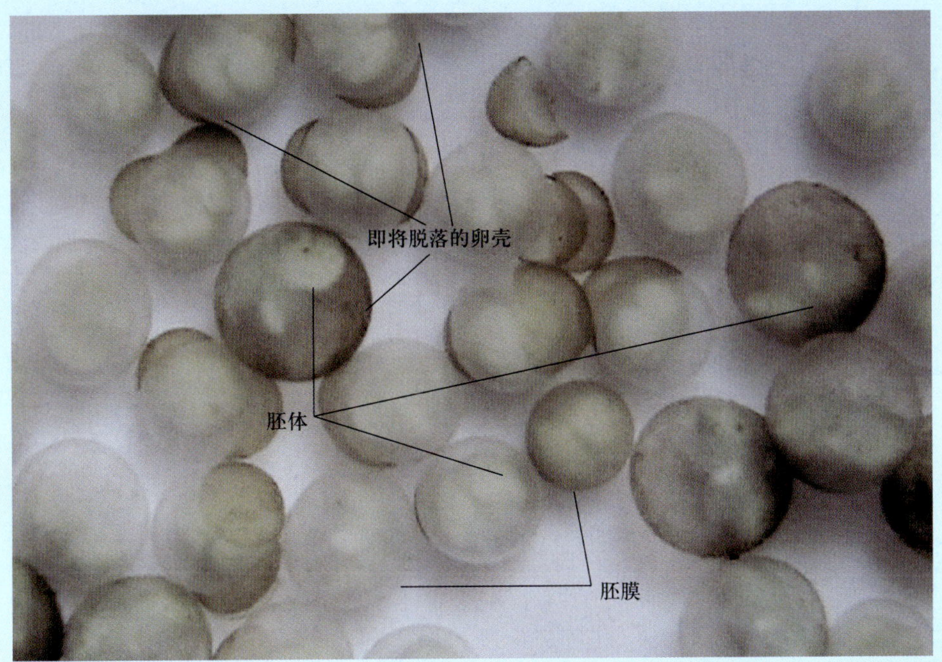

图 8-9　大多数受精卵已脱去卵壳发育为由胚膜包围的胚体

图 8-10　脱去卵壳后胚膜包围的胚体正在形成，早期胚膜晶莹剔透

图 8-11　一批脱去卵壳形成由胚膜包围的三叶虫胚体

图 8-12　胚膜颜色明显变暗，其所包围的胚体正在发生器官分化

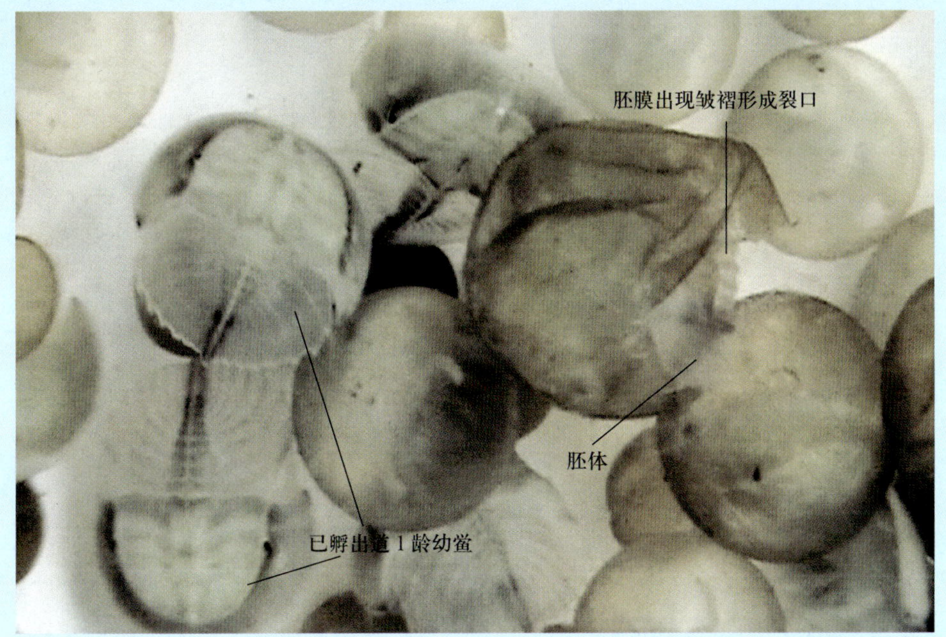

图 8-13　胚膜颜色变深褐色后开始出现皱褶形成裂口

图 8-14　发育完全的胚体开始突破包围的胚膜

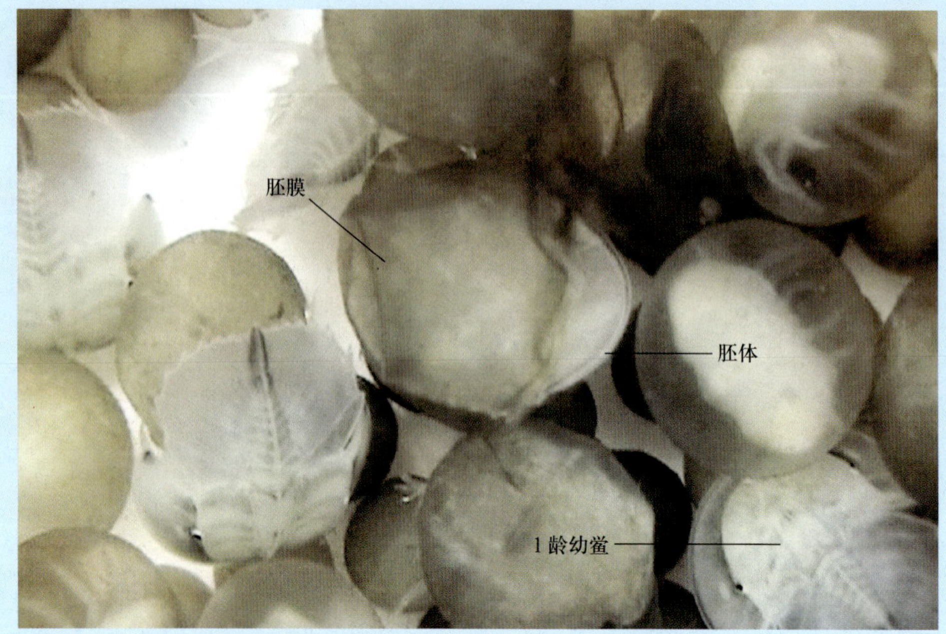

图 8-15　胚体逐渐从破裂的胚膜移出

图 8-16　一个基本发育完全的幼体即将脱离胚膜

图 8-17　大部分发育完全的胚体已脱离胚膜发育成 1 龄幼鲎

图 8-18　1 龄幼鲎蜕离胚膜前（左上部分）及脱离胚膜后（右下部分）对照

图 8-19　胚体完成发育成为 1 龄鲎蜕下的最后一层胚膜

图 8-20　一批刚孵出的 1 龄幼鲎

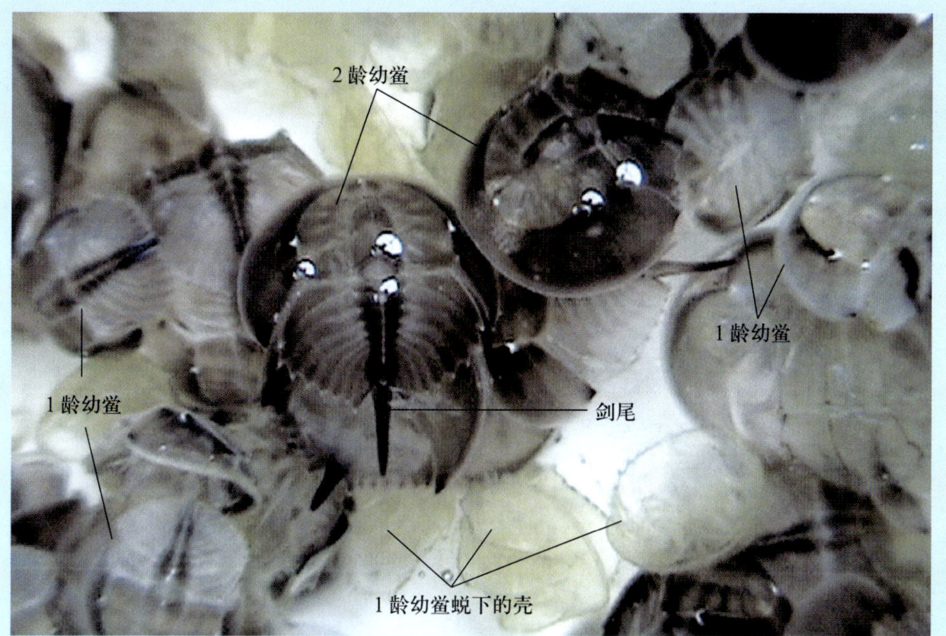

图 8-21　1 龄幼鲎生长后蜕壳长出剑尾成为 2 龄幼鲎

图 8-22　一群长出剑尾的 2 龄幼鲎

图 8-23　一批长出剑尾的 2 龄幼鲎

图 8-24　1 龄幼鲎发育为 2 龄幼鲎蜕下成堆的壳

图 8-25　人工培育的 1 龄幼鲎（上左右图）和 2 龄幼鲎（下左右图）比较。由图中可见人工培育的幼鲎生长发育健康正常

/ 第二节 /

鲎人工放流增殖（Releasing of juvenile horseshoe crabs back to ocean）

一、鲎人工放流增殖的意义（Significance of artificial releasing for proliferation）

由于国内经济高速发展和旅游事业的发展，目前已经很难找到一块适合鲎天然繁殖的海域，要依靠鲎自然繁殖方式来恢复原有鲎的种群数量，几乎已经不可能了。因此，如果纯粹划出一定区域，等待鲎来产卵受精，那只是人们一厢情愿，结果还是无法达到保护和迅速恢复鲎种群的目的。

目前，必须以人工的手段补上鲎繁殖和生长发育过程中被破坏的这个重要环节，而最有效、最迅速的方法就是开展鲎人工育苗，选取适宜的海区和地点以人工放流的方式，争取以最短的时间，使鲎的种群数量得以恢复。可以说，大规模人工育苗，人工放流是目前最理想，最有战略意义的保护鲎资源的措施。

二、鲎人工放流增殖可行性（Feasibility of artificial releasing for proliferation）

对鲎人工放流的成效和可行性，许多海洋人士曾提出质疑。其中有的认为，人工放流的幼鲎最终都葬身鱼腹或其他海洋动物口中，实际上是等于打水漂，不会有效果；另外，有的人士认为，人工放流的鲎，日后长成是否会洄游到其他海域，而使我们鲎的人工放流努力成了为他人作嫁衣裳的徒劳；再者，人工放流的成活率如何评价等诸多问题，也都有待回答和解决。

根据鲎的生活史和生活习性，幼鲎生活潜伏在低潮线的沙泥难，因此，人工放流后的幼鲎主要还会生活在放流所选择的海区。以下介绍利用鲎人工育苗培育的鲎幼体所进行的人工放流实践。

三、鲎人工放流地点的条件要求（Requirements of artificial releasing location）

通过钻沙、钻泥实验表明，幼鲎具有钻沙、钻泥潜伏的生活习性，因而，根据当前厦门市港口发展、定位以及海上旅游业的发展，只要找到有沙质或泥滩的海滩即可以进行人工放流。以解决鲎保护与当地旅游业争占沙滩的矛盾，做到鲎保护及种群恢复与旅游业发展和谐发展的双赢局面。

根据《厦门市鲎海洋特别保护区建区可行性研究》的调查：嵌镶在厦门港、厦门西港、马銮湾海域上的宝珠屿、火烧屿、大兔屿、小兔屿、白兔屿、大屿、鸡屿具有成片的沙滩及滩涂，为周围的陆地所环抱，形成一个相对稳定平静的海区，可作为建立厦门西海域第 1 个鲎海洋特别保护区核心区；另外，以角屿、小嶝岛、大嶝岛、欧厝、澳头、大离浦屿、鳄鱼屿作为鲎海洋特别保护区为中辐线核心区，向四周辐射将东咀港、浔江港、厦门东海域包括在一起，形成厦门东海域第 2 个鲎海洋特别保护区核心区。这 2 个鲎海洋特别保护区核心区可作为日后我市人工培育鲎幼苗海上放流的地点。这 2 个核心区像两个臂膀怀抱着厦门岛，周围陆地形成一个天然屏障，该保护区的海域处于相对平静的环境，符合鲎所要求的环境条件，有利于鲎在该海域的滩涂中生长发育。

四、鲎人工放流实践（Practice of artificial releasing）

厦门大学与厦门市海洋与渔业局合作，于 2005 年开展鲎人工育苗与海上放流增殖课题。成功孵化培育出鲎受精卵、三叶虫期胚胎及已孵出鲎幼体共计 31 万 5 千 5 百粒（只）。该课题于 2005 年 8 月 12 日进行中期验收，并于 2005 年 9 月 9 日在火烧屿成功进行人工海上放流鲎幼体 9 万只。

图 8-26　火烧屿海区一角

（一）人工放流地点的选择（The choice of artificial releasing location）

火烧屿地处厦门半岛西侧的海沧大桥区，东距东渡港口区 0.8 km，面积为 245741 m^2。岩石呈褐色，如火烧状，故名。火烧屿于西部形成两个湾口，进深约 320 m 和 270 m。海拔 34.1 m。东北岸陡峭，西南、南岸平缓。岸线长约 3.8 km。

屿的沿岸既有沙滩，低潮时有大片泥滩，风浪较小，适合于幼鲎潜伏生长，屿上有建筑物多座，可作为进行鲎研究的实验室。屿上开辟为火烧屿生态旅游景区，供游人游览。屿上开展鲎的养殖及提供鲎标本展览，可增加景区的参观景点及普及海洋生物科普知识。

（二）人工放流幼鲎的规格（Juvenile horseshoe crab specification of artificial releasing）

在公证人员监督下详细计数：取 0.6～0.7 cm 的 1 龄幼鲎 5 万只，1.1～1.2 cm 的 2 龄幼鲎 4 万只。

（三）人工放流具体步骤（The concrete steps of artificial releasing）

将准备放流的不同规格的鲎幼体分别用薄膜塑料袋充氧气打包，随后装车从鲎人工育苗基地运输到轮渡码头，然后由厦门市海洋综合行政执法支队执行鲎幼体放流任务，用渡船运送到准备放流的火烧屿海区。

为了比较和追踪放流的结果和效益，除了将大部分鲎幼体放流在低潮线的沙泥滩外，还在沙泥滩上放置 2 个不同深度的定置网，以便定期取样观察放流结果。

（四）人工放流结果评价（Evaluation of artificial releasing）

本次于 2005 年 9 月 9 日在火烧屿成功进行鲎幼体人工海上放流后，每隔一个月到放流地点，寻找鲎幼体的踪迹。结果显示，在放流的海区中还是可以找到鲎幼体。但这些鲎幼体是否就是本次放流的鲎幼体则未能确定。因为本次放流未对鲎体作标记。但从采集到的数量明显多于以往在此海区采集到的数量。这表明人工放流是有明显效果。

2006 年 3 月 7 日在厦门市海洋与渔业局举行“鲎人工育苗及海上放流”项目验收会。与会专家学者一致认为，该项目率先在国内进行系统的鲎人工育苗及海上放流，实验是成功的，取得满意的预期结果，并认为该实验为厦门鲎资源保护和种群恢复做出有益的尝试，应该进一步加大投入，深入持续地开展鲎保护工作，切勿半途而废，以取得真正恢复鲎种群数量的效益。

图 8-27 至图 8-41 示此次鲎幼体人工海上放流的过程。

图 8-27　鲎人工育苗现场（右上角图示给培育的鲎幼体供气）

图 8-28　体长 0.6～0.7 cm 的 1 龄幼鲎

图 8-29　体长 1.1～1.2 cm 的 2 龄幼鲎

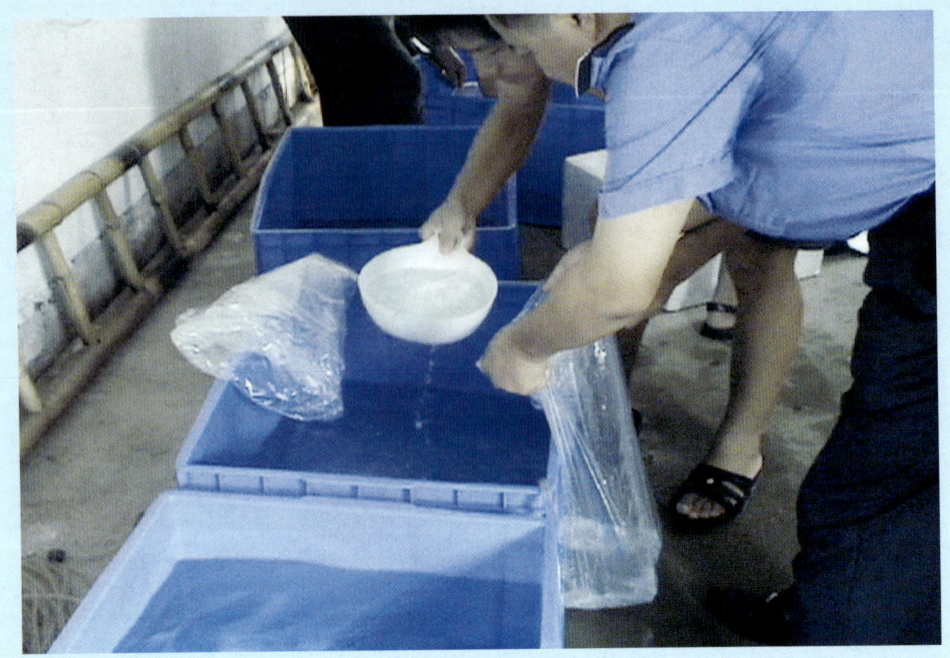

图 8-30　对鲎幼体进行计数

图 8-31　对人工培养的鲎幼体进行充气打包

图 8-32　鲎幼体充气打包后装车待运

图 8-33　由厦门市海洋综合行政执法支队执行鲎幼体放流任务

图 8-34　运送鲎幼体到指定滩涂

图 8-35　参与放流的师生

图 8-36　搬运定置网到指定的滩涂

图 8-37　在滩涂指定的位置上设置定置网

图 8-38　用木桩固定定置网，保证不被风浪刮跑

图 8-39　放流后定期在滩涂取样找到的鲎幼体

图 8-40　去除泥沙后的寻觅到的鲎幼体

图 8-41　2006 年 3 月 7 日在厦门市海洋与渔业局举行“鲎人工育苗及海上放流”项目验收会

※ 参考文献（References）

洪水根，李棋福，陈美华，黄大川．中国鲎胚胎发育研究．***厦门大学学报（自然科学版）***，2002，**41**(2)：239～246.

洪水根．鲎人工育苗、放流技术及保护措施．厦门市海洋与渔业局，2006.

第四篇

鲎的开发利用

（EXPLOITATION AND UTILIZATION）

第九章

鲎血液学研究及应用

（RESEARCH AND APPLICATION OF HEMOTOLOGY）

鲎的循环系统属于开放式的血淋巴系统，由心脏、血管和血淋巴液组成，它是节肢动物最复杂的心血管系统。从鲎的身上很容易抽到大量的血液，其血量之多，是其他无脊椎动物所无法比拟的，因此鲎往往被誉为“无脊椎动物血液捐赠者冠军”的美称。鲎以原始的天然免疫抵抗入侵的微生物。有关这方面的机理和应用研究已相当深入，且显示广阔的应用前景。特别是自Bang（1956）及Levi和Bang（1964）的鲎血液变形细胞和细菌内毒素之间关系的经典研究之后，有关鲎血液学研究、鲎试剂的研究和开发及其在医学、药理学等方面的应用研究掀起一股热潮，这方面的报道呈爆炸性增长，取得了令人瞩目的成就。

/ 第一节 /
鲎血淋巴（Hemolymph）

鲎的血淋巴（hemolymph）由血浆和血细胞组成。鲎血淋巴中含丰富的微量元素Zn、Cu、Fe、Ca、Mg、Mn、Ni，其中Cu和Ca含量较高，分别为（23.13±0.75)mg / L和（176.5±2.62)mg / L；Fe和Ni的含量较低，分别为（0.71±0.08)mg / L和（0.56±0.04）mg / L。鲎血淋巴中至少含有12种游离氨基酸，含量较高的是甘氨酸（Gly）、异亮氨酸（Ile）、天冬氨酸（Asp）、谷氨酸（Glu）和亮氨酸（Leu），其含量占氨基酸总含量的 75% 以上；脂肪酸有 17 种，其中饱和脂肪酸（SFA）10 种，不饱和脂肪酸（UFA）7 种 [有 3 种是多不饱和脂肪酸（HUFA)]，UFA 和 HUFA 分别占总游离脂肪酸含量的 52.82% 和 4.86%。

一、血浆（Plasma）

鲎的血浆主要含有一种可溶性的呼吸蛋白——血蓝蛋白（hemocyanin），占血浆蛋白的 90%～95%，血蓝蛋白的每个氧结合位点有 2 个铜离子，在脱氧状态下血蓝蛋白为无色，结合氧为蓝色。因此，血蓝蛋白往往使鲎血液呈现蓝色。血浆中除了血蓝蛋白外，还具有 α_2-巨球蛋白、C -反应蛋白等。

二、血细胞（Blood cells）

Armstrong 认为，根据细胞形成，在成体鲎蜕皮间期血淋巴中只有一种血细胞类型，即颗粒细胞（granular hemocyte 或 granulocyte）或称之为变形细胞（amebocyte）。光镜下观察新鲜鲎血细胞（图 9-1 左图），大多为圆形或椭圆形的扁平细胞，长直径为 15～20 μm，短直径约 15 μm，细胞质中充满反光性强的椭圆形或圆形颗粒，且细胞核有时被颗粒掩盖。当细胞与内毒素接触后，血细胞出现附着现象或进行多样性的形态变化。细胞往往伸出几根短棒状或三角形的伪足，形状不一；伸出的伪足行分支，细胞形状也变为多种多样，如三角形、多边形等，细胞可进行变形运动。在内毒素的刺激下，起初细胞发生部分脱颗粒，胞质出现空泡，直到细胞因胞吐作用而完全脱颗粒，最终细胞解体。在电镜下观察（图 9-1 右图），颗粒细胞细胞膜呈现三夹层结构。核呈圆形或卵圆形。有时表面有浅的凹陷。核内异染色质较多，偶见致密的核仁，胞质中可见少量游离的核糖体，粗面内质网数量较少。其显著的特征是细胞质中充满椭圆形、均质的血细胞特异性颗粒——大颗粒（large granule）

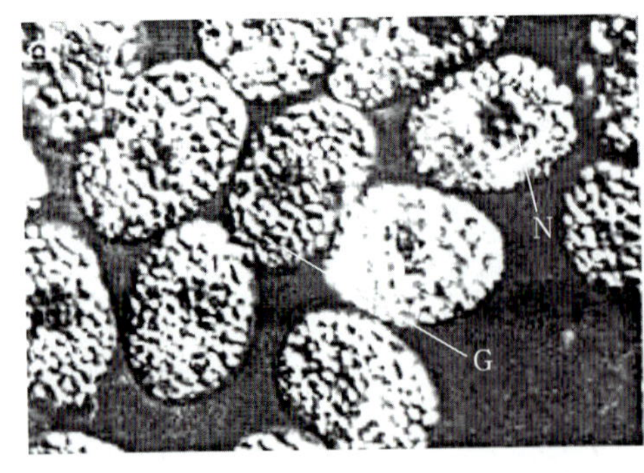

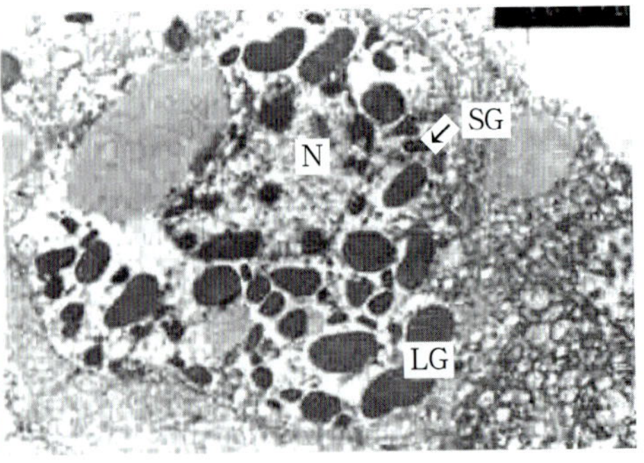

图 9-1　鲎血细胞（左为光镜照片，右为电镜照片）

G- 颗粒，LG- 大颗粒，N- 细胞核，SG- 小颗粒

和小颗粒（small granule）。大颗粒直径可达 1.5 μm 以上，电子致密度低，而小颗粒电子致密度是大颗粒的 2.3 倍，但直径较小（小于 0.6 μm）。经四氧化锇处理的样品，大颗粒内含物电子致密度均一，而只经戊二醛固定的血细胞的大颗粒看起来是由致密的核心区及周围低致密度的区域构成，且大颗粒的数量较多，甚至为小颗粒的 10 倍以上。小颗粒形状多样，如椭圆形、球形或杆状。颗粒血细胞胞质中只能看到单一的高尔基复合体，其从吞噬小泡一侧到运输小泡一侧，电子致密度逐渐增高。

颗粒细胞是鲎血液中最主要的血细胞。但有的学者认为，鲎血液中血细胞除 99% 的细胞是变形细胞（amebocyte）外，还有少量的含血蓝蛋白的原蓝细胞（cyanoblast）。成体鲎体内，蓝细胞仅出现于复眼神经丛附近的血管腔处，血循环中不出现或极为罕见，其特点是细胞较大型（直径可达 100 μm），胞浆内含有血蓝蛋白结晶。因此，蓝细胞是一种不参与血循环的特殊类型的血细胞，这种细胞成熟后把血蓝蛋白释放入血液。梁平等也观察到鲎胚中蓝细胞生成非常旺盛。Loeb(1902）还报道一种小的无颗粒细胞，类似于其他节肢动物动物原血细胞。Armstrong 则视之为流血时，颗粒性细胞发生脱颗粒的结果。Yoshihiro 等发现东方鲎新鲜血液中除了颗粒性血细胞外，大约有 1% 的血细胞是非颗粒性血细胞，其胞质中不含或几乎不含颗粒。非颗粒性血细胞具有一个大型的清晰的核，且被层状的内质网包围。作者认为这种非颗粒性血细胞与其他节肢动物的透明细胞类似。Peter 等通过光镜对活细胞和切片观察以及结合免疫胶体金技术透射电镜观察，发现鲎血液中除了颗粒细胞外，有 1%～3% 的浆细胞（plasmatocyte），其核内以常染色质为主，粗面内质网发达，游离核糖体、线粒体均较多，特异性分泌颗粒很少或缺少，免疫组化方法检测不出凝固蛋白。浆细胞可能就是 Yoshihiro 等所指的非颗粒性血细胞。

/ 第二节 /
血细胞发生（Hemotogenesis）

前面说过，鲎黄色结缔组织具有很强的分化能力。鲎的造血组织也是由黄色结缔组织中的间充质细胞或干细胞分化而来。鲎并无固定的造血部位，结构简单，为多个细胞的集合，外包基膜与周围的组织有明显的界限；造血组织大小不一、数量不定，在黄色结缔组织中呈弥散分布，体现了鲎血细胞发生的原始性特点。

自从在鲎的变形细胞中发现对内毒素敏感的凝固系统，在它的血浆中又发现可凝集细菌的鲎素以来，鲎血液及血细胞的机能和形态问题一直受到学者重视。但迄今鲎的造血部位及规律并未完全解决（Armstrong，1985），在血细胞类型上也仍存在不同看法（Suhr-Jessen，1989）。

一、鲎胚胎血细胞发生（Embryonic hemotogenesis of horseshoe crab）

（一）材料与方法（Materials and methods）

以人工授精得到中国鲎幼体为材料。光镜观察标本为发育 13～21 d，第 1 次蜕皮前的胚胎 20 个，第 4 次蜕皮后的晚期胚胎 3 个，初孵出的三叶幼虫 3 个。固定在 Bouin 液内，石蜡或塑料包埋，分段连续切片，H·E 或苏木素–Giemsa –酸性品红染色。电镜观察标本是 6 个发育 13～19 d 的胚胎，第 4 次蜕皮后胚胎和三叶幼虫各 1 个。经 4% 多聚甲醛 – 2% 戊二醛混合液和四氧化锇液双固定，环氧树脂 618 包埋，半薄切片定位，超薄切片经醋酸铀和枸橼酸铅染色，Hu-12A 电镜观察及摄影。

（二）结果（Results）

1. 血细胞的发生过程

首先，利用光镜和电镜观察鲎胚盘形成期和体节形成期的胚区及胚外部分，未发现造血现象。经电镜证实，具有变形细胞和原蓝细胞分化特征的血细胞最早在第 16—17 日的鲎胚内见到，此时其附肢原基已出现。光镜下见胚区外胚层细胞的深部为梭形的中胚层细胞，其长轴方向与表面平行，可围成窦样腔隙。在中胚层细胞之间或窦样腔隙内出现圆形的原始血细胞，直径约 12 μm，核大，胞浆呈嗜碱性（图 9-2：1）。胚外部分在外胚层细胞和卵黄粒团块间有灶性或排成薄层的幼稚血细胞，其中多数细胞体积较大，呈多边形或船形，最大者长径达 30 μm，胞浆丰富呈嗜酸性，核相对较小，有的切面上看不到细胞核，这些都属蓝细胞系列，易于辨识（图 9-2：2）。

电镜下未成熟变形细胞常单个散在，位于具有细长突起的中胚层细胞间，或存在于后者围成的腔隙内，一般近似圆形，有时尚残存长短不一的胞质突起（图 9-2：3）。偶见中胚层细胞横径增大，突起缩短，似乎处于朝原始变形细胞的迁移的过程。胚外部分的未成熟蓝细胞常呈灶性聚集，附近可见中胚层细胞、吞噬消化卵黄粒的消黄细胞和卵黄粒。

2. 血细胞发育过程的超微结构

根据电镜观察，变形细胞和蓝细胞系列分化发育的整个过程，可分为原始、幼稚和成熟 3 个阶段。

原始变形细胞的核较大，富于常染色质，核仁明显。胞浆内游离核糖体颇多，粗面内质网较多，高尔基体不发达，尚无特异颗粒生成（图 9-2：3）。

随着细胞的发育，粗面内质网进一步增多，高尔基体充分发育，特异性颗粒开始出现，细胞进入幼变形细胞阶段。其核仁尚存，初形成的特异颗粒含许多小管状亚单位，颗粒成熟后均质性内容物把亚单位掩盖（图 9-2：4，5）。成熟的变形细胞在晚期胚胎易于见到，核中异染色质增多，核仁消失，胞浆中充满特异颗粒，高尔基体发育仍佳，有时仍见到颗粒生成现象（图 9-2：6）。

原始蓝细胞的核亦富于常染色质，核仁较大。胞浆基质电子密度较高，主要细胞器为游离核糖体，线粒体不多，几无粗面内质网（图 9-2：7）。当胞浆中出现血蓝蛋白结晶，标志着细胞发育到幼蓝细胞阶段，其体积显著增大，核质比值降低，但核仁仍很大。血蓝蛋白结晶纵切面示平行排列的条纹，间距约 10 nm。结晶的长短不一，方向与细胞长轴一致（图 9-2：8）。结晶的横切面示点阵状排列的小管，其直径约 18 nm，每 1 小管都被 6 个小管包绕，相邻小管间常有一横桥（图 9-2：9）。随细胞的成熟，血蓝蛋白结晶增长增多，充满胞浆各处。

鲎胚的未成熟血细胞中，胞浆中有时含散在或成群的糖原颗粒（图 9-2：4），也有时可见被摄入的卵黄粒，其中有的已被消化，处于不同的分解阶段，应属于次级溶酶体范畴（图 9-2：3，4，7）。

3. 鲎胚胎中的造血部位

为探讨鲎胚胎是否具有固定的造血器官，对第 4 次蜕皮后的晚期胚胎和三叶幼虫，做间断连续切片的光镜观察。此时体内可见发育中的血管心脏、消化管、神经系统、肌肉系统，但仍存在大量卵黄块。变形细胞胞浆充满嗜酸颗粒，出现于各处的结缔组织和血窦样腔隙内，一般散在分布，偶尔呈灶性聚集。蓝细胞的发育和卵黄块在空间上关系密切，在表皮下可见许多群集的幼蓝细胞位于卵黄块的周围，也随血窦样腔隙和结缔组织伸入到卵黄块内部。

（三）讨论（Discussion）

节肢动物中造血问题研究最多的是昆虫，Jones（1970）及 Rowley 等（1981）对此都做过详细综述。螯肢动物亚门中，有人研究过蜘蛛的造血部位（Sherman，1981）。至于鲎的血细胞发生，国内外文献尚未见报道。胚胎阶段造血活跃，有利于溯本求源，探讨血细胞的发生发展过程。

1. 鲎血细胞的类型及其成熟过程

多数学者认为蜕皮间期的鲎，血循环中只有变形细胞，或称为颗粒细胞。Shishikura（1977）以荧光抗体法发现变形细胞可分为 2 类，凝固蛋白分别定位在胞浆颗粒或胞浆基质内，但 Armstrong（1985）认为胞浆基质中出现凝固蛋白可能是固定不良所致。近年来 Suhr-Jessen 等（1989）发现鲎血液中除颗粒细胞外，有 1%～3% 的浆细胞，其核内以常染色质为主，粗面内质网发达，游离核糖体、线粒体均较多，特异性分泌颗粒很少或缺如，免疫组化方法检测不出凝固蛋白。类似形态的细胞过去在鲎血液也曾见到，由于观察到它和变形细胞的移行现象，故认为系未成熟的变形细胞。对鲎胚胎中变形细胞发育过程的观察，进一步支持这一看法。

成年鲎体内，蓝细胞仅出现于复眼神经丛附近的血管腔等处，血循环中不出现或极为罕见，其特点是胞浆内含有血蓝蛋白结晶。Fahrenbach(1970)对此种细胞曾进行仔细研究，认为它们成熟后把血蓝蛋白释入血液。鲎胚胎中蓝细胞生成非常旺盛。鲎的氧气输送依靠血浆中的血蓝蛋白，所以蓝细胞是一种不参与血循环的特殊类型的血细胞。

根据以上观察并依照血液学惯例，可把变形细胞和蓝细胞系列均划分为原始、幼稚和成熟 3 个阶段。以变形细胞特异颗粒或蓝细胞血蓝蛋白结晶这 2 种特征性成分的出现，分别作为幼变形细胞或幼蓝细胞阶段的开始，而当胞浆中充满特征性成分时，就是成熟的变形细胞或蓝细胞。由于变形细胞特异颗粒的生成，需要粗面内质网和高尔基体的合成和加工、包裹，所以变形细胞系列富于粗面内质网，高尔基体发达。蓝细胞的血蓝蛋白系游离核糖体合成，故此系列细胞游离核糖体丰富，其他细胞器不发达。根据这些特点在电镜下区分原始变形细胞和原始蓝细胞并不困难。

2. 鲎胚胎血细胞来源及生成部位

鲎胚造血开始于附肢原基形成阶段，变形细胞最早在胚区出现，蓝细胞最先在胚外部分见到。二者显然都来源于中胚层细胞。它们是否有共同的祖细胞，靠形态学观察难以决定，有待造血干细胞培养成功才能得出结论。

蓝细胞的生成部位始终在卵黄块附近，二者在空间上联系密切。鲎胚胎和三叶幼虫体内蓝细胞生成远比变形细胞生成旺盛，这与体内大量卵黄块的存在是否有关？卵黄块除提供营养物质外是否还有其他作用？这些都是饶有趣味的问题。

Hoffmann 把昆虫造血器官分为 3 种类型：(1) 散在于体内各处的血细胞团，不具备组织结构，可能是暂时聚集的血细胞；(2) 缺少区域性分化的造血组织；(3) 发育良好的造血组织，外有被膜，内部分化为不同区域。对晚期鲎胚胎和三叶幼虫进行分段连续切片观察，未能发现固定的造血部位，提示鲎胚体内不存在固定而分化的造血组织，造血系在结缔组织和血窦样腔隙中进行。

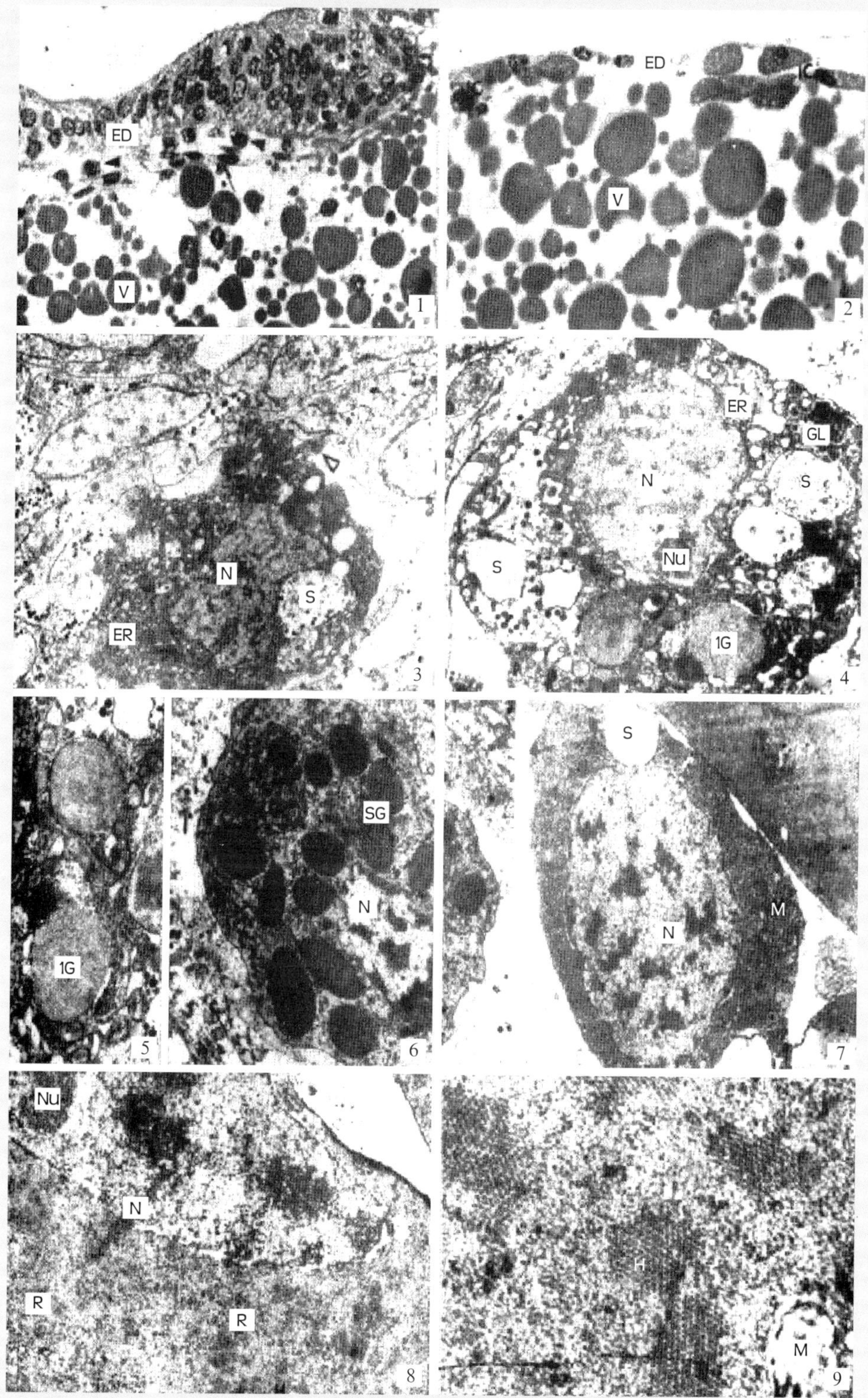

图 9-2　中国鲎胚胎血细胞发生电镜照片

其中 3 为 17d 鲎胚，6 为三叶幼虫，其余各图均系 19d 鲎胚

1. 原始血细胞（箭头）出现于胚区中胚层细胞（箭号）间的窦样腔隙内，ED：外胚层细胞（ectodermal cell），× 400

2. 胚外部分示外胚层细胞（ED）和卵黄粒（V）团块间有灶性聚集的未成熟蓝细胞（IC），× 400

3. 原始变形细胞示不规则胞质突起（空箭头），富于常染色质的核（N），含糖原颗粒的次级溶酶体（S）及许多内质网（ER），× 4 800

4. 幼变形细胞示含小管状亚单位的未成熟特异颗粒（IG），粗面内质网（ER），酶原颗粒（GL）及数个次级溶酶体（S），NU- 核仁（nucleolus），× 7 000

5. 为 4. 的局部放大，示未成熟特异颗拉（IG）的小管状亚单位

6. 成熟变形细胞含许多特异颗拉（SG），发达的高尔基体（G）呈颗粒生成现象，× 7 000

7. 原始蓝细胞示富于常染色质的核（N），少许线粒体（M）和一个次级溶酶体（S），× 7 000

8. 幼变形细胞之一部分，胞浆中含血蓝蛋白结晶（H）及大量核糖体（R），× 18 000

9. 幼变形细胞示血蓝蛋白结晶的横切面（H），为点阵排列的许多小管，× 38 000

二、鲎成体血细胞发生（Hemotogenesis in adult horseshoe crabs）

（一）材料与方法（Materials and methods）

中国鲎购于厦门曾厝垵村。随机取不同季节、不同大小（全长大约为 20～70 cm）及不同性别的成鲎机体内各部位（前体部中部、前体部外周、后体部、生殖腺周围、中肠盲囊周围）黄色结缔组织，切成 1 mm^3 小块，用 2.5% 的戊二醛 4℃前固定 2 h，PBS（磷酸缓冲液）洗 3 遍，1% 四氧化锇后固定 1 h，618 环氧树脂包埋剂包埋，超薄切片经醋酸双氧铀及枸橼酸铅双重染，JEM-100 CX Ⅱ型透射电子显微镜观察及拍照。

（二）结果（Results）

中国鲎的血细胞发生于黄色结缔组织中弥散的造血组织。成体鲎的造血组织以外周和后体部的黄色结缔组织中数量较多，中肠腺部位造血组织较少。在繁殖季节，生殖腺外周的黄色结缔组织分布有大量的造血细胞群，形成造血网（haemopoietic reticula）进行活跃的造血，形成大量血细胞（图 9-3，图 9-4：2）。造血组织结构简单，外包基膜，与周围的组织有明显的界限；造血组织大小不一、数量不定，在黄色结缔组织中呈弥散分布。血细胞在造血组织中分化生成后，移入血淋巴，并在血淋巴中进一步成熟。中国鲎血细胞的发生可划分为以下几个阶段：

1. 原始血细胞（Prohaemocyte）

原始血细胞可分为早原始血细胞（early prohaemocyte，EP）和晚原始血细胞（late prohaemocyte，LP）2 个阶段。早原始血细胞的细胞核大，以常染色质为主，异染色质仅在晚原始血细胞核内边缘出现，胞质充满大小不一的膜囊（图 9-3：EP，图 9-4：2，EP），原始血细胞长轴约 10.5 μm，短轴约 3.5 μm（图 9-4：2，EP）。

2. **浆细胞**（Plasmatocyte）

浆细胞比原始血细胞大，细胞质的体积增大，大多数细胞形状不规则。浆细胞的细胞核形状变化很大，含有大量粗大呈网状的异染色质。其细胞质电子密度很低，有一些大小不同沉积有蛋白质的膜囊。

浆血细胞可划分为早期浆血细胞（early plasmatocyte，EPL）和晚期浆血细胞（late plasmatocyte，LPL）2 个阶段（图 9-3：EPL，LPL）。早期浆血细胞，胞质较原血细胞膨大许多，核呈椭圆形或圆形，核仁清晰可见。这个时期的显著特点是内质网大量膜泡化，使其胞质中形成许多圆形或椭圆形小膜泡。随着细胞的发育分化，晚期浆血细胞膜泡扩张，形成许多大膜泡，细胞器逐渐增多，可见少量的线粒体分散分布，线粒体嵴明显，基质中有高电子致密度的絮状内含物，胞质中可见独个典型结构的高尔基复合体，位于细胞核附近在有些内质网膜泡中开始出现沉积物，最初沉积物较少，呈絮状或团块状，分布不均匀，且电子致密度较低（图 9-4：3，LPL）。

3. **颗粒细胞**（Granulocyte，GC）

颗粒细胞细胞质中含有许多大小不同的颗粒，大的直径约 1.5 μm，小的约 0.6 μm。颗粒的数量随细胞发育而增加（图 9-3：GC，图 9-4：3，4，GC）。高尔基体和内质网参与颗粒的形成（图 9-4：5）。成熟鲎血细胞大小为 10～15 μm。

颗粒血细胞形成初期，随着沉积物的增多，内质网膜泡逐渐发展成为血细胞特异性颗粒。根据大小及内含物的不同，血细胞内的特异性颗粒可分为大颗粒（large granule，LG）和小颗粒（small granule，SG）。胞质中高尔基体往往位于细胞核附近。高尔基体由多层扁平囊及周围的小囊泡组成，分泌囊泡内含若干小泡或高电子致密度的圆形颗粒（图 9-4：5，gb），有的分泌囊泡内的内含物均质，有的内含物不均质，有的电子致密度较大，有的电子致密度较小，显示高尔基囊泡内含物由不均质到均质、由低电子致密度到高电子致密度，最终发展为成熟颗粒的过程。内质网膜泡外往往附着大量的核糖体（图 9-4：5，rer）。血细胞内特异性的颗粒在最初形成时，膜泡内含物较少，呈现少量絮状、多量絮状或团块状甚至颗粒状的沉积，电子致密度不均匀。随着内含物不断地增加，颗粒内物质分布越来越均匀，电子致密度越来越高具有特异性颗粒的血细胞，故称之为颗粒血细胞。

成熟的血细胞一般为近圆形细胞内充满大小颗粒及少量的脂肪颗粒，而其他的细胞器则逐渐消失（图 9-4：3，4，5，GC）。成熟的血细胞逐渐与造血组织脱离，向血窦腔隙移行，流向血淋巴，参与血循环。

（三）讨论（Discussion）

1. 黄色结缔组织与造血功能

鲎的黄色结缔组织是鲎体内一种非常重要的组织结构，占机体相当大的比重，充满于整个机体内部，且填充于内脏器官之间，甚至为某些内脏器官的有机组成部分，而且与其内脏器官发挥其生理功能有密切关系。更重要的是，本研究结果表明，鲎的造血功能与黄色结缔组织密切相关。鲎没有独立、固定、复杂的造血器官。鲎的血细胞来源于黄色结缔组织中呈弥散分布的造血组织。造血组织由黄色结缔组织中的间充质细胞或干细胞分化而来，结构简单，为多个细胞的集合，外包基膜，与周围的组织有明显的界限；造血组织大小不一、数量不定，在黄色结缔组织中呈弥散分布。这体现了鲎血细胞发生的原始性。

2. 鲎的造血组织特征

成体鲎的造血组织中以外周和后体部的黄色结缔组织数量较多，中肠腺部位造血组织较少。在繁殖季节，生殖腺外周的黄色结缔组织分布有大量的造血细胞群，进行活跃的造血，形成大量血细胞。

对于鲎胚胎血细胞的生成，梁平（1992）电镜观察16～17日龄胚胎时发现，中胚层细胞之间或窦样腔隙内出现原始血细胞，因而认为鲎胚胎造血系在结缔组织和血腔中进行。所以，鲎在生长发育及性成熟过程中，并未形成结构复杂、独立的造血器官。

如上所述，与鲎同为节肢动物的昆虫种类繁多，血细胞发生特点多样化，昆虫的造血器官可归纳为3种类型：（1）散在于体内各处的血细胞团，不具备组织结构，可能是暂时聚集的血细胞；（2）缺少区域性分化的造血组织；（3）发育良好的造血组织，外有被膜，内部分化为不同区域，而鲎的造血组织与昆虫的第2类型的造血组织相似，缺少区域性分化，为弥散于全身各处结缔组织中的造血组织或称之为造血细胞岛、血细胞发生岛。造血组织大小不一，分化程度不一；而造血组织内的血细胞分化具有一定的同步性，这与季节及鲎的生理周期相关。

正因为鲎无固定复杂的造血器官，血细胞发生于结缔组织中弥散的造血组织，而且数量众多，造血功能旺盛，造血能力强，所以鲎的血量特别多，有“无脊椎动物血液捐献者冠军”的美誉。鲎的造血特点也体现了其古老而原始的特征。

3. 鲎血细胞发生的超微结构特点

根据鲎血细胞发生的各个阶段不同的超微结构特征，其发生过程可划分

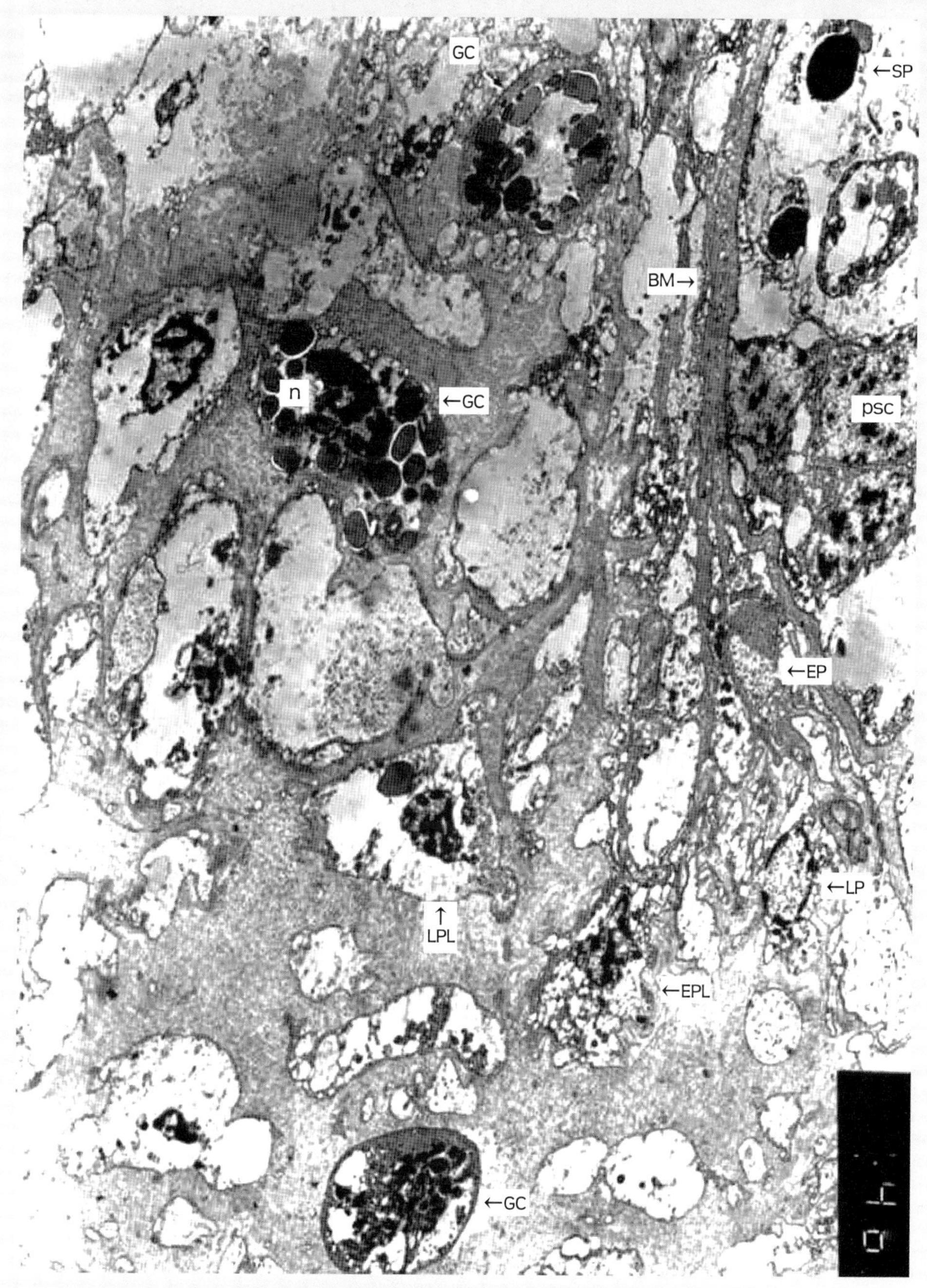

图 9-3 中国鲎造血网结缔组织电镜低倍观

造血网中可见原始血细胞（prohaemocyte）和早浆细胞（EPL）。晚浆细胞（LPL）及颗粒细胞分布于基质中。箭头所指为造血组织与生精小管两者之间基膜相连的部分，×6500

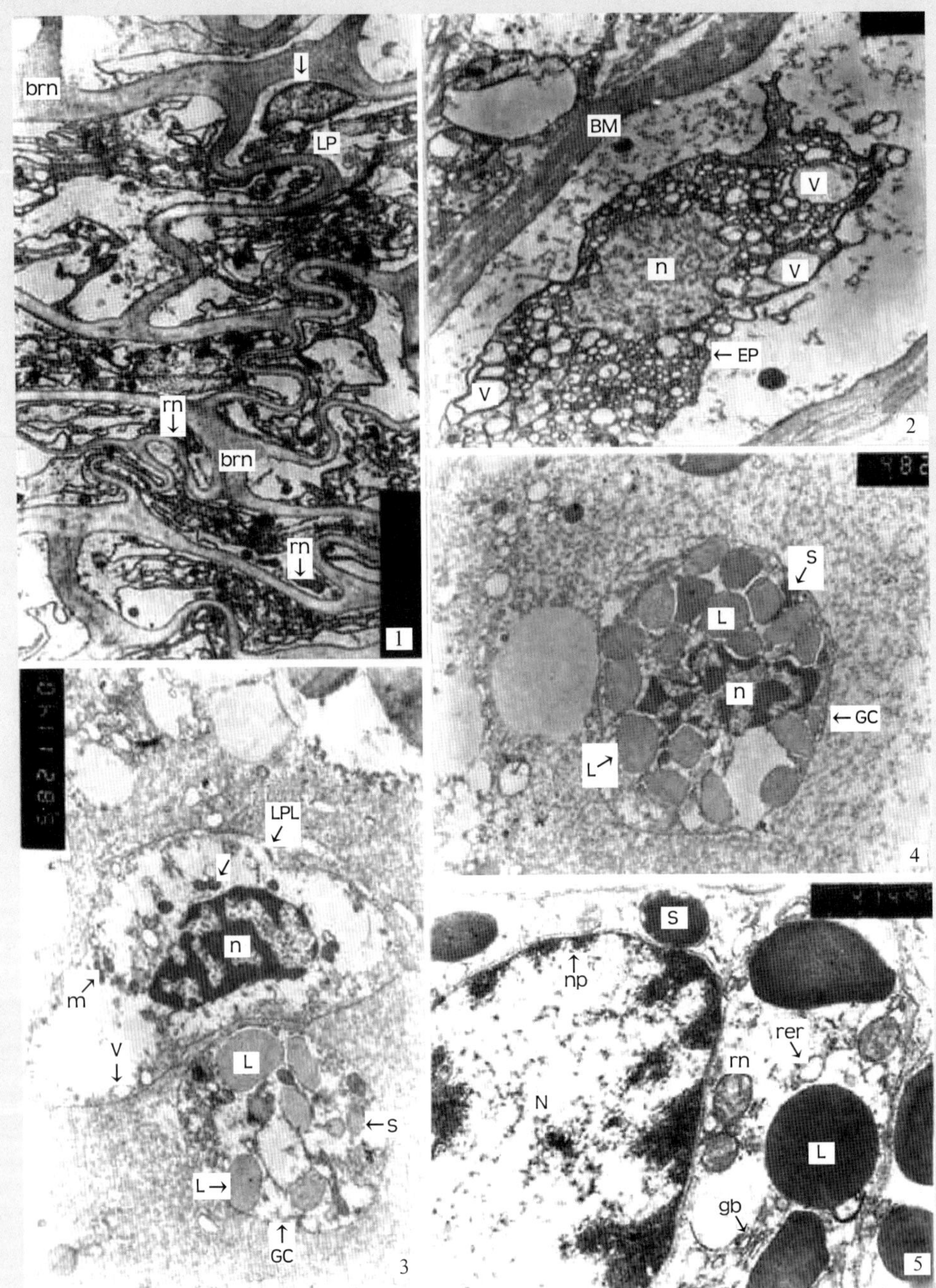

图 9-4　中国鲎血细胞生成电镜照片

1. 鲎造血网电镜照片，示由基膜形成的网状结构，箭头示晚原始血细胞的核，×5800

2. 1 个位于两层基膜之间的鲎早原始血细胞，核为常染色质，胞质充满大量大小不一的膜囊），×7200

3. 1 个晚浆细胞和一个早颗粒细胞。浆细胞中，核具粗网状的异染色质，箭号指蛋白质在膜囊中沉积，而在颗粒细胞中，大颗粒和小颗粒开始出现，×5800

4. 示颗粒细胞，胞质中充满许多大颗粒和小颗粒，×4800

5. 1 个成熟血细胞的放大观。示胞质中的核孔及颗粒形成与高尔基体及内质网的关系，×14000

缩写字母含义：

BM：基膜 (basement membrane)，EP：早原始血细胞 (early prohaemocyte)，EPL：早浆细胞 (early plasmatocyte)，G：高尔基体 (Golgi body)，GC：颗粒细胞 (granulocyte)，L：大颗粒 (large granule)，LP：晚原始血细胞 (late prohaemocyte)，LPL：晚浆细胞 (late plasmatocyte)，M：线粒体 (mitochondria)，N：细胞核 (nucleus)，NP：核孔 (nuclear pore)，PC- 浆细胞 (plasmotocyte)，PH- 原始血细胞 (prohemocyte)，PS：初级精母细胞 (primary spermatocyte)，RER：粗面内质网 (rough endoplasmic reticulum)，S：小颗粒 (small granule)，SP：精子 (spermotozoon)，V：膜囊 (vesicle)

为：原始血细胞、浆细胞、颗粒血细胞等几个阶段。原始血细胞尚未分化，具有一显著的细胞核，胞质极少。随着血细胞的发育，胞质和细胞器不断增多，粗面内质网大量膜泡化，且膜泡不断膨胀，作为血细胞颗粒的最初膜界。在胞质中可见发育良好的高尔基复合体，它在颗粒内含物的形成过程中具有重要的作用。因大小颗粒的成分不同，高尔基体如何参与这 2 种颗粒的形成，有待于进一步做细胞化学研究。

研究发现，血细胞的大小颗粒在造血组织的发育过程中，两者的电子致密度差别不大；而其他学者的研究表明，进入血循环后，在血淋巴中的血细胞的大小颗粒的电子致密度却不同，大颗粒电子致密度较低，小颗粒电子致密度高得多，两者的电子致密度差别很大。这说明血细胞在血淋巴中需要进一步成熟，对大小颗粒再进行加工、酿造，使大小颗粒所含的化学组分有很大的差别而使两者电子致密度不同。

三、鲎血淋巴中血细胞发生（Hemotogenesis in horseshoe crab hemolymph）

（一）材料与方法（Materials and methods）

实验所用的中国鲎由厦门第八市场购得。

鲎血涂片的制备及 Wright 染色和 Giemsa 染色步骤如下：

1. 血涂片的制备

（1）涂片前准备

血涂片所需用的载玻片要非常洁净，载玻片先用洗衣粉水刷洗，清水冲洗后，经洗液浸 24 h 以上，用流水充分冲洗，再蒸馏水漂流一次，然后用 95% 乙醇清洗拭净，最后放在消毒铝盒里分装，180℃烘烤过夜。处理过的载玻片应做到既洁净又无脂痕。

采血用的 16 号针头，5 ml 注射器均应和载玻片一样处理，和镊子一道分装在消毒铝盆里 180℃烘烤过夜后，临用时打开。另外应准备 0.5 mol / L 茶碱、75% 乙醇、碘酊、具有冷风的电吹风、各类消毒棉球、玻棒等物。

(2) 采血

先用碘酊消毒鲎头胸与腹的关节部位，后用 75% 乙醇擦去碘酊。取出消毒盒里的针和针筒，浸入 0.5 mol/L 的茶碱里，组装好，吸取 1 mL 0.5 mol/L 茶碱，反复抽洗，推掉茶碱后马上刺入鲎的心门，采 2 mL 血液。

(3) 血涂片制作

①在无菌室里，在一人采血时，另一人从消毒盒里取出 20 片载玻片，其中 10 片分别放在两根平行的玻棒上，另 10 片放在旁边作推片。

②采血者采血后迅速滴一滴血在分别排放的载玻片的右端，血滴大小以 1 mm 直径为宜。

③另一人取推片置于玻片的近中心侧，使推片和玻片间成 30°～60° 角。

④将推片向右移动，与血滴相接触。

⑤当血液沿玻片的边缘散开后，稍用力而以平稳的速度向左推。此时玻片上即留下薄而均匀的血膜。

⑥滴血者滴完血后，帮助推片人推血膜，使血滴尽快推成血膜，然后推片者迅速用电吹风的冷风吹干血涂片，采血人清理针头及注射器，防止血淋巴凝结堵死针筒及针头。

2.Wright **染色**

(1) 取新鲜血涂片平放于架起的双玻棒上。

(2) 滴 Wright 染液于涂片上，用滴管体部将染液荡散，直至布满整个玻片为止，不要在涂膜两端用蜡笔画线，以免漏掉应当染之物。稍停或立即加 pH 6.7 的磷酸缓冲液（PBS），并用滴管从一端吸入，于另一端放出，反复进行，直至与染液混匀为止；或者用洗耳球来回轻轻吹之，使之混匀。

(3) 染液与缓冲液之比例：染液量要充足，否则染液很快蒸发干燥而沉淀于细胞上。通常一张血涂片需 Wright 染液 3～6 滴才能布满全玻片。染液与缓冲液之比多为 1∶2～4，稀释度越大，其染色时间越长，细胞着色较为匀称；反之，稀释度越小，则染色时间越短，其细胞着色较浓郁，但不鲜艳。

(4) 染色时间：通常以 10～30 min 为好，但仍须视涂膜厚薄而定。鲎血涂片有核细胞多，染色可稍长一点。最好先将标本置低倍镜镜检，当有核细胞之核质红蓝分明（但要比油镜下深一些）时，则表示着色满意。

(5) 冲洗：用蒸馏水冲洗涂片上之染液。轻轻摇动涂片使染液沉渣浮起冲走，切勿先倾去染液再用水冲，否则涂片上的许多染料将沉淀于涂膜上。冲洗时间不可过长，水冲力亦不可太大，以防脱色或涂膜脱落。冲洗后之标本竖立置于片架上用电吹风的冷风吹干。

(6) 滴加 3 滴加拿大树胶封片。1 张载玻片上盖 3 张盖玻片，固化后保存。

3.Giemsa 染色

（1）将新鲜的鲎血涂片用无水甲醇固定 3 min。

（2）再置于稀释过的染液（10 mL 蒸馏水加 1 mL 染液，或 30 滴蒸馏水加染液 3 滴）中，染色 10～40 min。

（3）取出涂片，用蒸馏水冲洗，置于玻棒上用电吹风冷风吹干或空气中自行干燥即可。消毒无菌采鲎血，在无菌室进行涂片，分别经 Wright 和 Giems 染液染色后，置于 Olympus BH-2 型显微镜观察、拍照。

（二）结果（Results）

Wright 染色的涂片经 Olympus BH-2 系列显微镜观察，可以观察到鲎血淋巴中含有大量的血细胞（图 9-5：1，H）。在血涂片中还观察到一种特殊的结构——血细胞岛（hemotoisland）(图 9-5：1，HI，2)。血细胞岛由早原始血细胞（EPH）、晚原始血细胞（LPH）早浆细胞（EPL）、晚浆细胞（LPL）等不同发育阶段细胞组成（图 9-5：2）血细胞岛通过无丝分裂的方式快速增加血细胞数目。图 9-5：3 示浆细胞（PC）通过无丝分裂形成 4 个子细胞。图 9-5：4 示正在进行无丝分裂的浆细胞，其中 1 个核已经分开，胞质正在缢缩形成 1 个新的浆细胞。另一方面大核正在一分为二，但胞质尚未分隔开来。

新产生的细胞逐渐向血细胞岛外周移动，脱离血细胞岛，发育成为成熟的颗粒细胞，分散到血淋巴中（图 9-5：5，6）。

在血淋巴涂片中，除了观察血细胞岛形成血细胞的过程，还观察到血细胞通过有丝分裂增加细胞数量的过程（图 9-6）。从图 9-7 可以看到，许多血细胞染色体进行有丝分裂的变化。图 9-7 箭头示血细胞（H）在进行有丝分裂过程中染色体处于不同阶段的变化：有的处于分裂前期；有的集中在赤道板；有的向两极分开；有的 2 个子细胞染色体正在内凹，但尚未完全分开，2 个子细胞轮廓已经基本清晰可辨。

图 9-7 还显示浆细胞（PC）无丝分裂与血细胞有丝分裂的明显不同。

（三）讨论（Discussion）

从以上观察可以看出，鲎既可以由黄色结缔组织形成血细胞，也可由血淋巴中的血细胞岛产生血细胞；它既可以通过原始血细胞逐渐分化形成血细胞，也可以通过无丝分裂迅速增加细胞数量；还可以从已形成的血细胞自行进行有丝分裂增加血细胞数量。无丝分裂在其他部位血细胞发生的过程中没有被发现。由于无丝分裂是细胞增殖的一种原始方式，它具有简单快速的特点，这也体现鲎造血系统的原始性。鲎血细胞发生这些特点说明为什么到目前为止，还没有发现哪一种无脊椎动物能像鲎一样拥有这么大量的血液，使之成为无椎动物名符其实的“献血冠军”。

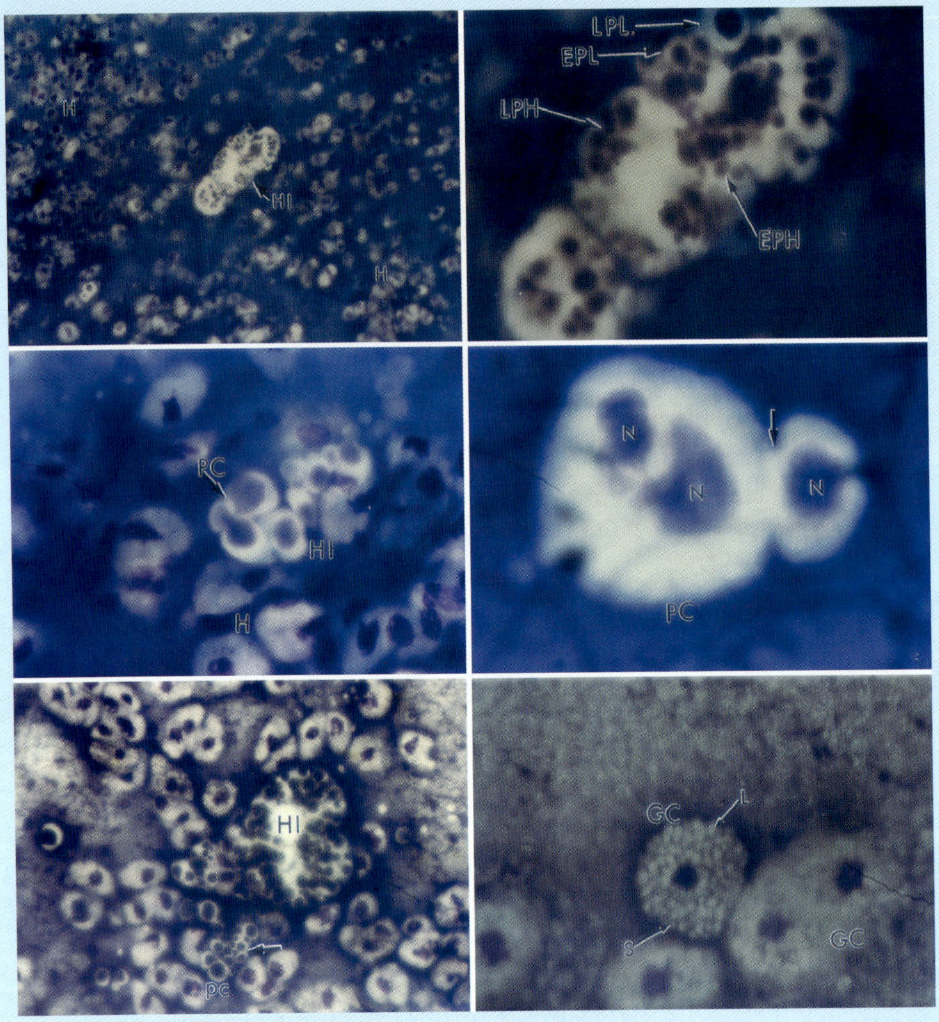

图 9-5　鲎血淋巴中血细胞发生

1. 鲎血淋巴中的血细胞岛（hemotoisland，HI）的照片（Giemsa 染色），×600
2. 鲎血淋巴中的血细胞岛（hemotoisland，HI）的放大照片（Giemsa 染色），×2400
3. 浆细胞借助无丝分裂增加血细胞数量（Giemsa 染色），×2800
4. 浆细胞无丝分裂放大观，箭头示无丝分裂沟（Giemsa 染色），×7000
5. 浆细胞从血细胞岛分离出来，逐渐发展成为成熟血细胞（Giemsa 染色），×1400
6. 成熟血细胞（Giemsa 染色），×2800

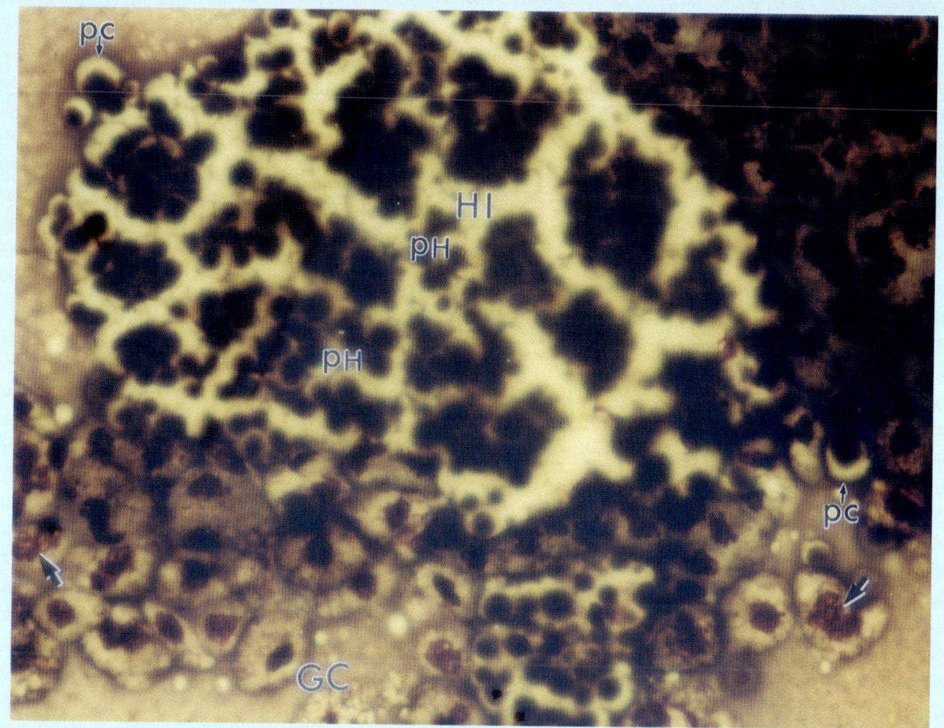

图 9-6　鲎血淋巴中血细胞发生，箭头示血细胞岛（HI）中外的血细胞行有丝分裂大量原始血细胞（PH），浆细胞（PC）逐渐脱离血细胞岛发育为血细胞，箭头示血细胞核行有丝分裂，(Wright 染色)，×1400

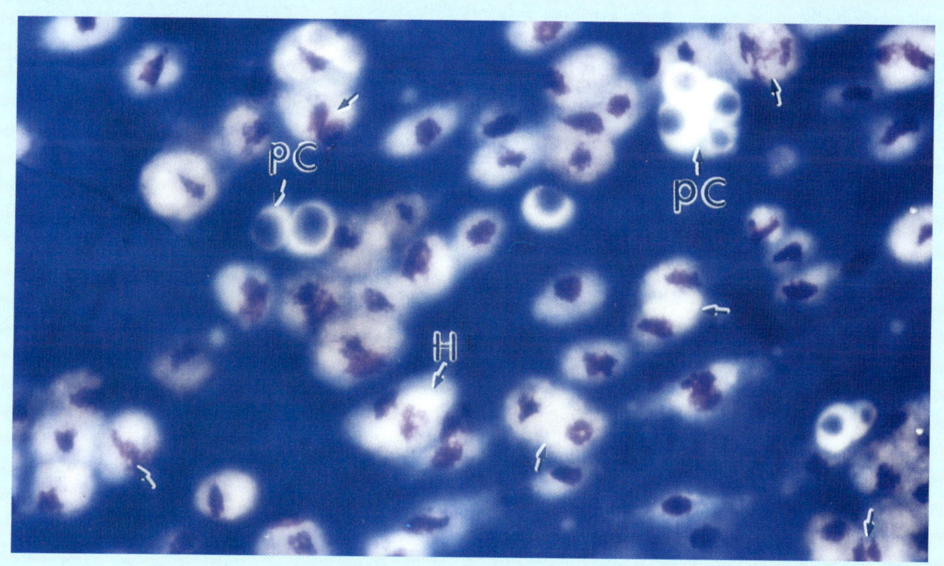

图 9-7　鲎血淋巴中血细胞有丝分裂与浆细胞无丝分裂比较 (Giemsa 染色)，×3000

缩写字母含义：

EPH– 早原始血细胞（early prohemocyte），EPL– 早浆细胞，H– 血细胞（hemocyte），HI– 血岛（hemotoisland），GC– 颗粒细胞（granurocyte），L– 大颗粒（large granule），LPH– 晚原始血细胞（late prohemocyte），LPL– 晚浆细胞，N– 细胞核（nucleus），PC– 浆细胞（plasmocyte），PH– 原始血细胞（prohemocyte），S– 小颗粒（small granule）

四、鲎血细胞发生酶细胞化学（Enzyme cytochemistry of hemotogenesis）

（一）材料与方法（Materials and methods）

实验所用的中国鲎由厦门第 8 市场购得。

鲎血细胞电镜标本的制备：

1. 正常鲎血细胞电镜标本的制备

(1) 实验用品的处理：采血用的器皿如前所述方法处理。临用前泡入 0.5 mol / L 茶碱溶液里。5 mL 和 1.5 mL 的塑料离心管经 1.8 磅高压消毒 3 h，临用时也溶入 0.5 mol / L 茶碱溶液里，另外准备各种棉球、碘酊、75% 乙醇等。

(2) 采血：按上述方法处理的针及针筒组装好，抽取 2 mL 抗凝剂，迅速插入鲎心门，抽取 8 mL 血液，使针筒内共达 10 mL。迅速分别滴加到 2 个 5 mL 的离心管里。

(3) 离心：500 rpm 离心 3 min。

(4) 固定：吸去上清液，每管下白色沉淀分别加 2 mL 2% 戊二醛－4% 多聚甲醛混合固定液在 4℃下固定 1 h。然后用巴斯德吸管尖吸起样品离开管底，再固定 1 h(4℃)。

(5) 离心后用改良 PBS（pH 7.2）洗 3 h。

(6) O_SO_4 后固定 2 h(4℃)。

(7) 50%、70%、90% 丙酮脱水各 10～15 min。

(8)100% 丙酮脱水 30～45 min，换液 3 次。

(9) 浸入 1∶1 丙酮包埋剂混合液，室温下 1 h。

(10) 浸入纯包埋剂 37℃过夜，60℃固化 48 h，常规电镜超薄切片，电镜观察、拍照。

2. 酸性磷酸酶电镜细胞学标本制备

(1) 采血用品准备同碱性磷酸酶电镜样品制备。

(2) 采血同碱性磷酸酶电镜样品制备。

(3) 离心：600 rpm 离心 5 min。

(4) 固定：吸去上清液，每管加预冷的 1.5% 戊二醛二甲砷酸缓冲液（pH 7.2）4℃ 1.5 h。

(5) 清洗：用冷 0.1 mol / L 二甲砷酸缓冲液（pH 7.2 含 7% 蔗糖）洗 5 min，再将细胞悬液离心，1500 rpm 5 min，共 2 次。

(6) 孵育：A 管加入 A 孵育液，B 管加入 B 孵育液，37℃共同温育 10～30 min。

(7) 冲洗：用冷清洗液洗 40～60 min，离心，其间更换清洗液 2 次。

清洗液：0.2 M Tris-maleate 缓冲液（pH 5.0）12.5 mL

蒸馏水：37.5 mL

蔗糖：4.2 g

(8)1.5mL 塑料尖管（Eppendorf）中 10000 rpm 离心，使细胞凝聚成细胞团块。

(9) 取出细胞凝块，在 1% O_sO_4 缓冲液中固定 1 h(4℃)。

(10) 常规脱水、包埋、超薄切片，电镜观察、拍照。

3. 碱性磷酸酶电镜细胞化学标本的制备

(1) 采血用品准备：16 号针头，5 mL 针筒、镊子、巴斯德吸管如前法作无菌消毒处理。临用前泡入 0.5 mol / L 茶碱溶液里。1.5 mL 的塑料离心管，清洗干净后 1.8 磅高压消毒 3 h，临用时泡入 0.5 mol / L 茶碱里，另外准备各种棉球、碘酊、75% 乙醇等。

(2) 采血：从抗凝剂里取出已灭菌的针及针筒组装好，抽取 1 mL 抗凝剂，迅速插入鲎心门，抽取 4 mL 血液，使针筒内共达 5 mL，迅速滴加到已摆好的 2 个 1.5 mL 离心管里。

(3) 离心：500 rpm 离心 5 min。

(4) 固定：吸去上清液，每管加已预冷的 2% 戊二醛二甲砷酸钠缓冲液 1 mL(pH 7.2)4℃固定 1 h。

(5) 清洗液洗 1 h。

(6) 孵育液孵育 37℃ 30 min。A 管加底物，B 管不加底物作对照。

(7) 清洗数分钟。

(8) 后固定：用 Caulfield 液 4℃ 1 h。

(9) 经各级丙酮脱水、包埋、超薄切片，电镜观察、拍照。

4. 过氧化酶电镜细胞化学标本制备

(1) 采血用品准备同碱性磷酸酶电镜样品制备。

(2) 采血同碱性磷酸酶电镜样品制备。

(3) 缓冲的 2% 戊二醛多聚甲醛液用 PBS(pH 7.2) 配。

(4) 含 7% 蔗糖 PBS(pH 7.2) 作清洗液，清洗 30~60 min，期间换液 3 次。

(5) 前孵育：DAB 5 mL 溶于 0.05 mol / L Tris-HCl(pH 7.6)10 mL(最终 pH 7.2) 浸 10 min。

(6) 孵育反应：A 管加孵育液 1 mL，B 管加缺 H_2O_2 的孵育液 1 mL，室温中孵育 1 h。

(7) 清洗液清洗 30 min。

(8)1% O_sO_4 缓冲液 4℃下，后固定 1 h。

(9) 常规电镜脱水、包埋、超薄切片，电镜观察、拍照。

(二) 结果与讨论 (Results and discussion)

1. 碱性磷酸酶

鲎成熟血细胞的碱性磷酸酶呈阳性，准确定位于大小颗粒上。从图 9-8 可观察到，在大小颗粒上，有密密麻麻的黑色颗粒，细胞质基质区域则呈阴性。细胞核，特别是异染色质区呈弱阳性，常染色区呈阴性。细胞质基质区域呈阴性，线粒体亦呈阴性。

未成熟的血细胞未形成颗粒时，细胞质呈阴性，核呈阴性。核已部分异染色质化的未成熟细胞细胞质呈阴性，但核的异染色质区域呈弱阳性。

血细胞中颗粒刚形成着色不深时，颗粒和细胞质均呈阴性，一旦形成异染色质，则异染色质区域呈弱阳性。

2. 酸性磷酸酶

整个鲎血细胞对酸性磷酸酶反应均为阴性。

3. 过氧化酶

鲎血细胞过氧化酶反应亦为阴性。

鲎血细胞酶细胞化学反应表明，鲎血细胞过氧化酶和酸性磷酸酶阴性。这说明鲎血细胞颗粒不是溶酶体性质的，颗粒的主要功能不是消化自身残余体及吞入胞内的细菌，这一点与汪德耀的报道相似。

图 9-8 示鲎血细胞的颗粒呈明显的碱性磷酸酶阳性，说明鲎血细胞属中性粒细胞性质，因为碱性磷酸酶可以作为中性粒细胞的标志酶。在脊椎动物中，中性粒细胞是主要的白细胞，白细胞总数的 50%～80% 主要功能为：(1) 趋化作用，(2) 吞噬作用，(3) 对徽生物的杀伤及杀伤后的消化。中性粒细胞胞浆中的颗粒有 2 型，即嗜苯胺蓝颗粒 (azurophilic granules) 与特异颗粒 (specific granules)。前者出现于前骨髓血细胞阶段，由于出现较早，故又称为原发颗粒 (primary granules)；后者出现于较晚的骨髓细胞阶段，故又称为继发颗粒 (secondary granules)。在成熟的中性粒细胞中，特异颗粒比嗜苯胺蓝颗粒在数量上要多得多。这是因为当继发颗粒出现后，细胞不再合成原发颗粒。嗜胺蓝颗粒在结构与组成上和许多脊椎动物细胞的溶酶体相同，细胞的吞噬及消化作用通过此完成其标志酶是过氧化酶。而碱性磷酸酶是特异颗粒的标志酶（也是中性粒细胞的标志酶）。除碱性磷酸酶外，特异颗粒里尚含有溶菌酶、胶原酶、吞噬细胞素 (phagocytin)、乳铁素等物质。实验结果表明，鲎血细胞的碱性磷酸酶呈强阳性，表明鲎血细胞具有中性粒细胞性质；而过氧化酶及酸性磷酸酶呈阴性，表明鲎血细胞与脊椎动物的中性粒细胞有区别，只含特异颗粒而不含原发颗粒，鲎素和防卫素与特异颗粒中吞噬细胞素、乳

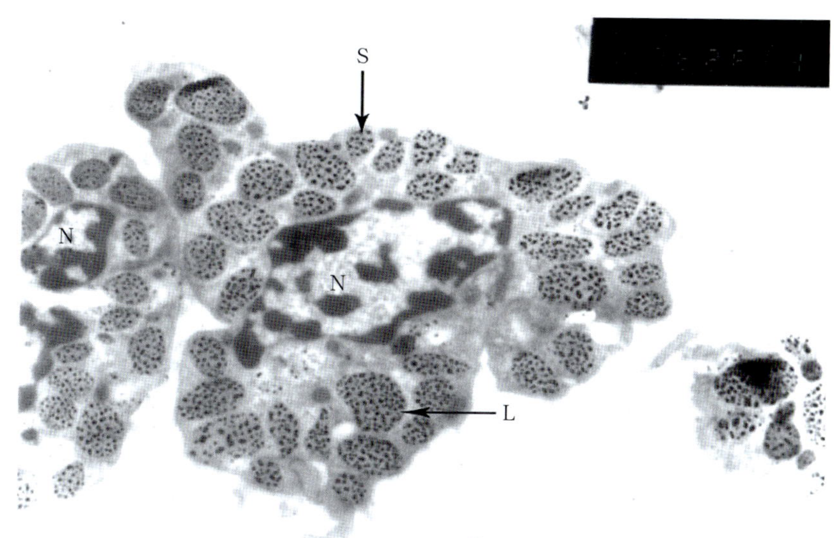

图 9-8　鲎血细胞碱性磷酸酶电镜细胞化学照片，×7000

铁素及杀菌性带正电蛋白质相似，作用方式也与脊椎动物中性粒细胞有区别，即鲎血细胞没有吞噬作用，而是通过脂多糖趋向作用经伪足固着细菌，通过细胞破裂的爆炸性方式释放颗粒及颗粒内容物，从而达到抑菌及杀菌作用。当然，趋化机理及细胞释放颗粒的生化及分子生物学机理有待进一步研究。同时，成熟鲎血细胞不含原发颗粒，是否原血细胞等幼小阶段细胞中含有原发颗粒有待进一步证明。但可以肯定地说，从进化角度看细胞破裂抗菌方式比颗粒破裂及颗粒不破裂抗菌方式低等。

这个结果与现在国内外研究鲎素的结果一致。因为中性粒细胞的功能是杀伤入侵的微生物。作为具有中性粒细胞性质的鲎血细胞受脂多糖的吸引，变形产生伪足与细菌接触，将细菌固定在其伪足上，并通过爆炸式的方式释放颗粒内鲎素类杀菌物质将细菌杀死，鲎血细胞本身解体。

同时，酶细胞化学研究结果和现在对大小颗粒的分离研究也是一致的。Takeshi Shiyennaga 等 1993 年报道：大颗粒含有凝血系统的凝结蛋白和各种因子，而小颗粒则含有参与抗菌抗病毒作用的各种因子及参与自我防御系统的鲎素（tachyplesin）和防卫素（defensin）。

五、鲎血细胞原代培养实验（Primary culture experiments of blood cells）

由于鲎巨大的经济价值及科学意义，对鲎的需求急剧增长，致使鲎资源锐减几乎濒危。

为了不受资源和地域限制，满足今后日益增长的需要并进一步深入开展鲎变形细胞防御作用机理的研究，因此，开展离体条件下鲎变形细胞的培养的研究具有十分重要的意义。

（一）材料与方法（Materials and methods）

1. 中国鲎来源及室内暂养

取血用的中国鲎来自深圳南澳海鲜市场，前后共 5 只雄性个体，体重在 450～730 g。中国鲎运回实验室后，放于盛有干净海水的大塑料箱中，连续充气，水温在 24～27℃之间，暂养期间不喂食，存活时间在 45～68 d。

2. 鲎血清制备

把鲎的头胸甲与腹甲向内弯折，用酒精棉和去离子水反复擦洗后，用一次性注射器从关节处插进心脏，抽出 50～60 mL 血液，置离心管 3000 r / min 离心 6 min，0.22 μm 过滤后，分装于小瓶，4℃冰箱保存备用。

3. 培养基配置

用双倍 L-15 培养基（Hazleton Biologicals，Inc. KS，USA），另添加 5.0 mmol / L glucose，10 mmol / L HEPES 和双抗（青霉素和链霉素各 0.15 g / L）。用去离子水配制后 0.22 μm 滤膜过滤，添加 5%～20% 小牛血清（Hyclone 产品），4℃冰箱保存备用。

4. 血细胞培养及部分生物学现象观察

用 10 mL 注射器吸入 9.5 mL 培养基，再抽入 0.5 mL 鲎血，缓慢颠倒注射器，使血细胞均匀分散于培养基中。迅速拔掉针头，将注射器内容物注入 2 个培养皿（各 5 mL），由于细胞太密，以后每隔 4～6 d 把每皿的细胞取出一半放入新皿中培养，加入新鲜培养基（含鲎血清 10%）。或将血液离心（800 r / min，3 min）后收集血细胞团块，将团块放入培养基小心吹打，即有大量细胞游离出来，弃去细胞团块后可正式培养。用倒置显微镜成像系统（Nikon TE 2000-U，日本）对血细胞的运动、变形和脱颗粒现象等进行观察并拍照。

（二）结果与讨论（Results and discussion）

1. 培养条件对血细胞存活的影响

本研究用 L-15（2 ×）培养基培养中国鲎血细胞。添加小牛血清和中国鲎血清对血细胞存活有明显的作用（表 9-1）。在培养 60 d 时，添加小牛血清在 10%～20% 时，鲎血细胞仍有一定的活细胞数量，说明培养基中一定浓度的小牛血清对鲎血细胞较长时间存活非常重要，血清浓度在 15% 时，存活率最高。相同浓度的小牛血清和鲎血清相比，鲎血清的效果较好。要指出的是，培养时间到了 20 d 后，细胞裂解的数量开始增多，细胞碎片会影响细胞的计数。

表 9-1 添加不同小牛血清和鲎血清浓度下细胞存活率

培养时间 Culture days(d)	小牛血清浓度和中国鲎血清浓度 Calf serum and the crab serum (h) concentrations(%)						
	0	5	5 h	10	10 h	15	20
5	35.5	48.7	50.8	62.3	73.6	43.2	55.2
10	28.3	43.5	47.9	45.6	50.5	26.8	41.1
20	20.1	27.4	30.6	21.5	31.4	15.5	22.8
30	0	12.6	21.4	10.6	23.4	5.7	13.7
60	0	0	1.7	3.6	6.8	15	4.2

徐德源等采用 4 种培养基（TNM-FH、IPLB-41、BML-TC10 和 RPM II 640）对中国鲎血细胞进行培养，发现 TNM-FH 效果最好，细胞存活可达 202 d 以上，其他 3 种只能使细胞存活 39～43 d。由于没有细胞存活率数据，TNM-FH 究竟是不是鲎血细胞群体存活最适宜的培养基，无法作出结论。Hurton 等为了摸索美洲鲎血细胞适宜的培养条件，采用了 6 种培养基：L-15.2 XL-15、GMM（Grace's Modified Insect Medium）、GM(Grace's Insect Medium)、IPL-41 和 Insect-X press(无蛋白培养基)。在 7 d 的培养过程中，发现在 GMM 中，血细胞形态基本保持体内状态（即圆形），细胞也没有脱颗粒现象，存活率达 77.2%。而在其他培养基中，血细胞形态变化很大，脱颗粒量大，存活率低。如 Grace's Insect Medium 存活率只有 35.1%。由此认为，添加鲎血清的 GMM 是今后优化鲎血细胞培养基的候选者。但是，7 d 的培养时间是否太短，血细胞是否增殖，GMM 对中国鲎血细胞培养真正效果如何，这些问题都值得研究。

2. **变形与脱颗粒现象**

鲎体内的血细胞呈圆形（直径约 10～20 μm），从体内抽出后置入培养板约 10 min 就有少数细胞开始变形，从圆形变成三角形、棒形或者不规则的多变形（纵长有的达 80 μm）。30 min 后，变形的细胞越来越多。变形的细胞在形态上一般比圆形细胞要大，且贴壁。因细胞密度大而分瓶培养时，用 0.02% 胰酶消化约 10～15 min，贴壁的细胞会悬浮。

在操作过程中，中国鲎血细胞极易脱颗粒，在鲎血或鲎血离心后的团块进入培养基后即发生脱颗粒现象，在培养的前几天尤为明显（图 9-9）。美洲鲎循环血中也只有一种细胞形态——颗粒血细胞，在免疫系统中是最重要的角色。这些颗粒由具有免疫效应的蛋白质和肽组成，几乎充满细胞质。细菌

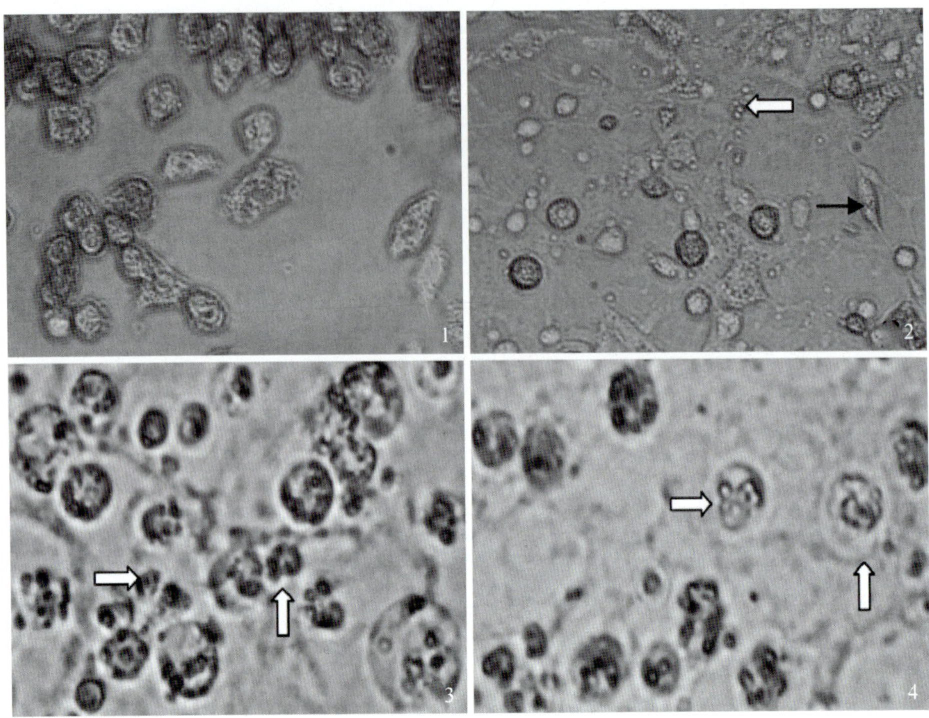

图 9-9 中国鲎血细胞培养过程中的形态变化，×400

1. 中国鲎血细胞培养第 1 d
2. 中国鲎血细胞培养第 2 d(白色箭头示脱颗粒，黑色箭头示变形)
3. 中国鲎血细胞培养第 10 d(白色箭头示细胞裂解成碎片)
4. 中国鲎血细胞培养第 20 d(Trypan 染色，白色箭头示部分细胞存活)

脂多糖（LPS）等特异性的促分泌素能够诱导血细胞脱颗粒。LPS 是革兰氏阴性菌细胞壁的基本成分，以前认为只有革兰氏阴性细菌才有 LPS，后来发现，在无菌培养条件下，真核绿藻（*Chlorella*、strain NC64A）也有类似 LPS 的分子，并能够引起血细胞颗粒的外吐。实验过程中，常常观察到血细胞的脱颗粒现象，具体原因还不清楚，值得今后继续研究。

3. 培养血细胞的移动

在中国鲎血细胞培养过程中，常常观察到它们的运动。血细胞的运动有 2 种方式，一种是以细胞中心为轴心的旋转，另一种是明显的空间移动，移动的速率可达 6～8 μm / min。在实验中，观察到移动细胞的空间位移和自身旋转（从细胞质内颗粒的状态变化来看），细胞的运动包含了上面的 2 种方式(图 9-10)。

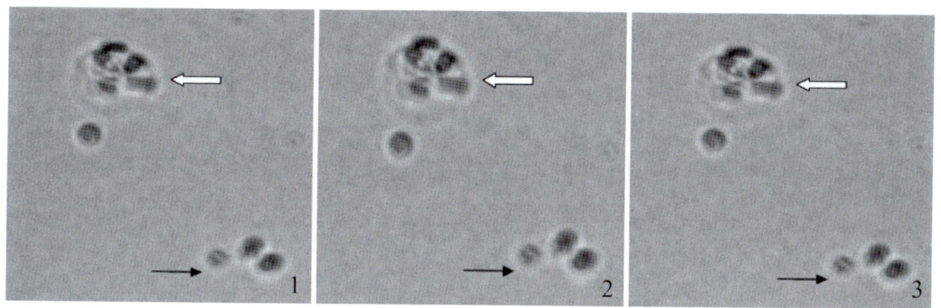

图 9-10　中国鲎血细胞培养过程中的运动轨迹

白色箭头示移动中的细胞，黑色箭头示相对固定的参照物，×400
1. 0 min　　2. 12 min 后　　3. 55 min 后

4. **血细胞分裂问题**

开展血细胞培养的目的，是想从血细胞中找到造血干/祖细胞，从而能够有效地扩增血细胞。但是在反复多次培养过程中，对中国鲎血细胞进行长时间观察，均未发现分裂现象。结合其他研究可以推测，鲎循环血中造血干/祖细胞数量极其稀少或者没有。通过常规培养来扩增鲎血细胞数量是非常困难的。

/第三节/ 血淋巴的先天免疫系统（Native immune system of hemolymph）

一、鲎血淋巴的功能（The function of hemolymph）

（一）血液的载氧功能（Oxygen-carrying function of blood）

鲎血蓝蛋白的最小结构单位是沉降系数为 5 S 的单体。5 S 单体具有 2 个铜原子，具有结合 1 个氧分子的能力。而其血蓝蛋白的最小功能单位是 6 聚体。血蓝蛋白通常较稳定，但在高 pH（pH ≥ 8.9）值和 EDTA 存在情况下会解聚。Ca^{2+}、Mg^{2+} 对其有稳定作用。血蓝蛋白的完整分子是 60 S 的 48 聚体。

鲎的血蓝蛋白结合氧的能力具有反波尔效应（Bohr effect）的特性，这种特点导致血蓝蛋白在 pH 值降低（CO_2 分压增加）的情况下，与氧的亲和力增加。鲎的这种载氧特点是与其生活方式密切相适应的。鲎通常生活在浅海区，常常要到潮间带活动、觅食，且其交配和产卵是在沙滩上进行的，因而鲎要常常暴露在空气中。鲎在低 pH 值下，其血蓝蛋白具有超强的载氧功能，这一特点和其他无脊椎动物的血蓝蛋白不同，也是与鲎特殊的生活习性相适应的。

(二) 血淋巴的免疫功能 (Immune function of hemolymph)

鲎作为节肢动物的一种，同样尚未具有适应性(adaptive)免疫功能，而其天然免疫(innate immunity)则具有广泛的意义。其体液中不具有免疫球蛋白，免疫功能主要由血细胞担当。当鲎血细胞受到环境因子刺激时，会发生附着现象，且能伸出细胞质突起，进行变形运动，而且由于胞吐作用而发生脱颗粒，排出颗粒内涵物。鲎颗粒性血细胞充满了大、小颗粒，绝大多数的免疫蛋白或多肽贮存在大、小颗粒中。现在已在鲎的血淋巴中发现 50 种以上的免疫因子，并对它们的分子大小、结构、组化性质以及 cDNA 等进行深入的研究。

(三) 鲎血淋中变形细胞对细菌感染反应的实验 (Experiments of amebocyte response to infection of bacteria in hemolymph)

为了证实鲎血淋中变形细胞外来抗原反应特点，汪德耀 (1983) 利用活体观察、活体染色方法研究了变形细胞对细菌感染反应过程及特点。

1. 材料和方法

(1) 材料

中国鲎由福建厦门水产学院养殖场提供，共 15 只，其中雄 8 只，雌 7 只。

(2) 方法

实验分 3 组进行。第 1 组鲎变形细胞的活观察。实验前所用注射器及器皿均须严格高压消毒。然后先在注射器内吸入消毒并去除热原的(符合卫生部药检标准)鲎血抗凝剂，后从鲎心门抽血(抗凝剂与鲎血比例为 1∶1)。用“悬滴法”，在 2 台相差显微镜下，同时分别进行观察跟踪单个变形细胞的形态变化。从开始观察变形运动到解体，为变形细胞存活时间。用自动照相设备，连续拍照。另外，用台微尺测量细胞大小，记数器记数伪足的数目以及细胞质中 2 种颗粒的数量。第 2 组，将鲎血分别用 1‰中性红、1‰詹纳斯绿 B 在室温 33℃，对变形细胞进行体外活体染色，观察细胞内高尔基液泡与线粒体的形态、位置和数量。第 3 组，用“悬滴法”观察变形细胞与不同浓度的大肠杆菌(*Escherichia coli*)之间的反应。其做法有二：一是取 2～3 滴鲎血与一小滴大肠杆菌混合；二是一滴鲎血与一滴大肠杆菌混合，在相差显微镜下，观察彼此的活动。

2. 结果

(1) 在相差显微镜下，观察变形细胞的运动。开始时，细胞多为纺锤形或不规则形状，直径长轴约为 22.5～30.0 μm，短轴约为 15.0 μm。细胞质内充满反光性极强的小颗粒与浅蓝色血蓝蛋白颗粒。此时，细胞核往往被这些颗粒所掩盖。1 min 左右，由于颗粒的运动，圆而大的细胞核才清楚可见（图 9-11）。核内染色质细颗粒数量相当多。2～3 min 后，细胞由一侧或两侧伸出细长或树枝状的伪足，形状为短棒状或三角形，大约 40 min 之后，伸出的伪足又行分枝，多者达 25～27 条，长度 5～60 μm，95 min 后呈放射状排列（图 9-12）。此时细胞变形运动不如开始那样频繁，105 min 后，随着细胞质中小颗粒的消失，细小空泡开始出现，

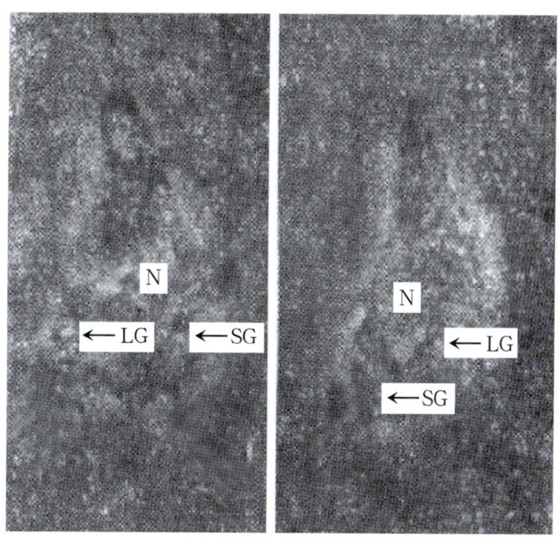

图 9-11　在相差显微镜下，鲎变形细胞内充满 2 种颗粒：小颗粒 (SG) 和大颗粒 (LG)，核 (N) 显露

尔后细胞内颗粒的消失越多，空泡愈来愈大，这一形态变化过程，与 Dumont 等 (1966) 的描述相似。最后在 120 min 左右，有一个或几个几乎占据整个细胞（除细胞核外）的大空泡，细胞崩解而死亡（图 9-13）。据认为，空泡的出现可视为细胞活动异常的标志。从大量观察结果看出，细胞变形运动持续时间与其生理状态相关。活力强的细胞，约 0.5 min 就变形一次，存活时间也长，弱者 1～2 min，才缓慢变形一次，存活时间也短。我们观察变形细胞形

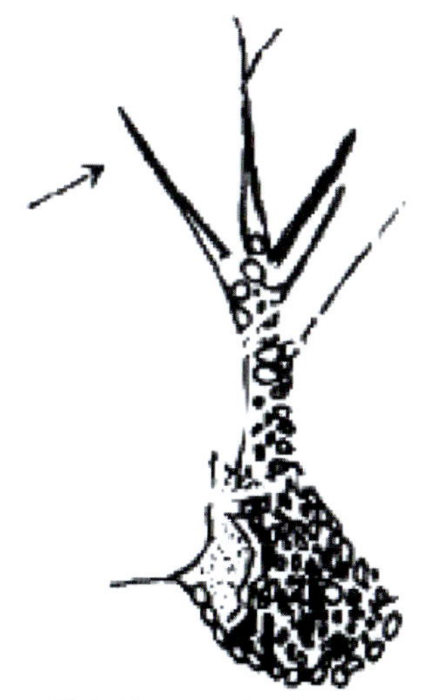
图 9-12　10 min 后，变形细胞从一侧伸出树枝状伪足（箭头所示）

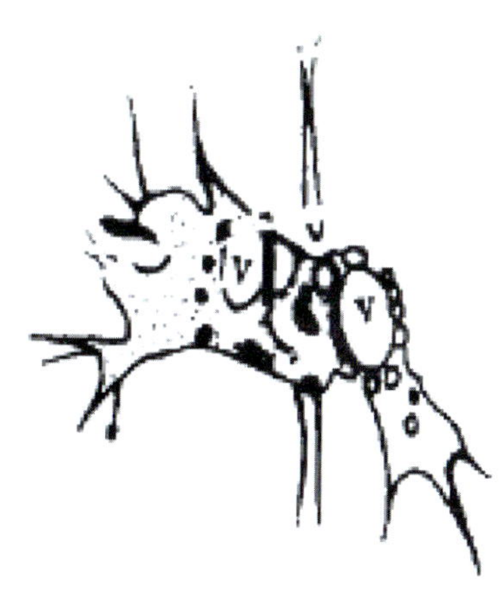

图 9-13　105 min，变形细胞内颗粒消失，出现两个大空泡（V），细胞解体

态变化达26种之多。细胞质内大小2种颗粒的数量，前者少，后者多。大颗粒为浅蓝色。小颗粒无色，这种小颗粒可能相当于前人描述的酶原颗粒，其数量与鲎试剂产量有关。

此外，在生殖季节和其他时间，还观察对比了155只雌、雄鲎变形细胞的数量和生理活动的差异。结果发现，一般雄鲎变形细胞的数量比雌鲎多。据统计每立方毫升雄鲎血液，有45000个变形细胞，而雌鲎只有31000个左右。而且雄鲎变形细胞，变形运动迅速（30 s变形一次），胞质中颗粒也多，而雌鲎产卵前的变形细胞，变形运动快，15 s左右就变形1次，但产卵后变形运动较缓慢，小颗粒也较少。

（2）在活观察的基础上，用中性红和詹纳斯绿进行活体染色，观察细胞中高尔基液泡和线粒体的形态演进、数量及分布规律。活染15 min后，明显可见鲜红的、均匀一致的圆形高尔基液泡，集中在细胞核顶部上方的“高尔基区”，皆为“含浆液泡”(Parat，1927)。小颗粒不被中性红溶液染色，而血蓝蛋白颗粒始终保持浅蓝色（图9-14)。体外活染所观察到各种液泡和在相差显微镜下所见圆形小颗粒相一致。至于活染的线粒体，则呈蓝绿色的细小颗粒状，数量较多。

（3）采用“悬滴法”将鲎血与不同浓度的大肠杆菌混合，以探讨变形细胞的防御机能。结果发现，变形细胞不像高等动物的白血球或其他吞噬细胞，伸出伪足吞噬或包围大肠杆菌。初混合时，大肠杆菌异常活跃，2 min左右，

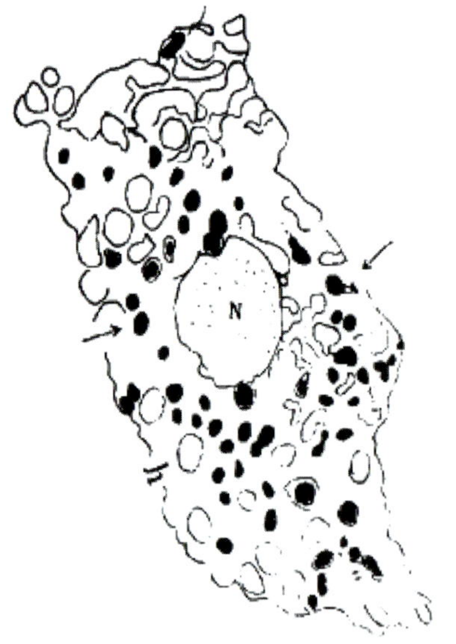

图 9-14　鲎变形细胞活体染色，大的浅蓝色血蓝蛋白颗粒(h)，小的浅红色的“含浆液泡”(箭头所示)

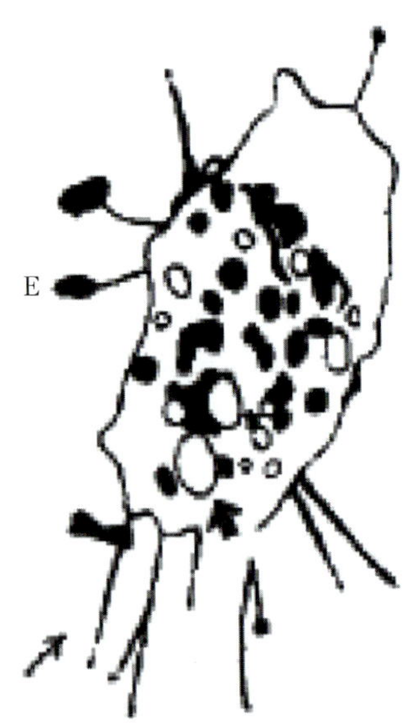

图 9-15　变形细胞与细菌的反应
大肠杆菌(E)杆菌被固定在伪足上(箭头所示)上。细胞开始解体，出现小空泡（粗箭头所示）

可见到变形细胞以其特有的方式防御大肠杆菌的侵入。其过程有 2 种不同情况：

①当 2～3 滴鲎血与 1 小滴大肠杆菌液混合时，在大肠杆菌尚未与变形细胞接触之前，可见变形细胞伸出伪足，进行缓慢变形运动，约 1 min 后，大肠杆菌接触伪足后，变形细胞立即停止运动，不再出现形态变化。常可见变形细胞的伪足固定着 3～5 个大肠杆菌，多者达 5～8 个（图 9-15）。又过了 2～3 min，细胞质内小的酶原颗粒消失，出现小空泡，小空泡迅速扩大为大空泡，变形细胞崩解而死亡（图 9-16）。大肠杆菌与变形细胞接触后使之解体的时间，各个细胞不一致，短者 3～5 min，长者 10 min 左右。

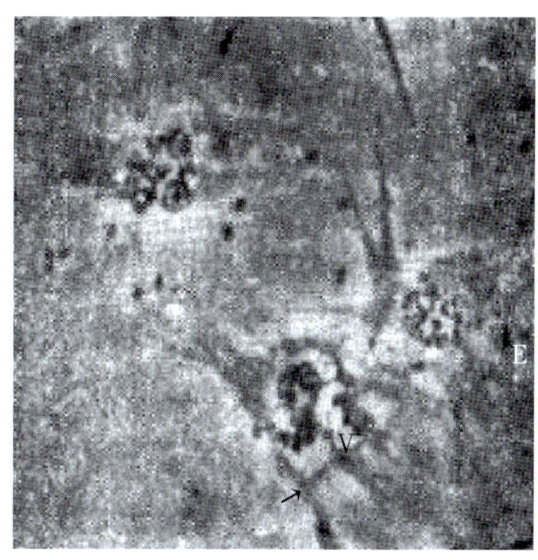

图 9-16　大肠杆菌与变形细胞接触 3～5 min 后，杆菌被固定在伪足上（箭头所示），出现大空泡 (V)，细胞解体

②当 1 滴鲎血与 1 滴大肠杆菌液混合后，约 0.5 min 左右，可见变形细胞伸出细长树枝状伪足，把大肠杆菌固定在伪足上，变形细胞也停止运动，只是偶而可见极少数细胞进行极缓慢运动。另外，还观察到有的大肠杆菌进入细胞内部时，细胞立即收缩，此现象乃是对大肠杆菌刺激的反应。随后细胞内颗粒很快消失，空泡迅速扩大，细胞解体。这种情况，发生在混合后 3～5 min 后，大多数变形细胞崩解死亡。

3. **讨论**

通过活观察与活体染色证实，鲎变形细胞有大小 2 种颗粒。

雄鲎变形细胞的小颗粒比雌鲎多。因此，用雄鲎来提取鲎试剂，产量会比雌鲎高，这对于鲎试剂生产有一定参考价值。

至于变形细胞的发生过程以及两种颗粒的理化性质，有待于进一步研究。

另外，还观察到变形细胞的伪足与大肠杆菌接触后，后者被固定在伪足上。初步认为这种变形细胞不具有吞噬能力，因为变形细胞接触大肠杆菌运动就停止。是否是因为载玻片没有硅化而影响变形运动呢，显然不是。因为有人（许平和等，1978）对比玻璃器皿硅化与不硅化对变形细胞运动的影响，发现两者并无差异。因而推测，生物进化过程，可能以变形细胞这种原始的防御方式向上演化为现在具有吞噬作用的细胞这种更复杂的防御形式。因此，进一步探讨变形细胞防御机能的演化，具有重要的理论意义。

二、鲎血淋巴中的免疫因子（Immune factors in hemolymph）

鲎血淋巴中含免疫应答细胞和许多免疫活性物质，是鲎抵御入侵病原的先天性免疫系统。

（一）鲎血淋巴中的免疫应答因子（Immune response factors in hemolymph）

鲎先天性免疫系统完全依赖于一套独特且非常有效的宿主防御系统和凝血系统。目前人们已从鲎血淋巴的血细胞和血浆中分离纯化了多种参与鲎凝血反应和宿主防御的免疫应答因子。

1. 凝固因子（Coagulation factors）

鲎血淋巴进行快速凝血对宿主防御和止血均非常重要。该凝血级联反应由 4 种凝固因子和 1 种凝固蛋白原（cogaulogen）组成。其中凝固因子包括 C 因子、G 因子、B 因子及前凝固酶（proclotting enzyme），这些因子都属于丝氨酸蛋白酶原家族。

(1)C 因子（Factor C）

C 因子是鲎血细胞中的一种对内毒素敏感的丝氨酸蛋白酶原，在内毒素介导的鲎血凝集系统反应中，它可以被内毒素激活而启动整个鲎血细胞中的血凝级联系统。它的结构中包括羧基端的典型丝氨酸蛋白酶结构域、表皮生长因子样结构域、凝集素样结构域、富半胱氨酸以及富脯氨酸等各种结构域。自 Nakamura 等从日本鲎血细胞中纯化出 C 因子以来，对其结构及生物活性的研究越来越多。

① C 因子的结构与功能

C 因子是鲎血细胞中一种对内毒素敏感的丝氨酸蛋白酶原，能以高亲和力结合 LPS，并具有中和脂质 A 的生物活性。C 因子由 1019 个氨基酸组成，其结构中包括 N 端一段由 25 个氨基酸残基组成的信号肽、富半胱氨酸区 (Cys-rich)、类表皮生长因子结构域（ EGF-like)、5 个“Sushi”结构域、1 个类凝集素结构域（Lectin-like）和位于 C 端的 1 个典型丝氨酸蛋白酶结构域。图 9-17 呈现了 C 因子的“马赛克”结构。

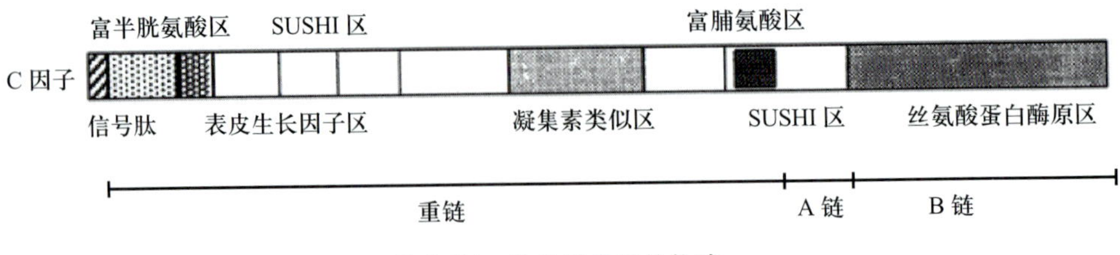

图 9-17　鲎 C 因子的结构域

C 因子以单链和双链 2 种形式存在，它的催化位点位于双链的轻链上，而 LPS 结合位点则在靠近 N 端的重链区。当它以双链形式存在时，一旦重链结合了 LPS，就会催化轻链上的特定位点 Phe2Ile 断裂为 A 链和 B 链。C 因子的 B 链是 1 种典型的丝氨酸蛋白酶，有 1 个催化三联体 His 784-Asp 840-Ser 941 是酶的活性中心。

鲎 C 因子的主要功能是能特异结合内毒素而被激活为酶的活性形式，再将 B 因子激活，活化的 B 因子将凝固酶原转化为凝固酶，凝固酶将凝固蛋白原转化为凝固蛋白，凝固蛋白相互交联脱水而形成凝胶（图 9-18）。

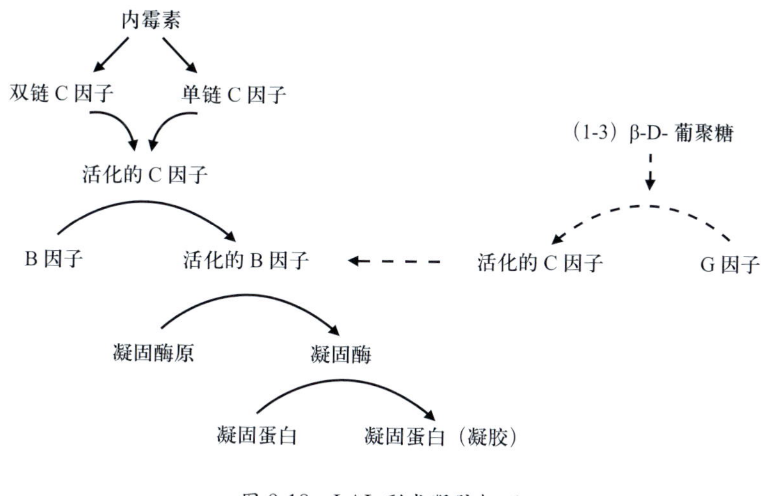

图 9-18　LAL 形成凝胶机理

② C 因子的基因工程研究

C 因子的蛋白酶活性造成对自身某特定位点的剪切，为研究蛋白质自剪切的不同模式提供了一种新的样本。然而从鲎血裂解物中分离天然的 C 因子受到鲎资源急剧减少的制约，同时天然裂解物对内毒素的敏感性还因每次不同的样品来源而异，所以用分子生物学手段克隆 C 因子基因并表达出重组蛋白质，具有重要意义。1991 年 Muta 等克隆了 C 因子的 cDNA，发现其开放阅读框有 3057 bp，包括 25 个氨基酸信号肽，成熟肽有 994 个氨基酸，无糖基化的 C 因子按核苷酸推测的氨基酸分子质量为 109.648 ku，其中有 6 个潜在的糖基化位点。2002 年王东宁等根据已报道的 C 因子序列，设计了 2 对引物，以中国鲎为材料抽提其血细胞总 RNA，首次用 RT-PCR 的方法分 2 段扩增了鲎血中编码 C 因子蛋白的基因全序列。序列分析表明，得到的 FC 基因与文献报道的来自日本的中国鲎 FC 有很高的同源性。

以往研究表明，处于 N 端的 3 个 Sushi 结构域对 C 因子的 LPS 结合活性起着关键作用，而 C 因子 N 端的其他 3 个结构域，包括 Cys-rich 结构域、EGF-like 结构域和 Lectin-like 结构域对 LPS 结合活性的影响尚不清楚。2004 年孙向军等利用 Bac-to-Bac 昆虫细胞表达系统使 rFactorC 及其 4 个截短的片段 rCES123L、rCES123、rS123L 和 rS123 获得表达，通过测定 5 个重组表达产物的 LPS 结合活性及抑菌活性，确定了 C 因子的 LPS 结合位点位于 S123 区域。

新加坡国立大学生物系的 Ding 等构建的 C 因子 N 末端 333 个氨基酸包括：信号肽、Cys 丰富区、EGF 类似区和 3 个 Sushi 结构域。发现对内毒素有很高的亲和性，并且有多个连接位点，在与内毒素结合时具有协同性。

(2) B 因子

B 因子是 C 因子的靶因子，分子质量约 64 ku，在活化的 C 因子的激活下，B 因子可将前凝固酶活化为凝固酶。

(3) G 因子

G 因子是鲎凝血反应的另一起始点，是一种特殊的丝氨酸蛋白酶原，为异二聚体，可被真菌细胞壁组分（1 → 3）- β-D- 葡聚糖特异性激活。

(4) 前凝固酶（Proclotting enzyme）

前凝固酶分子质量约 38 ku，由 346 个氨基酸组成。可被活化的 B 因子或 G 因子激活为凝固酶，凝固酶可进一步活化凝固蛋白原，形成不可溶的凝固蛋白凝胶。

(5) 凝固蛋白原（Coagulogens）

目前已从美洲鲎、中国鲎及 2 种东南亚鲎体内获得 4 种凝固蛋白原。凝固蛋白原是鲎凝血系统的核心，是凝血级联反应的靶蛋白，与脊椎动物的纤维蛋白原功能相似，但不同的是凝固蛋白原是在血细胞的大颗粒内而不存在于血浆中。凝固蛋白原是碱性多肽链，由 3 个片段（A、B、C）组成。在凝胶化过程中，C 肽被释放出来，最终形成的凝固蛋白凝胶分子由 A、B 2 条链以二硫键连接而成。

2. 蛋白酶抑制剂（Protease inhibitors）

鲎血细胞大颗粒中含抑制蛋白酶活性的物质，包括丝氨酸蛋白酶抑制因子（serpins）和半胱氨酸蛋白酶抑制因子（cystatin）。

(1) 丝氨酸蛋白酶抑制因子

目前已从中国鲎的血细胞中分离得到 3 种丝氨酸蛋白酶抑制因子：LICI1、LICI2 和 LICI3，三者的同源性较高，与哺乳动物血浆的丝氨酸蛋白酶家族的结构、功能相近。LICI 家族通过与丝氨酸蛋白酶形成 1∶1 的复合物来抑制其活性。其中 LICI1 特异抑制 C 因子，LICI2 及 LICI3 则抑制 C 因子、G 因子及凝固酶的活性，但 LICI2 对凝固酶的抑制作用较强，而 LICI3 对 G 因子的抑制作用较强。由于凝血级联反应中活化的 C、G 因子以及凝固酶都是丝氨酸蛋白酶，因此 LICI 可能是作为凝血过程的调节因子，防止不必要的凝血。

（2）半胱氨酸蛋白酶抑制因子

鲎半胱氨酸蛋白酶抑制因子是一由 114 个氨基酸组成的单链蛋白，相对分子量约为 12.6 ku，可通过与半胱氨酸蛋白酶形成 1∶1 非共价复合物而抑制其酶活性。cystatin 可能通过影响胞内外的蛋白质及多肽的分解代谢，调节酶原、激素原的水解，抵御微生物侵入正常组织，对革兰氏阴性菌有强烈抑制作用。

3. **凝集素**（Lectins）

除通过凝固因子 C、G 等来识别外来入侵病原外，鲎也可通过凝集素特异性地结合病原外露的糖链来识别入侵病原，从而引发相应的凝血反应或免疫反应。目前人们已从鲎血淋巴中分离到大量的凝集素，如 tachylectins、limunectin、limulin、polyphemin、LCRP 等，其中对 tachylectins 的结构与功能研究得较为清楚。tachylectins 是一种从鲎血细胞或血浆中分离到的凝集素，具有结合 LPS 及凝集细菌的特性。目前发现的 tachylectins 可分 5 种类型，分别简称为 TL-1、TL-2、TL-3、TL-4、TL-5，前 4 种分布于血细胞内，TL-5 分布于血浆中。除 TL-1 无凝血活性外，其他 4 种 tachylectins 均对人 A 型红细胞具有凝血作用，尤其是 TL-5(又分为 A 和 B 2 种亚型）可凝集人所有类型的红细胞，同时也是 5 种 tachylectins 中细菌凝集活性最强的一种。

4. **鲎素**

鲎素［亦称抗菌肽（antibacterial peptide)］是动植物体内组成性表达或诱导产生的天然免疫物质，是机体先天性免疫的重要组成部分。鲎素对病原微生物具有选择性毒性，杀菌快速，广谱抗菌且微生物不易产生抗性。目前人们已从鲎血淋巴中分离得到多种鲎素，形成一个鲎素家族（tachyplesin family)。

(1)tachyplesins 与 polyphemusins

tachyplesins 与 polyphemus（统称为鲎素）是存在于鲎血淋巴颗粒细胞的小颗粒中的一族小分子多肽，由 17～18 个氨基酸组成，相对分子质量约 2.3 ku(图 9-19)。tachyplesin Ⅰ是 Nakamura 等于 1988 年从日本鲎血细胞酸性

NH_2-K-W-C-F-R-V-C-Y-R-G-I-C-Y-R-R-C-R-$CONH_2$

图 9-19 鲎素 T-1(tachyplesin-1）氨基酸序列

抽提物中分离得到的，随后的研究中又相继发现了 tachyplesin Ⅱ、Ⅲ以及存在于美洲鲎中的 tachyplesins 类似物 polyphemusin Ⅰ、Ⅱ。它们都是含 C 末端α-精氨酰胺的阳离子肽，具两亲性，有 3 个串联的 4 肽重复，并在相同的位置，以 2 个分子内二硫键形成独特的刚性稳固结构（图 9-20）。

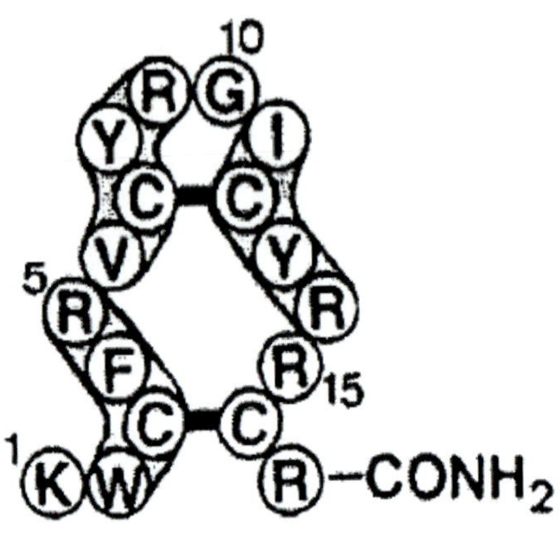

图 9-20　鲎素 T-1 中的重复的 4 肽序列

tachyplesin Ⅰ、Ⅱ、Ⅲ 及 polyphemusin Ⅰ、Ⅱ之间有很高的同源性和相似的抗菌、抗病毒作用，可强烈抑制革兰氏阴性菌、阳性菌和真菌的生长，对囊泡口炎病毒、流感病毒 A、人艾滋病病毒 HIV-1 等病毒也有强烈的抑制作用。其抗菌特性与其他一些抗菌肽如蝎毒（magainins）相类似，可能与其引发膜通透泄漏有关。因此，基于鲎素独特的抗菌、抗病毒特性，目前国内外正着手以鲎素为先导化合物开发新的抗菌、抗病毒、抗肿瘤药物。

(2)tachycitin

tachycitin 是 Kawabata 等于 1996 年从鲎血细胞小颗粒中分离到的鲎素，对革兰氏阴性及阳性细菌的生长都有抑制作用。该抗菌肽由 73 个氨基酸组成，具几丁质结合活性，相对分子质量约为 8.5 ku，有 5 个分子内二硫键。tachycitin 自身的抗菌作用并不强，但可协同增强 big defensin 的抗菌活性。

(3)tachystatins

tachystatins 是一族分离自鲎血细胞小颗粒中的鲎素，相对分子质量约 6.5 ku，可分为 A、B、C 3 种类型，均具有几丁质结合能力，对革兰氏阴性菌、阳性菌以及真菌的生长均有抑制作用，其中以 tachystatin C 的抗菌活性最强。

(4) 抗 LPS 因子

抗 LPS 因子存在于大颗粒中，是 1982 年分离到的抗菌性蛋白，由 128 个氨基酸组成，分子质量约 15 ku，可通过结合 LPS，特异性抑制 LPS 介导的 C 因子的激活，从而抑制凝血反应的激活，对革兰氏阴性细菌生长有抑制作用。

（5）鲎防卫素（Big defensin）

鲎防卫素是 Saito 等于 1995 年从鲎血细胞大、小颗粒中分离到的鲎素，广泛存在于鲎的各种组织中，具有抗革兰氏阴性菌、阳性菌以及真菌的活性。鲎防卫素由 79 个氨基酸组成，其 C 末端的 37 个氨基酸序列与哺乳动物嗜中性粒白细胞的防卫素相似，N 末端则有一个由 35 个氨基酸组成的疏水序列。这 2 个末端序列的抗菌活性有很大差异，前者具有更强的抗革兰氏阳性菌的活性，而后者则抗革兰氏阴性菌更为有效。研究表明，鲎防卫素很可能是在微生物入侵的情况下，作为防御分子与抗 LPS 因子、tachyplesins 一起被分泌到细胞外体液中起协同抗菌作用。

（6）其他防御分子

除以上免疫活性因子以外，还有许多其他防御分子参与了鲎先天性免疫应答反应和凝血反应，α_2-巨球蛋白、C－反应蛋白（CRPs）、D 因子、PAP、hemocyanin 等。

（二）鲎血淋巴参与的免疫应答（Hemolymph in the immune response）

与其他无脊椎动物相类似，鲎也缺乏获得性免疫系统，但具有多种属于先天性免疫的防御系统。该防御系统一般也分为细胞免疫和体液免疫，主要包括血淋巴凝聚、酚氧化酶原激活、细胞凝集、释放抗菌物质产生抗菌反应、活性氧形成以及吞噬反应，共同构成鲎的先天性免疫系统。该系统可对潜在病原表面的抗原作出免疫应答。因此需要有对各种病原上结构稍有不同的多种类型的抗原表位具有足够特异性识别能力的生物传感器，同时该传感器也必须能够区别“自己”和“异己”的抗原表位。在长期的生物演化历程中，鲎血细胞发展出了以丝氨酸蛋白酶原 C 因子和 G 因子为生物传感器的凝血系统，它们分别在革兰氏阴性细菌细胞壁主要成分 LPS 或真菌细胞壁主要组分（1 → 3）- β-D- 葡聚糖的作用下发生自催化活化。即当细菌或真菌侵入血淋巴时，血细胞探测到其表面的 LPS 或（1 → 3）- β-D- 葡聚糖，血细胞迅速进行胞吐作用，释放大、小颗粒内含物。C 因子或 G 因子这两个生物传感器被相应激活物激活，启动凝血级联反应，最终使凝固蛋白原形成凝固蛋白凝胶。这种受病原激发的凝血反应不仅对止血非常重要，对宿主防御也非常关键。同时，鲎血细胞也可通过释放主要储存在大颗粒中的各种凝集素来识别病原上的不同的糖链，引发血细胞凝集，将入侵病原固定下来。另外，鲎血细胞可从各个方向伸出伪足，将入侵病原吞噬。这些被免疫化的外源入侵者最终均被由血细胞释放的 tachyplesins、tachycitin、tachystatins 和 big defensin 等抗菌物质以及血浆中的类似哺乳动物补体系统的 CRPs 和 α_2-巨球蛋白所杀灭，从而有效地防御外来病原的入侵。

/ 第四节 /

鲎试剂研究及应用（Research and application of tachypleus amebocyte lysate,TAL）

细菌内毒素（endotoxin，ET）是革兰氏阴性菌的菌体中存在的毒性物质的总称。它是多种革兰氏阴性菌的细胞壁成分，由菌体裂解后释出的毒素，又称之为“热原”(pyrogen)。单位 Eu / ml，其主要成分为脂多糖[lipopolysaccharide(LPS)]，具有很强的细胞毒作用，可引起发热、白细胞骤降及内毒素血症等，最终可因内毒素休克死亡。

自 1968 年 Bang 和 Levin 发现鲎血凝聚机制，并建立用鲎试剂检测细菌内毒素的方法以来，经世界各国研究人员的不懈努力，使其在药品的细菌内毒素检测中得到了广泛的应用和发展。该法凭其简便、快速、经济、特异性强及灵敏度高等优点，逐步取代了近 80% 的家兔热原试验，现在各国药典已收载了凝胶法和光度法用于细菌内毒素检查。

一、鲎试剂研究历史（History of tachypleus amebocyte lysates）

鲎试剂的研究可以追溯到 19 世纪 80 年代，但是有实用价值的发现是在 1956 年由美国约翰·霍普金斯大学动物学家 Bang 的一篇论文《鲎的一种细菌性疾病》发表后开始的。1965 年，Bang 与他的合作者制备了没有血液的鲎血细胞溶解物（limulus amebocyte lysate，LAL），此即鲎试剂，1968 年该方法正式命名为鲎试验（limulus test，LT）。

二、鲎试验的原理（The principle of limulus test）

鲎血液包括 2 类细胞，即颗粒细胞（又称阿米巴细胞或变形细胞）和血蓝细胞，成年鲎只含颗粒细胞。鲎血液凝集与哺乳动物的血液凝集相似，是一系列酶反应过程。鲎血细胞中的颗粒细胞中含有能与内毒素起凝集作用的酶系统，即 C 因子、B 因子、凝固酶原和凝固蛋白原。内毒素可启动 C 因子使其成为活化 C 因子，活化 C 因子启动 B 因子使其成为活化 B 因子，活化 B 因子又可使凝固酶原活化成凝固酶，凝固酶通过酶解作用使凝固蛋白原转变为凝固蛋白，凝固蛋白又通过交联酶作用相互聚合而形成纤维状的凝胶。1981 年 Morita 从鲎血变形细胞中分离出一种酶，称 G 因子，同年日本学者 Kakinuma 等证明霉菌细胞壁中普遍存在 CMPS，它可活化 G 因子，活化的 G 因子又可使凝固酶原转化成凝固酶产生凝集反应，从而证明了鲎试剂产生凝集反应的另一条途径，即在 G 因子和凝固酶原存在下，可与 CMPS 类物质产生凝集作用，造成实验的假阳性结果。若在鲎试剂中加入鲎 3 肽

（Boc-leu-Gly-Arg-PNA），凝固酶水解鲎 3 肽，使其释放出显色基团对硝基苯胺（PNA），PNA 在溶液中呈黄色，可用分光光度计或酶标仪在 405 nm 处测定吸光度。在检测一些带有颜色的样品时（如中药制剂、血液样本等）样品本身在 405 nm 处有吸收，可加入偶氮试剂生成玫红色产物在 545 nm 检测以避免样品本身颜色的干扰。

其反应机理如下：

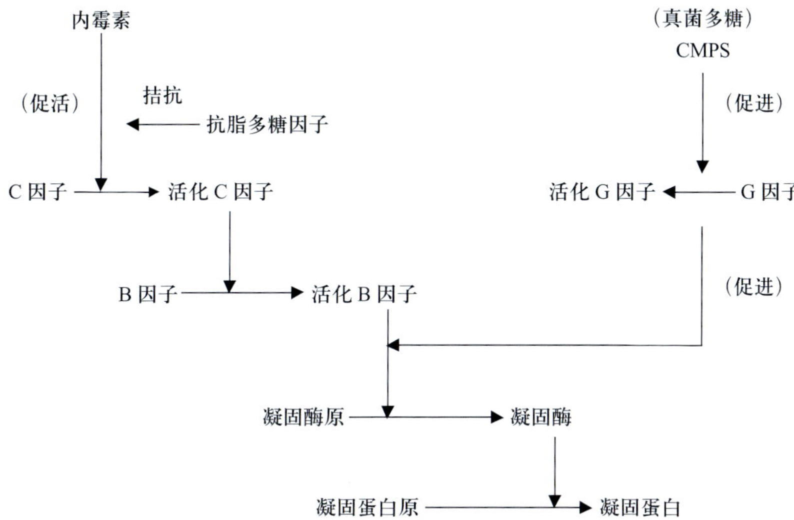

三、鲎试剂检测方法（Test methods of tachypleus amebocyte lysate）

根据鲎的来源不同，鲎试剂可分为美洲鲎试剂（limulus amebocyte lysate，LAL）和东方鲎试剂（tachypleus amebocyte lysate，TAL）。根据检测原理不同，可将内毒素检测方法分为凝胶法和光度法。

（一）凝胶法（Gel-clot method）

根据鲎试剂与内毒素反应产生凝胶，通过翻转试管观察凝胶的形态来判断检测结果。反应过程为（37±1）℃孵育（60±2）min，实验操作简单，结果直观，是内毒素检测的经典方法，但不能定量测定内毒素含量。

（二）光度法（Spectrophotometry）

这是利用内毒素在与鲎试剂反应过程中具有相应的浊度或颜色变化，从而定量测定内毒素的方法。根据检测过程不同又分为以下 4 种方法：

1. 动态比浊法（turbidimetric kinetic method）是内毒素定量检测的基本方法之一，也是目前国内主要的内毒素定量检测方法，其原理是内毒素与鲎试剂反应，混合物逐渐变混浊，吸光度（OD）或透光率（Rt %）产生变化，内毒素浓度越高浊度变化越快，浊度变化符合二阶反应动力学曲线见图 9-21 A。检测反应混合物的浊度到达预设吸光度或透光率时所需反应时间，内毒素浓度与反应时间分别取对数后，将 2 组数据用最小二乘法统计，可以得到直线：$\lg T = a + b\lg C$ 把这条直线作为标准曲线见图 9-21 B，未知样品中的内毒素浓度可通过与标准曲线的比较来确定；此法操作简单、快速、灵敏度高、检测范围宽，但需要精密的专用仪器。

2. 终点浊度法（turbidimetric end-point method）是根据反应终点时（t）反应混合物浊度（OD 或 Rt %）与样品中内毒素的含量存在的正比关系测定内毒素含量见图 9-22。

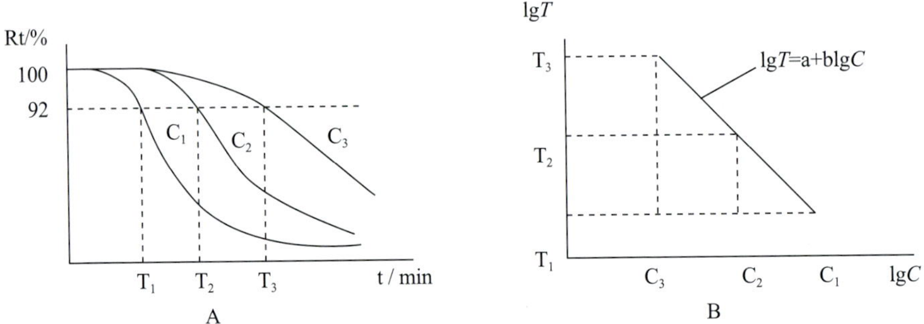

图 9-21　动态比浊法检测内毒素原理
A. 透光率—反应时间（$Rt\% - T$）　B. 反应时间—内毒素浓度（$\lg T - \lg C$）

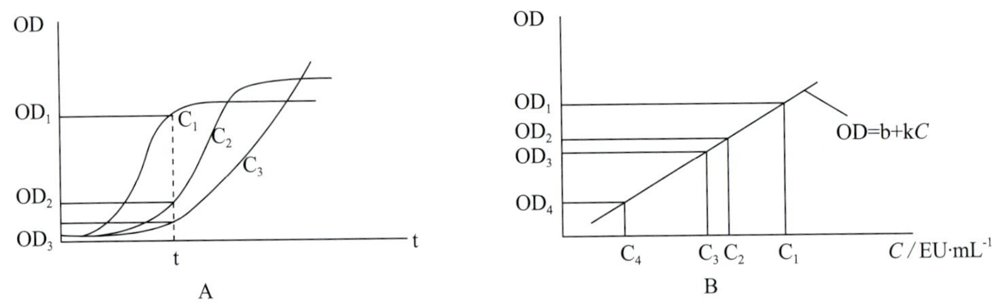

图 9-22　终点浊度法检测内毒素原理
A. 吸光率—反应时间（OD − T）　B. 吸光度—内毒素浓度（OD − C）

3. 动态比色法（chromogenic kinetic method）与动态浊度法相似，只是试剂中加入了鲎 3 肽，反应释放的 PNA 色度达到预设测定吸光度（OD）所需时间的对数值与内毒素浓度的对数值成反比关系，通过用内毒素标准品制备的标准曲线可计算待测样品的内毒素含量。

4. 终点比色法（chromogenic end-point method）当鲎试验的显色反应到达

预设的反应时间（t）用终止液终止反应，吸光度（OD）与内毒素浓度（c）成正比的关系，测定吸光度值，可进行定量分析。

显色法的优点是灵敏度、精密度高，但试剂昂贵，操作较复杂，目前主要用于血液、体液中的微量内毒素测定。终点法的缺点，一方面是检测范围较窄，仅为一个数量级，另一方面是必须加入反应终止液以终止反应并在此时间点读取数据，操作较复杂。而动态法中，光度测定仪连续测定光密度的变化，记录达到光密度所需的时间，其测量范围可跨越 4～5 个数量级（一般为 0.005～50 EU / mL），克服了终点法的缺点。

鲎试剂主要成分是鲎血细胞溶解物经氯仿处理去除了抗脂多糖因子，加入适量 2 价钙、镁离子，含有 C、B、G 因子。在研究鲎血凝集反应的初期，虽然已经阐明凝集反应的机理是由于细菌内毒素激活鲎血细胞溶解物中一系列凝集酶的反应，但进一步从分子水平研究了溶解物的复杂成分后，20 世纪 70 年代后期基本完成了对凝集机理的认识。

四、鲎试剂的制备（Preparation of tachypleus ameboayte lysate）

鲎试剂从鲎血细胞裂解物中提取而来，用于制备鲎试剂的鲎主要为美洲鲎和东方鲎，目前国际上只有中、美、日、德等少数国家生产鲎试剂。其生产过程要严格按照无菌操作进行，制备流程如下：

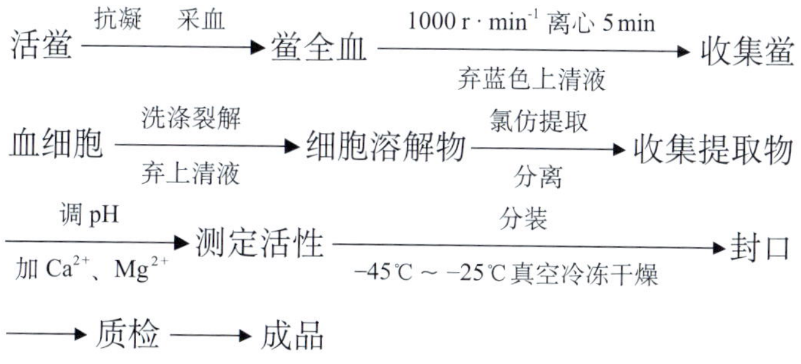

活鲎 —抗凝 采血→ 鲎全血 —$1000\ r \cdot min^{-1}$ 离心 5 min / 弃蓝色上清液→ 收集鲎

血细胞 —洗涤裂解 / 弃上清液→ 细胞溶解物 —氯仿提取 / 分离→ 收集提取物

—调 pH / 加 Ca^{2+}、Mg^{2+}→ 测定活性 —分装 / −45℃～−25℃真空冷冻干燥→ 封口

→ 质检 → 成品

五、鲎试剂在临床上的应用（Clinical application of tachypleus amebocyte lysate）

（一）鲎试验的临床意义（The clinical significance of limulus test）

1. 内毒素血症与器官损伤

检测血液内毒素直接用于诊断细菌内毒素血症，内毒素血症可以导致中性粒细胞在肺部微循环中聚集及急性肺损伤；酒精肝患者的内毒素中和能力

(ENC) 均下降，内毒素血症导致单核细胞 / 巨噬细胞的细胞因子反应增强；肝硬化患者的内毒素含量随着病情的恶化而升高，内毒素含量可预示肝硬化患者的短期预后；慢性肝炎急剧恶化过程中内毒素也升高，内毒素量甚至超过肝硬化。

2. 内毒素血症与感染

最近一项对 ICU 病房的 160 名患者的研究显示，内毒素血症与 GNB 菌血症显著相关，对 45 个研究结果统计显示，肠源性细菌菌血症患者（$n = 114$）中 68% 患内毒素血症（$n = 77$），非肠源性细菌菌血症患者（$n = 269$）中 45% 患内毒素血症（$n = 120$），内毒素血症对 GNB 脓毒血症的正预示值为 48%（$n = 473$），负预示值为 99%，尽管约 30% 菌血症患者同时伴有内毒素血症，但内毒素血症不能预示 GNB 菌血症、GNB 感染及脓毒血症的预后，脓毒血症患者体内的内毒素长期处于可测的水平，暗示内毒素的持续释放或机体的清除内毒素能力下降；血浆内毒素的峰浓度与多脏器衰竭（MOF）的发展密切相关，如果内毒素峰浓度高过 10 pg/mL，对 MOF 的正预示率达 100%，超过 12 pg / mL 的无一存活。一项有关烧伤研究显示，42 名烧伤患者中，存活的 25 人中仅 11 人血浆内毒素超过 9.8 pg / mL，而死亡的患者临床末期的内毒素均超过 9.8 pg/mL；18 例伤寒热仅 5 例伤寒菌阳性，而有 11 例内毒素血症，由此可见，内毒素检测对伤寒热的诊断也是一个有用的工具。

3. 内毒素血症与外科手术

近来外科检查或手术过程引起内毒素血症也广受重视，在开腹手术后 1 h，ENC 显著下降，同时内毒素与 IL 26 达到峰值，之后的 24～48 h 内，CRP、SSA、α_2- 巨球蛋白和 α_1 抗胰蛋白酶升高达到峰值；微创介入诊疗同样伴有内毒素血症，胃穿孔患者的腹腔镜修补术与开腹手术比较，内毒素、IL26 及 CRP 没有差别；结肠镜检查也会引起显著内毒素血症，在 ENC 下降 5 min 后，同时，凝血氧烷 B_{12} 也开始升高；心肺旁路手术（CPBS）体外循环池中的血液与动脉血比较内毒素显著升高（3.5 ± 0.5 pg / mL 和 0.8 ± 0.2 pg / mL；$P < 0.05$），内毒素从下腔静脉释放，类固醇可以减弱内毒素的释放；冠状动脉搭桥（234 ng / L），冠状动脉搭桥与瓣膜替换（278 ng / L）或与颈动脉手术（321 ng / L）的联合手术后，内毒素明显高于单瓣膜替换（89 ng / L，$P < 0.05$），患者内毒素的升高与其胃肠功能紊乱有关。

4. 内毒素与其他疾病

一项对 516 名 50～79 岁老年人的随机调查研究显示，吸烟的老年人若同时患内毒素血症，将面临更大的患动脉粥样硬化的风险；而每支香烟的主流烟可释放 120 ± 64 ng 内毒素。梗塞性黄疸术后内毒素血症发生率为 50%～75%，胆石症伴胆囊炎的内毒素血症的发生率为 78%，化脓性胆管炎为 20%，所以对血浆内毒素检测有助于引导治疗，降低围手术期并发症和死亡的发生率。

除了内毒素血症，内毒素检查在 GNB 脑膜炎诊断方面已经很成熟，根据文献报道统计了 4884 个 CSF 标本的内毒素检查结果，比较鲎试验结果与 GNB 脑膜炎的符合率，52 例假阴性，17 例假阳性，灵敏度为 93.0%，专一性为 99.4%。而培养法或革兰氏染色法的灵敏度、专一性均不及鲎试验。此外，鲎试验还应用于尿道炎、中耳炎、化脓性关节炎、眼炎等的诊断，鲎试验对女性淋球菌性宫颈炎的阴性预示值为 100%；而检查腹膜透析（CAPD）患者透析液的内毒素可以有效地监测 GNB 腹膜炎。

5. β-葡聚糖的检测与深度真菌感染

长期的抗生素治疗、器官衰竭和免疫低下患者都是深度真菌感染的易感人群，检测深度真菌感染的方法有血培养、免疫法测定念珠菌抗原、PCR 检测真菌 18S 核糖体基因和鲎试验测定 β-葡聚糖等，PCR 的灵敏度显著高于其他方法，但其缺点也是众所周知的；17 名深度真菌感染患者在 52 份血浆标本分别用鲎试验（Wako2WB003）、免疫法（CAND-Tec）和血培养法检测，阳性符合率分别是 86.5%(45/52)、15%(6/40) 和 19%(10/52)；另一项研究表明，β-葡聚糖对深度真菌感染的阳性预示值是 59%(37/63)，阴性预示值是 97%(135/139)，总符合率是 85%(172/202)，肺部、尿路、血液等器官或组织的念珠菌、隐球菌、曲霉和丝孢酵母感染都能被检出，传统的血培养鉴别真菌感染需要几天时间，而鲎试验只需要 60～90 min，能够及时地监测病情和评价抗真菌药物的治疗效果。在日本，细菌内毒素检测的适用疾病有 GNB 感染症（包括菌血症、腹膜炎、脓毒血症、脑膜炎、尿路感染及术后感染）、肝病（肝炎、肝硬化）、胆道疾病（急性化脓胆管炎、胆囊炎、总胆管结石症）、SIRS、血液透析；β-葡聚糖的检测也初步用于深度真菌感染症的诊断。

（二）鲎试验的临床检验方法（Clinical assay of limulus test）

下面再介绍鲎试验临床具体常用的检验方法。

1. 鲎试验

定量鲎试验的主要方法是终点显色法、动态比浊法和动态显色法，显色法是用光电检测凝固酶水解模拟底物产生对硝基苯胺（PNA），比浊法则是检测凝固蛋白引起的反应物浊度变化；正常人血浆内毒素低于 3 pg/mL，内毒素血症的临床决定水平为 10 pg/mL(0.03～0.1 EU/mL)，血液经预处理后通常会稀释 5～10 倍，实际检测至少需要 1 pg/mL(0.003～0.01EU/mL）的检测灵敏度，以 ES-Test 为例，其检测灵敏度达 0.5 pg/mL，批内和批间精密度试验的 cv 值均小于 10%，准确度为 75%～125%。

β-葡聚检测（β-Glucan Test）的临床试验评价报告表明，其精密度试验的cv值小于5%，对深度念珠菌感染的灵敏度为84.8%，特异性是85.9%，而对照的CAND2Tec灵敏度为60.9%，特异性为80.0%；Gluspecy和β-Glucan Test对深度真菌感染的β-葡聚糖临床决定水平分别是20 pg/mL、11 pg/mL，其灵敏度也达到了1.0 pg。

鲎试验采用的仪器有2类，恒温型酶标分析仪和试管式检测仪，酶标分析仪的反应板温度应均一，板内温度极差不大于0.5℃，最好不大于0.2℃，试管式检测仪对每个标本的检测均独立进行，传导式加热的温度更加均一；机器人系统只有TECAN的GENIUS RSP160和WAKO的ET-auto3000，这2个系统分别与Sunrise型酶标仪和Toxinometer ET-301试管式检测仪结合可建立高通量鲎试验系统。

2. **血浆/全血的预处理**

血液内毒素检测的标本采用血浆或全血，不采用血清，因为纤维蛋白会结合内毒素，使内毒素降低，内毒素会吸附在血小板上，用于检测内毒素的血浆为富含血小板的血浆（PRP），贫血小板的血浆（PPP）同样贫内毒素，分离血浆的离心速率通常是1500～2000 g、40 s或100～150 g、10～15 min，PRP血浆/全血的预处理方法主要有新高氯酸法、全血硝酸法、碱试剂法和稀释加热法；检测β-葡聚糖时，新高氯酸法可以兼用于β-葡聚糖检测，稀释加热法、碱试剂法则需按如下配方改良，稀释加热法处理液的Triton X-100浓度为0.2%，还含有0.002%多粘菌素B，碱试剂的配方为0.3 mol/L KCl、0.15 mol/L KOH、0.1%Polybrene；碱试剂法与新高氯酸法比较省略了离心，与稀释加热法比较省略了加热，因此也形成了多个专利配方，经改进的碱试剂法可同时用于检测内毒素和β-葡聚糖。

六、面临的问题（Problems）

（一）检测的专一性（Specificity of test）

由于鲎试剂还能被β-葡聚糖激活，纤维素透析膜溶解的微量β-(1→4)β-D-葡聚糖或香菇多糖的β-(1→3)-D-葡聚糖成分均可以激活鲎试剂；因此使用纤维素膜进行血液透析的患者和接受抗肿瘤香菇多糖治疗的患者可能有非内毒素的阳性反应，在消化器官手术后的血液显示出短暂的鲎试验增强，研究证实是由止血棉纱引起的，同理，深度真菌感染的患者也会因真菌代谢产物β-葡聚糖引发非内毒素阳性反应；另一类非内毒素反应则与β-葡聚糖没有关系，是血液中的内源性因子引起的葡聚糖样反应，肝硬化患者、接受人工心肺机进行体外循环（CBP）的患者，接受食道血管曲张手术的患者，均会产生不同程度葡聚糖样反应，有报道表明葡聚糖样反应与白细胞介素 IL-6、IL-8 的升高有关；腹动脉瘤手术患者的葡聚糖样反应同时伴随磷酸激酶升高，健康人的静脉血偶尔也会表现出葡聚糖样反应，而动脉血则不会，葡聚糖样反应多发生在病态的人群中，很容易被误认为是内毒素，采用内毒素专一的鲎试验，葡聚糖样反应即不复存在。

Endospecy 和 ES-Test 是 2 个最典型的内毒素专一检测产品，前者是分离去除鲎试剂中的 β - 葡聚糖反应因子 G，而后者是用过量的 β - 葡聚糖抑制因子 G 被激活；同理，β - 葡聚糖也需要专一的检测，分离去除 C 因子或抑制 C 因子被激活也是常用 2 种方法。

（二）内毒素标准的不统一（Disunity of endotoxin standards）

内毒素的生物活性因不同细菌来源或提取、纯化方法而异，药品检验领域已经形成了完善的内毒素标准物体系，如：美国药典的 LotG、欧洲药典的 BRP-3、日本药典的 UK T-B、中国药典的 981 和 WHO 的 IS94 / 580，在内毒素临床检验中采用内毒素标准物来源则较为广泛。以菌株种类划分，有 *E. coli* O_{111}: *B4*、*E. coli* O_{55} : *B5*、*E. coli* O_{113} 和 *S. abortus equi* 等，以商业来源划分有 Sigma、Difco、Pyroquant、FDA 等，除药典和 FDA 标准外，其他内毒素多以内毒素质量为标准，美国药典从内毒素标准 EC-2 开始使用生物学效价——内毒素单位（EU），此后的内毒素标准均延续 EC-2 生物学效价，而日本在临床检验方面至今仍采用质量单位，生化学与和光都采用 *Ecoli* O_{111}: *B4* 内毒素作为标准物，生化学的 1 ng 内毒素相当于 2.9 EU，和光的 1 ng 内毒素相当于 8 EU，而对于内毒素血症的检测却统一采用 10 pg / mL 的临床决定水平。

（三）检测结果的有效性（Validity of test results）

目前，仅日本批准 5 个用于临床检验的鲎试验试剂盒（2 个检测内毒素，3 个检测 β - 葡聚糖），FDA 批准了至少 6 个用于药品检验的鲎试剂，而没有一个血液的临床检验许可证。药品检验主要是提供内毒素的安全控制，准确性的要求仅为 50%～200%，对灵敏度、精确度的要求较低，因此，早期的显色法对细菌内毒素血症检测的灵敏度（62%）比凝胶法（51%）仅改善了 11%。另外，血浆 / 全血的处理方法、检测仪器、检测方法也会影响检测的灵敏度、精确度和准确度。

影响有效性的另一个重要因素是干扰，如黄疸干扰 PNA 显色法，磺胺类药物干扰偶氮化的显色法，血浆的非特异性浊度干扰比浊法。普通玻璃、聚丙烯塑料会吸附内毒素，因此，玻璃的材质首选硼硅酸盐，塑料首选聚苯乙烯。普通的鲎试剂与 β - 葡聚糖和内毒素均会反应，在检测其一时，另一个就是重要的干扰因素。例如：非专一性鲎试验结果显示内毒素血症与系统性炎症反应综合征（SIRS）广泛相关，而内毒素专一鲎试验证实内毒素血症仅与一部分 SIRS 相关。

（四）污染（Contamination）

内毒素与 β-葡聚糖几乎是无处不在，自来水的内毒素含量为通常为 10～50 EU/mL，注射用水也仅要求小于 0.25 EU/mL，检测中使用的消耗材料（包括采血管、吸头、储存血浆的容器、微量反应板、反应试管等）均要求无可测的内毒素或 β-葡聚糖，而市售的真空采血管大多含有太多的内毒素及 β-葡聚糖，一次性塑料耗材仅少数几个厂商有无内毒素或无 β-葡聚糖的保证。

目前我国尚没有统一的定量法鲎试剂质量标准，各生产厂家工艺、质量标准不统一，标准化不成熟，为使这项工作规范化，亟须制定与之相应的能有效控制定量鲎试剂质量的国家统一的质量标准

七、展望（Prospect）

鲎试验是检测内毒素的首选方法，而其他方法如：血凝法为定性方法，SDS-PAGE 银染法则灵敏度低；间接测定细胞因子的方法既复杂、耗时、昂贵又不够灵敏；鲎试验的改进方法，如 ELISA 法、荧光探针法等则还没有商品化的产品支持。

随着鲎试剂检测内毒素方法的推广成熟和定量测定仪器的研制成功，内毒素测定已向定量、微量定量方向发展。定量测定可用于常规药品检查、生产过程质控、各种除热原方法的评价等。据统计，当今美国鲎试剂的应用当中超过 70% 的检查采用了定量方法。另外，随着内毒素与疾病关系研究的深入，与临床研究相关的特殊样品的检查（如血液、尿液、脑脊液等体液）也越来越多地使用了定量鲎试剂。中国药典 2005 年版也已正式收载细菌内毒素定量法，鲎试剂在保障人民用药安全方面必将有更广阔的应用。

近年来，随着鲎试验反应动力学理论的阐明和随之而建立的内毒素定量分析技术的发展，为扩大鲎试验在药品质控领域提供了理论基础和研究手段。例如，由中国药品生物制品检定所、解放军第 155 医院、天津大学无线电厂联合研制的 BET-32 型细菌内毒素测定仪，正是以鲎试验反应动力学理论为依据，用微电子技术来测定鲎试剂浊度变化而自动计算内毒素量的定量分析仪器。它的成功研制，标志着我国内毒素定量分析技术达到了国际先进水平。

另外，一种特异性鲎试剂（去 G 因子）也开始投入生产、逐渐商品化，这对深入开发药品、生物制品、特别是血制品的细菌内毒素检查以及推广到

临床用于人体各种体液中内毒素检测，提高对疾病的诊断和治疗水平，具有很大的实际意义。可以确信，随着细菌内毒素检测工作深入开展和对鲎试验反应机理认识的不断深化，鲎试剂的应用将越来越广泛。

/ 第五节 /
鲎素抗菌作用的研究（Antibacterial activity of tachyplesin）

一、鲎素 T-1 抗菌作用的研究（Antibacterial activity of tachyplesin-1，T-1）

（一）材料与方法（Materials and methods）

1. 材料

实验所用的中国鲎取自厦门海区捕获的成熟鲎。抗凝剂茶碱、Sephadex G-50（葡聚糖凝胶）、CM-Sepharose CL-6 B（琼脂糖凝胶）、蛋白胨、琼脂、牛肉浸膏系购自华美生物工程公司上海分公司。以下菌种由厦门大学生物学系微生物实验室提供：

革兰氏阳性菌（G^+）：

枯草芽孢杆菌（*Bacillus subtilis*）；

金黄色葡萄球菌（*Staphylococcus allreus*）。

革兰氏阴性菌（G^-）：

大肠杆菌（*Escherchia coli*）；

绿脓杆菌（*Pseudomonas aeruginosa*）。

2. 方法

鲎素的分离提纯（采鲎血）：用两端连有针头的软胶管，一端插入鲎心脏血窦区，另一端插入装有抗凝剂的盐水瓶，使鲎血快速流出。各种器皿需事先严格消毒。

收集鲎血细胞：将鲎血在 1000 r / min 下，4℃离心 10 min。鲎血细胞即沉淀管底，除去上清液，用玻棒挑出鲎血细胞沉淀，置－20℃冰箱保存备用。

鲎血细胞酸抽提液制备：将鲎血细胞悬浮于 20 mmol / L Tris-HCl pH 8.0 含 50 mmol / L NaCl 的缓冲液中匀浆。然后在 8000 r / min 下离心 30 min，弃去上清液，所收集的沉淀用同一缓冲液洗 2 次。洗涤后的沉淀悬浮于 20 mmol / L HCl 中匀浆。匀浆液在 8000 r / min，4℃离心 30 min，收集上清液。沉淀用 20 mmol / L HCl 重抽提，同样收集上清液，最后弃去沉淀。3 次收集的上清液即为所需的酸抽提液。置－20℃低温保存备用。

酸抽提液的 Sephadex G-50 柱层析：将所得的鲎血细胞酸抽提液经 Sephadex G-50 凝胶过滤。所用的层析柱为 90 cm × 2.5 cm。用 20 mmol / L HCl 溶液洗脱，流速为 40 ml / h。用自动分步收集器收集流出液，每分钟收集 1 管，并用自动核酸蛋白仪在 280 nm 处记录图形（图 9-23）。其中第Ⅲ个峰即为鲎素并作进一步纯化。

鲎素的进一步纯化：由于鲎素为一类阳离子小肽，因此选用阳离子交换剂 CM-Sepharose CL-6 B 作进一步纯化。

所用的层析柱为 20 cm × 1.5 cm。用含 1.5 mol / L NaCl 的 20 mmol / L NaAc（pH 6.0）缓冲液洗脱，流速为 80 mL / h。核酸蛋白仪在 280 nm 处记录（图 9-24）。自动分步收集器收集分离组分。图 9-24 最后一个峰为纯化的鲎素 T-1 组分。将收集的鲎素组分冷冻干燥，所得干粉于 − 20℃低温保存备用。

鲎素 T-1 浓度的测定：以小牛血清白蛋白为标准，用 Folin- 酚法测鲎素浓度。

鲎素 T-1 抗菌活性测定：将斜面培养的细菌用适量无菌生理盐水洗脱下

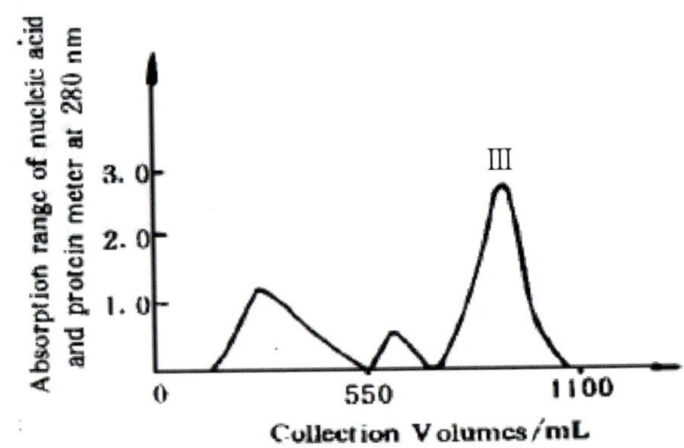

图 9-23　血细胞酸提取物过 Sephadex G-50 柱的凝胶过滤曲线图

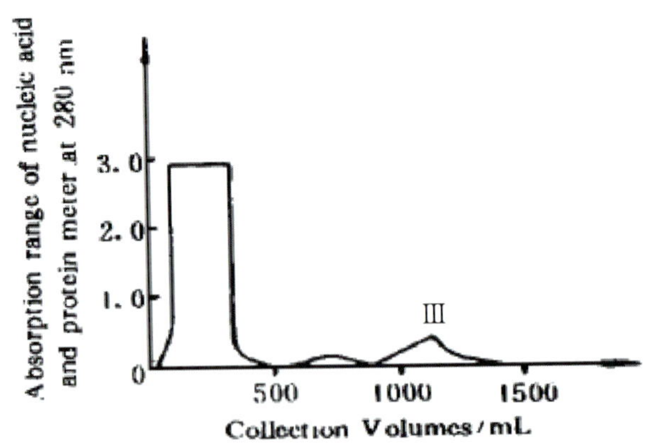

图 9-24　富含鲎素组分的 CM-Sepharose CL-6 B 离子交换柱曲线图

来，用玻璃珠打散成团细菌，得到均匀细菌母液，稀释细菌母液浓度至 106 个细菌 / mL，置 4℃冰箱备用。

在每支试管中分别加入 1 mL 稀释菌液、1 mL 不同浓度梯度鲎素及 8 mL 牛肉膏培 37℃恒温振荡器温度中培养 15 h，随后以未加鲎素而加入 1 mL 相应缓冲液、1 mL 菌液及 8 mL 牛肉膏培养基的试管作为空白对照，用 721 型分光光度计测定 550 nm 处各试管细菌培养液的 OD 值。

（二）结果（Results）

1. 鲎素分离提取率

从鲎血细胞制得的酸提取物过 Sephadex G-50 层析柱分离，结果如图 9-23 所示。根据 Nakamura 鲎素出现在低分子量分离组分中。第Ⅲ峰即表示所要收集的组分。峰Ⅲ经 CM-Sepharose CL-6 B 离子交换层析得到进一步纯化的鲎素 T-1（如图 9-24 所示）鲎素分离提取步骤及提取率如表 9-2 所示。由表 9-2 可知，30 g 湿重的血细胞中提取出 5.0 mg 鲎素，提取率大约为 0.32%。

表 9-2　鲎素的分离提取过程及提取率

提 取步骤	体积（mL）	浓度（mg/mL）	总蛋白量（mg）	提取率（%）
血细胞酸提取物	300	3.139	941.7	100
Sephadex G-50	250	0.114	18.5	3.63
CM-Sepharose CL-6B	500	0.010	5.0	0.32

2. 鲎素 T-1 的抗菌活性

选用 4 种细菌作为实验菌株。其中 2 种 G^- 菌株，大肠杆菌和绿脓杆菌；2 种 G^+ 菌株，枯草芽孢杆菌和金黄色葡萄球菌。

各试管的鲎素样品浓度如表 9-3 所示。4 种菌株的适宜培养时间及由 550 nm 测定的 OD 值如表 9-3 所示。由表 9-3 可知，作鲎素抗菌活性测定时，4 种菌株培养时间以 15 h 最适宜。

鲎素对 4 种菌株的抑制效果如表 9-4 所示。从表 9-4 可以测得鲎素对 4 种菌株的半致死浓度（IC_{5x}）和最小致死浓度（MIC）（结果列于表 9-5）。从表 9-5 可看出，金黄色葡萄球菌比其他 3 种菌株对鲎素更为敏感。

根据表 9-4，以 OD 值为纵坐标，鲎素浓度为横坐标作图，得图 9-25 和图 9-26。从图 9-25 和图 9-26 可求得 4 种菌株的 IC_{50} 如下：

大肠杆菌	7.8 μg / mL	绿脓杆菌	4.9 μg / mL
金黄色葡萄球菌	7.6 μg / mL	枯草杆菌	9.8 μg / mL

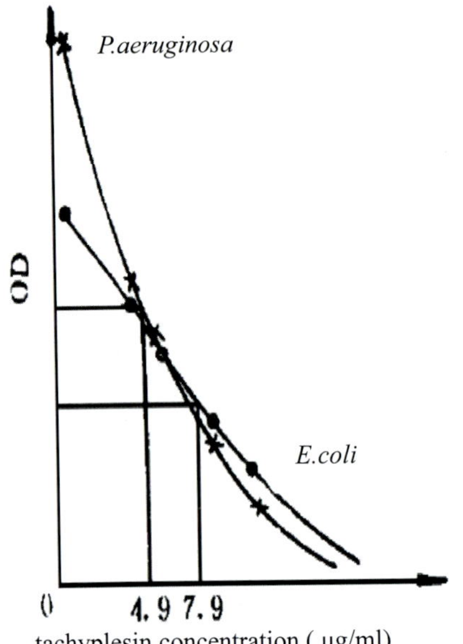

图 9-25 革兰氏阴性菌大肠杆菌、绿脓杆菌随鲎素浓度变化的生长曲线图

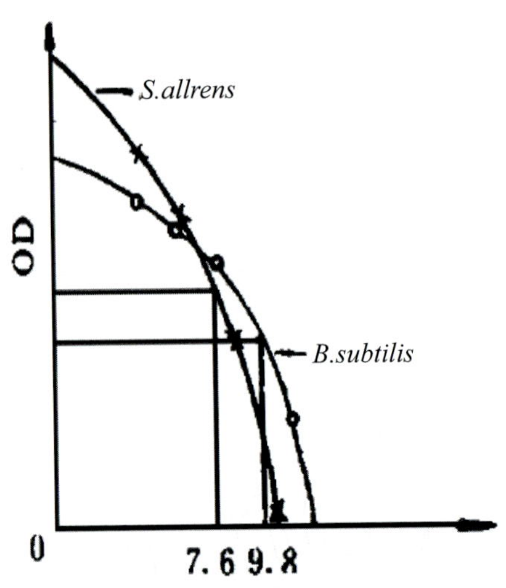

图 9-26 革兰氏阳性菌枯草杆菌、金黄色葡萄球菌随鲎素浓度变化的生长曲线图

表 9-3 各个试管中鲎素样品浓

试管号	1	2	3	4	5	6	7	8	9
鲎素浓度 (μg/mL)	165.8	82.8	66.2	49.6	41.4	20.7	16.8	12.4	8.3

表 9-4 4 种菌株不同培养时间下的生长情况（37°C）

培养时间（h）	大肠杆菌	绿脓杆菌	金黄色葡萄球菌	枯草杆菌
12	0.155	0.360	0.428	0.251
15	0.623	0.946	0.693	0.548
18	0.740	1.004	0.816	0.635

表 9-5 鲎素的抗菌活性（λ ：550nm 吸收值）

试管号	1	2	3	4	5	6	7	8	9	对照
大肠杆菌	0.000	0.000	0.000	0.000	0.000	0.208	0.293	0.372	0.494	0.623
绿脓杆菌	0.000	0.000	0.000	0.000	0.001	0.139	0.426	0.426	0.509	0.946
金黄色葡萄球菌	0.000	0.000	0.000	0.000	0.000	0.004	0.445	0.445	0.540	0.698
枯草杆菌	0.000	0.000	0.000	0.000	0.002	0.160	0.443	0.443	0.469	0.548

表 9-6 鲎素对 4 种菌株的半致死浓度（IC_{50}）和最小致死浓度（MIC）

（μg / mL）

菌株	半致死浓度（IC_{50}）	最小致死浓度（MIC）
大肠杆菌	8.28～6.20	20.70～10.40
绿脓杆菌	6.20～4.14	20.70～10.40
金黄色葡萄球菌	8.28～6.20	10.40～8.28
枯草杆菌	10.4～8.28	20.70～10.40

（三）讨论（Discussion）

自 1988 年日本学者 Nakamura 从东方鲎分离提取鲎素以来，鲎素的研究引起人们的广泛关注。现已知道，鲎素是一种 2.3 KD 带阳离子的肽类，它在鲎血细胞中定位于小颗粒中。利用 Edman 降解法测得，鲎素由 17 个氨基酸组成。除了 2 个双硫桥外，其羧基端带有 1 个 α - 精氨酰胺。

从实验中可以看出，鲎素具有很强的抗菌活性，它在很低的浓度下就能抑制 G^- 和 G^+ 细菌。鲎素主要依靠破坏细胞质膜的膜电位来杀死细菌。现已证实，鲎素的抗菌活性主要与其具有 2 个双硫桥以及 β - 折叠形成的反向平行的 β - 片层结构有关。利用鲎素的类似物所作的实验表明，从 N 端除去 Lys 和 Trp，鲎素抗 G^- 菌活性不会降低。但是当 Lys1 和 Trp2 一个接一个地被除去，其抗 G^+ 菌及抗病菌活性大大降低。去除 2 个双硫桥则引起所有活性明显下降。这些结果表明，β - 片层结构是由 2 个双硫桥维系的，并对鲎素的抗菌活性起重要作用。

Shigenaga(1993) 和 Masuda 等（1994）研究也表明，只有来自小颗粒的含有大量鲎素的提取物对 G^- 和 G^+ 菌株的生长有强烈的抑制作用。而大颗粒主要成分为凝集系统酶原，它只有很微弱的抑菌活性。当鲎血细胞与细菌遭遇时，大颗粒释放出各类凝集系统酶原形成凝胶，起到对入侵细菌的制动作用，而小颗粒则释放出具有强抑菌作用的鲎素，从而形成鲎血淋巴抵抗入侵微生物的自我防御系统。

/ 第六节 /

鲎素抗肿瘤作用研究（Antitumor effect of tachyplesin）

一、鲎素 T-1 抗人早幼粒白血病 HL-60 细胞活性研究（Study on antitumor activity of tachypesin-1 against human promyelocytic leukemia cell line HL-60 from hemocyte of horseshoe crabs）

(一) 材料与方法（Materials and methods）

1. 材料

实验所用的中国鲎取自厦门海区捕获的成熟鲎。抗凝剂茶碱、Sephadex G-50(葡聚糖凝胶)、CM-Sepharose CL-6 B(琼脂糖凝胶) 购自华美生物工程公司上海分公司。小白鼠、BALB/C 裸鼠及 HL-60 细胞购自厦门大学抗癌中心实验动物室。

2. 方法

鲎素 T-1 提取及纯化方法见本章第五节。

(二) 结果（Results）

1. 体外细胞培养实验

体外（in vitro）实验表明，鲎素 T-1 对 HL-60 细胞生长具有显著的抑制作用（见表 9-7 及图 9-27：1～6)。

表 9-7　鲎素 T-1 对体外培养 HL-60 细胞作用实验

	实验组 1	实验组 2	对照组
接种细胞数	5×10^4 cells/mL	5×10^4 cells/mL	5×10^4 cells/mL
作用浓度	5 μg/mL	10 μg/mL	
处理 2d	44.8×10^4 cells/mL	7.5×10^4 cells/mL	54×10^4 cells/mL
处理 5d	12×10^4 cells/mL	0.5×10^4 cells/mL	94×10^4 cells/mL

2. 体内（in vivo）急性毒理实验

选择健康小白鼠 16 只，随机分成两组。每组 8 只按不同鲎素浓度采用皮下注射和腹腔注射 2 种方式给药。每个浓度注射 2 只小鼠，给药一次观察 14 d，观察小鼠生活、外形的变化。结果如表 9-8 所示。

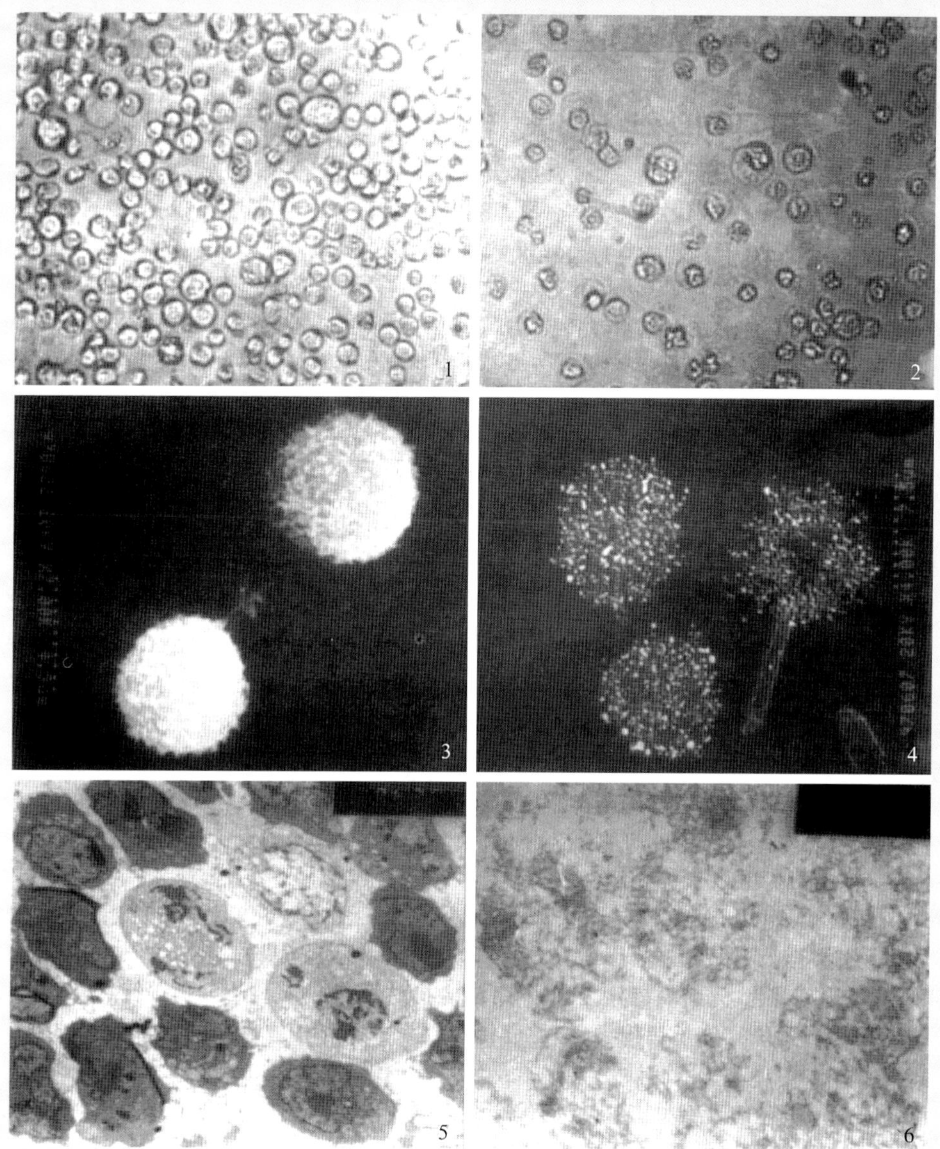

图 9-27　堂素 T-1 对人早幼粒白血病 HL-60 细胞活性的作用

1. 未经堂素处理的培养 HL-60 细胞光镜照片，×175；
2. 经堂素处理后的培养 HL-60 细胞出现固缩死亡，×175；
3. 未经堂素处理的 HL-60 细胞扫描电镜照片，×7000；
4. 经堂素处理后的 HL-60 细胞残骸的扫描电镜照片，×4000；
5. 未经堂素处理的 HL-60 细胞透射电镜照片，×2000；
6. 经堂素处理后的 HL-60 细胞残骸透射电镜照片，×2700

表 9-8　鲎素 T-1 急性毒理实验

给药方式	给药浓度及效果			
皮下注射	80 μg/mL	60 μg/mL	40 μg/mL	20 μg/mL
	+	−	−	−
腹腔注射	80 μg/mL	60 μg/mL	40 μg/mL	20 μg/mL
	−	−	−	−

表 9-8 中"−"表示未观察到小白鼠有什么生理变化。"+"表示有变化，即皮下注射组小白鼠在给药浓度 80 μg/mL 时，饲养 7d 后，发现在注射药物部位皮毛脱落，皮肤红肿。其他各组未观察到有异常现象。

3. 体内抑瘤实验

(1) 接种：应用 HL-60 细胞裸小鼠异种移植模型，选择生长状态正常的荷瘤裸鼠脱臼处死。无菌条件剥离肿瘤块。将肿瘤块匀浆制成细胞悬液，用注射器于裸鼠腋窝皮下接种 0.2 mL。当裸鼠皮下接种肿瘤长到可触摸到时，即可给药治疗。

(2) 给药剂量：60 μg / mL。

(3) 给药途径：腹腔注射给药和皮下注射给药。

(4) 治疗天数：14 d。

(5) 动物个数：14 只。对照组 6 只，腹腔注射组 6 只，皮下注射组 2 只。

(6) 疗效评价：停药 24 h 后处死动物，解剖剥离瘤块，称重（表 9-9）。

表 9-9　鲎素 T-1 抗肿瘤活性实验

组别	每只裸鼠的瘤重（g）					
对照组	1.17	0.20	0.04	0.13	0.22	0.24
腹腔注射组	0.065	0.23	0.16	0.15	0.11	0.13
皮下注射组	0.14	0.20				

疗效评价公式：

$$肿瘤抑制率 = \frac{\bar{C} - \bar{T}}{\bar{C}} \times 100\%$$

式中 $\bar{T}$ 为给药组平均瘤重，$\bar{C}$ 为对照组平均瘤重

以腹腔注射组为例，肿瘤抑制率为 42.3%。

以上结果表明，鲎素 T-1 对人早幼粒白血病 HL-60 细胞有显著的抑制作用。

二、鲎素 T-1 对人胃腺癌 BGC-823 细胞形态和超微结构的影响（Effects of tachyplesin-1 on the morphology and ultrastructure of the human gastric carcinoma cell line BGC-823）

（一）材料与方法（Materials and methods）

1. 鲎素 T-1 分离提取方法见本章第五节。

2. 细胞培养与鲎素处理

BGC-823 细胞培养在 RPMI-1640 培养液中（含 20% 小牛血清、100 U/mL 青霉素、100 μg/mL 链霉素、50 μg/mL 卡那霉素），细胞接种 24 h 后进行鲎素处理。经分离纯化冻干的鲎素溶解于 D-Hank's 液中配制成 100 μg/mL 浓度的干液，并以培养液配制成 2.0 μg/mL 鲎素作用液。实验组细胞弃旧培液换上含有鲎素的作用液，对照组细胞则换上不含鲎素的新鲜培液，连续培养后备用。

3. 光学显微镜样品制备

将对照组和实验组细胞分别以 5×10^4 细胞 /mL 浓度接种于放有盖玻片条的小青瓶中，培养 72 h 后取出长有细胞的盖玻片条经 D-Hank's 液洗涤，Bouin-Hollande 液固定 24 h，常规 H·E 染色，Olympus BH-2 型光学显微镜下观察拍照。

4. 扫描电镜样品制备

分别将对照组和实验组细胞按上法接种，经培养后取出长有细胞的盖玻片条，用 D-Hank's 液洗涤，经 2.5% 戊二醛固定 2 h，1% 四氧化锇后固定 1 h，乙醇系列脱水，临界点干燥，真空喷镀金膜后，于日立 S-520 扫描电镜下观察拍照。

5. 透射电镜样品制备

将传代培养 3 d 的 BGC-823 细胞以 10×10^4 细胞 /mL 接种于 50 mL 培养瓶中，培养 24 h 后实验组细胞用含 2.0 μg/mL 鲎素的培养液处理。连续培养 10 d 后实验组和对照组细胞分别经 D-Hank's 液洗涤，用橡皮刮刀推下细胞移入离心管中，2000 r/min 离心 15 min，弃上清液，2.5% 戊二醛预固定 2 h，1% 四氧化锇后固定 2 h，乙醇系列脱水，环氧树脂 618 包埋，醋酸双氧铀和柠檬酸铅双染色后，于 JEM100-CX Ⅱ型透射电镜下观察拍照。

（二）结果（Results）

1. 光学显微镜观察

BGC-823 细胞排列不规则，具有上皮样、圆形、梭形、肾形等不规则形态，同时较常见癌巨细胞、多核细胞以及多极分裂相等。细胞体积较小，细胞核大，核形不规则，常见畸形核，核内常见多个核仁，细胞质较少，H·E 染色不均匀，着色深浅不一（图 9-28：1）。

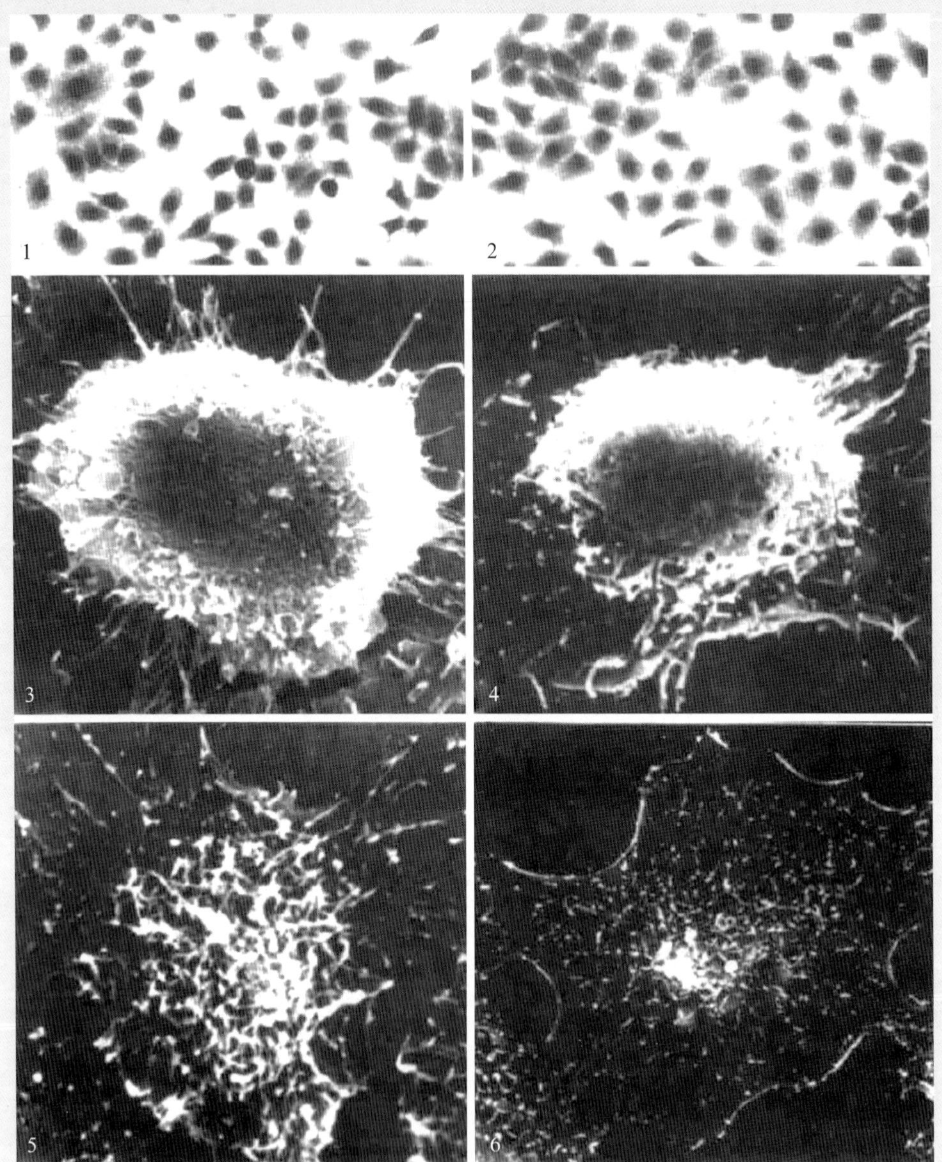

图 9-28　鲎素 T-1 对人胃腺癌 BGC-823 细胞的作用

1.BGC-823 细胞光镜照片，×300

2. 鲎素处理组细胞光镜照片，×300

3. 扫描电镜观察示 BGC-823 球形细胞表面微绒毛丰富，细胞边缘有较多的丝状伪足，×6000

4. 鲎素处理组细胞，示球形细胞表面微绒毛基本消失，×6000

5. BGC-823 扁平铺展细胞表面有丰富的微绒毛，细胞边缘有较多丝状伪足，×4800

6. 鲎素处理组细胞表面微绒毛稀少，并萎缩变短，细胞边缘出现大型片状伪足，×4200

经 2.0 μg/mL 鲎素处理后，BGC-823 细胞产生了明显的形态变化。细胞体积增大，趋于铺展状态，多核细胞和癌巨细胞少见，细胞形状较为一致，排列比较规则。细胞核较小，形状较为圆整，核仁数量减少，细胞质比较丰富，H·E 染色均匀。呈现出与正常上皮细胞相似的形态变化（图 9-28：2）。

2. 扫描电子显微镜观察

在扫描电镜下可见 BGC-823 细胞具有球形、梭形和扁平铺展细胞等形态。在各类细胞表面均存在丰富的微绒毛，其中微绒毛在球形细胞表面呈密集状态分布，而在铺展细胞的中部区域微绒毛较为密集，边缘区域相对比较稀疏。在细胞边缘出现了较多的丝状伪足，在体积较大的球形细胞边缘丝状伪足较多，呈放射状向四周伸出，但在扁平细胞边缘丝状伪足较少而有少量片状伪足（图 9-28：3，5）。经 2.0 μg/mL 鲎素处理的 BGC-823 细胞同样可见球形、梭形和扁平铺展细胞等几种形态，但以扁平铺展细胞居多，球形细胞较少。各类型细胞表面微绒毛较少，长度缩短，并呈弯曲萎缩状态，细胞表面较为光滑并出现少量小泡状突起和皱痕结构。在细胞边缘的丝状伪足减少，而常见较多的片状伪足，尤其在扁平铺展细胞边缘存在较多的大型片状伪足结构。其表面特征与对照组细胞存在明显差异（图 9-28：4，6）。

3. 透射电子显微镜观察

透射电镜观察显示，BGC-823 细胞核质比例较大，细胞核的形状不规则，核内异染色质团块较多，核仁体积较大，形状多样，并且有较多的核仁小泡。在细胞质内，粗糙型内质网不发达，数量少，长度相对较短；高尔基体体积较小，高尔基囊数目少，排列不规则，极性不明显，囊腔有明显的膨大扩充现象；线粒体形态不规则，嵴的数目少，排列方式各异，并多见空泡化现象；细胞质中多聚核糖体较多，游离核糖体较少（图 9-29：1，2）。

经 2.0 μg/mL 鲎素处理后，BGC-823 细胞超微结构产生了明显的变化。细胞核质比例减小，核形趋向规则，多呈圆形或卵圆形，细胞核内异染色质团块减少，常染色质增多，显得比较均匀，核仁体积变小，结构较为均一。在细胞质内，粗糙型内质网数量明显增多；高尔基体中高尔基囊数目增多、排列较为规则，高尔基液泡和高尔基小泡增多，呈典型发达状态；线粒体多呈棒状或椭圆形，嵴数目增多，排列较规则，基质电子密度较均匀；多聚核糖体减少，游离核糖体增多（图 9-29：3，4，5）。结果显示，经鲎素处理后的 BGC-823 细胞呈现出接近正常细胞的一些超微结构特征。

（三）讨论（Discussion）

肿瘤细胞的形态和超微结构与其相应正常细胞存在较大差别。肿瘤细胞

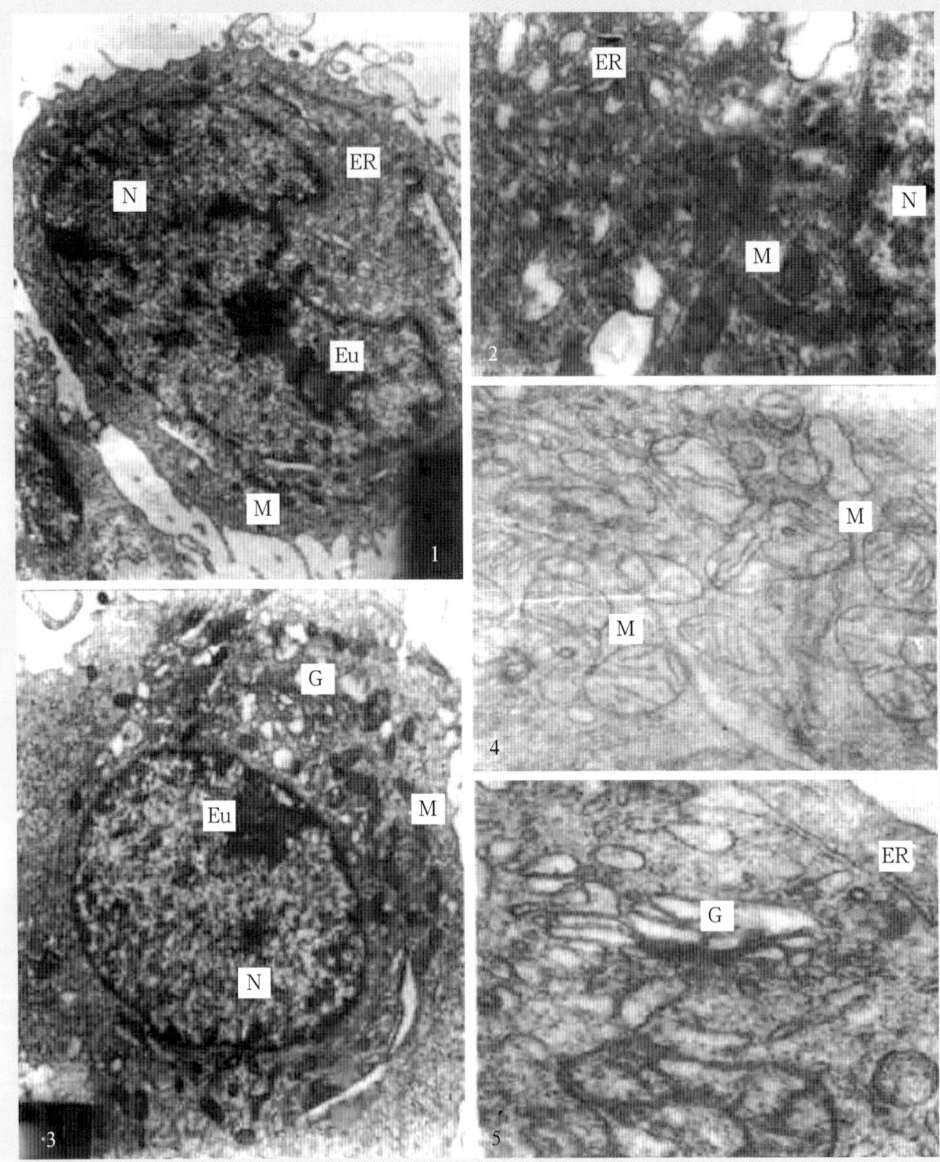

图 9-29　棠素 T-1 对人胃腺癌 BGC-823 超微结构的影响

1.BGC-823 细胞透射电镜照片，示细胞核质比值大，细胞核 (N) 形不规则，细胞质内细胞器少，Nu 核仁，M 线粒体，ER 内质网，×9600

2.BGC-823 细胞线粒体 (M) 形态结构不典型，内质网 (ER) 减少，×40500

3. 棠素处理组细胞体积增大，核质比值减小，细胞核 (N) 形较规则，细胞质内细胞器多，×10720

4. 棠素处理组细胞线粒体 (M) 形态结构较一致，线粒体嵴增多，排列较为规则，×21000

5. 棠素处理组细胞高尔基体 (G) 结构呈典型发达状态，×48000

一般均表现出细胞形态大小不一致，核质比例较大，核畸形，核仁较大数目较多，细胞器不发达和细胞表面微绒毛较多等一系列恶性形态结构表型特征，因此，考察和鉴定肿瘤细胞形态与超微结构特征的变化，历来都是鉴定外源性物质尤其是诱导分化物对肿瘤细胞效应的重要判断指标。而一系列化学诱导分化物诱导白血病、肝癌和肺癌等肿瘤细胞分化的结果均表明，经诱导分化处理的癌细胞其形态结构产生与正常细胞相似的恢复性变化。

BGC-823 细胞是一株增殖快、恶性程度高的低分化人胃腺癌细胞株。本文光镜、扫描与透射电镜观察结果显示：其群体细胞形态多样，细胞大小不一，排列不规则；具有细胞核质比值大、细胞核畸形、核仁体积较大和核内异染色质较多的特征；并存在线粒体形态不一致，线粒体嵴少，高尔基体结构不典型，内质网数量较少等细胞器不发达现象；以及细胞质内多聚核糖体较多、游离核糖体较少和细胞表面微绒毛丰富、细胞边缘丝状伪足较多等特点。这些均显示其具有典型的肿瘤细胞形态与超微结构恶性表型特征。但是，经 2.0 μg/mL 鲎素处理的 BGC-823 细胞则呈现细胞大小较为一致、排列比较规则、细胞体积增大、趋于铺展状态和上皮样细胞增多的状况；并产生细胞核质比值减小、细胞核形状较为圆整、核仁体积减小、核内异染色质减少和常染色质增多的变化；同时在细胞质内出现了线粒体数量增加、形态较一致、线粒体嵴增多、高尔基体结构典型和内质网数量增多等细胞器较为发达的现象；以及细胞质内多聚核糖体减少、游离核糖体增多和细胞表面微绒毛减少及细胞边缘丝状伪足减少、片状伪足增多等变化。这一系列变化和 BGC-823 细胞的形态与超微结构特征有较大差异而与相应正常细胞较为相似。充分表明了鲎素能有效改变胃腺癌细胞的形态与超微结构恶性表型特征，并使之出现与正常细胞相似的形态与超微结构变化。

鲎素的这一作用与前人应用化学诱导分化物处理胃癌细胞的观察结果是一致的。如吕桂芝、许世稳、夏锋和陈宇等人分别应用丁酸钠、环六亚甲基双乙酰胺（HMBA）和全反式维甲酸等处理人胃癌 SGC-7901 细胞，均报道了诱导处理后的胃癌细胞出现细胞形态规则一致、细胞核形较为完整、核质比值减小、核仁缩小、核内异染色质减少，以及细胞器比较发达和细胞表面微绒毛消退减少等显著变化。这与本实验应用鲎素对胃癌细胞作用的变化是一致的。由此更进一步表明，鲎素的作用与癌细胞分化诱导物相似，对胃癌细胞具有一定的诱导分化作用。为此，更深入地研究鲎素的抗肿瘤作用机理问题，显然对于鲎素在肿瘤防治中的应用和海洋天然活性物质抗肿瘤研究均有十分重要的意义。

三、中国鲎鲎素T-1对人胃癌BGC-823细胞增殖的抑制作用（Inhibitory effect of tachyplesin-1 on the proliferation of human gastric carcinoma cell line BGC-823）

（一）材料与方法（Materials and methods）

1. 鲎素 T-1 分离提取方法

见本章第五节。

2. 细胞培养和鲎素 T-1 处理

BGC-823 细胞培养在 RPMI21640 培养液中，内含 20% 灭活小牛血清和适量青霉素、链霉素以及卡那霉素。实验中收集对数生长期细胞以 10×10^4 细胞 / mL 的浓度接种于培养瓶，置 37℃培养 24 h 后进行鲎素 T-1 处理。经分离纯化冻干的鲎素 T-1 溶解于 D-Hank's 液中配制成 100 μg / mL 浓度的干液，并以培养液配制成不同浓度的作用液。实验组细胞弃旧培液换上含有鲎素 T-1 的培液，对照组细胞同时换上不含鲎素 T-1 的新鲜培液，连续培养后备用。

3. 细胞生长曲线测定

将传代培养 3 d 的 BGC-823 细胞以 5×10^4 细胞 / mL 接种于一批 10 mL 培养瓶中，培养 24 h 后分别以不同浓度的鲎素 T-1 作用液处理。实验处理 1～7 d，每天从实验组和对照组各取 3 瓶细胞，用苔盼蓝排除法进行活细胞计数取平均值。以上实验重复 3 次，结果基本一致，以其中一次实验值为准绘制生长曲线。

4. 细胞分裂指数观察

将细胞以 5×10^4 细胞 / mL 接种于一批放有盖玻片条的小青霉素瓶中，接种 24 h 后进行鲎素 T-1 处理。实验过程 1～7 d，每天从实验组和对照组各取三瓶细胞，Bouin-Hollande 固定液固定、H·E 染色，逐日观察计数各盖玻片条上 1000 个细胞中的分裂细胞数，取平均值。依据观察计数结果，绘制分裂指数曲线图。

5. 碱性磷酸酶细胞化学反应样品制备

将分别长有对照组细胞和经鲎素 T-1 处理 7 d 的实验组细胞的盖玻片条从小青霉素瓶中取出，先用预温至 37℃的 D-Hank's 液洗 3 遍，室温晾干，冷丙酮 4℃固定 20 min，碱性磷酸酶作用液 37℃孵育 2 h，双蒸水漂洗后再分别经 2% 硝酸钙和 2% 硝酸钴各作用 2 min、1% 硫化铵作用 1 min，再经乙醇系列脱水，二甲苯透明，中性树脂封片后镜检观察。

6. 碱性磷酸酶活性测定

分别收集经鲎素 T-1 处理 7 d 的实验组和对照组各 3×10^7 个细胞经

D-Hank's 液洗涤后离心，分别以 0.5 mL D-Hank's 液混匀沉淀细胞。冰浴超声波破碎细胞后于 4℃低温 1.5×10^4 r/min 离心 10 min，弃沉淀，取上清液即样品 40 μL 加到 24 孔板上，加 0.8 mL pH 10.0 缓冲基质液混匀后于 37℃水浴 15 min，加碱性溶液 0.8 mL，空白管加对照样品 40 μL，然后分别加 4-氨基安喹吡啉溶液 0.4 mL、铁氰化钾溶液 0.4 mL，充分混匀后，于分光光度计 520 nm 处比色测定，根据标准曲线计算酶活力。

7. **乳酸脱氢酶活性测定**

分别收集经鲎素 T-1 处理 7 d 的实验组和对照组各 3×10^7 个细胞经 D-Hank's 液洗涤后，离心沉淀细胞团。用 0.5 mL D-Hank's 液混匀细胞，冰浴超声波破碎细胞后于 4℃低温 1.5×10^4 r/min 离心 10 min，取上清液即样品 40 μL 加于预先各加基质 100 μL 的 24 孔板中，空白孔加 40 μL 蒸馏水。37℃水浴 15 min 后测定孔加辅酶 I 溶液 20 μL，然后分别再加 2，4 二硝基苯肼 100 μL、0.4 mol/L NaOH 1.0 mL，混匀后于分光光度计 440 nm 处比色测定，根据标准曲线计算酶活力。

8. **平板集落形成实验**

分别将对照组和实验组细胞计数并以 5×10^4 细胞/mL 接种于 50 mL 培养瓶中，充分晃动，使细胞分散均匀，置 37℃静止培养 2～3 周，到看见细胞克隆形成后，弃培养液，D-Hank's 液洗涤后用 Bouin-Hollande 固定液固定，Harris 苏木精染色，于倒置显微镜下观察拍照并计数集落数。

（二）结果（Results）

1. **鲎素 T-1 对 BGC-823 细胞生长的影响**

生长曲线测定结果（图 9-30）显示，BGC-823 细胞增殖速度快，当接种数为 5×10^4 细胞/mL 时，至计数第 7 d，细胞数为 75×10^4 细胞/mL，为原

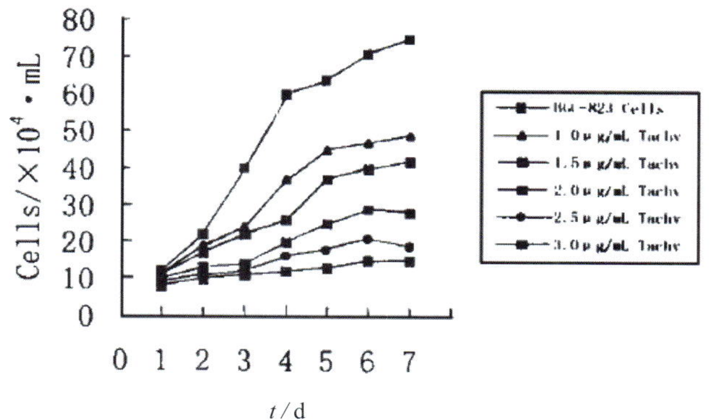

图 9-30 不同浓度鲎素 T-1 对 BGC-823 细胞生长的影响

来的 15 倍，倍增时间为 49.1 h。但经不同浓度鲎素 T-1 处理后，细胞生长分别受到不同程度的抑制。其中 1.0 μg / mL 鲎素 T-1 处理组至计数第 7 d，细胞数为 49×10^4 细胞 / mL，为原来的 9.8 倍，和对照组相比，生长抑制率为 34.67%。而 3.0 μ g/mL 鲎素 T-1 处理组至计数第 7 d 细胞数仅为 15×10^4 细胞 /mL，生长抑制率高达 80%，倍增时间因处理浓度的增大而延长至 121.1 h。依据诱导分化处理原则，本研究选择 2.0 μg / mL 鲎素 T-1 作为处理 BGC-823 细胞的适宜浓度，其计数至第 7 d 细胞数为 28×10^4 细胞 / mL，细胞生长抑制率为 62.67%，倍增时间延长至 75.7 h。

2. 鲎素 T-1 对 BGC2823 细胞分裂的影响

细胞有丝分裂指数观察结果（图 9-31）显示，BGC-823 细胞分裂能力旺盛，在接种第 4 天后达到分裂高峰，分裂指数值为 3.3%。但经过 20 μg / mL 鲎素 T-1 处理的 BGC-823 细胞，分裂指数均处于较低水平，分裂高峰较对照组前移一天，分裂高峰值仅达 1.95%，下降 40.91%。进一步显示鲎素 T-1 对 BGC-823 细胞增殖具有显著的抑制作用。

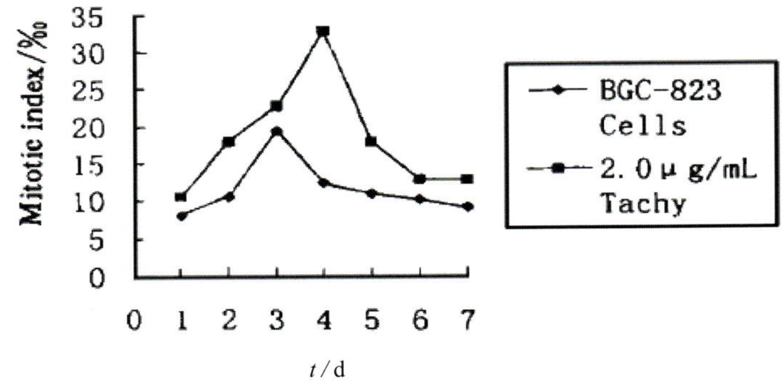

图 9-31 鲎素 T-1 对 BGC-823 细胞分裂的影响

3. 鲎素 T-1 对 BGC2823 细胞集落形成的影响

观察结果显示 BGC-823 细胞在平板上形成较多的细胞团，其克隆细胞团体积较大、细胞生长较密集（图 9-33：1）。但经过 2.0 μg/mL 鲎素 T-1 处理的 BGC-823 细胞形成克隆较少，其克隆细胞团体积较小、细胞密度明显下降（图 9-33：2）。进一步计数结果表明，BGC-823 细胞集落形成数平均达到 97 个 / cm^2，而经过鲎素 T-1 处理的实验组细胞集落形成数平均只达到 68 个 / cm^2，抑制率达 29.9%。

4. 鲎素 T-1 对 BGC-823 细胞相关标志酶的影响

碱性磷酸酶细胞化学反应观察：光镜细胞化学观察可见 BGC-823 细胞碱性磷酸酶（AKPase）活性较高，酶反应产物为棕黑色，主要集中于细胞质高

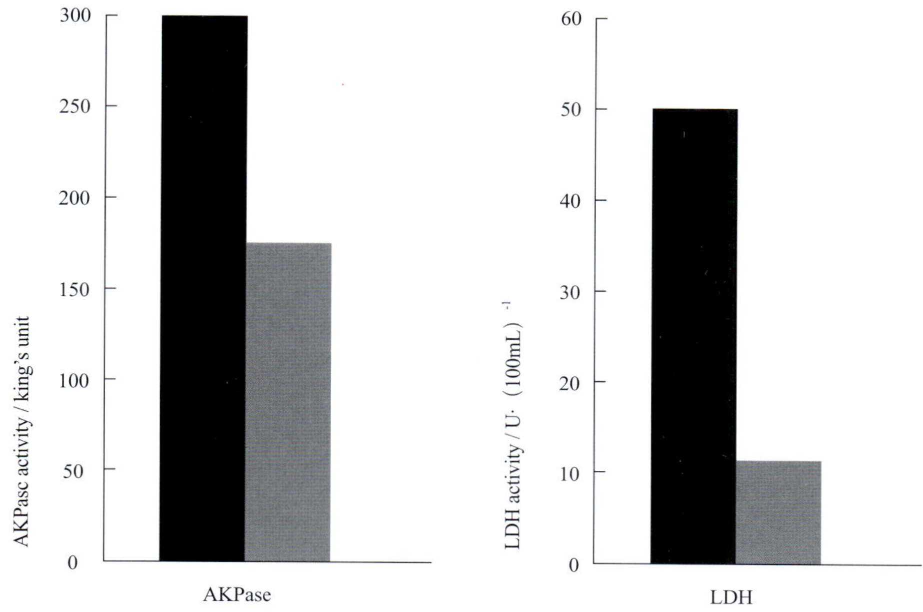

图 9-32 鲎素 T-1 对 BGC-823 细胞碱性磷酸酶与乳酸脱氢酶活性的影响

尔基区和细胞核周边区域（图版 9-33：3）。而经 2.0 μg / mL 鲎素 T-1 处理的 BGC-823 细胞的碱性磷酸酶反应产物颜色较淡，呈浅灰色，并主要分散于细胞质中部区域，二者表现出明显的差异（图 9-33：4）。

碱性磷酸酶和乳酸脱氢酶酶活力测定 BGC2823 细胞具有碱性磷酸酶活性较高的显著特征，生化测定结果（图 9-32）显示其碱性磷酸酶活力平均值高达 301.8 金氏单位。但是细胞经 2.0 μg / mL 鲎素 T-1 处理后，其酶活力显著下降至 179.3 金氏单位，抑制率达 40.59%。

而对乳酸脱氢酶（LDH）的测定结果同样显示 BGC-823 细胞具有乳酸脱氢酶活性较高的特点，其乳酸脱氢酶活力平均值达 51.35 U / 100 mL（图 9-32）。但是细胞经 2.0 μg / mL 鲎素处理之后，其乳酸脱氢酶活力显著下降至 12.30 U / 100 mL，酶活性抑制率达 76.05%。

（三）讨论（Discussion）

细胞持续分裂和不断增殖是癌细胞的重要特征，因此，考察对癌细胞增殖活动的抑制作用是鉴定外源性物质抗肿瘤作用的一项主要指标。BGC-823 细胞是具有旺盛增殖能力的低分化人胃腺癌细胞株，本实验生长曲线测定、分裂指数观察和集落形成率计数结果显示其生长迅速、倍增时间仅有 49.1 h，而分裂指数高峰值则达 3.3%，并有很强的集落形成能力。但经 2.0 μg / mL 鲎

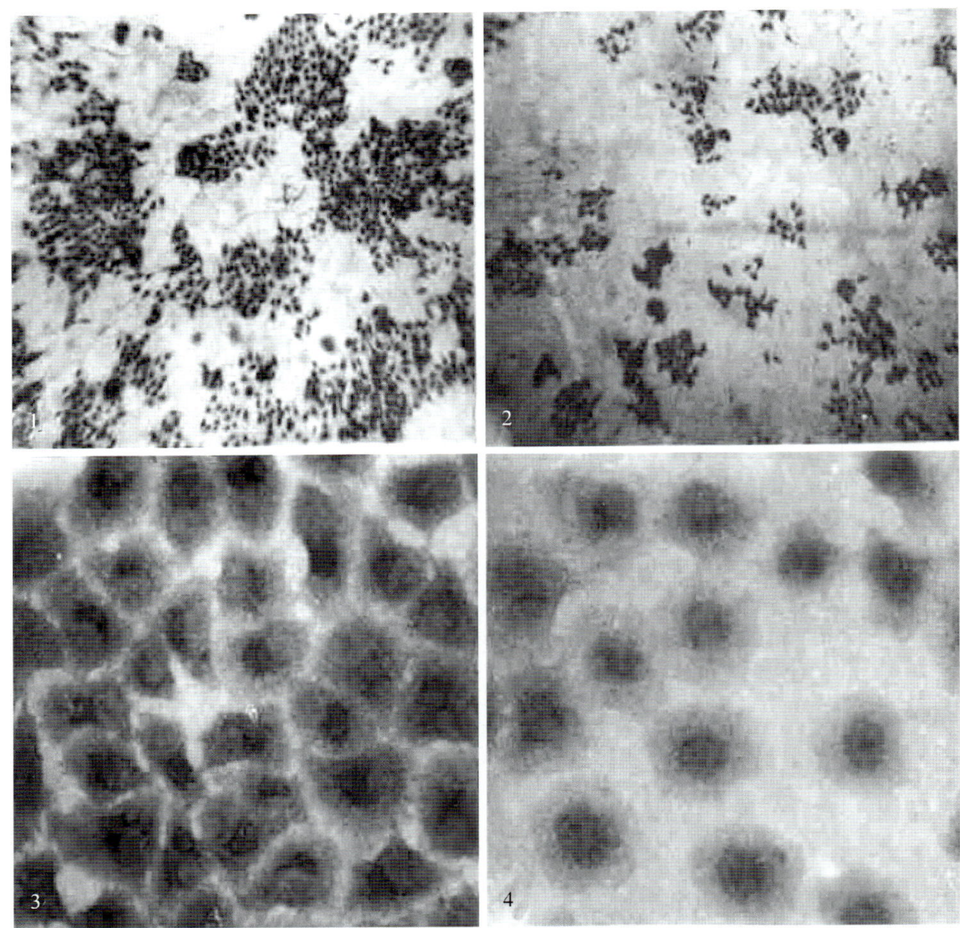

图 9-33 鲎素 T-1 对 BGC-823 细胞增殖的抑制作用

1. 示 BGC-823 细胞集落形态，×80
2. 示经 2.0 μg/mL 鲎素 T-1 处理的 BGC-823 细胞集落形态，×80
3. BGC-823 细胞 AKPase 细胞化学反应结果，×800
4. 经 2.0 μg/mL 鲎素 T-1 处理的 BGC2823 细胞 AKPase 细胞化学反应结果，×800

素 T-1 处理之后，BGC-823 细胞生长减缓，培增时间延长至 75.7 h，集落形成抑制率达 29.9%。结果充分表明，鲎素 T-1 对 BGC-823 细胞的增殖具有显著的抑制作用。鲎素 T-1 的这一作用，与吕桂芝、陈宇以及作者等人应用丁酸钠、维生素 A 酸、双丁酰环腺苷酸和环六亚甲基双乙酰胺 (HMBA) 处理人胃腺癌 SGC-7901、MGC803 细胞所引起的增殖抑制效果是一致的，并与人胎肝低分子抑瘤组分对肿瘤细胞的增殖抑制作用相似。表明鲎素 T-1 具有与癌细胞诱导分化物相似的抗肿瘤作用。

碱性磷酸酶和乳酸脱氢酶是消化道肿瘤的重要标志酶类，其代谢活性与细胞增殖活动密切相关，在胃癌细胞中均有很高的酶活性。而一些诱导分化物均能有效地抑制碱性磷酸酶和乳酸脱氢酶的活性。本文生化测定结果显示BGC-823细胞碱性磷酸酶和乳酸脱氢酶活力分别高达301.8金氏单位/100 mL和51.35 U / 100 mL，而经2.0 μg / mL鲎素T-1处理之后，其酶活力分别下降40.59%和76.05%。细胞化学反应则同时显示，经鲎素T-1处理的BGC-823细胞碱性磷酸酶反应产物显著减少，分布有所改变。表明鲎素T-1能有效抑制BGC-823细胞碱性磷酸酶和乳酸脱氢酶的活性，改变胃癌细胞代谢标志酶特征，进一步证实鲎素T-1对胃癌细胞的增殖活动具有显著的抑制作用。从而为鲎素T-1抗肿瘤作用及其机理的深入研究和探索鲎素T-1在肿瘤治疗应用方面的前景提供了重要的依据。

四、中国鲎鲎素T-1对人肝癌SMMC-7721细胞增殖的抑制作用（Inhibitory effects of tachyplesin-1 on the proliferation of human hepatocarcinoma cell line SMMC-7721）

（一）材料与方法（Materials and methods）

1. 材料

人肝癌SMMC-7721细胞引自上海细胞所细胞库，RPMI-1640培养基为GIBCO产品，小牛血清为杭州四季青生物工程材料有限公司产品，碱性磷酸酶试剂盒购自北京中生生物工程高技术公司，γ-GT试剂盒购自公司上海联阳生物技术实业有限公司。

鲎素T-1分离提取方法见本章第五节，并以培养液配制成不同浓度的鲎素作用液。

2. 细胞培养与药物处理

SMMC-7721细胞培养在含20%小牛血清，100 U / mL青霉素、100 mg / L链霉素以及50 mg / L卡那霉素的RPMI-1640培养液中。24 h后换含有不同浓度鲎素T-1的培养液，对照组细胞则换上不含鲎素T-1的新鲜培养液，连续培养后备用。

3. 细胞生长曲线测定

24 h后对照组细胞换上新培养液，处理组换上含不同浓度鲎素T-1的作用液。实验处理1～7 d，每天从处理组和对照组各取3瓶细胞，用台盼蓝拒染法进行活细胞计数，取平均值，绘制细胞生长曲线。

4. 细胞分裂指数观察

将细胞以 2×10^4/mL 接种于一批放有盖玻片条的小青霉素瓶中，接种 24 h 后进行 3.0 Mg/L 鲎素处理。实验过程 1～7 d，每天从处理组和对照组各取 3 瓶细胞，经 Bouin-Hollande 固定液固定、H·E 染色，逐日观察计数各盖玻片条上每 1000 个细胞中的分裂细胞数，取平均值，绘制分裂指数曲线图。

5. 碱性磷酸酶活性测定

参照碱性磷酸酶活性测定试剂盒说明书所提供的方法进行：取对照组细胞和经 3.0 mg/L 鲎素 T-1 处理 7 d 的处理组细胞，D-Hank's 液洗涤，Verson 消化液消化后收集细胞，细胞计数后离心，用 PBS 调细胞浓度至 500×10^4 mL。将细胞悬液冰浴超声波破碎 2～3 次，每次 10～20 s。取样品 20 μL 加到 24 孔板中,(空白孔加同样量的 PBS)，再加 0.4 mL pH 10.0 基质缓冲液，混匀后于 37℃水浴温育 15 min，加碱性溶液 0.4 mL，4- 氨基安替毗琳溶液 0.2 mL，及铁氰化钾溶液 0.2 mL，充分混匀后，以空白孔液调零，于 520 nm 处比色测定光吸度值，以 A 值 /10 万细胞为单位表示碱性磷酸酶的相对活力。

6. γ-谷氨酸转肽酶（γ-GT）活性测定

按上述方法制备细胞悬液，参照试剂盒说明，以重氮试剂比色法于 520 nm 处测定光吸度值，以 A 值 /100 万细胞为单位表示γ-谷氨酸转肽酶的相对活力。以重氮试剂比色法于 520 nm 处测定光吸度值，以 A 值 /100 万细胞为单位表示γ-谷氨酸转肽酶的相对活力。

7. 酪氨酸 - 酮戊二酸转氨酶（TAT）活性测定

按上述方法制备细胞悬液，依次在各试管中加入 0.7 mmol/L 的 L- 酪氨酸（溶于 0.125 mol/L 磷酸缓冲液，pH 7.6)2.6 mL，4.05 mmol/L 磷酸吡哆醛 0.04 mL，100 mmol/L EDTA 0.03 mL，100 mmol/L DTT 0.03 mL，细胞匀浆 0.2 mL(空白管加入 0.2 mL PBS)，37℃水浴预温 10 min 后加入 3.24 mmol/L α-酮戊二酸 0.1 mL，继续在 37℃水浴保温 10 min，加入 10 mol/L KOH 0.2 mL，剧烈振荡，37℃孵育 30 min。以空白管调零，于 331 nm 处测定光吸度值，以 A 值 /100 万细胞为单位表示酪氨酸-α-酮戊二酸转氨酶的相对活力。

8. 数据分析

所有实验数据均采用 *t* 检验及相关性分析。

（二）结果（Results）

1. 鲎素 T-1 对 SMMC-7721 细胞生长的影响

生长测定结果显示，经不同浓度的鲎素 T-1 处理后，SMMC-7721 细胞生长状态分别受到不同程度的抑制。其中 3.0 mg/L 鲎素 T-1 连续处理 7 d，细胞生长抑制率为 55.57%，与对照组细胞相比较，具有极显著性差异（$P<0.01$）(图 9-34)。细胞分裂指数观察显示，3.0 mg / L 鲎素 T-1 能有效抑制 SMMC-7721 细胞分裂，细胞分裂指数高峰值从 35.19‰下降为 19.81‰，且分裂高峰较对照组前移一天（图 9-35）。

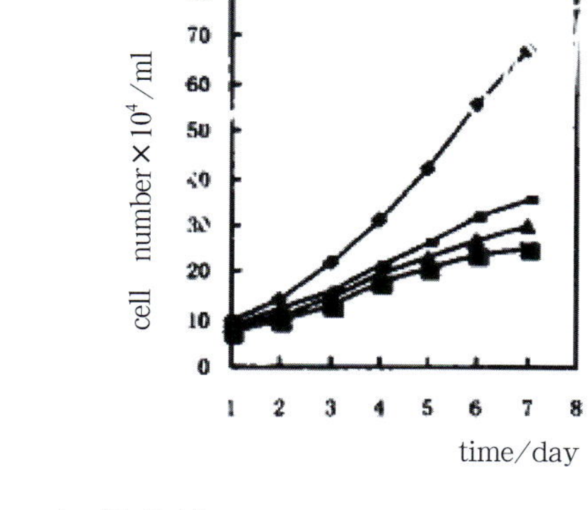

—◆—SMMC-7721 —■—2. 5mg · L⁻¹tachy
—▲—3. 0mg · L⁻¹tachy —■—3. 5mg · L⁻¹tachy

图 9-34 细胞生长曲线

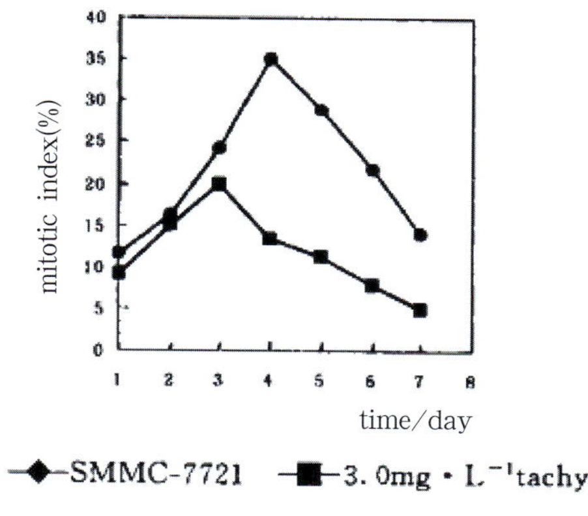

图 9-35 细胞分裂指数

2. 鲎素 T-1 对 SMMC-7721 细胞碱性磷酸酶活性的影响

碱性磷酸酶活性生化测定结果显示，SMMC-7721 细胞具有较高的碱性磷酸酶活性，其酶活性高达 0.51 单位。经 3.0 mg/L 鲎素 T-1 处理的细胞碱性磷酸酶活性下降至 0.33 单位，抑制率为 35.29%（$P<0.01$）(图 9-36)。

3. 鲎素 T-1 对 SMMC-7721 细胞γ-GT 酶活性的影响

生化测定显示，SMMC-7721 细胞具有较高的γ-GT 酶活性，高达 0.48 单位。经 3.0 mg/L 鲎素 T-1 处理后，细胞γ-GT 酶活性降低，下降为 0.30 单位，抑制率达 37.50%（$P<0.01$）(图 9-37)。

4. 鲎素对 SMMC-7721 细胞 TAT 酶活性的影响

生化测定显示，SMMC-7721 细胞 TAT 酶活性较低。经 3.0 mg/L 鲎素 T-1 处理后，TAT 酶活性从 0.44 单位升高为 0.90 单位，酶活力提高 104.55%，与对照组相比差异极显著（$P<0.01$）(图 9-38)。

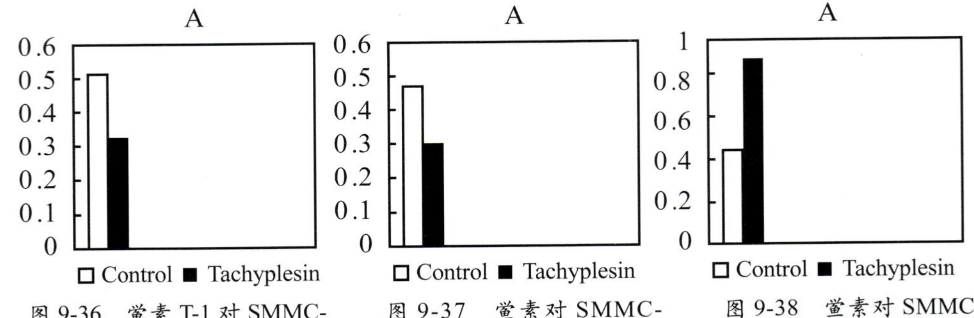

图 9-36　鲎素 T-1 对 SMMC-7721 细胞碱性磷酸酶活性的影响

图 9-37　鲎素对 SMMC-7721 细胞 γ-GT 酶活性的影响

图 9-38　鲎素对 SMMC-7721 细胞 TAT 酶活性的影响

（三）讨论（Discussion）

无限制的持续分裂和不断增殖是肿瘤细胞区别于正常细胞的一个重要特征。因此考察对癌细胞增殖活动的抑制作用是鉴定外源性物质抗肿瘤作用的一项重要指标。正常细胞一般分化程度较高或分化成熟，不再进行增殖分裂或仅进行受到严格调控的增殖分裂，只执行特定的功能。分化程度低则是肿瘤细胞又一重要特征。肿瘤细胞恶性增殖和分化程度较低是以与其相适应的代谢活动为基础，主要表现在细胞物质代谢和能量代谢过程中标志酶的变化。碱性磷酸酶是消化道肿瘤的重要标志酶之一，其活性与细胞增殖活动密切相关，高活性的碱性磷酸酶与肝癌患者的生存期预后有关。γ-GT 是肝癌标志酶之一，与肝癌的分化程度呈负相关。而 TAT 是肝癌细胞分化的标志酶之一，其活性与肝癌分化程度呈正相关。

本实验生长曲线测定和分裂指数观察结果显示，3.0 mg/L 鲎素 T-1 对人肝癌 SMMC-7721 细胞的生长和分裂均具有明显的抑制作用。生化测定结果显示，经鲎素处理的 SMMC-7721 细胞碱性磷酸酶活性下降，γ-GT 活性降低，TAT 活性升高，这与一些诱导分化物能有效改变细胞代谢酶活性的效应相类似。表明鲎素 T-1 可有效抑制肝癌细胞的恶性增殖活动，并对肝癌细胞具有一定的诱导分化作用，从而为鲎素抗肿瘤作用及其机理的深入研究和探索鲎素在肿瘤治疗应用方面的前景提供了重要的依据。

五、鲎素 T-1 诱导人肝癌 SMM C-7721 细胞分化的观察（Tachyplesin-1 induced differentiation of human hepatocarcinoma cell line SMMC 7721）

（一）材料与方法（Materials and methods）

1. 鲎素 T-1 分离提取方法

见本章第五节。

2. 细胞培养与鲎素 T-1 处理

SMMC-7721 细胞培养在含 20% 小牛血清、100 U/mL 青霉素、100 μg/mL 链霉素和 50 μg/mL 那霉素的 RPMI-1640 培养液中，细胞接种 24 h 后进行鲎素 T-1 处理。实验过程中处理组细胞弃旧培养液换上含有 3.0 μg/mL 鲎素 T-1 的作用液，对照组细胞则换上不含鲎素 T-1 的新鲜培养液，连续培养后备用。

3. 光学显微镜样品制备

将对照组和处理组细胞分别以 5×10^4/mL 浓度接种于放有盖玻片条的小青霉素瓶中，培养 48 h 后取出长有细胞的盖玻片条，用 D-Hank's 液洗涤，Bouin-Hollande 液固定过夜，常规 H·E 染色，Olympus BH-2 型光学显微镜下观察拍照。

4. 透射电镜样品制备

取对数生长期的 SMMC-7721 细胞，以 10×10^4/mL 浓度接种于 50 mL 培养瓶中，培养 24 h 后实验组细胞用含 3.0 μg/mL 鲎素 T-1 的培养液处理。对数生长期对照组细胞和连续培养 10 d 的处理组细胞分别经 D-Hank's 液洗涤，用橡皮刮刀推下细胞移入离心管中，1000 r/min 离心 15 min，弃上清，2.5% 戊二醛预固定 2 h，1% 四氧化锇后固定 2 h，乙醇系列脱水，环氧树脂 618 包埋，醋酸双氧铀和柠檬酸铅双染色后，JEM 100-CX Ⅱ 型透射电镜下观察拍照。

5. 碱性磷酸酶细胞化学反应样品制备

将长有对照组细胞和经 3.0 μg/mL 鲎素 T-1 处理 7 天的处理组细胞盖玻片条从小青霉素瓶中取出，D-Hank's 液洗涤，室温晾干，冷丙酮 4℃固定 20 min，用碱性磷酸酶（alkaline phosphatase，ALPase）作用液 37℃孵育 2 h，重蒸水漂洗，2% 硝酸钙和 2% 硝酸钴各作用 2 min，1% 硫化铵作用 1 min，乙醇系列脱水，二甲苯透明，中性树脂封片后镜检观察。

6. 甲胎蛋白、增殖细胞核抗原免疫细胞化学染色

将长有对照组细胞和经鲎素 T-1 处理 7 d 的处理组细胞盖玻片条分别从小青霉素瓶中取出，D-Hank's 液洗涤，以免疫细胞化学 SABC 显色法检测 SMMC-7721 细胞及其鲎素 T-1 处理细胞甲胎蛋白（alphafetoprotein，AFP）和增殖细胞核抗原（proliferatingcell nuclear antigen，PCNA）的表达，操作按试剂盒（武汉博士德生物工程有限公司产品）说明书进行。用 PBS 代替一抗作为阴性空白对照，用已有的阳性片作为阳性对照。

（二）结果（Results）

1. 鲎素 T-1 对 SMMC-7721 细胞形态的影响

SMMC-7721 细胞具有上皮样、圆形、梭形、肾形等不规则形态，同时癌巨细胞和多核细胞也较常见。细胞体积较小，细胞核大，核形不规则，常见畸形核，核内常见多个核仁，细胞质较少（图 9-39：A）。

经 3.0 μg/mL 鲎素 T-1 处理后，SMMC-7721 细胞产生了明显的形态变化。细胞体积增大，趋于铺展状态，多核细胞和癌巨细胞减少。细胞核较小，形状较为规则，核仁数量减少，细胞质比较丰富。呈现出与正常上皮细胞相似的形态变化。(图 9-39：B)。

2. 鲎素 T-1 对 SMMC-7721 细胞超微结构的影响

透射电镜观察显 T 示，SMMC-7721 细胞核质比例较大，细胞核的形状不规则，核内异染色质团块较多，核仁体积较大。在细胞质内，粗糙型内质网、高尔基体、线粒体等细胞器不发达，多聚核糖体较多，游离核糖体较少（图 9-39：C）。

经 3.0 μg/mL 鲎素 T-1 处理后，SMMC-7721 细胞超微结构产生了明显的变化。细胞核质比例减小，细胞核内异染色质团块减少，常染色质增多，核仁数目减少。在细胞质内，粗糙型内质网数量明显增多；高尔基体呈典型发达状态；线粒体多呈棒状或椭圆形，嵴数目增多，排列较规则；多聚核糖体减少，游离核糖体增多。结果显示，经鲎素 T-1 处理后的 SMMC-7721 细胞呈现出接近正常细胞的一些超微结构特征。(图 9-39：D)。

3. 鲎素 T-1 对 SMMC-7721 细胞碱性磷酸酶活性的影响

光镜细胞化学观察可见 SMMC-7721 细胞碱性磷酸酶活性较高，酶反应产物为棕黑色，主要集中于细胞质高尔基区和细胞核周边细胞质区域（图 9-39：E）。而经 3.0 μg/mL 鲎素 T-1 处理的 SMMC-7721 细胞的碱性磷酸酶反应产物呈浅灰色，并散在分布于高尔基区和细胞核周边细胞质区域，两者表现出明显的差异（图 9-39：H）。

4. 鲎素 T-1 对 SMMC-7721 细胞 AFP 表达的影响

免疫细胞化学观察可见，SMMC-7721 细胞 AFP 蛋白表达较强，反应呈黄褐色，主要分布于细胞质区域（图 9-39：F）。经 3.0 μg/mL 鲎素 T-1 处理后，细胞 AFP 蛋白表达明显减弱，反应呈浅黄色（图 9-39：I）。

5. 鲎素 T-1 对 SMMC-7721 细胞 PCNA 表达的影响

SMMC-7721 细胞具有较旺盛的增殖能力。免疫细胞化学观察显示，PCNA 在 SMMC-7721 细胞内表达很强，反应呈黄褐色，主要分布于细胞核内（图 9-39：G）。经 3.0 μg/mL 鲎素 T-1 处理后，细胞 PCNA 表达明显降低（图 9-39：J）。

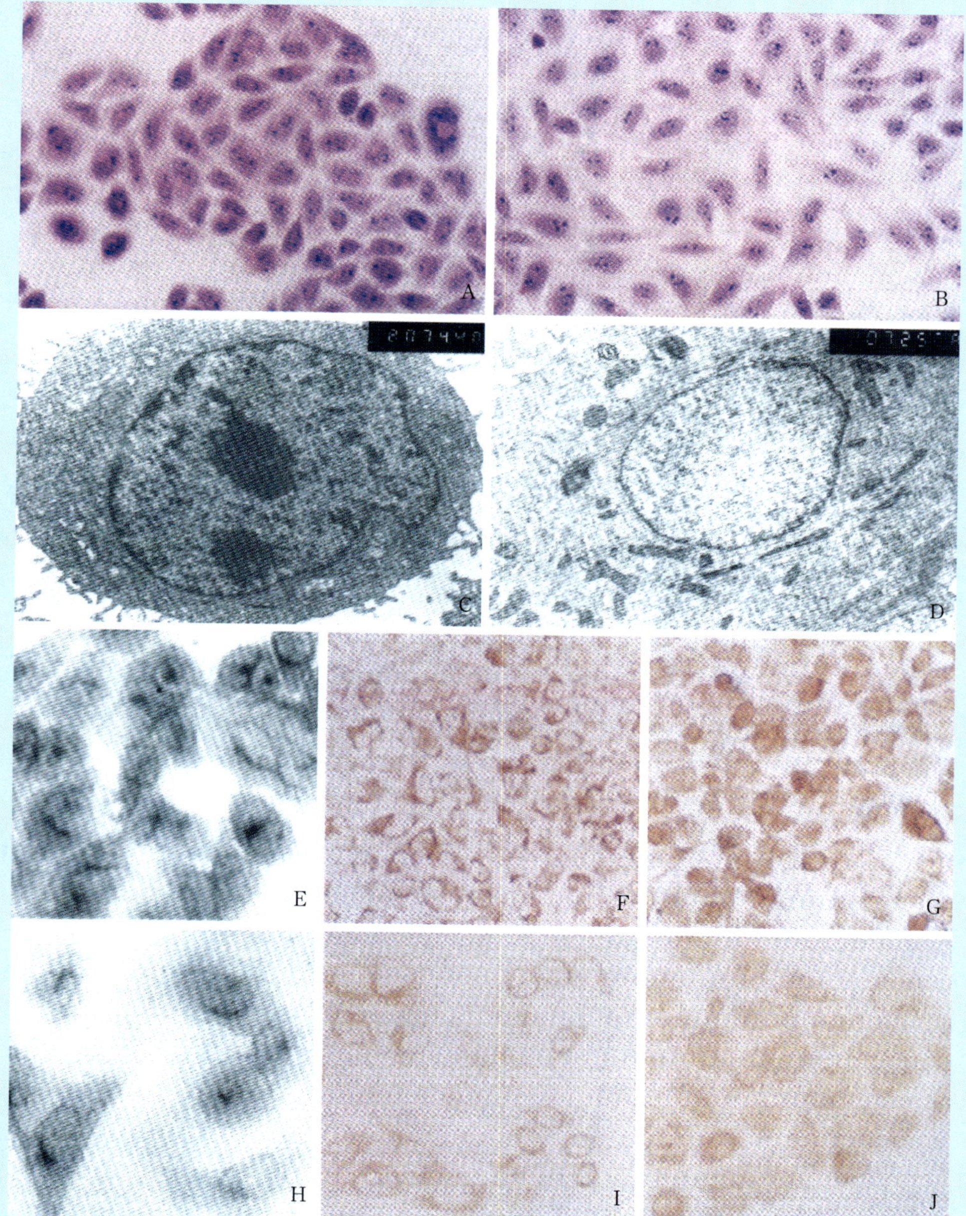

图 9-39　萱素 T-1 对人肝癌 SMMC-7721 细胞分化的影响

A. SMMC-7721 细胞的形态，×268
B. SMMC-7721 细胞被 3.0 μg / mL 萱素逆转后的形态，×268
C. SMMC-7721 细胞的超微结构形态，×8 800
D. SMMC-7721 细胞被 3.0 μg / mL 萱素逆转后的超微结构形态，×11000
E. 免疫细胞化学显示，SMMC-7721 细胞具有很高的 ALP 酶活性，×536
F. 免疫细胞化学显示，SMMC-7721 细胞具有很高的 AFP 活性，×268
G. 免疫细胞化学显示，SMMC-7721 细胞具有很高的 PCNA 活性，×268
H. 免疫细胞化学显示，SMMC-7721 细胞经萱素处理后 ALP 酶水平降低，×536
I. 免疫细胞化学显示，SMMC-7721 细胞经萱素处理后 AFP 水平降低，×268
J. 免疫细胞化学显示，SMMC-7721 细胞经萱素处理后 PCNA 水平降低，×268

（三）讨论（Discussion）

肿瘤细胞的形态和超微结构与其相应正常细胞存在较大差别。考察和鉴定肿瘤细胞形态与超微结构特征的变化，是鉴定外源性物质尤其是诱导分化物对肿瘤细胞作用的重要判断指标。

SMMC-7721 细胞是一株增殖快、恶性程度高的低分化人肝癌细胞株。本实验光镜与透射电镜观察结果均显示其具有典型的肿瘤细胞形态与超微结构恶性表型特征。但经 3.0 μg/mL 鲎素 T-1 处理后，细胞出现细胞核质比减小、扁平铺展细胞增多状态，以及线粒体等细胞器较为发达等变化。这一系列变化和 SMMC-7721 细胞的形态与超微结构特征有较大差异，而与一些分化诱导剂处理肝癌细胞产生的效果相类似。这表明鲎素 T-1 能有效改变肝癌细胞的形态与超微结构恶性表型特征，并使之出现与正常细胞相似的形态与超微结构变化。

碱性磷酸酶是消化道肿瘤的主要标志酶之一，其代谢活性与细胞增殖密切相关，也与肝癌患者的生存期预后有关。

AFP 在许多肝癌中高表达，是肝癌特征性标志抗原，与肝癌的恶性程度密切相关。近年来的研究使人们对 AFP 功能又有了新的认识。AFP 可阻止细胞凋亡，促进细胞增殖，起生长调节作用。许多分化诱导剂可下调 AFP 的表达，因此 AFP 是肝癌细胞诱导分化的一个重要鉴定指标。

PCNA 主要存在于细胞核内，在 G_1 晚期表达开始升高，S 期达高峰，G_2、M 期下降，是 DNA 合成酶 δ 的辅助蛋白，在 DNA 合成中起重要作用。肿瘤细胞增殖活跃，处于恶性增殖状态，其 PCNA 表达明显增强。许多研究表明，PCNA 可作为一项评估细胞增殖状态、肝癌组织分化程度和预后的指标。

本实验细胞化学和免疫细胞化学结果显示，经鲎素 T-1 处理后，SMMC-7721 细胞碱性磷酸酶、AFP、PCNA 表达明显降低，进一步证实鲎素 T-1 对人肝癌细胞的恶性增殖活性具有显著的抑制作用，并增强细胞分化程度。鲎素 T-1 的这一作用与应用维生素 A 酸、丁酸钠、二甲基亚砜和双丁酰环腺苷苷酸等诱导分化物处理肝癌细胞的观察结果相类似，表明鲎素 T-1 与肿瘤细胞诱导分化物相似，对肝癌细胞具有一定的诱导分化作用。

/第七节/
人工合成的鲎素类似物抗病毒作用的研究（Antivirus activity of analogues of tachyplesin）

1992 年，Masuda 等在合成了上百种鲎素和美洲鲎素类似物之后，发现了一种新的复合物 T-22（[$Tyr^{5,12}$，Lys^7]- 美洲鲎素 Ⅱ）。T-22 具有强烈的抗 HIV 活性，它 50% 的抑制浓度是 2.6 nM，比高效抗 HIV 药物 AZT（Azidothymidine，为 3′- 叠氮 - 3′- 去氧胸腺嘧啶）的 50% 抗 HIV 活性（5.2 nM）还要高。T-22 和鲎素类似物的氨基酸组成见表 9-10。鲎素与其类似物及人工合成类似物的抗 HIV 活性比较见表 9-11。

表 9-10　T-22 和鲎素类似物的氨基酸组成

抗菌肽	氨基酸组成
Tachyplesin-I	NH2-K-W-C-F-R-V-C-Y-R-G-I-C-Y-R-R-C-R-CONH2
Tachyplesin-II	NH2-R-W-C-F-R-V-C-Y-R-G-I-C-Y-R-K-C-R-CONH2
Tachyplesin-III	NH2-K-W-C-F-R-V-C-Y-R-G-I-C-Y-R-K-C-R-CONH2
Polyphemusin-I	NH2-R-R-W-C-F-R-V-C-Y-R-G-F-C-Y-R-K-C-R-CONH2
Polyphemusin-II	NH2-R-R-W-C-F-R-V-C-Y-R-G-F-C-Y-R-K-C-R-CONH2
T-22	NH2-R-R-W-C-Y-R-K-C-Y-R-G-Y-C-Y-R-K-C-R-CONH2

表 9-11　鲎素与其类似物及人工合成类似物的抗 HIV 活性比较

抗菌肽	EC50(μg/mL)	CC50(μg/mL)	SI(CC50/EC50)
Tachyplesin-1	8.4	29	3
Tachyplesin-2	6.6	36	5
Polyphemusin-1	5.9	34	6
Polyphemusin-2	1.9	33	17
T-22	0.008	54	6700

以上事实说明，T-22 是一种高效低毒抗 HIV 药。

有关 T-22 强烈抑制 HIV 的作用机理，目前认为，T-22 既能与 gp 120(一种 HIV 外被蛋白）结合，又能与 CD4(一种 T 细胞表面蛋白）结合。HIV 感染人的 T 细胞的前提是利用其 gp 120 外被蛋白与 T 细胞 CD4 表面蛋白相识别而融合，由于 T-22 分别与 gp 120 和 CD4 相结合，阻止了 HIV 与细胞相识别及融合，从而达到抗病毒作用。

/ 第八节 /
鲎蓝蛋白研究（Research of hemocyanin）

动物中的 3 种呼吸蛋白中，氧的结合位点完全不同。在血红蛋白中，氧结合到血红素中卟啉环中的 Fe(Ⅱ)；在蚯蚓血红蛋白中，氧是结合到与氨基酸侧链连接的 2 个 Fe(Ⅱ)；而在血蓝蛋白中，氧则结合到铜原子中。

血蓝蛋白是在节肢动物和软体动物血淋巴中发现的含铜呼吸蛋白。每个氧结合位点有 2 个铜原子。其特点是脱氧状态为无色，结合氧为蓝色。迄今，对美洲鲎的血蓝蛋白研究较多。它是一种分子量为 3300000 的含 48 个单体的异质性多聚体。Sullivan 把纯化并经 EDTA 解聚的美洲鲎血蓝蛋白在 PAGE 电泳后得出 8 条带，说明其至少由 8 种不同亚基组成。血蓝蛋白亚基的异质性表现在光吸收、电泳和抗原性质方面的差异。

血蓝蛋白通常较稳定，但在高 pH(pH ≥ 8.9) 和 EDTA 存在情况下会解聚。Ca^{2+}、Mg^{2+} 对其有稳定作用。血蓝蛋白完全解聚得到沉降系数为 5 S 的肾形的单体。SDS-PAGE 法测出该单体分子量为 64000～71000。美洲鲎血蓝蛋白完整分子是沉降系数为 60 S 的 48 聚体，其分解为 5 S 单体是逐步发生的。中间经过 24 聚体（34 S）、12 聚体（24 S）和 6 聚体（16 S）。Redfield 等认为，2 个铜原子是节肢动物血蓝蛋白结合一个氧分子所必需的。因此，把具有 2 个铜原子的血蓝蛋白单位称为最小功能单位，对应于血蓝蛋白的 5 S 单体。但 Linzen 则认为，6 聚体才是最小功能单位，5 S 单体仅是最小结构单位。

在电镜下，美洲鲎血蓝蛋白分子的形状主要是环形、五角形、蝴蝶结形及十字形 4 种形状。刘黎等观察到中国鲎血蓝蛋白有方形和环形 2 种构型。

由于血蓝蛋白具有强抗原性，形态规则，在电镜下易于辨认并具有与其他分子结合的特点，而可作为分子标记物研究细胞表面受体及其他分子的分布。此外，由于它代表着动物界呼吸蛋白起源的一个重要分支，因而研究其结构特点有助于阐明动物界的进化历程。

一、材料和方法（Materials and methods）

（一）鲎血蓝蛋白初步提纯（Preliminary purification of hemocyanin）

中国鲎从厦门水产市场购得。用刺破心脏的方法使鲎血淋巴快速流出，收集于加入 pH 7.0，0.2 mol / L 的磷酸缓冲液（含适量的柠檬酸钠）的烧杯中。27000 g 4℃离心 20 min，除去凝聚的白色变形细胞沉淀物，取上清液经 300000 g 超离心 3.5 h，即得到初步提纯的血蓝蛋白沉淀。将沉淀再溶于 pH 7.0，0.2 mol / L 磷酸缓冲液，用 UV-240 测得其 280 nm 的吸收峰，通过标准曲线校对其浓度为 47.45 g / L，贮于 4℃冰箱备用。

（二）血蓝蛋白的透析解离（Dialysis dissociation of hemocyanin）

将上述初步提纯的血蓝蛋白溶液 30 mL 置透析袋中，加入 0.05 mol / L，pH 8.9 的 Tris / HCl（含 0.01 mol / L EDTA）缓冲液，4℃透析 72 h。适时更换透析缓冲液，以保证透析、解离充分进行，可得到解离的血蓝蛋白。

（三）血蓝蛋白的 Sephadex G-100 柱纯化（Purification of hemocyanin using Sephadex G-100 column）

所用的层析柱为 3.5 cm × 90 cm，床体积为 865 cm^3。称取 Sephadex G-100 60 g。放入 20 倍即 1200 mL 的 0.05 mol / L，pH 8.9 的 Tris/HCl（含 0.01 mol / LEDTA）缓冲液中，充分溶胀 72 h，除去浮在上面的细小颗粒，抽气除气泡，装柱。凝胶浆自然沉积后，稳定 20 min，再用同样缓冲液平衡过夜。

先以一定量蓝色葡聚糖检查柱床的均匀程度，然后吸去床上液体，加入 15 mL 透析过的血蓝蛋白，加洗脱液开始洗脱。流速为 0.3 mL / min，用自动收集器收集流出液，4 mL 一管，共收集 150 管。

用 751 型紫外分光光度计分别检测 280nm 和 340nm 的吸收值并作图。

（四）血蓝蛋白亚基的DEAE-32 纤维素柱纯化（Purification of hemocyanin subunit using DEAE-32 cellulose column）

层析柱为 2.5 cm × 65 cm。DEAE-32 纤维素 70 g。用 0.05 mol / L，pH 8.9 的 Tris / HCl（含 0.01 mol / LEDTA）缓冲液平衡，装柱。将经 Sephadex G-100 柱纯化收集的各管（第 116～129 管）血蓝蛋白，混匀得 14 mL 纯化的血蓝蛋白上柱。流速 0.25 mL / min，样品吸附完毕，用上述缓冲液 200 mL 淋洗，除去不吸附的杂蛋白，流速 0.5 mL / min。然后用 0～0.5 mol / LNaCl 直线梯度进行洗脱。用部分收集器收集，洗脱速度 0.5 mL / min。

（五）聚丙烯酰胺圆盘凝胶电泳（Disc polyacrylamide gel electrophoresis）

制胶方法按文献操作。聚丙烯酰胺浓度 7.5 %，采用 pH 8.9 高 pH 缓冲系统。

分别取超离心后未透析的血蓝蛋白、透析后已解离的血蓝蛋白以及 Sephadex G-100 纯化后 340 nm 检测为血蓝蛋白峰最高的第 125 管的血蓝蛋白和经 DEAE 柱纯化的 5 个峰的各管即第 34、39、51、69 和 86 管的血蓝蛋白成份作为加样样品。每次电泳各样品加样 10 μL，以 0.1% 溴酚蓝为指示剂，电泳 4～5 h。开始时，各管稳流在 2 mA，当指示剂进入分离胶时，各管流增至 5 mA。电泳后，常规方法制胶、固定染色及脱色并作电泳密度扫描及拍照。

（六）扫描电镜能谱—联机（Scanning electron microscopy/energy dispersive spectrometer- online）

能谱分析

分别取未透析血蓝蛋白、透析解离后过 Sephadex G-100 柱的血蓝蛋白及经 PAGE 电泳之后的血蓝蛋白电泳带，经临界点喷镀碳金后，在扫描—能谱联机系统作能谱分析。以铁元素为参照作铜元素能谱分析，以确定是否为血蓝蛋白。

（七）透射电镜观察（Transmission electron microscopy）

取经超离心的未透析及已解离的血蓝蛋白，加上述的 pH 8.9 Tris / HCl 缓冲液，制成悬液。将悬液滴在涂有 Formvar 膜的铜网上。静置片刻，用滤纸吸去多余的液体，不等干燥滴上 1% 磷钨酸负染后，置于 JEM-100 CX Ⅱ 电镜下观察、摄影。

二、结果与讨论（Results and discussion）

（一）血蓝蛋白的初步确定（Preliminary identification of hemocyanin）

超离心后得到初步提纯的血蓝蛋白为蓝色黏稠状沉淀。放置数天后，上层接触空气部分仍是蓝色，但下层不接触空气部分，蓝色消退，变为无色，说明所得沉淀物确为血蓝蛋白。另外，扫描—能谱联机分析表明，以铁元素为参照，未透析血蓝蛋白中铜元素含量（相对量）为 58.31%。这进一步确证所分离提纯的是血蓝蛋白。同时表明，整体血蓝蛋白铜含量高于解离的血蓝蛋白。

（二）Sephadex G-100 柱层析结果（The results of Sephadex G-100 column chromatography）

从经 Sephadex G-100 柱层析的血蓝蛋白的吸收曲线（图 9-40）可看出，无论是 OD_{280}，还是 OD_{340} 检测，均出现 2 个峰。在实验中第 2 个峰收集的各

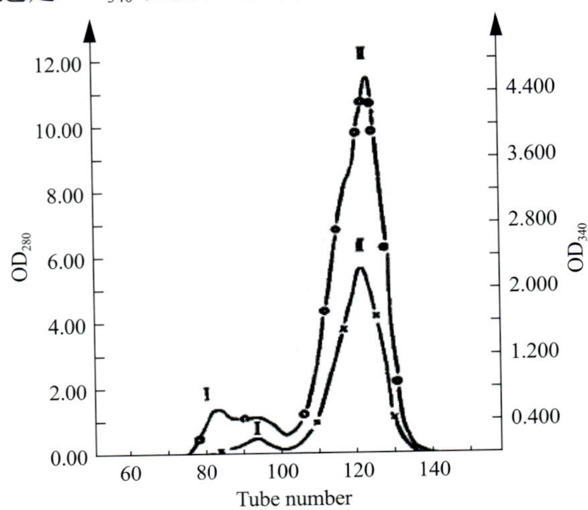

图 9-40　中国鲎血蓝蛋白 Sephadex G-100 柱层析图谱

光密度 (280 nm 0-0-0，340 nm x-x-x) Ⅰ为杂蛋白峰，Ⅱ为血蓝蛋白峰

管具血蓝蛋白所特有的淡蓝色，故可以确定第 2 个峰为含有血蓝蛋白的吸收峰，而第 1 个峰则为杂蛋白峰。

（三）DEAE-32 纤维素柱层析结果（The results of DEAE-32 cellulose chromatography）

从吸收曲线（图 9-41）可看出，已解离的纯化血蓝蛋白经该柱层析后出现 5 个峰。这个结果与陈厦山等及 Bijlholt 等所得的结果一致。再分别将这 5 个峰区血蓝蛋白组分进行 PAGE 电泳及密度扫描分析，结果如图 9-42：A，B。

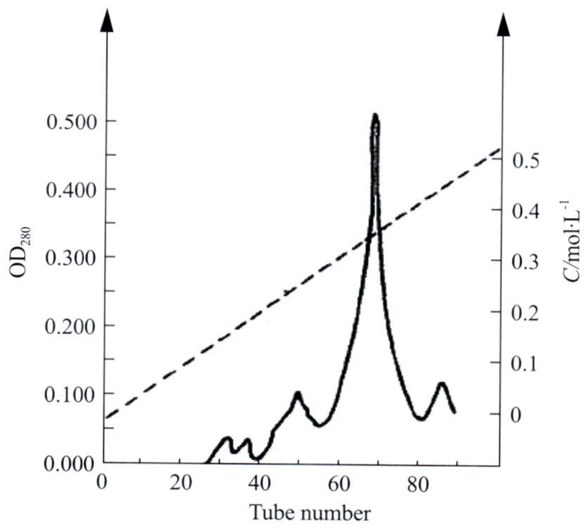

图 9-41 DEAE-32 纤维素柱层析图谱

（四）PAGE 电泳结果及分析（PAGE electrophoresis results and analysis）

透析前后的中国鲎血蓝蛋白电泳后都出现 5 条带（图 9-43：H_b，H_a）。而经 Sephadex G-100 纯化的血蓝蛋则只出现 4 条带（图 9-43：H_s）。这表明，中国鲎血蓝蛋白在高 pH 不连续系统电泳条件下处于解离状态，含有多个亚基。刘黎等用琼脂糖连续电泳，pH 控制在 7.0 时，血蓝蛋白未解离，得到一条电泳带。而透析前后的血蓝蛋白电泳的第 5 条带可能是杂蛋白血凝集素，故经 Sephadex G-100 柱层析纯化，此带消失。Sekiguchi 进行中国鲎血蓝蛋白电泳研究也同样得到 4 条带。Sekiguchi 利用双向免疫扩散电泳技术证实，中国鲎血蓝蛋白的亚基存在异质性。

另外，从图 9-42 可以看出，将经 DEAE 柱层析 5 个峰区带的血蓝蛋白电泳后，也得到 4 条带。从这 5 个峰血蓝蛋白区带的电泳扫描图可以观察到各个峰的 4 条带的量是不同的。这也说明血蓝蛋白亚基的异质性。Bijlhalt 等利用美洲鲎血蓝蛋白经 DEAE 柱层析出现的 5 个峰带进行解离和重组研究。结果证实，这 5 个区带中的血蓝蛋白存在高度异质性的亚基。

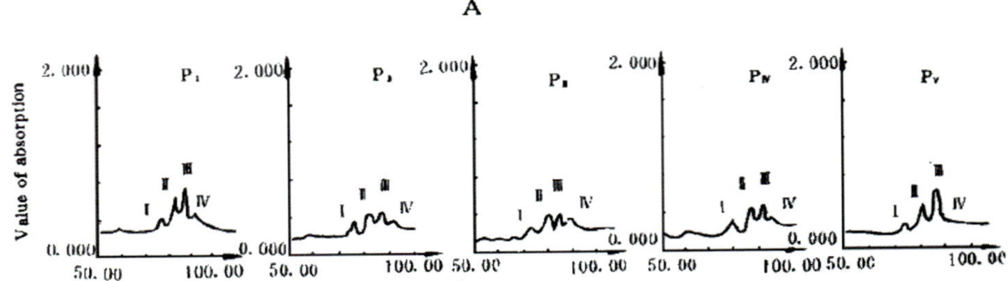

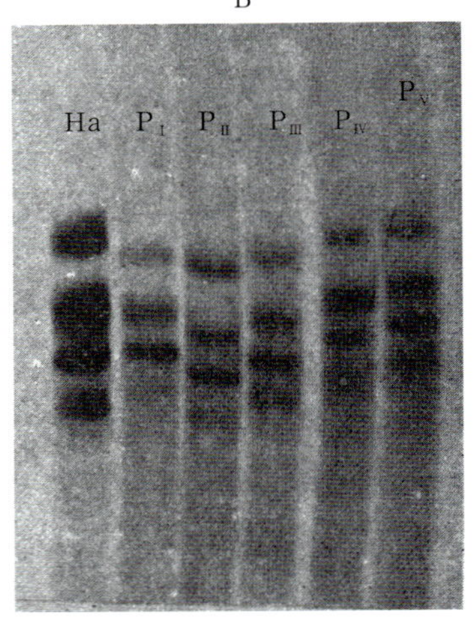

图 9-42　血蓝蛋白洗脱峰及电泳图谱

A. 经 DEAE-32 纤维素柱得到的 5 个洗脱峰区组分电泳密度扫描图谱

其中 $P_{Ⅰ}$、$P_{Ⅱ}$、$P_{Ⅲ}$、$P_{Ⅳ}$、$P_{Ⅴ}$分别代表 A 的 5 个洗脱峰电泳扫描曲线

B. 经 Sephadex G-100 柱层析 I 均血蓝蛋自 (HS) 与经 DEAE-32 纤维素柱层析 5 个峰区带组分

($P_{Ⅰ}$、$P_{Ⅱ}$、$P_{Ⅲ}$、$P_{Ⅳ}$、$P_{Ⅴ}$) 的 PEAE 电泳比较图谱

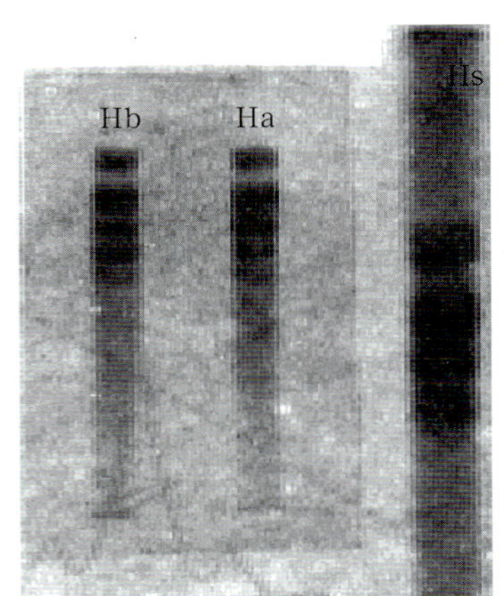

图 9-43　透析前 (Hb) 后 (Ha) 血蓝蛋白的 PAGE 电泳图谱

Hs 为经 Sephadex G-100 柱层析纯化的血蓝蛋白 PAGE 电泳图谱

（五）透射电镜观察结果（Results of transmission electron microscopy）

图 9-44 为中国鲎血蓝蛋白电镜图像。从图中可看，除了整体血蓝蛋白分子从不同角度看到呈现环形（r）、五角形（p）、十字形（c）和蝴蝶结（b）等构型外，还有处于解离状态的 24 聚体（M_{24}）、12 聚体（M_{12}）、6 聚体（M_6）及单体（M_1）等构型。这表明，中国鲎血蓝蛋白在高 pH 条件下呈现出以整体分子与多种不同解离状态多聚体同时存在的特征。这与 Lamy 利用计算机构建的美洲鲎血蓝蛋白的模型几乎相一致。这表明，中国鲎和美洲鲎血蓝蛋白的结构相似。

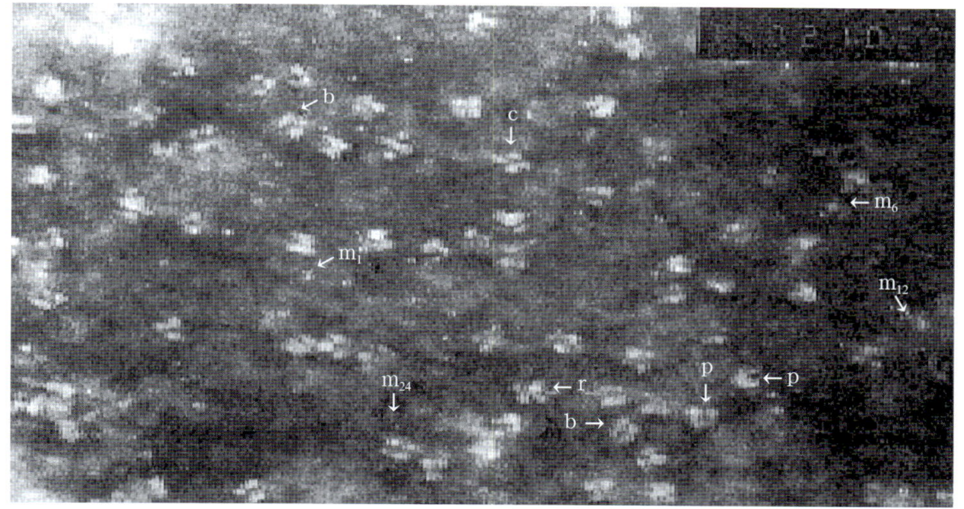

图 9-44　血蓝蛋白分子及解离状态的血蓝蛋白亚基电镜照片

r– 环形，P– 五角形，c– 十字形，b– 蝴蝶结形，m_1– 单体，m_6– 6 聚体，m_{12}– 12 聚体，m_{24}– 24 聚体，× 220000

/ 第九节 /
鲎的毒性（Toxicity of horseshoe crabs）

我国广东、广西、海南沿海，常有食鲎中毒的事件发生。吴淑嵚曾报道海南省海口市 1998—2001 年诊治 12 例食鲎中毒的病例，廖永岩等进行过中国鲎和圆尾鲎毒性的比较。至今为止，有关食鲎中毒及其预防和治疗，我国学术界和医学界尚无定论。有的学者认为食鲎中毒是食中国鲎中毒，有的学者认为是食中国鲎的幼鲎中毒，湛江地区许多沿海渔民认为是食冬天的鲎中毒。这给食鲎中毒的预防及治疗带来很大的盲目性。为此，有必要进行食鲎中毒及其预防和治疗的研究，以为食鲎中毒的预防及治疗提供基础资料。

一、食鲎及食鲎中毒（Horseshoe crab-eating and poisoning）

我国沿海人民素有食鲎的习惯，尤以福建、江浙一带为盛。鲎肉似蟹，只是较粗，味道鲜美。食鲎者常以鲎肉、雌性生殖腺、卵细胞为食物。但我国广东、广西、海南沿海，每年都有食鲎中毒的病例及报道。由于食其肉及卵，中毒症状常在进食后 1～6 h 出现。其中毒症状轻重与食量多少有关。中毒轻者食下鲎 1 h 左右感到头晕，随后呕吐。面部、颈部以及上肢出现块状皮疹，有瘙痒感。中毒重者，食后 1～6 h 发生眩晕、呕吐感、头痛、口唇麻木、失语，服量多者，5 h 死亡。轻者以胃肠道损害为主，重者以神经系统损害为主。以下是食鲎中毒的一些症状：

(1) 胃肠道症状：有恶心呕吐，重者出现腹泻。症状出现早，消失也快。

(2) 神经系统症状：头晕、口唇及四肢麻木、无力（肌麻痹）；重者瞳孔缩小，四肢软瘫，共济失调，呼吸困难，心动徐缓，心率失常。如出现烦躁、昏睡、昏迷，即为危象。

(3) 实验室检查：白细胞总数升高，心电图检查提示房室传导阻滞。

二、鲎的毒素及毒理（Horseshoe crab toxins and toxicity）

（一）鲎的毒素（Toxins of horseshoe crab）

此前，大家一致认为，中国只有 1 种鲎——中国鲎。只要是食鲎中毒，大家很自然就认为是食中国鲎中毒。所以，国内的许多食鲎中毒的报道，大多认为食鲎中毒是食中国鲎中毒，仅少数认为是食圆尾鲎中毒。

目前已知，圆尾鲎和南方鲎有毒。圆尾鲎水提取物含的毒素在 1 h 内使半数小鼠致死的剂量是每只小鼠约 120 mg，醚提取物在 2 h 内的全致死量约为每只小鼠 40 mg。食圆尾鲎的中毒症状包括呆钝、共济失调和出汗，其后出现肌肉痉挛、四肢麻痹，在 1～2 h 内死亡。与国内报道的食中国鲎严重中毒的症状相似。1987 年 Kungsunan 等证实，泰国产的圆尾鲎中含有的毒素为河豚毒素。用 1 只成年中国鲎（1998 年 1 月 1 日在湛江雷州企水港采到，长 66.5 cm）对小白鼠进行毒性实验，并未发现小白鼠有任何中毒的症状。用春、夏季的中国鲎（包括成鲎和幼鲎）的各种组织抽提物进行小白鼠毒性实验，未发现春季和夏季的中国鲎有毒性差别。廖永岩进行的中国鲎和圆尾鲎毒性的比较实验结果发现：每 1 g 组织的抽提物，致 20 g 昆明种小白鼠死亡的时间如表 9-12。

表 9-12　中国鲎、圆尾鲎成体、幼体各组织的毒素致小白鼠死亡时间比较（1）h

比较项目	黄色结缔组织	肌肉	性腺	消化道
中国鲎成体	6.57 ± 0.48	1.67 ± 0.15	22.82 ± 1.53	3.17 ± 0.29

续表

比较项目	黄色结缔组织	肌肉	性腺	消化道
中国鲎幼体	> 48	4.23 ± 0.35	—	> 48
圆尾鲎成体	0.05 ± 0.01	0.07 ± 0.02	0.17 ± 0.04	0.03 ± 0.01
圆尾鲎幼体	0.35 ± 0.02	0.17 ± 0.01	—	0.25 ± 0.02
生理盐水对照	> 48	> 48	> 48	> 48

注：(1)“ - ” 表示未分析

从表 9-12 可以看出，从生物种类来看，毒物致死时间依次为：中国鲎幼体＞中国鲎成体＞圆尾鲎幼体＞圆尾鲎成体，说明圆尾鲎的毒性明显大于中国鲎，成体的毒性明显大于幼体。

从组织种类来看，中国鲎成体、中国鲎幼体、圆尾鲎幼体，各组织器官致死时间依次为：性腺＞黄色结缔组织＞消化道＞肌肉，即毒性大小依次为：肌肉＞消化道＞黄色结缔组织＞性腺。圆尾鲎成体毒物致死时间从长到短依次则为：性腺＞肌肉＞黄色结缔组织＞消化道，不过差距不是太明显，均在 10 min 内死亡，说明圆尾鲎的各种组织毒性均大。

表 9-13　列出中国鲎和圆尾鲎各组织的毒素致小白鼠中毒症状。

表 9-13　中国鲎和圆尾鲎各组织的毒素致小白鼠中毒症状 (1)

组别	黄色结缔组织	肌肉	性腺	消化道
中国鲎成鲎	静伏，昏睡而死亡	静伏，昏睡而死亡	静伏，昏睡而死亡	静伏，昏睡而死亡
中国鲎幼鲎	未死	静伏，昏睡而死亡	—	未死
圆尾鲎成鲎	不安、烦躁、痉挛而死	不安、烦躁、痉挛而死	不安、烦躁、痉挛而死	不安、烦躁、痉挛而死
圆尾鲎幼鲎	不安、烦躁、痉挛而死	不安、烦躁、痉挛而死	—	不安、烦躁、痉挛而死

注：(1)“ - ” 表示未分析

从各种抽提物致小白鼠死亡时间的长短看，圆尾鲎不管成体或幼体，抽提物均在 21 min 内致小白鼠死亡，而中国鲎抽提物致小白鼠死亡至少要 100 min 以上，说明圆尾鲎的毒性不仅远远大于中国鲎，而且很可能和圆尾鲎的毒物性质不一样。成体的毒性明显大于幼体，说明毒物有随动物生长发育而积累的可能。

中国鲎组织抽提物致小白鼠死亡症状也明显不同于圆尾鲎。中国鲎所有组织抽提物致小白鼠死亡症状均相同，表现为伏地不动慢慢死亡，而圆尾鲎所有组织抽提物致小白鼠死亡症状均表现为不安、急走、惊跳而死。这进一步说明，中国鲎和圆尾鲎所含毒物性质不同，圆尾鲎所含毒物明显表现为河豚毒素性质。

圆尾鲎的毒性比中国鲎大，成体比幼体的毒性大。虽中国鲎毒素也能致小白鼠死亡，但死亡症状明显与圆尾鲎毒素不一样，圆尾鲎明显表现出河豚毒素性质，而中国鲎则不然。

再从我国食鲎中毒病例的分布来看，食鲎中毒主要发生在食鲎并不盛行的广西、广东及海南一带；而食鲎风气盛行的福建、江浙一带反而很少发生。这是因为，广西、广东、海南一带海域，除分布有中国鲎外，还分布有圆尾鲎。而福建、江浙一带，仅有中国鲎分布。这也从一个侧面说明，食鲎中毒主要是食圆尾鲎中毒，文献上所报道的许多食中国鲎中毒，很可能是误将圆尾鲎当中国鲎食用，从而造成圆尾鲎的河豚毒素中毒。

一般认为食幼鲎易中毒，这也是因为，圆尾鲎比中国鲎小（中国鲎长60 cm，圆尾鲎长 30 cm，南方鲎 43 cm），许多食鲎中毒的病人，很可能是误将把圆尾鲎当中国鲎幼鲎食了，从而导致河豚毒素中毒。因为广大食鲎的民众缺乏鲎的分类知识，而亚洲 3 种鲎除个体大小差别大外，其他分类特征不明显，易于混淆。

（二）鲎的毒理（Toxicity of horseshoe crab）

赖添才报道日本学者已从泰国产圆尾鲎体内分离出河豚毒素。中国产圆尾鲎很可能含有类似毒素。从小白鼠毒性实验看，小白鼠的中毒症状也和河豚毒素中毒很相似。所以，我国的食鲎中毒主要是误食圆尾鲎而造成的河豚毒素中毒。仅有少部分是由于食中国鲎而造成的类似食虾、蟹的过敏反应。

河豚毒素（tetrodo toxin，TTX）是一种氨基全氢化喹啉(aminoperhydroquinazoline）化合物，分子式为 $C_{11}H_{17}N_3O_8$。无色针状结晶，在弱酸条件下可溶于水，在强酸和碱性条件下不稳定，可降解为几种喹唑啉化合物。这种毒素因主要存在于河豚类的体内而得名。这种毒素的毒性相当强烈，小鼠 LD_{50} 为 9 μg/kg。

在细胞膜外侧钠离子通道外口有和河豚毒素专一性结合的毒素受体位点，且亲合力很强。河豚毒素专一性和这些受体结合，阻塞钠离子通道，从而导致动作电位阻断，引起神经肌肉的麻痹，可造成神经肌肉系统、心血管系统、呼吸系统及平滑肌和腺体的强烈毒性。现已发展出很多检验河豚毒素的方法：气相色谱法测定 TTX 的极限为 0.4 μg；高效液相色谱（high-performance liquid chromatography，HPLC）方法为 2～3 ng；薄层层析—快原子轰击质谱（thin-layer chromatography/fast aton bombardment mass spectrometry，TLC/FABMS）为 0.1 μg；受体的竞争性置换分析（competitive displacement，CDA）为 0.6～0.8 ng。

河豚毒素中毒症状依人和食入毒素量的不同而不同。一般潜伏期短，绝大多数在食用 10～45 min 发病，也有长达 3～4 h 发病。病情发展迅速，中毒者首先局部皮肤麻或刺痛感，以后延及手指和脚趾，再到四肢的其他部位，并且麻感逐渐加重。有些患者身体好像有漂浮感。

三、食鲎中毒的预防与治疗（Horseshoe crab-eating poisoning prevention and treatment）

（一）预防（Prevention）

圆尾鲎的各种组织均有毒，故圆尾鲎绝对不能食。虽说河豚毒素与碱相作用会失去毒性，有的渔民把圆尾鲎加一定的碱煮 2～3 h 能食，但食鲎人很难掌握放碱量及煮的时间，因此，预防食鲎中毒的最好办法就是不食鲎。中国鲎可食，但一次性食量不可过大，以免引起过敏反应。有食虾蟹过敏史的人，更不要过多食用中国鲎。

圆尾鲎绝对不能食用。像圆尾鲎一样个体较小的鲎，也不能食用。因中国鲎的身体总长（包括尾）在 60 cm 左右，而圆尾鲎总长只有 30 cm 左右，所以成熟的圆尾鲎很像一只未成熟的中国鲎（表 9-14）。

表 9-14　中国鲎与圆尾鲎比较

比较项目	总体长（cm）	体表颜色	尾	背上棘突	尾上脊	尾上腹甲
中国鲎成体	60	褐色	三角形	明显	有刺	有三棘突
中国鲎幼体	20～55	土黄色	三角形	长而明显	有刺	有三棘突
圆尾鲎成体	30	绿褐色	圆形	不明显	无刺	有一棘突

从表 9-14 可以看出，圆尾鲎和中国鲎的幼体虽然大小和形态很相似，但区别仍是很明显的，只要认真区别，从形态上仍是很易区分的。不过，对区别特征掌握不准，不易区分这 2 种鲎的人，中国鲎幼体也不吃为好。从安全出发，为防止食圆尾鲎中毒，不食和圆尾鲎一般大小的中国鲎幼体也是明智的。

（二）食鲎中毒的解救（Rescue for horseshoe crab-eating poisoning ）

食鲎中毒的治疗，华惠伦等的方法是可取的。因为河豚毒素为剧毒物质，目前尚无特效的解毒药物，主要以排毒为主，具体的解救方法如下：

1. 排毒

(1) 洗胃，早期可用 1∶5000 高锰酸钾溶液；
(2) 导泻，时间过久者硫酸镁口服或高位灌肠；
(3) 补液。

2. 解毒

(1) 阿托品皮下注射，对平滑肌及骨骼肌麻痹有拮抗作用；

(2) 严重时应用肾上腺皮质激素，静脉滴入氢化可的松，可减轻全身中毒症状。

3. 对症处理

(1) 呼吸困难时，氧气吸入；

(2) 烦躁不安时，给予镇静剂，如安定、水化氯醛；

(3) 昏迷者，使用脱水剂。

4. 河豚毒素中毒的治疗

因食鲎中毒主要是食河豚毒素中毒，所以，河豚毒素中毒的治疗方法可以作为食鲎中毒治疗的参考方法。

河豚毒素中毒的治疗，目前也尚无特效解毒剂，一般采用综合对症治疗措施。

(1) 催吐：催吐减少毒素吸收，减轻中毒症状。早期可服 1% 硫酸铜 100 mL，必要时盐酸阿扑吗啡 5～6 mg 皮下注射，但如患者已发生呼吸中枢衰竭则禁用。

(2) 洗胃：催吐后立即用 1：5000 高锰酸钾或 0.2% 活性炭悬浮液洗胃，以清除胃内残余毒素。

(3) 促排：静脉注射高渗或等渗葡萄糖溶液，以促进毒素的尽快排泄，必要时可辅以轻泻剂和灌肠。

(4) 维持呼吸：呼吸困难时给予吸氧、呼吸兴奋剂，紧急情况下可以气管内插管、气管切开等人工呼吸方法。

(5) 解毒：莨菪类药物包括阿托品、东莨菪碱、山莨菪碱以及樟柳碱等大剂量应用对救治河豚鱼类中毒有显著的效果。

(6) 去麻痹：肌肉麻痹者可肌注 1% 盐酸士的宁 2 mL 及维生素 B_2、B_6。咖啡因，山梗烷醇和硫代硫酸钠与生理盐水一起静脉注射也有显著疗效。

(7) 补液：河豚中毒引发循环障碍，心功能衰竭，导致动脉缺血，静脉淤血。补充血浆等高渗溶液，提高渗透压，使尿量超过 40 mL/h，有利于减轻心脏负担。但补液必须参照动脉压、中心静脉压和尿量三者关系进行调整，如果中心静脉压升高而尿量无变化，提示心功能改善而外周血管阻力大，可使用一些影响血管收缩的药如异丙肾上腺素和阿拉明。

(8) 中药治疗：一些中草对河豚毒素中毒的治疗有一定疗效，楠木（三层皮）100～200 g 加水 300～400 mL 煎至 200～400 mL，口服或灌肠；鲜橄榄，鲜芦根各 4 两洗净捣汁服用；马兰草 250 g 水煎服。

※ 参考文献（References）

代建国，魏京广，金刚，霍光华，程文，谢海伟，张燕．鲎血清中游离氨基酸和脂肪酸含量分析．*湖北农业科学*，2007，46(4)：606～607.

洪水根，胡友川，李祺福，夏传武，李筱泉．中国鲎血蓝蛋白的研究．*厦门大学学报（自然科学版）*，1997，36(5)：763～768.

洪水根，陈菲，李祺福，胡友川，叶军，姚炳新，李筱泉，欧阳高亮．中国鲎鲎素抗菌活性．*厦门大学学报（自然科学版）*，1998，37(6)：915～920.

洪水根，陈菲，李祺福，胡友川，叶军，欧阳高亮，李长友，李筱泉，乔玉欢，陈福．中国鲎鲎素 T-1 抗人早幼粒白血病 HL-60 细胞活性研究．*厦门大学学报（自然科学版）*，1999，38(3)：448～451.

金刚，蔡国平．中国鲎血细胞原代培养及部分生物学现象观察．*水生生物学报*，2008，32(5)：770～773.

李世崇，胡显文，胥照平．鲎 C 因子的性质、结构、功能及应用．*中国生物工程杂志*，2003，23(5)：78～81

李祺福，李长友，欧阳高亮，洪水根．中国鲎鲎素对人胃癌 BGC-823 细胞形态和超微结构的影响．*厦门大学学报（自然科学版）*，2000，39(6)：837～843.

李祺福，李长友，欧阳高亮，叶军，李筱泉，洪水根．中国鲎鲎素对人胃癌 BGC-823 细胞增殖的抑制作用．*厦门大学学报（自然科学版）*，2001，40(1)：110～115.

李祺福，欧阳高亮，鲍仕登，洪水根．中国鲎鲎素对人肝癌 SMMC-7721 细胞增殖的抑制作用．*中国海洋药物*，2002，2：22～25.

李祺福，欧阳高亮，刘庆榕，洪水根．中国鲎鲎素诱导人肝癌 SMMC-7721 细胞分化的观察．*癌症*，2002，21(5)：480～483.

梁平，程廷楷，吴翊钦，陈文列，吴伟洪．中国鲎胚胎血细胞生成的初步电镜观察．*动物学报*，1992，38(4)：435～439.

廖永岩，叶富良，洪水根．鲎，一种珍贵的海洋药用动物．*《中国海洋药物》杂志*，1998，4：34～40.

廖永岩，李晓梅．中国鲎和圆尾鲎组织毒性的初步研究．*卫生研究*，2000，29(3)：184～185.

廖永岩，李晓梅．中国食鲎中毒及其预防和治疗．*卫生研究*，2001，30(2)：122～124.

刘冰．鲎试验的临床应用进展．*现代诊断与治疗*，2002，13(5)：290～293.

刘昌庭．鲎试剂及其应用．*中国现代药物应用*，2008，5(2)：110～111.

汪德耀，方永强，汪敏．中国鲎变形细胞活体观察、活体染色及其对细菌感染反应的研究．*动物学报*，1983，29(4)：300～304.

王莉，高华，蔡彤，张国来，季晖．鲎试剂的研究及应用进展．*药物分析杂志*，2007，27(6)：938～942.

魏京广，代建国，金刚，霍光华．鲎 C 因子的研究进展．*安徽农业科学*，2007，35(3)：639～640．

翁朝红，谢仰杰，洪水根．中国鲎黄色结缔组织的研究Ⅰ．黄色结缔组织显微结构的观察．*集美大学（自然科学版）*，2001，6(4)：301～307.

翁朝红，谢仰杰，洪水根．鲎血淋巴系统的特点及其功能．*集美大学学报（自然科学版）*，2003，8(1)：16～21.

翁朝红，谢仰杰，洪水根．中国鲎黄色结缔组织营养细胞超微结构观察．***集美大学学报（自然科学版）***，2003，**8**(2)：1346～138.

翁朝红，洪水根．中国鲎血细胞发生的超微结构变化．***厦门大学学报（自然科学版）***，2003，**42**(4)：521～525.

吴淑嵚．食鲎中毒12例临床分析．***海南医学院学报***，2003，**9**(5)：293～295.

Chen Y.X., Xu X.M., Hong S.G., Chen J., Liu N., Underhill C. B., Creswell K., Zhang L. RGD-tachyplesin inhibits tumor growth. *Cancer Research*, 2001, **61**: 2434～2438.

Ding, J. L., Chai, C., Pui, A. W. M., Ho, B. Expression of full length and deletion homologues of Carcinoscorpius rotundicauda Factor C in Saccharomyces cerevisiae: immunoreactivety and endotoxin binding. *Journal of Endotoxin Research*, 1997, **4**(1): 33～43.

Hong S.G., Huang Q., Ni Z.M. Ultrastructural observations on haemocytopoiesis in adult horseshoe crab (*Tachypleus tridentatus*). *Acta Zoologica Sinica*, 2000, **46**(1): 1～7.

Masuda, M., Nakashima, H., Ucda, T., Naba, H., Ikoma, R., Otaka, A., Terakawa, Y., Tamamura, H., Ibuka, T., Murakami, T., Koyanagi, Y., Waki, M., Matsumoto, A., YamamotoN., Funakoshi, S., Fujii, N. A noval anti-HIV synthetic peptide, T-22([Tyr5, 12, Lys7]-polyphemusin II). *Biochemical* and *Biophysical Research Communications*, 1992, **189**(2): 845～850.

Nakamura, T., Furunaka, H., Miyata, T., Tokunaga, F., Muta, T., Iwanaga, S. Tachyplesin, a class of antimicrobial peptide from the hemocytes of the horseshoe crab(*Tachypleus tridentatus*). *The Journal of Biological Chemistry*, 1988, **263**(32): 16709～16713.

Sekiguchi, K. Biology of Horseshoe Crabs. 1988, Science House Co., Ltd. Tokyo.

Shigenaga, T., Takayenoki, Y., Kawasaki, S., Seki, N., Muta, T., Toh, Y., Ito, A., Iwanaga, S. Separation of large and small granules from horseshoe crab (*Tachypleus tridentatus*) hemocytes and characterization of their components. *The Journal of Biochemistry*, 1993, **114**: 307～316.

Tamamura, H., Kuroda, M., Masuda, M., Otaka, A., Funakoshi, S., Nakashima, H., Yamamoto, N., Waki, M., Matsumoto, A., Lancelin, J. M., Kohda, D., Tate, S., Inagaki, F., Jujii, N. A comparative study of the solution structures of tachyplesin I and a noval anti-HIV synthetic peptide, T22([Tyr5, 12, Lys7]-polyphemusin II), determined by nuclear magnetic resonance. *Biochimica et Biophysica Acta*, 1993, **1163**: 209～216.

第十章 鲎体及甲壳素研究与应用（RESEARCH AND APPLICATION FOR BODY AND SHELL OF HORSEHOE CRABS）

/ 第一节 / 鲎体的医药价值（Medicine value of body of horseshoe crabs）

一、我国古代有关鲎药用价值的论述（Discussion on medicinal value of horseshoe crabs in ancient China)

历史上最早记录鲎的文献是我国的《吴都赋》(周氏编于公元 276—324 年)。后来，鲎作为一种中草药记录于各种中草药书中,《饲料本草》(收集药用动植物的书，陈章奇编于公元 739 年),《本草纲目拾遗》及李时珍的《本草纲目》中对鲎均有记载。其中,《本草纲目》中提到，鲎壳治积年呷嗽。《本草纲目拾遗》中提到：鲎尾灰断产后痢。

二、现今有关书籍对鲎药用的文献记载（Medicinal literature of horseshoe crabs nowadays)

我国已出版很多药物学和药用海洋生物的书，都提到鲎的药用价值。现归纳如下：

（一）肉（Meat)

性属辛、咸、平，清热解毒；可明目，治青光眼、脓泡疮。肉与适量猪肝同煮，食可治白内障。鲜肉与鲎卵煮熟吃，有治痔、杀虫效果。

（二）壳（Shell）

壳含有溴、铁、锌、铜、镍、锰、钙、钛、氯、硫、硅、铝、镁等元素，性咸、平，有活血祛瘀，解毒作用。经研末，开水冲服，可治高热；陈壳烧成灰，泡酒服用，可治跌打损伤；壳煅灰，酒冲服，每次 1 匙，每日 2 次，可治扭伤；将壳煅存性研末敷于患处，可治创伤出血不止；用茶油调制壳煅存性研末敷于患处可治烫伤；壳研末，用麻油调制敷于患处，可治带状疱疹；壳焙干，研末，米汤冲服，每次 1 匙，每日 3 次，可治胃炎。

（三）胆（Gallbladder）

性苦、寒，用于治大风癞疾、杀虫、解毒。

（四）珠（鲎眼）（Eyes）

取珠粉 5～10 g，水冲服，用于治咽喉肿痛。

（五）尾（Tail）

性咸、温，有收敛止血功效，用于治肺结核咯血、疮疥。

治肺结核咯血：尾煅烧，研末，5～10 g，温水冲服。

治疮疥：尾研末用麻油调成膏外敷患处。

治跌打损伤：尾烧成灰，泡酒服。

治肠风泻血、崩中带下、产后痢：尾烧成炭，研末入药，1 天用量鲎尾 10～15 g，作散剂服，外用适量。

治鼻衄：鲎尾炭 10 g，红铁树叶、侧柏叶各 5 g，将后 2 味药水煎，冲鲎尾炭，1 次服用。

治流产后子宫收缩不良出血，宫颈癌出血：鲎尾炭 10～15 g，红铁树叶、侧柏叶各 5 g，抱树莲(贴生石苇)10 g，将后 3 味药水煎，冲鲎尾炭服用。

治皮肽过敏、疔疮：尾或壳煅烧研粉与茶油或海棠油调拌涂患处。

治耳中生疮：将剑尾之壳磨成粉放入耳中。

/ 第二节 /
鲎甲壳素研究及应用（Research and application of chitin）

1811 年，法国科学家布拉克诺（Braconnot）用温热的稀碱溶液反复处理蘑菇，最后提取了一种类似纤维素的物质，由于它大量存在于低等动物，特别是节肢动物的甲壳中，故称为甲壳素 (Chitin)，又名甲壳质、壳蛋白、几丁质、明角质、壳多糖、聚乙酰氨基葡糖。

甲壳素广泛存在于无脊椎动物的外壳，昆虫的内、外角质层以及真菌的细胞壁中，是地球上仅次于纤维素的第 2 大自然资源。壳聚糖是甲壳素脱乙酰基的产物，是天然多糖中唯一大量存在的碱性氨基多糖，在农业、医药、食品、化妆品等许多方面都有广泛的用途。关于甲壳素的来源，目前主要是从虾、蟹壳中获得，也有从蚕蛹壳、宽附陇马陆、蝇蛹壳中提取甲壳素的报道。鲎是一种珍贵大型的甲壳动物，其巨大的甲壳是珍贵优质的甲壳素资源。目前，国内鲎壳大多被遗弃，未能充分利用。因此，在充分保护鲎资源的情况下，利用鲎壳提取甲壳素，可充分利用海洋资源，对开辟甲壳素新的生产途径等均有特殊的意义。

一、甲壳素分子组成和分布（Molecular composition and distribution of chitin)

（一）甲壳素分子组成及性状（Composition and characteristics of chitin molecules)

经结构分析表明，甲壳素是自然界中唯一带正电荷的一种天然高分子聚合物，它由几丁质与几丁糖组成，是天然无毒性高分子，并且具有生物可分解性，它的构造类似于纤维素，由 1000～3000 个 n－2 葡萄糖胺聚合物组成，属于直链氨基多糖。学名为 (1，4)－2－乙酰氨基－2－脱氧－β－D 葡萄糖，分子式：$(C_8H_{13}NO_5)$ n，分子量：(203.19) *n*。单体之间以 β (1－4) 甙键连接，理论含氮量 6.9%。其分子结构特点为：氧原子将每个碳原子的糖环连接到下一个糖环上，侧基团“挂”在这些环上。

甲壳素分子化学结构与植物中广泛存在的纤维素非常相似，所不同的是，如果把组织纤维素的单个葡萄糖分子第 2 个碳元素上的羟基（OH）换成乙酰氨基（$NHCOH_3$），这样纤维素（cellulose）就变成了甲壳素，从这个意义上讲，甲壳素可说是动物性纤维素。

甲壳素的性状：外观为类白色无定形物质，无臭、无味。能溶于含 8%氯化锂的二甲基乙酰胺或浓酸，不溶于水、稀酸、碱、乙醇或其他有机溶剂。

（二）甲壳素的资源分布（Distribution of chitin resources)

甲壳素广泛存在于低等植物、菌类和水生藻类细胞中，节肢动物的鲎、甲壳类虾、蟹（我国主要的经济虾类有中国对虾、日本对虾、斑节对虾、长毛对虾、宽沟对虾、短沟对虾、现代普遍养殖的南美白对虾和淡水养殖的罗氏沼虾等；主要经济蟹类有中华绒螯蟹、三疣梭子蟹和锯缘青蟹等）、蝇蛆及昆虫类的外壳、软体动物的贝类及头足类的软骨中，高等植物的细胞壁中等。据科学家估测，每年生物合成的资源量高达 100 亿吨，成为地球上仅次于植物纤维素的第 1 大生物资源，其中海洋生物的生成产量超过 10 亿吨，可见甲壳素是一种取之不尽，用之不竭的生物资源。甲壳素经自然界中的甲壳素酶、溶菌酶和壳聚糖酶等的完全生物降解后参与机体生态体系的碳和氮循环，对地球生态环境起重要的调控作用。

二、鲎甲壳素的提取方法（Extraction method of horseshoe crab chitin）

自然界中的甲壳素是以不纯的、复合物的甲壳形式存在，常与无机盐 (碳酸钙) 和蛋白质紧密地结合在一起。因此，从甲壳制取甲壳素的过程实际上是把甲壳素和无机物及蛋白质分离的过程。传统方法生产的甲壳素一般在稀酸、稀碱中均不溶解，仅有少数有机溶剂能溶解，且溶解度不高，溶液过滤性能差，所用的盐酸可能会引起甲壳素的部分降解。后来又相继出现了一些新的制备方法。下面介绍鲎甲壳素提取方法：

1. 制备

取鲎壳，拣无虫蛀霉烂变质的，清洗后在 105℃干燥 4 h，称取 100.0 g，在室温下浸泡于 1.0 mol / L 工业盐酸中 18 h，用工业用水漂洗至中性，再在室温下浸泡于 2.5 mol / L 工业氢氧化钠溶液 18 h，用工业用水漂洗至中性。再放入上述氢氧化钠溶液 18 h，用水漂洗至中性后，浸泡于上述盐酸溶液中 18 h，再用工业用水漂洗至微酸性（pH 5～6），经日光晾晒 2 d 去色素。干燥后粉碎过 80 目筛，得到的粗制品颗粒浸泡于 1.0 mol / L 的分析纯盐酸中 18 h，用蒸馏水清洗至中性后浸泡于 2.5 mol / L 分析纯氢氧化钠溶液 18 h，再用蒸馏水漂洗至中性，过滤后在 105℃干燥 4 h，得到具有天然结构甲壳素 14.8 g。

2. 检测

将所得干燥甲壳素样品，用 KBr 压片法在傅立叶红外光谱仪扫描 1 min 后记录红外光谱，并与标准甲壳素图谱作对照。

另将所得干燥甲壳素样品以 Cu 为靶置于日本理学 D / MAX-3 B 型仪扫描并记录X–衍射光谱，并与标准甲壳素X–衍射图谱作对照。

产品质量指标：

项目	工业品	精制品
外观	白色或微黄色片状物	白色或白色片状物
干燥失重（%）	≤ 10.0	≥ 8.0
灼烧残渣（%）	8.0～12.0	≤ 2.0

一般来说，甲壳素质量常以灰分及重金属含量为依据，以上述含量低者为佳，高者则劣。此外，相对分子质量或黏度亦常用来作原料加工或决定产品最终功能的参考指数。

三、甲壳素的生物特性（Biological properties of chitin）

甲壳素具有以下几方面生物特性：

1. 生物可降解性，在生物体内通过溶菌酶的作用可以分解。

2. 生物相容性，兼有高等动物组织中胶原质和高等植物组织中纤维素两者的生物功能，对动、植物都具有良好的适应性，与生物体的亲和性能体现在细胞水平上，产生抗原的可能性很小。

3. 具有加快伤口愈合能力，对受损伤的生物体能诱生特殊细胞，加快创伤愈合，特别是促进愈合张力的增长。

4. 无口服毒性，与体内存在的无毒氨基葡萄糖结构类似，故作为人体服用材料应是安全的。实验也证明，它是安全的机体用材料。

5. 对血清中的中分子量物质具有高透过性。

6. 对血清蛋白质等血液成分的吸附能力很大。

7. 具有消炎、止血、镇痛和抑菌等性能。

四、甲壳素的应用范围及效果（The application and effect of chitin)

根据现今大量研究表明，甲壳素对人体健康、畜禽和水生动物养殖等有以下益处：

（一）在生物机体健康方面（Healthiness for living organisms)

甲壳素是动物纤维素，不易被消化吸收。甲壳素和蔬菜、植物性食物、牛奶、鸡蛋一起使用则可被吸收。在植物和动物肠内细菌中，含有壳糖胺酶和去乙酰酶，体内存在的溶菌酶及牛奶和鸡蛋中含有的卵磷脂等可共同起作用将甲壳素分解成低相对分子质量的寡聚糖而被吸收。当分解到 6 分子的葡萄糖胺时其生理活性最强。经 20 多年的研究，1991 年美国和欧洲等国的医学院校和营养食品研究机构将甲壳素称为继蛋白质、脂肪、糖、纤维素和矿物质之后的机健康所必需的第 6 大生命要素。尤其对人体大量研究结果表明，其具有强化免疫、减缓老化、预防疾病、促进疾病痊愈和调节生理机能等 5 大功能。

1. 强化免疫力

甲壳素能提高动物体的免疫机能，增强免疫细胞增殖能力，强化免疫力的功效。日本的动物试验结果表明，甲壳素的免疫强化作用，有助于减少肿瘤细胞的伤害及促进肝脏受损细胞新生与正常化恢复。

2. 无毒性的抗癌效果

甲壳素对人体的抗癌效果已由日本东北药科大学确认，抗癌效果适合生物体而无毒性反应出现。北海道大学的研究也发现，甲壳素有抑制恶性肿瘤细胞扩散及转移的效果。

3. 降低胆固醇

甲壳素在动物机体内以带正电的阳离子形态出现，可与胆酸和胆盐结合，因而抑制小肠对胆固醇的吸收，不但会减少胆固醇在肝脏的堆积量，也可能降低低密度胆固醇 (LDL)(亦称坏胆固醇) 的浓度，提高高密度胆固醇 (HDL)(亦称好胆固醇) 含量，对预防动脉硬化和心脑血管疾病有很好的效果。

4. 改善消化机能

甲壳素可促进水产养殖动物机体肠内有益菌的繁殖，抑制有害菌丝的滋生和减少大肠杆菌的生长，可达到健胃整肠的功效。

5. 抑制过量摄取食盐而导致的高血压疾病

甲壳素的成分几丁质与几丁糖是不会直接被动物体吸收的一种高分子聚合物。日本研究的结果显示，添加在食品中的甲壳素在人体由于离子的吸附作用而使食盐附着其上，因此保留了食品原来的风味，又不致使食盐被机体过度吸收。所以欲控制血压的人群食用含有添加甲壳素的食物，就不会为摄取过量食盐所困扰了。

6. 减少机体重金属的积累

重金属在机体内积累会造成神经性病变及器官功能失调等后遗症。甲壳素可吸附铜、隔、锌、铀、铅和银等重金属，并具有排出体外的功能。在环境污染日益严重的今天，甲壳素有助于机体内废物的排除，确保机体生理机能正常运行。

7. 甲壳素的减肥作用

甲壳素的减肥作用，是指其机体所带的正负电离子与食物中带负电的脂肪自动附着结合，阻碍脂肪分解酵素的作用，使脂肪在肠内不被吸收而直接排出体外，使人工养殖的水产品和家禽不会脂肪含量过高，提高养殖水产品的肌肉食用率。

甲壳素不同于一般减肥食品是利用抑制食欲，或造成机体腹泻来达到减肥效果。甲壳素能与脂肪结合排出体外，又不会和重要营养素的蛋白质结合，它具备了既能让减肥人安心使用，又不影响养分吸收的作用。所以，甲壳素不但不会对机体造成危害，对机体的消化道还有改善代谢机能的调整功效。

（二）优良的医用生物材料 (Excellent medical biomaterials)

甲壳素来源于生物体结构物质，与机体细胞有很强的亲合体性，可被机体内的酶分解而吸收，对人体无毒性和副作用，加上良好的吸湿性、纺丝性和成膜性，因而被广泛应用于生物医学和医药的材料方面。现今已开发的有：

1. 制备医用敷料；
2. 手术缝合线；
3. 制作人造血管；
4. 医用微胶囊；
5. 药用缓释剂；
6. 止血剂和伤日愈合剂；
7. 骨病治疗剂；
8. 用作人工透析膜等。

（三）新型的环保材料（New environmental materials）

20 世纪 80 年代，塑料广泛应用于生产及生活的诸多领域，成为名符其实的塑料时代。由于塑料很难自然降解，现今已给世界环境带来严重污染，构成可怕的“白色灾害”，各种污染的处理也成为世界各国面临的头痛问题。目前，科学家发现，甲壳素是一种新型的环保材料，有望成为塑料的取代物。现今开发应用的有：

1. 理想的制膜材料；
2. 废水处理吸附剂；
3. 污水处理絮凝剂；
4. 饮水用的净化物质等。

（四）理想的食品工业材料（Ideal material for food industry）

甲壳素以其稳定性、保湿性、成膜性及多种生物功能性等优良性状而在食品工业中广泛应用。它可作为：

1. 保湿剂和乳化剂；
2. 增调剂和絮凝剂；
3. 食品保鲜剂；
4. 功能性活化剂；
5. 不溶水可食薄膜；
6. 功能食品的理想添加剂等。

（五）化学工业材料性材料（Chemical industrial materials）

主要应用于：

1. 在日用化妆中的洗发香波、头发的调节剂及定型发胶的摩丝都具有黏稠性、保水性、成膜性及防潮防尘，对头发无化学刺激等特点；

2. 在纺织印染和造纸方面的应用；

3. 化工催化剂；

4. 涂料添加剂；

5. 色谱分离用的吸附剂；

6. 稀有金属富集剂；

7. 近年来，甲壳素在农业和水产品养殖方面的应用越来越广，成为绿色种植业和水产品养殖业不可缺少的材料之一，除了可用作保湿剂、杀虫剂、饲料添加剂和土壤改良剂，还可用作植物生长调节剂等；

8. 在烟草工业中的应用，甲壳素成为香烟的黏合剂和有害成分的吸附剂，不仅大大降低香烟中有害成分对人体的危害，而且改善香烟品味，提高香烟档次，使健康无害烟成为可能。

五、甲壳素的开发应用及前景（Development, application and prospects of chitin)

（一）甲壳素的开发应用（Development and application of chitin)

甲壳素中的主要成分几丁质与几丁聚糖是由天然物质组成和制取的生物高分子，与天然物机体细胞有良好的生物兼容性，不具毒性且可被生物体分解，具有生物活性，因此广泛应用在医药和生物养殖的食料等方面。甲壳素的主要应用方向有机食品、医药用品、食品、水产品养殖、家禽及畜牧养殖饲料加工、纺织和环保等领域。由于甲壳素特殊生理机能的不断被发现，已引起全球科技界和产业界的注意，国际上已先后召开过 6 届专项甲壳素学术会议。每年有关甲壳素研究开发的成果论文上万篇，同时也有许多专著和专利问世。在日本平均每 3 天就有一份申请甲壳素应用专利的报告。全世界从事甲壳素产业化开发的企业已达数千家，年销售额将超过 20 亿美元。甲壳素的研究开发已成为世人瞩目的现代高新科技领域和获利颇丰的新兴产业。一些发达国家争相投入大量资金对甲壳素进行深入研究开发。日本政府立项拨出 60 亿日元巨资作为启动经费，委托全国 13 所大学对甲壳素进行系统研究开发，至今已在基础研究及应用开发方面取得了很多成就。目前甲壳素是日本政府唯一准许宣传疗效的功能性食品。早在 1993 年，日本厚生省受理了甲壳素作为癌细胞转移抑制剂静脉注射药品的申请。1996 年，日本研制的甲壳素通过了美国药品食品管理局（FDA）及欧共体 (EC) 检定，核准在美国、欧洲销售。甲壳素的研究开发及其商业产品已出现全球竞争并保持持续稳定的高速增长的态势。

（二）前景（Prospects）

甲壳素是21世纪的新型材料，它对人类社会的发展与进步有着巨大的作用。

1. 甲壳素是地球上仅次于纤维素的第1大生物资源，年生物合成量高达100亿吨，可说是取之不尽，用之不竭的生物资源，这无疑给面临全球资源枯竭危机的人类带来了无限生机。

2. 全球几乎所有的国家均在研究开发甲壳素。据报道，每年发表的论文报告上万篇，甲壳素已是一种内涵丰富且前景广阔的全球化和高新技术化的物质，已成为世人瞩目的前沿学科领域。

3. 甲壳素的商业产品已遍布全球，其应用领域已拓展到工业、畜牧、家禽业和水产养殖业、种植业、环境保护、国防及人民生活等各个领域，其产业渗透性之大，应用学科之广，获利之丰厚均超过其他资源产业。预测将来，可形成数百亿美元的市场。

4. 人类创造了现代文明，同时也破坏了自然生态平衡，人类赖以生存的自然环境日益恶化。我们面对的主要疾病已不再是细菌、病毒和寄生虫，而是诸如肿瘤、癌症、艾滋病、脑血管和糖尿病之类的慢性病。对这些疾病，细胞保护与调节的食物比杀伤性药物更有应用前景。甲壳素是目前自然界中唯一发现带正电荷的食物纤维，具有现今食物不具备的生理功能，被誉为人体健康所必需的第6生命要素。这对于解决困扰人类社会已久的“现代文明病”，保障人类健康，提高人类的生存发展质量具有重大意义。

5. 甲壳素是一种环保纤维源，它无毒、无味、耐晒、耐热且耐腐蚀，不怕虫蛀和碱的侵蚀，可生物降解，有望成为塑料的替代物，不仅可解除人类所面临的“白色污染”，还可消除人体内外环境所面临的有毒有害物质对人体的威胁，实现经济社会的可持续发展。

综上所述，21世纪将是甲壳素的大研究、大开发及大应用时代。甲壳素的研究开发将是21世纪高新科技争夺的制高点之一，甲壳素产业将是21世纪最有希望的新兴产业，它的开发应用，将带动相关产业的革命。人类社会离不开甲壳素，甲壳素是我们全人类共同的宝贵财富。当今，面对世界性的甲壳素研究开发热和即将到来的甲壳素时代，对于水产生物养殖和育种工作者来说，也是一次机遇和挑战。目前我国的甲壳素研究开发热也正在兴起，全国有数千家科研院所、大专院校和企业从事甲壳素的应用开发，近年全国甲壳素的产量已突破4000吨大关，先后召开各类甲壳素相关的全国性学术会议8次，发表的甲壳素研究论文报告多达数百篇。但我们的甲壳素生产技术和应用水平不高，产品档次低，应用开发力量分散，研究重复，产业化水平低，这有待我们集聚政府、科技界及企业界的力量，确定中国甲壳素事业发展的最佳途径和目标，明确甲壳素产业发展重点和应采取的保障措施，以坚实的步伐迎接甲壳素时代的到来，为人类经济的腾飞和高质量更多新型物质资源的添加作出更大的贡献。

/ 第三节 /

壳聚糖的研究与应用（Research and application of chitosan）

一、壳聚糖分子结构（Molecular structure of chitosan）

如果将甲壳素在脱乙酰基酶（deacetylase）作用下脱去 55% 以上的乙酰基，就得到壳聚糖 (chitosan)(图 10-1)，又名可溶性甲壳素、壳糖葡糖胺、几丁聚糖、甲壳胺，学名为β-(1 → 4）-2- 脱氧 -D- 葡聚糖，分子式：$(C_6H_{11}NO_4)_n$。

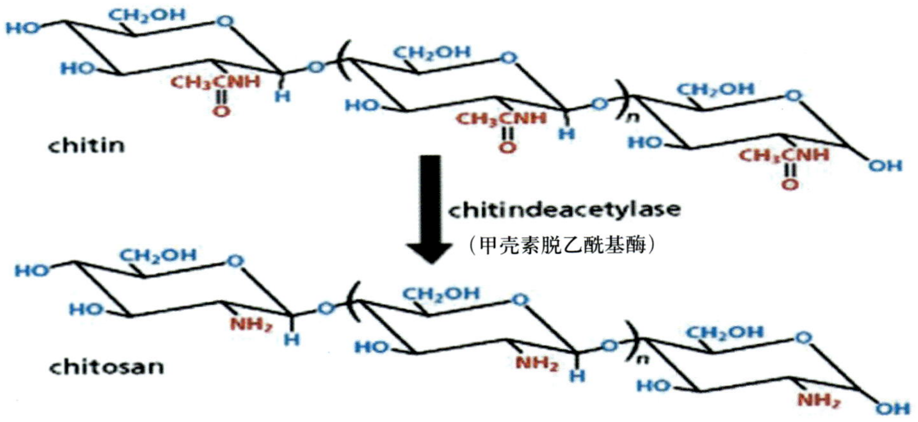

图 10-1 甲壳素（chitin）脱乙酰基（deacetyl）形成壳聚糖（chitosan）示意图

性状：壳聚糖是以甲壳质为原料，再经提炼而成，不溶于水，能溶于稀酸，能被人体吸收。壳聚糖是甲壳质的一级衍生物。其化学结构为带阳离子的高分子碱性多糖聚合物，并具有独特的理化性能和生物活化功能。

二、壳聚糖的制备方法（Preparation methods of chitosan）

1. 壳聚糖的提取

称取 10 g 洁净鲎甲壳素加入 200 ml 12 mol / L 的分析纯氢氧化钠溶液中，升温至 90℃反应 3 h，过滤后转入含 25 g 分析纯氢氧化钠的乙醇溶液中，在回流温度下反应 3 h，过滤，用蒸馏水洗至中性，烘干，粉碎得壳聚糖 8.9 g。

2. 壳聚糖的纯化

取壳聚糖 10 g，用 3% 的醋酸溶解，滤除不溶物，滤液用一定浓度的氢氧化钠溶液调 pH 9.0，静置析出沉淀，过滤，用蒸馏水洗至中性，烘干，粉碎得精制壳聚糖 8.5 g。

3. 壳聚糖质量指标测定

(1) 脱乙酰度的测定

用多波长线性回归—紫外分光光度法测定壳聚糖的脱乙酰度。

(2) 平均分子量的测定

用乌氏黏度计法测定出特性黏度 $[\eta]$，按公式：$[\eta]=1.81\times10^3M$ 0.93 计算平均分子量（M）。

(3) 壳聚糖灰分含量的测定

先将洁净干燥的坩埚恒重，在坩埚中称取 0.2 g 左右的壳聚糖，在普通电炉中烤至碳化，然后在（550±20）℃灼烧 3 h，取出，在空气中冷却 1 min，再在干燥器中冷却 30 min，称重。称重后放入电炉中灼烧 1 h，冷却，称重。两次质量之差小于 0.001 g 为恒重。

(4) 壳聚糖水份含量的测定

称取 0.2 g 壳聚糖样品，在 105℃下烘干 4 h 至恒重，计算失重，即得水分。

三、壳聚糖及其衍生物的应用（Application of chitosan and its derivatives）

经长达半个多世纪的着力研究，人们发现，壳聚糖具有许多优越的性能，并愈来愈受到重视，在发酵、造纸、烟草、纺织、医疗、农业、环保、日化等领域均都有较深入的应用。

（一）在食品工业中的应用（Application in food industry）

1. 液体澄清剂

壳聚糖发挥其絮凝作用，可作为许多液体产品或半成品的除杂剂。例如，壳聚糖的絮凝作用在糖汁澄清中取得了极好的效果。依东佑四指出，用单宁酸与壳聚糖并用来处理糖蜜，能有效地澄清糖蜜，即使糖蜜的固形物含量高达 50%～60%，胶体杂质也能迅速凝集沉降。另外，在酒类、果汁除浊方面也取得了良好的效果。

2. 食品添加剂

国内外大量研究表明，甲壳素和壳聚糖是无毒的。美国食品与医药卫生管理局 (FDA) 已批准其作为食品添加剂。利用壳聚糖与酸性多糖反应，可生成壳聚糖的酸性多糖络盐，这种络盐可作为组织填充剂使用，从而可以制成人造肉，且有保健功能。利用壳聚糖制备的氨基葡萄糖及其盐可作为调味品使用。

3. 特用食品辅料

Furda 认为，壳聚糖或壳聚糖的脂肪酸络盐可作为脂肪清除剂添加到食品中去，这种食品就成为紧俏的减肥食品。研究发现，壳聚糖加入到牛奶后有利于肠道双歧杆菌的发育，能间接促进乳糖酶的生长，有利于人体对乳糖的吸收。食品中加入壳聚糖还可以预防便秘。值得注意的是壳聚糖会造成一些食物如牛奶储存的不稳定，所以要尽量使用改性壳聚糖，比如水溶性的 N– 乙酰壳聚糖。

经螯合的壳聚糖可有效地补充人体所需的微量元素。另外，壳聚糖还可以经化学、物理等方法的修饰，做成可食用的保鲜膜。经研究，这类薄膜在保鲜、防腐、保湿等方面都明显优于普通的保鲜方法，并已在猪肉、鸡蛋和一些蔬菜水果上进行了试验和使用。

（二）功能材料（Functional materials）

1. 在功能膜材料上的应用

由于甲壳素和壳聚糖既有一定的通透性能，又具备良好的物理机械性能，还拥有优良的生物学性能，这些都是很符合作膜材料的条件的。

甲壳素和壳聚糖可用来制备反渗透膜，该膜具有较高的通量和选择性，尤其对二价金属盐脱盐效果更佳。壳聚糖反渗透膜具有耐碱性，若用戊二醛等交链后的膜还具备耐酸性。

壳聚糖在稀酸中溶解后形成的带正电荷的聚电解质，它能与带负电荷的聚电解质形成复合物，该复合物可制成反渗透膜，具有极好的脱盐性能。

在渗透汽化和蒸发渗透方面，壳聚糖已成功地用来制备了醇 / 水混合物分离膜。与传统的蒸馏工艺相比，能耗和建厂投资可减少一半。其他有机混合物的分离也取得了重大进展。在渗透汽化中，原料与膜是直接接触的，这样会造成膜的变形。后来在此基础上发展出蒸发渗透法，原料不直接接触膜，而是原料经汽化后透过膜，这样可避免膜的损伤。近年来，有人进行了壳聚糖与藻朊酸钠、壳聚糖与亲水性高分子聚乙烯醇、壳聚糖—聚丙烯氰复合膜用交链剂交链，结果反映出比单纯用壳聚糖膜更具优越性。

2. 催化剂

壳聚糖因其分子链上具有相邻的羟基和氨基，对一些金属特别是过渡金属和稀土金属有选择性螯合作用。蒋挺大等发现，壳聚糖的硫酸盐能催化一些酯化反应。

壳聚糖作为一种特殊结构的天然高分子化合物，已经在人工模拟酶方面逐渐引起了研究者的关注。壳聚糖可与铜（Ⅱ）配位，可作为烯类单体的聚合引发剂。关怀民等发现壳聚糖还可以与镍（Ⅱ）配位，壳聚糖—镍（Ⅱ）配合物与 Na_2SO_3 一起可起催化作用。壳聚糖—稀土元素钇的配合物与三异丁基铝、苯甲酸甲酯组成三元络合体可以催化环氧氯丙烷（ECH）开环聚合，并发现此催化剂可制备低结晶度的聚环氧氯丙烷。另外，世界各地均陆续有甲壳素与一些稀有元素配合物作为催化剂的报道。

3. 作为酶和细胞的固定化载体

壳聚糖可用作固定化酶用载体。如将含葡萄糖异构酶的微生物细胞固定在壳聚糖上，其活力是游离酶的 48%。近年来国内一些学者用壳聚糖固定化 L– 天门冬酰胺酶，认为其可克服其他载体存在的易脱落、相容性差、易凝血等缺点。由于壳聚糖分子结构中的氨基使酶易于固定，且来源丰富，机械性能较理想，化学性质较稳定等特点，使壳聚糖在固定酶技术的发展中愈来愈受到重视。

4. 液晶材料

甲壳素的壳聚糖具有与纤维素相似的结晶性，且其分子链的刚性高于纤维素。更令人鼓舞的是壳聚糖还具备制备热致液晶的应用前景。董炎明等人报道氰乙基羟丙基壳聚糖不仅具有溶致液晶性，在熔点 193℃和分解温度 220℃之间很窄的温区内有一定的热致行为。这方面的研究今后还待大力展开。

（三）在医药卫生方面的应用（Application in medicine and health）

随着生化、医学的极大发展，壳聚糖作为一类新兴的生物医学材料，在医药、医疗方面得到了大量的应用。李金鸣等 1998 年报道了壳聚糖具有抗心律失常的作用。国内外各种试验都已证明壳聚糖有降脂、降胆固醇的作用。

Nishimura 等研究发现，甲壳素衍生物可增强动物免疫监控系统。人们还发现，壳聚糖或甲壳素的硫酸酯具有抗凝活性。屠美等人将肝素键合到壳聚糖上，制成抗凝血活性的复合膜，效果很好。壳聚糖的酸性溶液有优良的成膜性能。中国海洋大学和军事医学科学院卫生装备研究所利用壳聚糖这一特点，成功地研制出了人工皮肤和生物敷料，为治疗大面积深度烧、烫伤提供了皮源。

壳聚糖溶于醋酸 / 尿素混合物的水溶液中，过滤，再加入 5% 氢氧化钠和乙醇（90∶10）的凝集溶液中，拉伸、干燥可制得壳聚糖纤维，该品可作为外科手术的缝合线用，且愈后无须拆线。铃木茂生 1984 年就指出壳聚糖具有直接抑制肿瘤细胞的作用。现研究得较多的是甲壳素和壳聚糖的低聚糖，这方面的报道时有相互矛盾的说法，尚需作大量的工作。

近年来，药物缓释剂逐步成为人们的新宠。壳聚糖作为膜缓释材料在人体内可进行生物降解，因此被认为是理想的缓释材料。周长忍曾归纳过6种制备壳聚糖缓释药物的方法。如茶碱控释片就是茶碱与聚磷酸钠分散于壳聚糖的溶液中形成的。此外，壳聚糖还可用于微型胶囊、载体药物、助溶药物的制备。甲壳素和壳聚糖还可以制作隐形眼镜和清洗液，也可以制作人工泪和消炎眼膏等眼科材料。Allan等人就用甲壳素和壳聚糖制作隐形眼镜方法的报道。

代表性产品：

1. 法国BeautyMed壳聚糖精华湿粉，采用医药化妆品级壳聚糖成分，粉质柔软，含丰富的壳聚糖，特有的纳米微脂囊包覆技术稳定了壳聚糖分子的活性，精准特效部分，深入真皮层细胞15 h缓释释放活性分子，高效修护受损细胞。帮助细胞再生，为极度受损皮肤补充水分，令皮肤达到长期的柔软。

2. 日本DHC蝶翠诗红鳍东方鲀胶原弹力美容霜，该款美容霜中除东方鳍胶原蛋白外，还添加了保水力卓越的透明质酸、软骨素、氨基酸和壳聚糖诱导体等保湿成分；柔滑质感，能温和包覆肌肤，赋予肌肤保护；并能够将水分和美容成分牢牢锁住，令肌肤持久保持滋润触感。

（四）在农业中的应用（Application in agriculture）

壳聚糖可作许多粮食、蔬菜种子的处理剂，激发种子提前发芽，提高发芽率和抗病力。这是壳聚糖应用的一个新的领域。例如通过壳聚糖溶液对玉米种子进行拌种处理，可以减轻甚至消除玉米的黑穗病，蒋挺大等人通过实验证实了这一点。

利用壳聚糖的抗菌能力和改善土壤的作用，可将壳聚糖与可溶性蛋白合成液体土壤改良剂。这种改良剂有适当的稳定性和可降解性，降解后是优质的肥料。采用壳聚糖与纤维素混合，在一定的温度下流延干燥，即可形成薄膜，这种薄膜可生物降解，这样就可以有效地抑制愈加严重的农田“白色污染”现象。

甲壳素和壳聚糖还可以作为鸡饲料、鱼饵添加剂使用。乳制品工业中产生的大量乳清，在正常状态下，鸡食用后吸收并不明显。经研究，壳聚糖可以作为前体而使双歧因子发生作用，从而促进鸡对乳清的吸收。

（五）在轻纺业中的应用（Application in the textile industry）

壳聚糖在纺织印染工业、造纸工业及档次较高的化妆品中均有多少不同的应用。

在印染业中，壳聚糖可作为织物的整理剂、上浆剂、印染助剂等使用。包光迪在壳聚糖纤维的制法方面颇有成就，在当时已达世界领进水平。此后，纷纷有人发现甲壳素和壳聚糖的衍生物也可以纺丝。

在造纸工业中，纸张中添加壳聚糖，有较高的干湿强度，且表面光滑，另外还能赋予纸张以特殊性能，如柔软性、耐燃、防静电、防霉等。

化妆品中恰当地使用壳聚糖及其衍生物，不仅可以显著地提高产品质量，还能使产品的附加值提高。杨继生较系统地研究了羧甲基壳聚糖在化妆品中的使用特点，结果表明，羧甲基壳聚糖和透明质酸具有相似的保湿性，且成本比甘油低出很多。

四、存在的问题及对策（Problems and solutions）

壳聚糖及其衍生物作为一种天然高分子材料，因其独特的性能越来越受到诸多国家的重视，其应用领域也在不断扩大。

近年来，我国在这方面的研究也日趋活跃，但与日本、美国等国家相比，还是有很大的差距。现在在研发方面还面临不少问题，主要有如下几点：

1. 壳聚糖的价格影响了其研发进展

在国内，1 kg 壳聚糖的售价约为 20～60 元不等。这么高的价钱直接制约了它的广泛应用。所以，要改变这种局面，必须进一步降低制备成本。南开大学和天津大学以家蝇幼虫为原料制备甲壳素和壳聚糖，经反复论证，发现该法比用虾、蟹为原料来制备壳聚糖的方法成本降低很多，且品质、产量也提高不少。国外还有一些学者致力于用发酵的方法制备甲壳素就是很好的一种设想。另外，还可以从原先的制作流程入手，在如何精简工艺，降低耗料上多做研究。有人就在脱乙酰过程中添加与水混溶的有机溶剂，以减少氢氧化钠的用量。

2. 壳聚糖的销路问题

除壳聚糖生产成本较高，难以大量应用之外，又由于目前各地涌现了大量的企业加入了这个行业，这给壳聚糖的销路带来更大的困境。壳聚糖价格偏高，产品过于单一。所以作为企业本身，应积极走市场化道路，切不可盲目生产。另外，企业也要组织人才进行壳聚糖及其相关产品的研发，瞄准市场方向，才能较好地生存发展。另外，鉴于国际上壳聚糖有供不应求的现象，所以作为生产者，还应积极扩大出口，寻求更广的销路。

3. 改性壳聚糖的研究力度不够

许多实验都说明，有些改性后的壳聚糖比壳聚糖本身更具应用价值。比如水溶性的羧甲基壳聚糖等。此外，壳聚糖的一些低聚糖也极有用途，只是在如何控制使壳聚糖降解到既定目标这个问题上还一直没能找到低耗高效的方法和材料。有人从某些特殊的微生物中提取出能降解壳聚糖的酶，这一点值得深入地研究下去。

4. 壳聚糖本身的一些性质影响了其广泛应用

壳聚糖不溶于水，且易发生酸催化水解反应。因此，作为液相贮存时的稳定性问题就成了能否大量使用的瓶颈。但我们也注意到，一些改性后的壳聚糖或壳寡糖却具有比壳聚糖更诱人的作用。如果在做某一应用研究的时候，找准恰当的壳聚糖衍生物或者使壳聚糖发生多种诸如接枝、共聚化学反应，这样就能从根本上解决这一问题。此外，尽可能将壳聚糖的一些相关产品制成固相态且能使用方便，这就有利于产品的存储、运输，也有利于产品的推广和应用。

5. 从事壳聚糖研发的科技人员的队伍不够壮大

壳聚糖研究在我国应该说是比较新兴的方向，目前从事相关研究的人才甚是紧缺。为了拓宽应用渠道，就必须加强应用基础研究。除需更多的科技工作者加入外，国家和有关部门也应在资金上予以必要的资助。

我国海域辽阔、湖泊众多，甲壳动物资源非常丰富，所以壳聚糖是取之不尽的。我们要从经济效益、环境效益、生态效益等多方面综合考虑，大力开发壳聚糖及其相关产品。相信随着科研手段的日益进展，壳聚糖也必将会在越来越广的领域得到充分的应用。

※ 参考文献（References）

廖永岩，叶富良，洪水根．鲎，一种珍贵的海洋药用动物．***中国海洋药物***，1998，4：34～40.

陈忻，袁毅桦，唐俊勉，刘学高．中国鲎甲壳素的制备及其性能研究．***日用化学工业***，2002，32(4)：82～83.

崔广华．甲壳素的性质、制备及其应用．***中国物资再生***，1996，3：13～14.

庞景贵，郭金龙．甲壳素的应用范围及开发前景．***饲料研究***，2008，5：9～11.

陈碧海，孙康．甲壳素和壳聚糖的医药应用及开发近况．***中国药物化学杂志***，2001，11(4)：245～248.

康贻军．壳聚糖的研究与开发进展．***内蒙古民族大学学报（自然科学版）***，2004，19(3)：293～296.

谭玉龙．来自海洋的生命元素——壳聚糖．***百科知识***，2009，6：46～47.